Waldökologische Analyse und Bewertung von Umbaumaßnahmen im bayerischen Staatswald als Beitrag für eine naturnahe Forstwirtschaft

Dissertation

zur Erlangung des Doktorgrades
der Forstwissenschaftlichen Fakultät der
Ludwig-Maximilians-Universität München

vorgelegt von
Ulrich Matthes
Freising 1997

Dissertation zur Erlangung des
Doktorgrades der Forstwissenschaftlichen Fakultät
der Ludwig-Maximilians-Universität München

Referent: Prof. Dr. U. Ammer
Coreferent: Prof. Dr. E. Kennel

Tag der mündlichen Prüfung: 10.02.1998

Ulrich Matthes

Waldökologische Analyse und Bewertung von Umbaumaßnahmen im bayerischen Staatswald als Beitrag für eine naturnahe Forstwirtschaft

2., unveränderte Auflage

Herbert Utz Verlag · München

Ökologie

Zugl.: Diss., 1998

Bibliografische Information der Deutschen Nationalbibliothek:
Die Deutsche Nationalbibliothek verzeichnet diese Publikation in der Deutschen Nationalbibliografie; detaillierte bibliografische Daten sind im Internet über http://dnb.d-nb.de abrufbar.

Titelabbildung: Antranias | pixabay.com | #711504

frühere Ausgabe: ISBN 978-3-89675-317-5

ISBN 978-3-8316-8206-5

Printed in EU
Herbert Utz Verlag GmbH, München
www.utzverlag.de

Abkürzungsverzeichnis

Baumartenschlüssel

Fi	Fichte
Tanne	Tanne
Kie	Kiefer
Lä	Lärche
Dgl	Douglasie
Stro	Strobe
Bu	Rotbuche
Hbu	Hainbuche
StEi	Stieleiche
REi	Roteiche
BAh	Bergahorn
FAh	Feldahorn
SWei	Salweide
Kir	Kirsche
Bi	Sandbirke
Vobe	Vogelbeere
s. Laubh. bzw. sonst. Lbh.	sonstiges Laubholz wie z.B. Birke, Vogelbeere, Salweide
s. Ndh.	sonstiges Nadelholz

sonstige Abkürzungen

Akl.	Altersklasse (z.B. Akl. I: von 1-20 Jahre)
B°	Beschirmungsgrad
BayNatschG	Bayerisches Naturschutzgesetz
BayWaldG	Bayerisches Waldgesetz
BHD	Brusthöhendurchmesser
BWaldG	Bundeswaldgesetz
C/P und C/Ca	Verhältnis zwischen Kohlenstoff und Phosphor sowie zwischen Kohlenstoff und Calcium
Erl.	Erläuterungen
h/d	Verhältnis zwischen Baumhöhe und Brusthöhendurchmesser
pnV	potentielle natürliche Vegetation
U	Umtriebszeit
VfmD	Vorratsfestmeter Derbholz
VVJ	Vorausverjüngung
VZ	Verjüngungsziel

Weitere Abkürzungen wie z.B. Bezeichnungen für die Wuchsgebiete oder für die Testparzellen werden im Text erläutert.

Danksagung

Meinen besonderen Dank möchte ich an meinen verehrten Lehrer Prof. Dr. U. Ammer richten. Er überließ mir nicht nur ein Thema, dessen wissenschaftliche Untersuchung ihm besonders wichtig und dringlich erschien, sondern er begleitete die vorgestellten Untersuchungen mit großem Engagement und kritischem Sachverstand. Trotz unzähliger Verpflichtungen hatte er stets ein offenes Ohr für meine Anliegen.

Wesentlich zum Zustandekommen der vorliegenden Arbeit hat die ausgesprochen angenehme Arbeitsatmosphäre am eigenen Lehrstuhl beigetragen, wofür allen Mitarbeitern herzlich gedankt sei. Namentlich bedanke ich mich bei Herrn Dr. J. Zander für die geduldige und fachkundige Einweisung in die Handhabung des Theodoliten, bei Herrn Forstrat R. Detsch für die wertvolle Mitwirkung bei der Konzeption der Versuchsmethodik und die Unterstützung bei verwaltungstechnischen Fragen, bei den Herren H. Seuffert und U. Kern für Kartografie- und Grafikarbeiten sowie bei Herrn G. Weber für Anregungen zur Gestaltung und Verbesserung des Layouts. Herrn Dr. B. Förster danke ich für die Lösung EDV-technischer Probleme und Frau G. Unterholzner für die Ausführung von Planimetrierarbeiten. Der Sekretärin des Lehrstuhls, Frau G. Dietrich, schulde ich besonderen Dank für ihre außergewönnliche Hilfsbereitschaft und die verwaltungstechnische Abwicklung des Forschungsprojektes. Für das intensive Korrekturlesen der Arbeit, für sehr hilfreiche Verbesserungsvorschläge und für die Mitarbeit als wissenschaftliche Hilfskraft danke ich Herrn G. Lindenau recht herzlich.

Besonders bedanken will ich mich bei meiner Arbeitskollegin K. Hendricks, mit der ich das Arbeitszimmer geteilt habe und während dreier Jahre innerhalb des Projektes L 48 äußerst konstruktiv und freundschaftlich zusammengearbeitet habe. Diese Zeit wird mir stets in sehr guter Erinnerung bleiben.

Doch nicht nur von den Mitarbeitern des eigenen Lehrstuhls habe ich wertvolle Unterstützung bekommen: Die Forsteinrichtungstabellen aus der Forstdatenbank stellte mir dankenswerterweise Herr Dr. S. Nüßlein von der Bayer. Landesanstalt für Wald- und Forstwirtschaft zur Verfügung, für ertragskundliche Berechnungen möchte ich mich bei Herrn Th. Knoke vom Lehrstuhl für Waldbau und Forsteinrichtung und für die Erstellung der Kronenkarten bei Herrn Dr. P. Biber vom Lehrstuhl für Waldwachstumskunde sehr herzlich bedanken.

Zu Dank verpflichtet bin ich auch meinen studentischen Hilfskräften, ohne deren große Einsatzbereitschaft die Sammlung des Datenmaterials nicht möglich gewesen wäre. Namentlich erwähnen möchte ich M. Boß, N. Faßnacht, S. Helmle, C. Pürckhauer, H. Schafferus, A. Scholz, J. Spiegelhoff und P. Weiner.

Den insgesamt sieben Versuchsforstämtern danke ich für die Bereitstellung der Untersuchungsflächen und die gewährte Unterstützung bei der Erhebung des Datenmaterials.

Die Arbeit ist im Rahmen des Forschungsprojektes L 48 „Waldökologische Analyse und Bewertung des Umbaus von Fichtenreinbeständen im bayerischen Staatswald“ zustandegekommen. Für die großzügige Bereitstellung von Forschungsmitteln sei dem Bayerischen Staatsministerium für Ernährung, Landwirtschaft und Forsten mein besonderer Dank zum Ausdruck gebracht. Ausdrücklich bedanken möchte ich mich in diesem Zusammenhang bei Herrn Ministerialrat Dr. H. Bleymüller, der bei der Besetzung der Stelle beteiligt war.

Es ist mir ein besonderes Bedürfnis, Dir liebe Dunja, herzlich zu danken nicht nur für die Übernahme von Schreibarbeiten und die vielen kleinen Tips zur Verbesserung des Layouts, sondern insbesondere für die verständnisvolle und vielfältige Unterstützung. Auch meiner Familie, von der ich sehr viel guten Zuspruch erhalten habe, möchte ich an dieser Stelle Dank sagen. Meiner Schwester Christina danke ich darüber hinaus für die Eingabe von Aufnahmedaten.

Die Arbeit möchte ich meiner lieben Dunja widmen.

Freising, im Dezember 1997 Ulrich Matthes

1 EINFÜHRUNG UND PROBLEMSTELLUNG

1.1 Zur Rolle der Fichte im Bayerischen Staatswald

Die Baumart Fichte spielt im bayerischen Staatswald eine wichtige Rolle, die vorrangig daraus resultiert, daß deren Anteil an der Staatswaldfläche mit 52% deutlich über dem Anteil der Kiefer (17%) als nächstfolgende Baumart liegt (Ergebnisse der Bundeswaldinventur von 1986/90 in BAYER. LANDESANSTALT FÜR WALD- UND FORSTW. 1994). Noch augenfälliger zeigt sich die überragende Bedeutung der Fichte, wenn holzwirtschaftliche Kriterien dem Baumartenvergleich zugrundegelegt werden. Danach kann die Fichte den Vorsprung vor allen anderen Baumarten im bayerischen Staatswald noch ausbauen: der Anteil am Holzvorrat macht 62% aus (der Durchschnittsvorrat bayerischer Fichtenbestände liegt nach RÖHLE (1995) bei ca. 400 Vorratsfestmeter Derbholz/ha), und am nachhaltigen Gesamtholzeinschlag der bayerischen Staatsforstverwaltung ist Fichtenholz sogar zu 70% beteiligt bei 75% Anteil an den Einnahmen aus dem gesamten Holzverkauf (BAYER. FORSTVEREIN 1996).

Mit Blick auf die Baumartenzusammensetzung verwundert es daher nicht, daß auf großen Flächen Nadelholzreinbestände aus Fichte bzw. Kiefer das Bild der bayerischen Waldlandschaft prägen (vgl. SINNER 1997), wobei die Fichte vor allem den süd- und nordostbayerischen Raum beherrscht, während die Kiefer dem Wald in Mittelfranken und in der Oberpfalz das charakteristische Erscheinungsbild verleiht (vgl. BAYER. LANDESANSTALT FÜR WALD- UND FORSTW. 1994). Großflächige Waldlandschaften, wie sie die ostbayerischen Mittelgebirge oder die Wälder um München und Nürnberg darstellen, sind größtenteils mit reinen Nadelholzbeständen bestockt (ARBEITSKR. FORSTL. LANDESPFLEGE 1991, BAYER. FORSTVEREIN 1996).

Im Spektrum der natürlichen Waldgesellschaften des westlichen Mitteleuropa wäre der reine Fichtenwald in Bayern nahezu ausschließlich in den hochmontanen Zonen einzelner Mittelgebirge (Bayerischer Wald, Fichtelgebirge) und in den subalpinen Zonen der Alpen anzutreffen, während buchendominierte Laubwälder oder Mischwälder das Aussehen der bayerischen Waldlandschaft bestimmen würden (ELLENBERG 1978, BURSCHEL & HUSS 1987, BIBELRIETHER 1989, SEITSCHEK 1991, BAYSTMINELF 1993, SCHMIDT 1993, BAYER. FORSTVEREIN 1996); für das kleinräumige Vorkommen von natürlichen Fichtenwäldern auch in tieferen Lagen sind lokalklimatische (z. B. Kaltluftansammlungen in Geländemulden) oder edaphische (Naßböden z.B. am Rand von Hochmooren) Gründe verantwortlich (FISCHER 1995, s.a. ARBEITSKR. FORSTL. LANDESPFLEGE 1996).

Gegenüber der natürlich zu erwartenden Waldbestockung kommen naturnahe Mischbestände aus Nadel- und Laubhölzern in landschaftsprägendem Ausmaß nur in wenigen Naturräumen vor. Als charakteristische und auch aus landschaftsästhetischer Sicht sehr ansprechende Waldtypen können der Bergmischwald aus Fichte, Tanne und Buche (Bergahorn) in den Alpen, im Alpenvorland und im Bayerischen Wald sowie Fichten-Buchenmischwälder im Alpenraum, im Bayerischen Wald und kleinflächig in den nordostbayerischen Mittelgebirgen aufgeführt werden (BAYER. FORSTVEREIN 1996).

Die Forsteinrichtungsstatistik informiert darüber, in welchen Bestandesformen der überwiegende Teil der Fichten- und Kiefernfläche zu finden ist: Reine Fichtenbestände mit weniger als 10% Mischbaumartenanteil (s. BAYSTMINELF 1993) bestocken 17% der gesamten Holzbodenfläche des bayerischen Staatswaldes, wobei der Schwerpunkt in den 41-100-jhg. Beständen liegt. Reine Kiefernbestände nehmen 7% der Holzbodenfläche ein, und aus Fichte und Kiefer zusammengesetzte Bestände kommen auf 24% der Holzbodenfläche. Damit stocken im bayerischen Staatswald auf fast der Hälfte der Holzbodenfläche Nadelholzreinbestände mit führender Fichte bzw. Kiefer (SEITSCHEK 1989, BAYSTMINELF 1993).

Die augenfällige Diskrepanz zwischen tatsächlicher und natürlich zu erwartender Bestockung kann nur erklärt und verstanden werden, wenn die dafür maßgebenden forstgeschichtlichen Entwicklungen berücksichtigt werden.

1.2 Die Entstehung von Fichten- und Nadelholzreinbeständen im Spiegel historischer Prozesse

Hintergrund

Das Erscheinungsbild der mitteleuropäischen Wälder wurde in der Vergangenheit stark verändert (HUSS 1987). Wenn heute das großflächige Vorkommen von Nadelholzreinbeständen, insbesondere mit der Fichte als dominierender Baumart beklagt wird und gleichzeitig die Rückkehr zu naturnahen Mischwäldern gefordert wird, dann sind Bestände angesprochen, deren Entstehungszeit etwa bis in die Mitte des letzten Jahrhunderts zurückreicht. Auseinandersetzungen mit den heute vorkommenden Waldbeständen können daher nur dann ernst gemeint sein, wenn sie die geschichtliche Entwicklung dieser Waldungen angemessen berücksichtigen.

Anhand wichtiger forstgeschichtlicher Entwicklungen soll aufgezeigt werden, welche sozialen, politischen, wirtschaftlichen und auch standörtlichen Gründe und Restriktionen der dominanten Stellung der Baumart Fichte in Deutschland den Weg geebnet haben. Die Darstellung erfolgt - soweit möglich - in chronologischer Reihenfolge, wobei historische Entwicklungen nur insofern Berücksichtigung fanden, als sie die Wende hin zum Nadelholz - speziell zur Baumart Fichte - nach Fläche und Intensität entscheidend beeinflußt haben. Im wesentlichen wird der bei HASEL (1985) umfassenden Darstellung der forstgeschichtlichen Entwicklung gefolgt, wobei dem Wandel in den bayerischen Wäldern besondere Aufmerksamkeit geschenkt wird.

Ursprüngliche Baumartenzusammensetzung

Eine Karte von HANS HAUSRATH aus dem Jahre 1907 (in HILF 1949), die den „Holzartenbestand der deutschen Wälder um 1300" darstellt, weist dem Laubholz in den Grenzen des Deutschen Reiches vor dem ersten Weltkrieg einen geschätzten Flächenanteil von 75% zu. Im Gegensatz dazu hat sich das Verhältnis von Nadelholz zu Laubholz für dieses Gebiet bis zum Jahre 1948 mit 70% Nadelholz und 30% Laubholz gerade umgekehrt. Der von HAUSRATH mit dem Jahr 1300 gewählte Ausgangspunkt für den Beginn der Entwicklung der Waldbestockung ist vor allem deshalb aufschlußreich, weil vorher keine bewußte Beeinflußung der Zusammensetzung des Waldes durch den Menschen erfolgt sein dürfte (HILF 1949; s.a. ELSNER 1958/59, WALTER 1986, MANTEL 1990).

Indirekte Erhöhung des Nadelholzanteils

Erste Eingriffe des Menschen, die den Wald in Aufbau und Zusammensetzung veränderten, reichen bereits in die vorgeschichtliche Zeit bzw. Jungsteinzeit zurück (HASEL 1985, BÜRGER-ARNDT 1995, s.a. BAYER. FORSTVEREIN 1996). Sie waren jedoch beschränkt auf die Siedlungsgebiete und beabsichtigten nicht, die Baumartenzusammensetzung zugunsten von Nadelholz oder Laubholz zu verändern. Indem die Anlage von Siedlungen aber nahezu ausnahmslos auf fruchtbaren Böden in ebener bis mäßig geneigter Lage stattfand, mußten in erster Linie die dort vorkommenden Laubwälder den menschlichen Vorstößen in den Wald weichen und führten damit zu einem indirekten Anstieg des Nadelholzanteils. Das häufige Vorkommen von Laubbaumnamen in den neu geschaffenen Orten zeugt noch von der früher wesentlich stärkeren Präsenz der Laubhölzer in den ehemaligen Wäldern der Rodungs- und Siedlungsgebiete. Reine Laubholzgebiete im heutigen Bayern waren Buntsandsteinodenwald, Spessart, Vogelsberg, Rhön, Haßberge, Steigerwald, Nördlinger Ries, Fränkischer Jura und Münchner Schotterebene.

Selbst in dem großen Nadelwaldgebiet, das sich vom Frankenwald im Nordosten über das Fichtelgebirge (und das angrenzende Erzgebirge), den Oberpfälzer Wald und den Bayerischen Wald einschließlich der Randgebiete Böhmens in südöstliche Richtung fortsetzte, waren den dominierenden Nadelhölzern nennenswert Laubhölzer beigemischt (HILF 1949, HASEL 1985). Reinbestände kamen somit nur ausnahmsweise vor (HUSS 1987).

Natürliche Fichtenvorstöße

Es darf als gesichert gelten, daß die Fichte schon vor der bewußten Förderung durch menschliche Kulturtätigkeit in manchen Waldgebieten einen maßgeblichen Anteil an der Bestockung innehatte und nicht mehr auf die natürlichen Vorkommen am Ende der älteren Nachwärmezeit angewiesen war. Die Ursachen hierfür sind sowohl in anthropogenen Einflüssen als auch in natürlichen Faktoren zu sehen (HASEL 1985).

Infolge menschlicher Beeinflussung wurde die Fichte seit etwa 1600 unbewußt gefördert, indem sie - ausgehend von den natürlichen Verbreitungsgebieten in den höheren montanen Lagen und von Sonderstandorten in tieferen Lagen - während des Spätmittelalters in die durch Übernutzung, Waldweide und später auch Streurechen oft verlichteten Laubwälder eindrang. Besonders ausgeprägt waren diese Vorstöße in Mittel- und Oberschwaben, auf der Münchner Schotterebene, im Tertiären Hügelland sowie im Schwäbisch-Fränkischen Wald (BAYSTMINELF 1993); in Oberschwaben erweiterte sie ihr Gebiet während des Mittelalters und bis zur Mitte des 16. Jh. in nördliche Richtung, im Harz verschob sich die Höhengrenze der Buche um 100 m bis 200 m nach unten, während die Fichte gleichzeitig nach oben wanderte (HASEL 1985). Während der sogenannten „Kleinen Eiszeit" mit dem Temperaturtiefpunkt im 17. Jh. (ARBEITSKR. FORSTL. LANDESPFLEGE 1991, OTTO 1994) konnte die Fichte ihr Verbreitungsgebiet weiter ausdehnen.

Gewerbliche Holznutzung in vorindustrieller Zeit

Verbunden mit der Bevölkerungszunahme gegen Ende des Mittelalters stieg die Holznutzung rasch an. In großem Umfang benötigten vor allem die Harzer, Köhler, Aschenbrenner und Glasmacher Nadelholz, dessen Bedarfsdeckung nur dort vorgenommen werden konnte, wo Nadelholz auf großen Flächen vorhanden war wie in den Fichtenwaldungen der Gebirge und Mittelgebirge sowie in den Kiefernwaldungen im Osten (HASEL 1985, ELLENBERG 1986).

Bis zur Erfindung des Koksverfahrens etwa am Beginn des 19 Jh. waren die Köhler wichtige Holzlieferanten für die Eisenhämmer und Hüttenwerke. Besonders stark ausgeprägt war dieser gewerbliche Nutzungszweig in der Oberpfalz. Dort waren im Jahre 1609 200 Eisen- und Blechhämmer in Betrieb, die jährlich einen Bedarf von ca. 300.000 fm Holz anmeldeten (VANGEROW 1985, s.a. RUPPERT 1990, MÜLLER 1993, BAYER. FORSTVEREIN 1997). Nicht zu Unrecht wird deshalb von der Oberpfalz als dem Ruhrgebiet des Mittelalters gesprochen (ELSNER 1958/59, LANG 1994, SEITSCHEK 1997). Etwa um das Jahr 1850 lag der Nadelholzanteil in der Oberpfalz schon bei 98% (ELSNER 1958/59). Erst mit der Entdeckung der Steinkohle und steigenden Holzpreisen zogen sich die Köhler aus den Waldungen zurück.

Wenn schließlich von Beziehungen zwischen Wald und Bergbau die Rede ist, dann ist damit die Gewinnung von Silber-, Kupfer-, Blei- und Zinkerzen sowie Eisenerz gemeint. Neben den Salinen sind Berg- und Hüttenwerke sowie Eisenhämmer als holzverbrauchende Gewerbe in die Geschichte eingegangen und haben auf die Verschiebung der Baumartenzusammensetzung zugunsten des Nadelholzes mit einen entscheidenden Einfluß ausgeübt.

Übergang zu schlagweiser Waldbehandlung

Die infolge der holzverbrauchenden Gewerbe entstandenen kahlen und öden Flächen wurden in erster Linie von anspruchslosen Nadelhölzern unter dem Schutz von Birken und Aspen als Vorwald besiedelt. Andere Laubholzarten waren auf den Kahlflächen massiven Schäden durch Spätfrost und Mäuse ausgesetzt (ELLENBERG 1985). Waldbauliche Mängel und häufige Schlagstellungen haben Nadelholzsaat und -pflanzung gefördert. Mit der Erfindung und Ausbreitung der Nadelholzsaat durch PETER STROMER im Jahre 1368 wurde Ende des Mittelalters ein großer Schritt in Richtung nachhaltige Holzversorgung geleistet. Mit Hilfe der rationellen Bestockung verödeter Waldflächen konnte die befürchtete Holznot verhindert werden. Im 14. und 15. Jh. avancierte die Saat und Pflanzung von Nadelhölzern zur beherrschenden Methode der Bestandesbegründung. Für die Baumartenzusammensetzung und das Aussehen der Landschaft hatte dies weitreichende Folgen: eine Bindung an die von Natur aus vorgegebenen Baumarten war nicht mehr notwendig; es konnten Baumarten entsprechend den gesellschaftlichen Bedürfnissen eingebracht werden, was darin zum Ausdruck kam, daß herabgewirtschaftete Laubwälder durch ertragreiche Nadelwälder ersetzt wurden. In Bayern konnte sich die Nadelholzsaat jedoch bis zum 16.Jh. - ausgenommen in den Nürnberger Waldungen und in der Oberpfalz - zunächst nicht durchsetzen. Vielmehr konnten sich hier geschlossene Fichten- und Tannenwälder gut natürlich verjüngen. Das derzeitige Waldbild hinsichtlich Baumartenzusammensetzung und Schichtung kann letztlich auf diesen Vorgang zurückgeführt werden (HASEL 1985).

Die Nutzung des Waldes im Dienste der Landwirtschaft

Die Geschichte von der Inanspruchnahme des Waldes wäre unvollständig, würde man die Nutzung des Waldes für landwirtschaftliche Zwecke außer acht lassen. Die in den Laubwaldgebieten bis Anfang des 19. Jh. verbreitete Mastnutzung förderte zunächst masttragende Baumarten wie Eiche und Buche gegenüber Nadel- und Weichlaubhölzern. Die Großviehweide mit Rindvieh und Pferd behinderte infolge von Tritt und Verbiß vor allem die natürliche Verjüngung und führte zu einem sehr schlechten Zustand der Waldungen. Unbewußt, aber zugunsten der weniger verbißempfindlichen Baumarten wie Fichte und Kiefer traf der Mensch mit seinen Viehherden, besonders Ziegen und Schafen, eine einseitige Selektion. Mit dem Übergang zur Stallfütterung wurde der Wald zwar von der Waldweide befreit, allerdings auf Kosten der weitaus waldschädlicheren Streunutzung. Der Bestockungswandel vom Laubholz zum Nadelholz, der den Schwerpunkt im 19. Jh. hatte und bis in das 20. Jh. andauerte, ist auch auf die Streunutzung zurückzuführen. Unter deren Einfluß verschlechterte sich die Ertragsfähigkeit der Laubwaldstandorte infolge massiven Nährstoffentzugs so stark, daß eine Wiederbestockung nur mit anspruchslosen Nadelhölzern (Fichte und Kiefer) möglich war (ELSNER 1958/59, ELLENBERG 1986, BAYER. FORSTVEREIN 1996).

Waldweide und Streunutzung liefern typische Beispiele dafür, wie stark eine noch unterentwikkelte Landwirtschaft vom Wald abhängig war. In ländlichen Gebieten stand der Wald ganz im Dienste der Landwirtschaft. Erst im 19. Jh. gelang es, die oft „verhauenen“ Laubwälder durch ertragreichere Nadelwaldungen zu ersetzen (HASEL 1985, VANGEROW 1985, ELLENBERG 1986, RUPPERT 1990, LANG 1994, BÜRGER-ARNDT 1996).

Zunahme des Nadelholzanteils unter dem Einfluß der Bodenreinertragslehre

Innerhalb eines Jahrhunderts von 1819-1919 stieg das Aufkommen an Nutzholz im Bayerischen Staatswald um das Fünffache (ELSNER 1958/59, HASEL 1985). Von HARTIG (zit. n. HASEL 1985) in diesem Zusammenhang angestellte wissenschaftstheoretische Überlegungen zur Rendite beim Anbau verschiedener Baumarten mündeten in der Erkenntnis, daß Fichtenwald allen anderen Baumarten deutlich überlegen sei, wenn der jährliche durchschnittliche Geldertrag Maßstab des forstlichen Handelns ist.

Konsequenterweise folgert HARTIG deshalb: „Es kann daher die Fichtenkultur, wenn Boden und Lage dazu geeignet sind, nicht dringend genug empfohlen werden." PFEILS Forderungen im Jahre 1856 (zit. n. HASEL 1985) zielten - wenn auch mit gewissen Vorbehalten (er hielt die Entwicklung zum Nadelholz für bedauerlich, aber unvermeidbar) - in die gleiche Richtung: „Man bewirtschafte die Waldungen so, daß der Boden das höchste nachhaltige Geldeinkommen liefert, wenn man alle seine benutzbaren Erzeugnisse ohne Ausnahme zu Geld berechnet." Die auf fast allen Laubwaldstandorten geltende Regel, wonach Nadelhölzer eine höhere Massenleistung erbringen als in den natürlichen Nadelwaldgesellschaften kam den Forderungen HARTIGS und PFEILS zusätzlich entgegen (ELLENBERG 1986, s.a. MEISTER et al. 1984).

Die gewaltige Nachfrage auch nach schwachem, bis in die Mitte des 19. Jh kaum absetzbaren Nadelholz ließ die Holzpreise deutlich ansteigen und hat die Grundlage für die von Sachsen ausgehende und auf privatwirtschaftlich-kapitalistischem Denken beruhende Bodenreinertragslehre geschaffen: Den wissenschaftlichen Erkenntnissen des Tharandter Mathematikers PRESSLER zufolge, war nicht der Waldreinertrag die ökonomische Maxime der Forstwirtschaft sondern der höchstmögliche Reinertrag der Bodenrente, d.h. die höchstmögliche Verzinsung des eingesetzten Bodenkapitals (n. HASEL 1985).

Ausgehend vom Normalwaldmodell mit streng regelmäßigem Altersklassenaufbau waren danach reine Bestände und Kahlschlagbetrieb mit niedrigen Umtrieben (bei Nadelbaumarten 60-80 Jahre) uneingeschränkt zu befürworten, wobei die Fichte als rentabelste Holzart galt, während die Buche auf völlige Ablehnung stieß. An die Seite der monetären Vorteile der Fichte traten darüber hinaus die vielseitige Verwendbarkeit des Holzes, die Unempfindlichkeit gegenüber Witterungsextremen, geringer Verbiß und rasches Jugendwachstum (BAYSTMINELF 1993). Mit dem Aufbau von Monokulturen verschwand Zug um Zug die standortsbedingte, naturgegebene Vielfalt der Baumarten und Pflanzengemeinschaften (ELLENBERG 1986). Die Bodenreinertragslehre wurde selbst dort als vorrangiges Argument für den Nadelholzanbau vorgeschoben, wo andere Gründe wie Holznot oder Rohstoffbedarf einen verstärkten Anbau von Nadelhölzern ohnehin erforderlich machten.

Wiederaufbau devastierter Wälder

Ab dem 19. Jh. wurden die Wälder einer planmäßigen und nachhaltigen Bewirtschaftung unterzogen (ARBEITSKR. FORSTL. LANDESPFLEGE 1991). Die Wiederbestockung der öden und verwahrlosten Kahlflächen innerhalb weniger Jahrzehnte am Ende des 18. Jh. gilt als großartige Leistung der deutschen Forstwirtschaft, und dies um so mehr, als die Wiederbestockung mühevoll und kostspielig war in einem Land, das durch die Kriege verarmt war (HASEL 1985, ARBEITSKR. FORSTL. LANDESPFLEGE 1991, MÜLLER 1994).

Infolge der Wiederaufforstung vorwiegend mit Nadelhölzern wie Kiefer und Fichte konnte die Fichte ihr Vorkommen weit über das ursprüngliche Verbreitungsgebiet ausdehnen (ELSNER 1958/59); diese Entwicklung wird heute nicht nur der damaligen Förstergeneration zum Vorwurf gemacht, sondern mit dieser Kritik haben sich auch die heutigen Waldbewirtschafter auseinanderzusetzen. Dabei darf aber nicht übersehen werden, daß damals vielfach das Wissen über die mit der Nadelholzreinbestandeswirtschaft verbundenen Nachteile nicht vorhanden war (MÜLLER 1990); andererseits gab es vorausschauend denkende Forstleute, die den Übergang zum Nadelholz nur als vorübergehende Notlösung betrachteten.

Sehr eindringlich trat GAYER (zit. n. SPERBER 1989) für die Umkehr zum Mischwald ein, nachdem erste Katastrophen in den „neuen" Wäldern die Nachteile der Nadelholzreinbestandeswirtschaft schon damals aufzeigten (ELSNER 1958/59, HUSS 1987, ARBEITSKREIS FORSTL. LANDESPFLEGE 1991).

Ein besonders anschauliches Beispiel bieten die Wälder rund um München, die vor 150 Jahren von einer Borkenkäferkatastrophe heimgesucht wurden und vor 90 Jahren der Nonne zum Opfer fielen, so daß die Wiederbestockung der großen Kahlflächen angesichts der für Laubholz verjüngungsfeindlichen Bedingungen (Spätfröste und Mäuse) neuerlich nur über die Pflanzung mit reiner Fichte erfolgen konnte (MEISTER et al. 1984, ARBEITSKREIS FORSTL. LANDESPFLEGE 1991, BAYER. FORSTVEREIN 1996).

Der Waldaufbau im 20.Jh im bayerischen Staatswald

Die Nachteile einseitiger Förderung des Nadelholzes erkennend, veranlaßte REBEL in den Jahren nach dem ersten Weltkrieg die Einbringung von Buchen- und Tannenvorausverjüngungsgruppen in großem Stil, was zu einer Erhöhung des Laubholzanteils bei den Kulturen von 9% auf 30% im Zeitraum von 1910-1929 führte. Während der beiden Weltkriege stieg der Nadelholzanteil zwischenzeitlich zwar wieder an, ab 1950 erfolgte aber eine neuerliche Hinwendung zum Laubholz (ELSNER 1958/59; vgl. GUNDERMANN & BECK 1995); von örtlich vielversprechenden Ansätzen wie z.B. in Oberschwaben abgesehen (s. HORNSTEIN 1948), blieb diese Entwicklung letztlich aber erfolglos (HUSS 1987).

Trotz mancher Rückschläge muß insgesamt der Wiederaufbau als eine Pioniertat der damals für den Wald Verantwortlichen bezeichnet werden (SPEER 1982): Sieht man von Kronenverlichtungen in den besonders von neuartigen Waldschäden betroffenen Gebieten ab, so weisen die Wälder einen zunehmend dichteren Kronenschluß auf. Der mit steigender Vitalität der Bäume eng in Zusammenhang stehende atmogene Stickstoffeintrag hat Bodenfruchtbarkeit und Zuwachsleistung der Bestände verbessert (BÜRGER-ARNDT 1996).

Die Nachzeichnung der forstgeschichtlichen Entwicklung hat vor allem deutlich gemacht, daß die Kritik am Zustand der großflächig auftretenden Nadelholzreinbestände in differenzierter Form angebracht werden muß; dabei sollte man sich den folgenden Leitgedanken stets ins Bewußtsein rufen.

„Der Wald ist ein Geschichtsbuch eigener Art, das Auskunft gibt über frühere und gegenwärtige Ziele und Maßnahmen. Nichts führt aber an der Einsicht vorbei, daß der Wald, wie er uns heute in Deutschland begegnet, ein vom Menschen in vielen Generationen nach bestimmten, sich wandelnden Zielsetzungen gestalteter und gepflegter, mehr oder weniger naturnaher Kunstwald ist, der in der Lage ist (sein sollte), unterschiedlichen Ansprüchen der Gesellschaft gerecht zu werden. *„Nur aus den leitenden Ideen einer Zeit sind daher auch die Fehlentwicklungen zu würdigen, unter denen Wald und Forstwirtschaft so oft zu leiden hatten und die ihre Leistungsfähigkeit beeinträchtigten“* (HASEL 1985).

1.3 Aktuelle Probleme und Kritikpunkte der Fichtenreinbestandeswirtschaft

Nicht zuletzt aufgrund der Orkanschäden, die die Sturmtiefs Vivian und Wiebke im Frühjahr 1990 in den bayerischen Staatswaldungen angerichtet haben, wurde die im Vergleich zu Mischwäldern ungleich größere Anfälligkeit von Nadelholzreinbeständen für Sturmschäden eindrucksvoll untermauert (EDER 1987, HUSS 1987, SEITSCHEK 1989, BROGGI 1990, MOSANDL 1993, SPERBER 1994, AMMER et al. 1995, FISCHER 1995, ARENHÖVEL 1996). An dem Holzanfall von 23 Mio. fm allein in Bayern war die Fichte mit 80% beteiligt und lag damit deutlich über den flächen- und vorratsbezogenen Referenzwerten (BAYSTMINELF 1993). Auch schon die Orkanschäden in Nordwestdeutschland im Jahr 1972 führten überwiegend zum Zusammenbruch von Nadelholzbeständen (OTTO 1994).

Darüber hinaus sind Nadelholzreinbestände auch gegenüber biotischen (z.B. Borkenkäfer) und anderen abiotischen (z.B. Schneebruch) Schadfaktoren anfälliger, wie eine Statistik aus der bayerischen Staatsforstverwaltung zum Umfang der schadensbedingten Holzanfälle (als sog. „zufällige Ergebnisse" bzw. kurz „ZE" bezeichnet) bei der Holzernte belegen kann (aus SEITSCHEK 1989). Im Betrachtungszeitraum von 1951-1987 waren die größten Schadholzanfälle aus Sturm-, Schneebruch- und Insektenschäden regelmäßig in Nadelholzreinbeständen zu verzeichnen. Symptomatisch für dieses Ergebnis ist, daß die laubholzreiche Oberforstdirektion Würzburg am wenigsten betroffen war. In Zahlen ausgedrückt entfielen im genannten Zeitraum im Mittel 24% des gesamten Holzeinschlags auf nicht geplante Holzanfälle, wobei der durchschnittliche Anteil von 1982-1987 auf 42% anstieg (SEITSCHEK 1989).

WALDHERR (1997) hat diese Entwicklung bis zum Jahre 1993 weiterverfolgt und kam auf der Grundlage eines regressionsanalytischen Ausgleichs zu dem Ergebnis, daß in den kommenden Jahren mit einem exponentiellen Steigen der Schadensentwicklung gerechnet werden muß; z.T. liegt die besorgniserregende Entwicklung des letzten Jahrzehnts jedoch an synergistischen Effekten: ein gehäuftes Auftreten von Witterungsextremen traf auf einen hohen Anteil von Nadelholzreinbeständen in schadensdisponierten, höheren Altersklassen. Basierend auf einer Faktorenanalyse stuft WALDHERR das Schadholzrisiko bei Fichte mit 4,8 fast doppelt bzw. fünfmal so hoch ein (vgl. WEIGER 1997) wie das bei Kiefer (2,7) bzw. bei Laubholz (1,0).

Auch die von Naturschutzseite - sowohl auf verwaltungs- wie auf verbandsorganisierter Ebene - geübte Kritik an der Forstverwaltung setzt unmittelbar an der Schadensanfälligkeit von Nadelholzreinbeständen an (ZUNDEL 1995). Speziell reine Fichtenbestände sind fast immer der Kernpunkt des Anstoßes, wenn Vorwürfe an die Bewirtschafter der Waldungen herangetragen werden (s. SCHMITT 1994, BODE & v. HOHNHORST 1995), und wenn im gleichen Atemzug die Forderung nach „mehr Naturschutz im Wald" erhoben wird (STEINLIN 1986, BROGGI 1990, s.a. PÖPPINGHAUS 1990, MÜLLER 1991, KASPER 1995, SCHERZINGER 1996).

So beklagt POPP (1989) die bisher stark ökonomisch ausgerichtete Waldbewirtschaftung, die auf großer Fläche zu einförmigen und naturfernen Nadelholzreinbeständen außerhalb des natürlichen Verbreitungsgebietes geführt hat (s.a. JEDICKE 1990, MLINSEK 1994a). Dieser in hohem Maße unbefriedigende Zustand der Wälder sei letztlich Ursache für Sturm- und Windwurfkatastrophen mit daraus resultierenden Schädlingskalamitäten und sei zudem mitverantwortlich für den Verlust am Artenpotential von ca. 50% allein im Bereich der Bodenlebewesen (POPP 1989; s.a. HEYDEMANN 1982, SPAHL & VOLK 1983, PIMM et al. 1995).

Insbesondere aufgrund des Fehlens vertikaler Schichtung und des Lichtmangels unter Fichte (JEDICKE 1990) wirkten dicht gepflanzte Fichtenforste als Barrieren für den Kontakt und die Ausbreitung von auf Laubholz spezialisierten Arten (vgl. HEYDEMANN 1982, BERGWELT 1989). Unter Naturschützern wird in diesem Zusammenhang die Auffassung vertreten, alte Wälder würden durch die Forstwirtschaft zu Monokulturen entwickelt, wodurch Arten verlorengingen (VOLK & SCHLENSTEDT 1991, s.a. PÖPPINGHAUS 1990). Der „Waldumbau" der unbefriedigenden Nadelholzreinbeständen in Bestandesformen mit standorttypischen Baumarten und die Überführung in einen stabilen, strukturreichen Waldaufbau sei daher unverzichtbar (BERGWELT 1989, POPP 1989, SCHEIBLE 1996, s.a. OTTO 1994a).

Wenn die Forstwirtschaft zu den Hauptverursachern für den Rückgang gefährdeter Tier- und Pflanzenarten gezählt wird, und hinter der Landwirtschaft sogar die zweite Position einnimmt (n. KORNECK & SUKOPP 1988, zit. n. VOLK & SCHLENSTEDT 1991), dann ist zunächst anzunehmen, daß diese Einschätzung in erster Linie aus dem großflächigen Auftreten naturferner Nadelholzreinbestände resultiert (vgl. SPAHL & VOLK 1983).

Der sehr negativ begutachtete Einfluß der Forstwirtschaft auf die Artenvielfalt gibt jedoch vor allem deshalb Anlaß zur Diskussion, weil die Forstwirtschaft noch im Jahre 1976 „nur" an sechster Stelle der Hauptverursacher des Artenrückganges geführt wurde. Im Hinblick auf die besonders in den beiden letzten Jahrzehnten unternommenen Anstrengungen zur vermehrten Begründung von Mischwäldern (seit Mitte der 70-er Jahre Intensivierung des Umbaus von Nadelholzreinbeständen, vgl. Kap. 2.3.1) erscheint die Verschlechterung der Position der Forstwirtschaft innerhalb von nur zehn Jahren mehr als fragwürdig (s. KLÖCK 1990, ZUNDEL 1995). Nach VOLK & SCHLENSTEDT (1991) ist hierfür das sehr umstrittene Bewertungsverfahren verantwortlich, auf das hier nicht näher eingegangen werden soll.

Neben der Schadensanfälligkeit von Nadelholzreinbeständen und der negativen Einschätzung aus arten- und biotopschützerischer Sicht fordert auch das innerhalb der Bevölkerung gestiegene Umweltbewußtsein dazu auf, bei waldbaulichen Maßnahmen umwelt- und naturschutzrelevante Belange in verstärktem Ausmaß zu beachten (ARBEITSKREIS FORSTL. LANDESPFLEGE 1984, VOLZ 1991, HUSS 1992, STURM 1993, BODE 1994, FELDMANN et al. 1996, SPEICH 1997, SCHMIDT 1997, SCHMITHÜSEN 1997). Eine für waldökologische Belange zunehmend sensibilisierte Gesellschaft läßt den Wald spätestens seit Ende der 80-er Jahre wieder verstärkt in den Mittelpunkt des öffentlichen Interesses rücken (BERGWELT 1989). Einer Untersuchung der Landesforstverwaltung Niedersachsen aus dem Jahr 1990 zufolge, wird bei der Waldbewirtschaftung der „Schutz der natürlichen Lebensgrundlagen" von 51% der befragten Bürger am wichtigsten erachtet, während demgegenüber Holzproduktion und Erholung nur bei 20% bzw. 17% der Probanden an erster Stelle stehen (SPELLMANN 1996, s.a. STURM 1995).

Im Gegensatz zu den dargelegten Einschätzungen von KORNECK & SUKOPP (a.a.O.) wird von vielen Autoren die - im Vergleich mit der Landwirtschaft - relativ naturnahe Ausbildung des Waldes betont (BAYER 1987, ZERLE et al. 1991, AMMER 1988, BERGWELT 1989, BIBELRIETHER 1989, POPP 1989, RICHTER 1989, OTT 1990, VOLK 1990, BEIRAT OBERSTE LANDSCH.BEH. NORDRH.-WESTFALEN 1991, BLAB et al. 1995, BODE & v. HOHNHORST 1995, KASPER 1995, ZUNDEL 1995).

Bei der allgemein relativ hohen Naturnähe, die der Vegetationsform Wald zugesprochen wird, darf nicht übersehen werden, daß Wälder hinsichtlich des Grades an Naturnähe differenziert zu beurteilen sind (SCHMIDT 1997). Die mit der Fichtenreinbestandeswirtschaft verbundenen Nachteile haben nachdrücklich aufgezeigt, daß ein Umbau von Fichtenreinbeständen in Mischbestände vor dem Hintergrund einer zunehmend multifunktional ausgerichteten Waldbewirtschaftung dringend erforderlich ist (z.B. KOCH 1990, MÜLLER 1990, OTTO 1995, NEBE 1996, DEUTSCHER FORSTVER. 1997, WALDHERR 1997).

2 DER UMBAU VON FICHTENREINBESTÄNDEN ALS VORRANGIGES FORSTPOLITISCHES ZIEL EINER NATURNAHEN FORSTWIRTSCHAFT

Bevor auf das Umbaukonzept und einzelne Ziele des Forschungsvorhabens näher eingegangen wird, muß erläutert werden, was unter dem „Umbau“ von Fichtenbeständen im Rahmen der vorliegenden Untersuchungen verstanden werden soll.

2.1 Versuch einer Begriffsdefinition

Der Begriff „Waldumbau“ oder auch nur „Umbau“ hat sich seit mehreren Jahrzehnten unter Fachleuten als feste Formel eingeführt. Dennoch bereitet die Suche nach einer exakten Begriffsdefinition Schwierigkeiten, was nicht zuletzt darauf zurückzuführen sein dürfte, daß der Umbau verschiedene Ausprägungen wie unterschiedliche Ausgangslagen, Standorte, Bestandesformen oder Einzelmaßnahmen umfaßt, wie anhand der unten aufgeführten Veröffentlichungen belegt werden kann; so gesehen läßt die allgemein gehaltene Bezeichnung die Möglichkeit offen, verschiedene Aspekte unter dem Begriffsdach „Umbau“ unterzubringen, was nicht oder nur sehr schwer möglich wäre, wenn man sich nach einer exakten Begriffsdefinition richten müßte. So definiert THOMASIUS (1996) den Umbau mit „... planmäßigen Veränderungen von Forsten, die den naturgesetzlichen und gesellschaftlichen Erfordernissen nicht entsprechen nach adäquaten natürlichen Vorbildern (pNV) .....“ in sehr allgemeiner Form.

Wird versucht den Ursprung der Wortschöpfung Waldumbau zu hinterfragen, stößt man auf folgende Gedanken: Ähnlich wie in der Architektur spielen Form und Gestalt in der Forstwirtschaft eine entscheidende Rolle, wie in den äquivalenten Fachbezeichnungen „Hausbau“ und „Waldbau“ bereits anklingt (s. KELLER 1995). Die Wortschöpfung Waldumbau (oder speziell Fichtenumbau) dürfte aus „Umbau“ im Sinne von „anders bauen“ abgeleitet worden sein und taucht besonders in jüngster Zeit sehr häufig auf (GAYLER 1985, BERGWELT 1989, SEITSCHEK 1989, BURSCHEL 1990, KOCH 1990, BAYSTMINELF 1993, GOMMEL 1994, GEROLD 1995, ARENHÖVEL 1996, LEDER & WAGNER 1996, KORNPROBST 1996, TRAUBOTH UND KRAUSS 1996, MRAZEK 1997, SCHMIDT 1997, SINNER 1997); aber auch schon DOSTAL (1959) spricht von Waldumbau. Dagegen kennt das Forstlexikon von BUSSE aus dem Jahre 1930 den „Umbau“ offensichtlich noch nicht.

Wenn auch eine exakte Definition des Begriffes Umbau weder möglich noch sinnvoll ist, lassen sich folgende Kennzeichen des Umbaus herausstellen:

In erster Linie ist mit dem Waldumbau heute das Ziel verbunden, eine Änderung des Bestokkungsaufbaus von nicht standortsgerechten Nadelholzreinbeständen in naturnähere Mischbestände herbeizuführen. Mit Rücksicht auf die große Flächenrepräsentanz von reinen Fichtenbeständen handelt es sich vorwiegend um Fichtenumbau (vgl. BAYSTMINELF 1993, GOMMEL 1994 GEROLD 1995, KORNPROBST 1996), aber auch der Umbau von Kiefernreinbeständen spielt regional eine bedeutsame Rolle (SINNER & BRÜNNER 1989, ARENHÖVEL 1996, vgl. HOCHTANNER 1978).

Ergänzend hierzu ist zu bemerken, daß die neutrale Bezeichnung „Umbau“ nicht an Nadelholzreinbestände als Ausgangslage der Maßnahmen gekoppelt sein muß. Wenn HASEL (1985) die grundlegende Änderung der Baumartenzusammensetzung von Laubholz zu Nadelholz am Ende des 19. Jh. gleichfalls als „Umbau“ bezeichnet, so ist dies dahingehend aufzufassen, daß die Art des Waldumbaus von den sich verändernden gesellschaftlichen Anforderungen bestimmt wird, sei es vom Laubholz zum Nadelholz oder umgekehrt (s.a. WEIGER 1997).

Waren deshalb am Ende des vorigen Jahrhunderts wirtschaftliche Überlegungen bestimmend für den Umbau in Richtung Nadelholz, so verlangen das heute gestiegene Umweltbewußtsein (vgl. Kap. 1.3) in Verbindung mit der multifunktionalen Ausgestaltung des Waldes eine wieder verstärkte Annäherung an laubholzreiche Bestände, die der potentiellen natürlichen Vegetation näher stehen als die heutigen Ausgangslagen.

Angesichts der reinen Nadelholzbestände (mit höchstens geringer Mischbaumartenbeteiligung) als Ausgangslage sind aktive waldbauliche Maßnahmen zur Einbringung der erforderlichen Mischbaumarten notwendig, wodurch das mit dem „Umbau" zum Ausdruck kommende und den Waldbau allgemein kennzeichnende gestalterische Element hervortritt (s. OTTO 1995); im Gegensatz zu natürlichen Sukzessionsabläufen wird somit bei Umbaumaßnahmen durch künstliche Einbringung von Baumarten von außen Energie zugeführt (THOMASIUS 1992, vgl. KÖSTLER 1950 in BERNHART 1978).

Bezogen auf die Baumartenwahl geht es heute überwiegend um die Mischung von Fichten mit Laubholz (vorrangig Buche) und Tanne (GAYLER 1985, BURSCHEL 1987, AMMER 1988, GOMMEL 1994, GEROLD 1995).

Charakteristisch ist die Flächenwirksamkeit der Maßnahmen; deren Ausdehnung auf den gesamten bayerischen Staatswald (KOCH 1990) verlangt nach grundlegenden und übergeordneten Konzepten, die eine Vorstellung über den Ablauf von Umbaumaßnahmen vermitteln (BURSCHEL 1990).

Die waldbaulichen Einzelmaßnahmen reihen sich vollkommen in das Konzept des naturnahen Waldbaus ein, dem sich sämtliche Landesforstverwaltungen verschrieben haben (SCHMITT 1994, s.a. ARENHÖVEL 1996). Die forstpolitische Tragweite des „naturnahen Waldbaus" schlägt sich in waldbaulichen Programmen mit z.T. markanten Bezeichnungen wie „Wald 2000" der Landesforstverwaltung Nordrhein-Westfalen (SCHEIBLE 1996), „LÖWE" für die niedersächsische Landesforstverwaltung (LEDER & WAGNER 1996) oder „Ökoprogramm-Wald" für die thüringischen Landesforsten (ARENHÖVEL 1996) nieder. Mit den Merkmalen standortgerechte Baumartenwahl, Erhöhung der Umtriebszeit, langfristige, kleinräumig angelegte Verjüngungsverfahren, Ausnutzung von Naturverjüngungsmöglichkeiten, Erhöhung der Strukturvielfalt und Belassen von Totholz seien die wesentlichen Elemente einer naturnahen Waldbaurichtung aufgeführt (s. AMMER 1988, WALDENSPUHL 1990, ZUKRIGL 1992, ESSMANN 1993, MOSANDL 1993, MÜLLER 1994, OTTO 1994a, HENNIG 1996, SPELLMANN 1996, WEIGER 1996, DEUTSCHER FORSTVER. 1997); die angesprochenen Ziele kommen auch beim Umbau von Fichtenbeständen zum Tragen. Gleichzeitig bieten die Umbaumaßnahmen die Voraussetzung für die optimale Erfüllung verschiedener Waldfunktionen im Sinne eines umfassend verstandenen Nachhaltigkeitsprinzips (z.B. LEIBUNDGUT 1984, OESTEN 1993, SCHANZ 1995, RIPKEN 1997, WEIZSÄCKER 1997).

Von der ursprünglichen Konzeption her auf ältere Bestände beschränkt, wurde von Waldumbaumaßnahmen bislang nur in angehend hiebsreifen Beständen gesprochen, wobei die Maßnahmen vorratspfleglich über einen langandauernden Verjüngungsprozeß anzulegen waren (SEITSCHEK 1989). Verstärkt im letzten Jahrzehnt kam es jedoch zu einem gehäuften Auftreten abiotischer und biotischer Schadereignisse, die dazu zwangen, Verjüngungsmaßnahmen unplanmäßig in nicht hiebsreifen Beständen einzuleiten (vgl. Kap. 1.3; KOCH 1990, KORNPROBST 1996) Obgleich die labilen Verhältnisse in diesen Beständen langfristige und den Umbau im Grunde genommen auszeichnende Verjüngungsverfahren nicht zulassen, sind auch solche Sondersituationen Gegenstand von Umbauvorhaben (vgl. NEBE 1996). In diesem Zusammenhang ist zu beachten, daß die in den Forsteinrichtungsrichtlinien der Bayerischen Staatsforstverwaltung (BAYSTMINELF 1982) enthaltene Nutzungsart „Umbau" spezielle Verjüngungsmaßnahmen in Vornutzungsbeständen umfaßt.

Unter Umbau werden danach „Maßnahmen in nicht hiebsreifen, in der Regel unter U/2 (Anm. d. Verf.: U/2 bedeutet die Hälfte der Umtriebszeit) alten Beständen, die durch Naturereignisse (z.B. Schneebruch, Sturm), Krankheiten oder sonstige Einwirkungen (z.B. Immissionen) stark geschädigt wurden oder deren Bestockung nach Ausformung bzw. Funktionentauglichkeit in keinem Verhältnis zur standörtlichen Leistungskraft oder zu den örtlich ausgeschiedenen Vorrangfunktionen steht" verstanden. „In der Regel werden Verjüngungsmaßnahmen auf ganzer Fläche (UB) oder auf Teilflächen (UBT) erforderlich, wobei versucht wird, einen Teil der vorhandenen Bestockung zu übernehmen" (BAYSTMINELF 1982).

Der forsteinrichtungstechnische Umbaubegriff beschränkt sich auf Bestände jüngerer Entwicklungsstadien, die aufgrund der Schadenssituation die ihnen zugewiesenen Waldfunktionen nicht mehr in ausreichendem Maße erfüllen können und bereits vor Erreichen der halben Umtriebszeit zumindest auf Teilflächen verjüngt werden müssen, wobei die noch vorhandene Bestockung in den Folgebestand integriert werden soll. Ein typisches Beispiel sind stark durch Rotwild geschälte Fichtenjungbestände im Fichtelgebirge (OBERFORSTDIREKTION BAYREUTH 1992). Da sich die Nutzungsart „Umbau" auf die geschilderten Sonderfälle beschränkt und bei der Forsteinrichtungsaufnahme eher ausnahmsweise und dann regional konzentriert ausgeschieden wird, wurden die davon betroffenen Bestände nicht zur Untersuchung herangezogen.

Bezüglich der kleinräumigen Aufnahmen verschiedener Umbaustadien (s. Kap. 3-3) wurde der Umbaubegriff eingegrenzt auf Buchenvorbauten in hiebsreifen Fichtenbeständen. Zur Analyse von Umbaumaßnahmen im bayerischen Staatswald (s. Kap 3-2) und bei der Verprobung einzelner Forstämter (s. Kap. 3-4) wurden demgegenüber sämtliche Verjüngungsmaßnahmen in Nadelholzreinbeständen mit führender Fichte erfaßt.

Um möglicherweise auftretenden Mißverständnissen vorzubeugen, sei darauf hingewiesen, daß gewisse Verständnisschwierigkeiten dann auftauchen könnten, wenn die für den Umbau charakteristischen Ziele und Maßnahmen genannt werden, jedoch von Umwandlung oder Überführung die Rede ist (so bei LEIBUNDGUT 1984, MANTEL 1990, MLINSEK 1991). Beispielsweise sprechen WOHLFARTH (1961), WEIDENBACH (1988), OTT (1990), WALDENSPUHL (1990), RITTERSHOFER (1994) UND MOSER (1995) von der „Umwandlung eines Fichtenreinbestandes in einen Mischbestand" und verzichten auf den Terminus Umbau, obwohl dieser ohne Zweifel gemeint ist. Dies führt i.a. dann nicht zu Problemen, wenn aus dem Textzusammenhang eindeutig hervorgeht, daß es sich um den Umbau von Beständen handelt und nicht um bestimmte waldbauliche Betriebsarten, wie sie definitionsgemäß hinter den Bezeichnungen Umwandlung und Überführung stecken. Danach definieren BURSCHEL & HUSS (1987) mit Umwandlung die Beseitigung von Nieder- und Mittelwald zugunsten von künstlich begründetem Hochwald, und mit Überführung die Anwendung waldbaulicher Konzepte zur Erziehung vorhandener Niederwaldbestockung. Kaum Anlaß zu Mißverständnissen dürfte die Tatsache geben, daß eine Reihe von Autoren - wohl aus Gründen einer abwechslungsreichen Wortwahl - für den selben Sachverhalt abwechselnd die Begriffe Umbau, Umwandlung oder Überführung verwendet (so RITTERSHOFER 1994, ARENHÖVEL 1996, TRAUBOTH & KRAUSS 1996, SCHMIDT 1997).

2.2 Zur Beurteilung von Umbaumaßnahmen aus rechtlicher und forstpolitischer Sicht

Im Rahmen der mit einer naturnahen Forstwirtschaft verfolgten Ziele gehört es zu den vordringlichen waldbaulichen Aufgaben der Bayerischen Staatsforstverwaltung, Nadelholzreinbestände in Mischbestände umzubauen. Die naturnahe Waldbaurichtung stützt sich hierbei auf eine Reihe von gesetzlichen Vorgaben und darauf basierender Richtlinien, die sich mit der Waldbewirtschaftung auseinandersetzen. Im folgenden soll ein grober Überblick über die wesentlichen, den Umbau von Nadelholzreinbeständen tangierenden gesetzlichen Vorschriften gegeben werden (vgl. BERNHART 1978, SEITSCHEK 1986, SCHREYER 1996).

Auf der Grundlage des Bundeswaldgesetzes (s. § 1 BWaldG zur multifunktionalen Ausrichtung der Waldbewirtschaftung, § 6 zu den Aufgaben und Grundsätzen der forstlichen Rahmenplanung und § 11 BWaldG zur ordnungsgemäßen und nachhaltigen Bewirtschaftung) als forstliche Rahmenplanung hat das Waldgesetz für Bayern (BayWaldG) in Art. 1 folgende Ziele herausgestellt, die den Umbau von Fichtenbeständen unmittelbar betreffen:

"einen standortgemäßen Zustand des Waldes... wiederherzustellen" (Ziff. 2),

„die Schutzfähigkeit des Waldes zu sichern und zu stärken“ (Ziff. 3),

„die Erholung der Bevölkerung im Wald zu ermöglichen und die Erholungsmöglichkeit zu verbessern, ..." (Ziff. 5).

Der Kommentar zum Bayerischen Waldgesetz (ZERLE et al. 1991) betont zu den Ziffern 2 und 3: "Der standortgemäße Wald wird zwar grundsätzlich verhältnismäßig naturnah sein müssen, standortgemäß ist aber nicht identisch mit natürlich. Das Streben nach dem nachhaltig höchstmöglichen Reinertrag wird durch das Gesetzesziel nicht ausgeschlossen.“ „Standortgemäßer Wald ist nicht gleich Mischwald (in Bayern gibt es Gebiete, wo Nadelwald oder Laubwaldbestände von Natur aus heimisch sind). Verbreitet sind aber auch Standorte, auf denen Nadelwald- oder Laubwaldbestände vorherrschen können ohne daß gegen die Gebote des Standorts verstoßen wird“ (Erl. Nr. 8 b). „Die Berücksichtigung der Standortverhältnisse führt zwangsläufig zu einem mannigfaltigen Waldaufbau. Das Streben nach einem standortgemäßen Wald ist dem Staatswald zwingend vorgeschrieben“ (Art. 3 Abs. 1 Nr. 2 und Abs. 2).

„Jedoch auch heute noch ist der Nadelholzanteil am Wald entscheidend für den Waldertrag. Die Natur hat den Nadelhölzern - speziell in Bayern - ein weites Verbreitungsgebiet verschafft, das freilich durch menschliche Einflußnahme, aber immer unter Beachtung der Nachhaltigkeit, weiter vergrößert wurde. Viele ausschließlich für die Allgemeinheit wichtige Schutzfunktionen wie Lärmschutz, Sichtschutz, Klimaschutz und Schutz vor Luftverunreinigungen kann "nur" der Nadelwald oder der nadelholzreiche Wald erfüllen. Diese Gesichtspunkte sollten bei aller begründeten Kritik an Nadelbaumreinbeständen nicht außer acht gelassen werden“.

Über die in Art. 14 Abs. 1 BayWaldG allen Waldbesitzern auferlegte Verpflichtung, "den Wald sachgemäß zu bewirtschaften und vor Schäden zu bewahren" hinaus werden in Art. 18 BayWaldG die Vorbildfunktion des Staatswaldes und die sich daraus für die mit der Bewirtschaftung betrauten Behörden ergebenden speziellen Ziele hervorgehoben:

"... insbesondere standortgemäße, gesunde, leistungsfähige und stabile Wälder zu erhalten oder zu schaffen“ (Abs. 1). ... ferner

„die Schutz-und Erholungsfunktion des Waldes zu sichern und zu verbessern sowie bei allen Maßnahmen die Belange des Naturschutzes, der Landschaftspflege und der Wasserwirtschaft zu berücksichtigen“ (Abs. 1 Ziff. 2; vgl. auch Art. 2 Abs. 1 BayNatschG).

„die Holzerzeugung möglichst zu steigern, die hierzu erforderlichen Holzvorräte zu halten, die Walderzeugnisse nach wirtschaftlichen Grundsätzen zu verwerten“ (Abs. 1 Ziff. 2) und

„den Wald vor Schäden zu bewahren" (Abs. 1 Ziff. 3).

Die Rangordnung der Ziele ergibt sich aus den örtlichen Bedürfnissen und den Zielvorgaben der Waldfunktionspläne, wobei im Falle von Zielkonflikten grundsätzlich die am allgemeinen Wohl orientierten Belange Vorrang genießen. Aber auch wenn das Ziel der Holzerzeugung nicht durch andere Vorrangfunktionen eingeschränkt ist, sind die anderen Funktionen und Belange stets zu berücksichtigen (Art. 18 Abs. 1 BayWaldG, BAYSTMINELF 1982).

Die Bewirtschaftung des bayerischen Staatswaldes richtet sich nach den Richtlinien für die mittel- und langfristige Forstbetriebsplanung (BAYSTMINELF 1982). Aus den darin festgelegten allgemeinen Wirtschaftsgrundsätzen (Gemeinnützigkeit, Nachhaltigkeit und Wirtschaftlichkeit) sind spezielle Wirtschaftsgrundsätze abgeleitet worden, die sich unmittelbar auch auf den Umbau von Nadelholzreinbeständen auswirken:

- Standortgemäße Wälder: Aus Gründen des Umweltschutzes und der Landespflege sind gesunde und möglichst vielfältige Wälder unter Ausnutzung der Vielfalt der Waldstandorte anzustreben.
- Gesunde Wälder: Der naturnahe Mischwald einschließlich Gastbaumarten kann auf vielen Standorten die Waldfunktionen bestmöglich erfüllen. Naturwidrige Reinbestände auf größeren Flächen sind zu vermeiden.
- Stabile Wälder: Auf die Stabilität ist u.a. durch frühzeitige Waldpflege besonderer Wert zu legen, wobei der Schalenwildeinfluß die Walderneuerung nicht behindern darf.

- Leistungsfähige Wälder: Der Rohstoff Holz ist in möglichst großer Menge und von hohem Wert zu erzeugen, wobei auf eine verbesserte Bodenkraft besonderer Wert zu legen ist.

Die speziellen Wirtschaftsgrundsätze haben zu Richtlinien als konkrete Handlungsanweisungen für die waldbauliche Einzelplanung geführt:

- „Der vorhandene Laubwald ist ...... möglichst zu vermehren, vor allem in Gebieten mit ausgedehnten Nadelreinbeständen, ..“
- „langfristige Verjüngungsverfahren mit Naturverjüngung sind bei geeigneter Ausgangslage, ..., zu bevorzugen“
- „femel- und plenterartige Aufbauformen sind bei ensprechenden Voraussetzungen, insbesondere in Schutz-und Erholungswäldern, anzustreben“
- „durch entsprechende Baumartenwahl unter Beteiligung wuchskräftiger Gastbaumarten und zielgerichtete Waldpflege, insbesondere in den Jungbeständen, ist sicherzustellen, daß wertvolle, stabile und ertragreiche Waldbestände heranwachsen“
- „alle Möglichkeiten der "Biologischen Rationalisierung" sind zu nutzen, insbesondere durch entsprechende Hiebsführung, pflegeleichte Verjüngungsgrundrisse, Wahl zusammenpassender Mischbaumarten und deren zeitlich abgestufte Einbringung“
- „bei allen Eingriffen in den Wald sind nachteilige Auswirkungen auf das Landschaftsbild, insbesondere durch schroffe Bestandesgrenzen in Hanglagen, möglichst zu vermeiden“ (BAYSTMINELF 1982).

Auf der Grundlage der dargelegten gesetzlichen Vorschriften und verwaltungsinternen Handlungsanweisungen hat die Bayer. Staatsforstverwaltung waldbauliche Richtlinien herausgegeben, in denen der Umbau von Fichtenbeständen besondere Beachtung findet.

2.3 Das Umbaukonzept der Bayerischen Staatsforstverwaltung

Wird der von Seiten des Naturschutzes in jüngster Zeit verstärkt geäußerten Kritik an dem großflächigen Auftreten unbefriedigender Nadelholzreinbestände Glauben geschenkt, und werden gleichzeitig die eben dargelegten gesetzlichen Vorschriften und waldbaulichen Handlungsanweisungen in Betracht gezogen, so können die beklagenswerten Zustände im Prinzip nur darauf zurückgeführt werden, daß die nicht dem Ziel entsprechenden Nadelholzreinbestände nicht oder nicht im notwendigen Umfang in naturnähere Mischbestände umgebaut wurden. Das Erscheinungsbild einer Vielzahl von Fichtenreinbeständen widerspricht jedoch diesem Gedanken: Nicht selten vermitteln Laubholz- und Tannenvoranbauten unter dem Schirm der Altfichten ein völlig anderes Waldbild, als der Blick von außen oder gar von oben aus dem Flugzeug (vgl. PLOCHMANN 1989) hätte erwarten lassen.

Freilich kann mit solchen subjektiven Eindrücken der in Kap. 1.3 genannten Kritik von Naturschutzseite nicht wirksam begegnet werden. Um so dringlicher erwächst daraus die Notwendigkeit, die bis zum jetzigen Zeitpunkt erfolgten und vielerorts sichtbaren Umbaubemühungen auf der Grundlage nachvollziehbar aufbereiteter Daten zu quantifizieren. Das möglicherweise nur scheinbare Vollzugsdefizit könnte somit darin begründet liegen, daß bereits durchgeführte Umbaumaßnahmen von außen offensichtlich nicht gesehen werden (vgl. AMMER 1988) oder in der Auswirkung auf den künftigen Bestockungsaufbau nicht erkannt werden (s. SCHÜTZ 1990, ZUKRIGL 1992, OTT 1995), denn: Obwohl der mehr oder weniger reine und einschichtig aufgebaute Fichtenaltbestand dem Waldbestand noch das systemprägende Erscheinungsbild verleiht, müssen die unter dem Altfichtenschirm oft schon vorhandenen Laubholz- und Tannenvorbauten bereits jetzt zu der Feststellung führen, daß die künftige Bestockung eine stark veränderte Baumartenzusammensetzung aufweisen wird. In solchen Beständen treffen die heute beklagten Ausgangszustände schon nicht mehr zu.

2.3.1 Bisherige Umbauanstrengungen

Bereits seit dem Ende des vorigen Jahrhunderts ist es das Ziel der Forstwirtschaft und Forstwissenschaft, den standortgemäßen Zustand der Wälder wiederherzustellen (BURSCHEL 1987, HUSS 1987). Im Laufe des letzten Jahrhunderts lassen sich drei Mischwaldperioden voneinander abgrenzen (vgl. DEUTSCHER FORSTVER. 1997): der erste Versuch am Ende des 19. Jh. scheiterte an den Widerständen der Bodenreinertragslehre, der erfolglose zweite Versuch in den 20-er und 30-er Jahren geht vor allem auf einsetzende Autarkiebestrebungen (SPELLMANN 1995) und überhöhte Schalenwildbestände zurück, die in den kriegsbedingten Krisenjahren von 1914 - 1949 zur vermehrten Begründung der gegenwärtig mittelalten Nadelbestände führten. Damals waren politische Zielvorgaben und "Gebote der jeweiligen Zeit" maßgebend für die Behandlung des Waldes (Erl Nr. 8 b zu Art. 1 BayWaldG aus ZERLE et al. 1991, s.a. SPEER 1982).

Die derzeitige dritte Mischwaldperiode verspricht dagegen erfolgreicher zu werden (HUSS 1987). Für den bayerischen Staatswald kann eine Intensivierung dieser Bewegung spätestens seit Mitte der 70-er Jahre beobachtet werden (SEITSCHEK 1991), wobei zahlreiche eindrucksvolle Beispiele (bis zu 40-jhg. Buchengruppen in Fichtenreinbeständen in den Forstämtern Biburg, Schernfeld oder Ebersberg) belegen, daß die Anfänge bereits in die 50-er und 60-er Jahre dieses Jh. zurückgehen (s.a HEHN 1993).

Zur Verdeutlichung dieser Entwicklung können folgende Zahlen herangezogen werden: im bayerischen Staatswald ist in den zur Verjüngung eingereihten Beständen auf 22000 ha Laubbaumvorausverjüngung und auf 2000 ha Tannenvorausverjüngung vorhanden. Der als Vorausverjüngung gespeicherte Verjüngungsvorrat liegt damit 5- bis 6-mal so hoch wie die Verjüngungsfläche, die pro Jahr neu hinzukommt. Ungefähr die Hälfte der jährlichen Neukulturfläche entfällt auf Voranbauten in Nadelholzreinbeständen, davon ca. 1500 ha in Fichten- und 500 ha in Kiefernbeständen. Die verstärkte Ausnutzung natürlicher Verjüngungsabläufe in den letzten Jahren macht sich bemerkbar im Naturverjüngungsanteil, der im Zeitraum von etwa 1970-1990 von 20% auf 50% angewachsen ist (SEITSCHEK 1991, BAYSTMINELF 1993).

2.3.2 Umbauverfahren in Fichtenbeständen

In eingängiger und prägnanter Form kann das waldbauliche Verfahren beim Umbau von Fichtenbeständen im Zuge von Verjüngungsmaßnahmen anhand der nachfolgenden Merkmale charakterisiert werden; sie stützen sich im wesentlichen auf die „Waldbaulichen Grundsätze zur Behandlung der Fichte im bayerischen Staatswald" (s. BAYSTMINELF 1993):

- Auf der Grundlage der forstlichen Standortkartierung sind klare Ziele in bezug auf die an der künftigen Bestockung zu beteiligenden Mischbaumarten und deren Anteile zu entwickeln (s.a. HUSS 1987).

- Ausgehend von der regionalen natürlichen Waldzusammensetzung Bayerns ist die Buche die wichtigste Baumart beim Umbau. Sie soll mit Anteilen von mindestens 25 bis 30% am künftigen Hauptbestand beteiligt sein. Nur so ist eine ausreichende stabilisierende und bodenpflegliche Wirkung sichergestellt, wobei die Einbringung hauptständig geplanter Buche, ebenso wie die Einbringung von Tanne, mindestens in Gruppengröße (vgl. HUSS 1987) zu erfolgen hat. Die Größe und der Wuchsvorsprung einzelner Buchen- bzw. Tannenvorbauten richten sich nach der standörtlichen Konkurrenzkraft der Schattbaumarten gegenüber der Fichte.

- Der Umbau soll von bereits vorhandenen natürlichen Verlichtungen und standörtlichen Problembereichen ausgehen und - räumlich geordnet und gruppenweise - im buchtigen Saumfemelschlag erfolgen, wobei stabile Bestockungsglieder als kollektives Stützgerüst nach Möglichkeit zu belassen sind.

- Die zum Umbau anstehenden Fichtenbestände sind zielgemäß und rechtzeitig (Wuchsvorsprung!) mit standortgerechten Laubbaumarten und Tanne voranzubauen. BURSCHEL (1987) veranschlagt auf besseren Standorten einen Wuchsvorsprung der Schattbaumarten gegenüber der Fichte von zwei bis max. vier Metern. Dies setzt langfristig angelegte Verjüngungsverfahren voraus, die nur bei der Einbringung von Eiche und Edellaubhölzern entsprechend dem höheren Lichtbedarf dieser Baumarten einen schnelleren Verjüngungsfortschritt verlangen. Naturverjüngungsmöglichkeiten sollen ausgenutzt werden, wobei im Falle der Fichte ein besonderes Augenmerk auf eine zu rasche Entwicklung von Fichtennaturverjüngung gelegt werden muß. Die Steuerung des Bodenlichtes über den Beschirmungsgrad gewährleistet hierbei ein differenziertes Aufwachsen der Fichtenverjüngung in lockerer Verteilung. Sich häufig einstellende Weichlaubhölzer sind in bemessenem Umfang als Treibhölzer zu belassen.
- Die Zäunung von Voranbauten in Umbaubeständen ist auf das unbedingt notwendige Maß zu beschränken, was eine Reduktion überhöhter Schalenwildbestände voraussetzt.

Darüber hinaus sind für die künftige Beteiligung der Fichte im bayerischen Staatswald folgende Gesichtspunkte maßgebend:

- Die Fichte soll nur noch auf geeigneten frischen Standorten in bestandesbestimmendem Umfang verjüngt werden. Anmerkung: Auch Standorte der Wasserhaushaltsstufe "mäßig frisch" sind als frische Standorte zu bezeichnen (WALDHERR, mdl. Mitt.). In erster Linie scheiden daher stark wechselfeuchte und trockene Standorte aus.
- Abgesehen von Sonderstandorten und Hochlagenbeständen, wo die Fichte auch von Natur aus rein vorkommt, werden grundsätzlich Mischbestände angestrebt.
- Eine entsprechende Pflege der Fichte zur Erzielung langer Kronen soll das vorrangig anzustrebende Ziel "Stabilität" sicherstellen.

2.4 Derzeitiger Kenntnisstand und Zielsetzung des Forschungsvorhabens

2.4.1 Kenntnisstand

Speziell zu den waldökologischen Auswirkungen von Umbaumaßnahmen in Nadelholzreinbeständen - insbesondere hinsichtlich der Vorzüge der Laubholzeinbringung in Fichtenreinbestände - existieren bislang nur unzureichende forstwissenschaftliche Erkenntnisse.

Bis jetzt vorliegende Untersuchungsbefunde, die sich mit der Mischbestandesfrage auseinandersetzen, sind vorwiegend ertragskundlich orientiert und reihen sich damit in die umfangreiche und auf bereits mehr als 100 Jahre zurückblickende Analyse und Auswertung ertragskundlicher Weiser- und Versuchsflächen ein (WIEDEMANN 1942, KENNEL 1965, NÜSSLEIN 1993, RÖHLE 1995).

Die in geringerem Umfang vorliegenden waldökologischen Untersuchungen beschäftigen sich fast ausschließlich mit den Auswirkungen auf den Standort (z.B. METTIN 1985 und 1986, WEBER et al. 1993).

Ohne den Anspruch der Vollständigkeit erheben zu wollen, sollen dem hier verfolgten Forschungsansatz zunächst die wichtigsten Kenntnisse zur Mischbestandesfrage - soweit es die Mischung von Fichten mit Buchen angeht - in skizzenhafter Form vorangestellt werden.

• standörtlich:

Es wird angenommen, daß Mischungen der Baumarten Fichte und Buche gegenüber Reinbestandesformen beider Baumarten besser in der Lage sind, den Boden aufzuschließen; die Ursachen hierfür werden in der günstigen Kombination der unterschiedichen Wurzeltrachten (Senkerwurzelsystem bei der Fichte, Herzwurzelsystem bei der Buche) gesehen (KÖSTLER et al. 1968, BONNEMANN 1970). SCHÜPFER (1917) führt aus, daß die Buche im Mischbestand die Wurzelausbildung der Fichte dahingehend begünstigt, daß sich die Fichtenwurzeln mehr in die Tiefe entwickeln als dies im Fichtenreinbestand zu beobachten ist; dadurch wird die im Reinbestand häufig festzustellende starke Ausbildung von Moosen und Rohhumus weitgehend verhindert. Abgesehen von Pseudogleystandorten, auf denen die Fichte mangels ausreichender Sauerstoffversorgung auch im Mischbestand ausgesprochen flach wurzelt (BONNEMANN 1970), ist die Wurzelentwicklung der Fichte besonders dann tiefgehend, wenn die Buche der Fichte von frühester Jugend an beigemischt ist (GAUER 1917). Weitgehend ungeklärt sind aber Aspekte bezüglich der Art und Menge der Buchenbeimischung.

Erstmals beschäftigten sich WEBER et al. (1993) mit den Auswirkungen auf den chemischen Bodenzustand beim Vergleich von Fichtenreinbeständen und Beständen, die sich in der Überführungsphase von Fichtenreinbeständen in naturnahe Mischbestände befinden. Erste positive Effekte, die von den beigemischten Baumarten herrühren, äußern sich in einer Anhebung des pH-Wertes und in einer besser zersetzbaren Streu. Aus dem sich entwickelnden stufigen Bestandesaufbau der Überführungsphasen wird ein verbessertes Bestandesinnenklima sowie ein ausgeglichener und stetiger Nährstoffkreislauf abgeleitet. Insgesamt gesehen ist jedoch - wie REHFUESS (1990) in einer zusammenfassenden Darstellung berichtet - eine Verschlechterung des Bodengefüges durch Fichtenreinanbau nicht nachgewiesen; eine langsame Degradation des Oberbodens unter Fichte konnte lediglich auf schwach gepuffertem Substrat beobachtet werden (s.a. PÖPPINGHAUS 1990, vgl. AUCLAIR 1983).

Zu den bodenphysikalischen und -chemischen Auswirkungen von Mischbestockungen aus Fichte und Buche im Vergleich zu reinen Beständen beider Baumarten führten KVAPIL & NEMEC (1925) Untersuchungen in Böhmen durch. Folgende wesentliche Ergebnisse können herausgestellt werden: Die Zersetzungsbedingungen im Mischbestand sind besser als im Fichtenreinbestand; die Versauerung der Humusauflage ist unter reiner Fichte höher als die des Mineralbodens; im Mischbestand ist dieser Unterschied deutlich geringer, im reinen Buchenbestand sind keine Unterschiede zu beobachten; die stärkste Nitrifikation ist im Mischbestand festzustellen.

Nach METTIN (1985) ergibt sich eine spürbar günstige Wirkung auf die Zersetzungsfähigkeit des Humus in Mischbeständen erst ab einem Buchenanteil von über 40%. GANSSEN (1934) konnte nachweisen, daß die Menge des Auflagehumus von reiner Fichte über den Mischbestand hin zu reiner Buche stark abnimmt, wobei sich die Verhältnisse im Mischbestand eher an diejenigen der reinen Buche anlehnen.

Von WIEDEMANN (1942) in Nord- und Mitteldeutschland durchgeführte bodenkundliche Vergleiche zwischen über 90-jhg. Rein- und Mischbeständen aus Fichte und Buche kamen zu dem Ergebnis, daß der Humus unter reiner Fichte nicht nur dichter gelagert, sondern auch merklich saurer ist. Dagegen waren zwischen Fichtenreinbestand und Mischbestand nur geringfügige Unterschiede festzustellen, die nahezu ausschließlich die Humusverhältnisse betrafen, während im oberen Mineralboden keine Unterschiede mehr erkennbar waren. Auf EVERS (1967) zurückgehende bodenkundliche Analysen im schwäbischen und fränkischen Wald konnten nachweisen, daß Reinbestände aus Fichte Mischbeständen aus Fichte und Buche im C/P und C/Ca- Verhältnis nur dann unterlegen waren, wenn das Substrat als ausgesprochen sauer eingestuft wurde; dagegen ließen nährstoffreichere Verhältnisse keinen zwischen Rein- und Mischbeständen abweichenden Befund zu.

In den Forstämtern Freising und Schongau konnte METTIN (1985) für die den Buchen benachbarten Fichten in einem Fichten-Buchen-Mischbestand ein besonders üppiges Wachstum infolge verbesserter Nährelementbilanz nachweisen. Er führt diesen Effekt auf die düngende Wirkung der Fichte durch benachbarte Buchenstreu zurück und folgert daraus, daß eine flächenhafte Düngungswirkung für die Fichte nur mit 30-40% intensiver (flächige Verteilung des Laubholzes in kleinen Einheiten) Laubholzbeimischung erzielt werden kann.

- stabilitätsbezogen

Ohne schon mit wissenschaftlichen Untersuchungen aufwarten zu können, stellen bereits GAYER (1896) und HUNDT (1917) aufgrund eigener forstlicher Erfahrungen die höhere Stabilität von Misch- gegenüber Reinbeständen auf gleichem Standort heraus. Dies gilt um so mehr, je besser sich die beteiligten Nadel- und Laubholzarten ökologisch ergänzen, wie es auf die Mischung von Nadel- und Laubholz oder Tief- und Flachwurzlern in günstiger Weise zutrifft (BURSCHEL & HUSS 1987, ZIMMERMANN 1988). Speziell in der Beimischung der Buche zur Fichte wird ein positiver Effekt für die ökologische Stabilität aufgrund des verbesserten Strukturgefüges gesehen verbunden mit einer erhöhten Widerstandsfähigkeit gegenüber Schnee und Sturm (SCHMIDT-VOGT 1983, WEIDENBACH 1985, s.a. RIEGER 1970). In die gleiche Richtung zielen die Überlegungen SCHREYERS (1991), wonach stufig aufgebaute Mischbestände weniger gefährdet sind als einstufige Reinbestände dank der besseren Verankerung der Fichte im Mischbestand.

Aus sehr sorgfältigen und umfangreichen Literaturauswertungen von ROTTMANN (1985, 1986) zum Einfluß der Schadfaktoren Wind sowie Schnee und Eis werden folgende Schlußfolgerungen gezogen: Gegenüber Wind sind Laubholzbestände und Mischbestände weniger anfällig als Reinbestände, besonders der Baumart Fichte, wobei diese Erkenntnis nicht immer gilt, weil Standort, Relief oder Windenergie den positiven Effekt überlagern können. Gegenüber Schneebruch zeigen sich Kiefer und Fichte deutlich anfälliger als andere Baumarten; in Mischbeständen weist die Baumart mit der größten Mischungsform (zusammenhängende Fläche aus einer Baumart) auch die größten Schäden auf, wobei die Stangenholzphase regelmäßig am stärksten betroffen ist. Sehr geringe Buchenanteile in Fichtenbeständen einerseits wie auch sehr hohe Buchenanteile andererseits ziehen offensichtlich ein erhöhtes Schneebruchrisiko nach sich.

- ertragskundlich

Längerfristig und eingehender als andere Disziplinen hat sich das ertragskundliche Versuchswesen mit der Mischbestandesfrage auseinandergesetzt (ALBRECHT 1990). Untersuchungen aus der Schweiz von FLURY (1926, 1931) messen Mischbeständen aus Fichte und Buche einen überwiegend höheren, mindestens aber gleich hohen Zuwachs bei wie standörtlich vergleichbaren Reinbeständen, sofern die beteiligte Buchenmasse 30% nicht überschreitet. Entgegen der Zuwachsentwicklung liegen die Mischbestandesvorräte allerdings unter den Reinbestandesvorräten (s.a. ROTHE 1997). WIEDEMANN (1942) führte Erhebungen an verschiedenen Mischbestandestypen von Fichte und Buche durch und konnte auf der Grundlage seiner Ergebnisse drei Ertragstafeln für Fichten-Buchen-Mischbestände entwickeln. Auf Standorten, auf denen die Buche der Fichte im Wachstum ebenbürtig ist, liegt zwar der Volumenzuwachs des Mischbestandes ähnlich hoch wie im Fichtenreinbestand, der Vorrat dagegen bleibt infolge der Entnahme einer großen Anzahl herrschender Fichten zugunsten der Buchenanteile deutlich hinter dem Fichtenreinbestand (für die Ertragstafel „mäßige Durchforstung“) zurück; ein vergleichbarer Trend ist auf Standorten mit mattwüchsiger Buche zu beobachten, wobei sich das Vorratsniveau dem Reinbestand annähert.

Gleichfalls Rein- und Mischbestände aus Fichte und Buche heranziehend, analysierte KENNEL (1965) die Struktur- und Zuwachsverhältnisse. Selbst bei einem Altersvorsprung von bis zu 20 Jahren kann die Buche in fortgeschrittenen Entwicklungsstadien mit der Fichte im Höhenwachstum nicht mehr mithalten und bleibt folglich im Baumholzalter um bis zu 5 m zurück. Bei zeitlich verzögerter Entwicklung des Höhen- und Volumenwachstums im Mischbestand gegenüber dem Reinbestand liegt der anteilige Zuwachs der Fichte im Mischbestand im Mittel um 16% höher als im Reinbestand (bei der Buche ist er um 13% geringer als im Reinbestand). KENNEL führt diese Beobachtung auf Erkenntnisse von ASSMANN (1961) zurück, denen zufolge die unterschiedlichen Lichtbedürfnisse der Schattbaumart Buche und der Halbschattbaumart Fichte eine höheres Holzvolumen gewährleisten als in vergleichbaren Reinbeständen. Bezüglich der Kronenansätze hat sich gezeigt, daß beide Baumarten im Mischbestand längere Kronen aufweisen als im Reinbestand.

Intensiv hat sich PETRI (1966) mit der Standraumregulierung in Mischbeständen befaßt und sieht darin ein Problem der Waldpflege, das die forstliche Wirtschaftsführung ständig begleitet. Im Rahmen der in Fichten-Buchen-Mischbeständen auf unterschiedlichen Standorten durchgeführten Erhebungen setzt PETRI einleitend voraus, daß die Mischungsform der beteiligten Mischbaumart gewährleisten muß, daß mindestens ein Oberhöhenstamm (Baum aus der herrschenden Schicht) das Erntealter erreicht (s.a. HEHN 1993). Detaillierte Analysen der horizontalen und vertikalen Struktur führten zu der Erkenntnis, daß die Mischungsform der beizumischenden Baumart um so größer sein muß, je geringer deren Alter und Wachstum im Vergleich zur „anderen" Baumart ausfällt; allerdings hält PETRI (1966) Mischungen, bei denen der Alters- und Ertragsklassenunterschied zwischen Fichte und Buche sehr groß ist angesichts der hohen Pflegeintensität für unwirtschaftlich. Aus den Standraumanalysen können darüber hinaus Vorstellungen abgeleitet werden, wie sich Mischbestandesstrukturen auf unterschiedlichen Standorten erziehen lassen.

2.4.2 Zielsetzung des Forschungsvorhabens

Es wurde deutlich, daß die bisher auf dem Gebiet der Mischbestandesanalysen, speziell soweit es die Mischung von Fichte und Buche betrifft, erzielten Erkenntnisse in erster Linie die ertragskundliche und die bodenkundlich-standörtliche Seite abdecken. Von besonderer Wichtigkeit ist die Beobachtung, daß sich die Untersuchungen jeweils auf Bestandesformen vergleichbaren Alters oder vergleichbaren Entwicklungsstadiums sowie auf bestimmte Standorte beziehen. Aus dem induktiven Methodenansatz dürfen daher keine allgemein gültigen Erkenntnisse abgeleitet werden. Verschiedene positive Auswirkungen, die dem Fichten-Buchen-Mischbestand gegenüber den Reinbestandesformen beider Baumarten (vor allem gegenüber dem Fichtenreinbestand) attestiert werden, können überdies nicht mit wissenschaftlichen Untersuchungen belegt werden, beruhen sie doch allein auf forstlichem Erfahrungsschatz oder auf Analogieschlüssen des Verhaltens von Fichte und Buche im Reinbestand.

Zunehmend an Aufmerksamkeit gewinnende waldökologische Mischbestandesuntersuchungen stecken dagegen erst in den Anfängen der forstlichen Forschung (s. PARVIAINEN 1995, FELDMANN et al. 1996). Erste Ergebnisse aus Untersuchungen am Lehrstuhl für Landnutzungsplanung und Naturschutz der LMU München (AMMER 1992, AMMER et al. 1995, AMMER 1995) sprechen naturnah bewirtschafteten Wäldern auf vergleichbarem Standort ein ähnliches Artenpotential zu wie ungenutzten Beständen.

Die Langfristigkeit als herausragendes Charakteristikum der forstlichen Produktion (SPELLMANN 1996) bedingt, daß ein „Umbau“ vom Fichtenreinbestand zu einem Fichten-Buchen-(Tannen)-Mischbestand erst nach mehreren Jahrzehnten vollzogen ist. Etwa 100 Jahre vergehen, bis der Folgebestand ein Entwicklungsstadium erreicht hat, das vom Alter her vergleichbar wäre mit dem ehemaligen Fichtenausgangsbestand. Angesichts dieser Tatsache ist die Beantwortung der Frage, ob durch Laubholz- und Tannenvoranbau unter dem Schirm von Altfichten nicht schon nach wenigen Jahrzehnten positive Effekte auf Flora, Fauna und Waldstruktur erzielt werden können, außerordentlich dringlich und von fundamentaler Bedeutung für die derzeit untersuchten waldökologischen Forschungsfelder.

Die bisher angestellten Überlegungen haben herausgestellt, daß die in Nadelholzreinbeständen durchgeführten Umbaumaßnahmen von Vertretern des Naturschutzes selten anerkannt werden. Abgesehen davon, daß die unter dem Schirm der Altbäume angelegten, moderaten und langfristigen Umbauten von außen oft nicht sichtbar sind, dürfte die aufgezeigte Diskrepanz zwei wesentliche Ursachen haben:

Nachvollziehbar aufbereitetes Datenmaterial über den Umfang bisheriger Umbaumaßnahmen in Fichtenbeständen liegt - wenn überhaupt - nur in einzelnen Forstbetrieben vor; dagegen ist die Situation für größere Naturräume oder für den gesamten bayerischen Staatswald bisher nicht quantifiziert worden.

Ob sich Laubholz- und Tannenvorbauten unter dem Schirm reinen Nadelholzes bereits nach wenigen Jahrzehnten unter faunistisch-ökologischen Aspekten positiv auswirken, kann bislang nicht wissenschaftlich untermauert werden (vgl. FELDMANN et al. 1996).

In Anbetracht der erheblichen finanziellen Aufwendungen, die mit den durchgeführten und noch zu leistenden Maßnahmen verbunden sind, ist ein Beitrag zur Schließung der aufgezeigten Forschungslücke unverzichtbar. Darüber hinaus kann mit der waldökologischen Untersuchung von Umbaumaßnahmen ein wichtiges Bindeglied in die Informationskette eingebaut werden, die seit mehreren Jahren mit der Untersuchung ökologischer Zusammenhänge in Naturwaldreservaten und vergleichbaren Wirtschaftswaldflächen aufgebaut wurde (ALBRECHT 1990, SCHULZ 1996).

Der im Kap.1.3 umrissene Problemkreis hat die Schwierigkeiten aufgezeigt, die heute mit der Fichtenreinbestandeswirtschaft verbunden sind und hat zudem die Kritik deutlich werden lassen, die von Seiten des Naturschutzes in bezug auf die waldökologische Situation in Nadelholzreinbeständen an die Bewirtschafter des Waldes herangetragen wird.

Bereits seit mehreren Jahrzehnten ablaufende Maßnahmen zum Umbau von Fichtenreinbeständen in Mischbestände (s. Kap. 2.3.1) machen auf der anderen Seite deutlich, daß die beklagenswerten Zustände mit hoher Wahrscheinlichkeit großflächig schon nicht mehr zutreffen, weil der künftig stark veränderte Bestockungsaufbau schon jetzt an der Baumartenzusammensetzung der unter dem Altbestandesschirm aufwachsenden Vorausverjüngung ablesbar ist.

Die Dringlichkeit der waldökologischen Erforschung von Umbaumaßnahmen ergibt sich jedoch nicht nur aus der Diskrepanz zwischen der geäußerten Kritik und den tatsächlich bereits erfolgten Maßnahmen, sondern darüber hinaus aus dem unzureichenden Kenntnisstand im waldökologischen Forschungsbereich, speziell was die Einbringung von Laubholz in Nadelholzreinbestände im Rahmen von Umbaumaßnahmen anbelangt (s. Kap. 2.4, vgl. a. SPEICH & WALDENSPUHL 1991, STURM 1995).

Das vorliegende Forschungsvorhaben hat sich deshalb zum Ziel gesetzt, den Umbau von Fichtenbeständen unter waldkundlich-faunistischen Fragestellungen zu beleuchten. Moderne und fortschrittliche Waldforschung zeichnet sich in zunehmendem Maße dadurch aus, daß interdisziplinäre Forschungsansätze verfolgt werden (s. FELDMANN et al. 1996). Dem Wunsch nach einer umfassenden Analyse von Umbaumaßnahmen in Fichtenbeständen nicht nur aus waldökologischer (waldkundlich-faunistisch und bodenkundlich) sondern auch aus betriebswirtschaftlicher Sicht wurde Rechnung getragen mit einem Forschungsvorhaben, an dem drei Lehrstühle der Forstwissenschaftlichen Fakultät der Universität München beteiligt sind: Lehrstuhl für Landnutzungsplanung und Naturschutz (faunistisch-waldkundlicher Forschungsansatz), Lehrstuhl für Bodenkunde und Standortslehre (bodenkundlicher Forschungsansatz) und Lehrstuhl für Forstliche Wirtschaftslehre (betriebswirtschaftlicher Forschungsansatz).

Der am Lehrstuhl für Landnutzungsplanung zu bearbeitende waldkundlich-faunistische Forschungsansatz hat sich mit den nachfolgend aufgeführten Untersuchungsfeldern befaßt:

- Analyse des Umfangs bisheriger Umbaumaßnahmen in Fichtenbeständen anhand eines zahlenmäßigen Überblicks sowohl für die Gesamtsituation im bayerischen Staatswald als auch für die Situation in einzelnen Wuchsgebieten (Grundlage hierfür bieten vorhandene Ergebnisse aus der Forsteinrichtung)
- Erhebung der positiven Auswirkungen von Laubholz- bzw. Tannenvorbauten in Fichtenbeständen auf verschiedene waldökologische Systemkompartimente. Mittels kleinräumiger, waldökologischer Intensivstudien in zwei Testgebieten sollen verschiedene Entwicklungsstadien des Umbaus von Fichtenreinbeständen hinsichtlich der Auswirkung auf die Systemkompartimente Waldkunde, Flora und Fauna vergleichend analysiert werden
- Ermittlung qualitativer und quantitativer Veränderungen durch den Umbau anhand von Fallstudien: In ausgewählten Forstbetrieben soll die Umbausituation auf der Grundlage vorhandener Forsteinrichtungsergebnisse beurteilt werden; darüber hinaus kann die waldkundliche Aufnahme gezielt ausgewählter Umbaubestände verschiedene Umbausituationen beispielhaft veranschaulichen.
- Abschätzung des naturschutzfachlichen Beitrages großflächiger Umbaumaßnahmen aus den Ergebnissen kleinräumiger, waldkundlich-faunistischer Strukturanalysen.

Die Untersuchungsfelder wurden im Rahmen von zwei getrennten Forschungsarbeiten bearbeitet. Die vorliegende Arbeit konzentriert sich auf die Analyse des Umfangs bisheriger Umbaumaßnahmen und den intensiv bearbeiteten waldkundlichen Teil.

In der Reihe der Systemkompartimente bilden neben dem waldkundlichen Teil die faunistischen Untersuchungen einen zweiten Schwerpunkt. Die von HENDRICKS (in Vorbereitung) durchgeführten und sehr diffizil angelegten faunistischen Studien werden in einer gesonderten Arbeit veröffentlicht, die kurz vor dem Abschluß steht.

3 METHODIK

3.1 Gliederung in Projektphasen

Die in Kap. 2.5 festgelegten Zielsetzungen sollen im Rahmen von drei Projektphasen verfolgt werden, die sich hinsichtlich der räumlichen Bezugsfläche (Untersuchungsgebiet) und der Intensität der Untersuchungen voneinander abgrenzen lassen:

- Projektphase I: Auswertung der betriebsweisen Stichprobeninventur im bayerischen Staatswald, getrennt nach forstlichen Wuchsgebieten
- Projektphase II: Kleinräumige waldökolgische Intensivstudien zur vergleichenden Analyse von Umbaustadien auf Testparzellen
- Projektphase III: Fallweise Analyse ausgewählter Forstämter

3.2 Umfang bisheriger Umbaumaßnahmen in Fichtenbeständen im gesamten bayerischen Staatswald und in den einzelnen Wuchsgebieten (Projektphase I)

Über den Umfang bisher durchgeführter Umbaumaßnahmen in mehr oder weniger reinen Fichtenbeständen des bayerischen Staatswaldes liegt bisher kein aufbereitetes Zahlenmaterial vor. Angaben zum Bestockungsaufbau innerhalb eines Forstamtes oder eines Wuchsgebietes beziehen sich nahezu ausschließlich auf die gesamte Holzbodenfläche und sind differenziert nach Altersklassen bzw. Nutzungsarten. Spezielle Untersuchungen wie etwa die Analyse des „Umbaus von Fichtenbeständen" wurden bisher kaum vorgenommen.

Im Rahmen der vorliegenden Untersuchungen wird deshalb der Frage nachgegangen, in welchem Ausmaß bisher Umbaumaßnahmen in Fichtenbeständen stattgefunden haben. Mit den Einzelergebnissen für die in Bayern vorkommenden 15 Wuchsgebiete, deren Abgrenzung sich nach der landschaftlichen Raumgliederung richtet (BAYSTMINELF 1975, s.a. SCHMIDT 1993), kann ein naturraumbezogener Überblick über den Umbau von Fichtenbeständen vermittelt werden.

Die Beurteilung des Umfangs von derzeit ablaufenden oder bereits durchgeführten Umbaumaßnahmen in Fichtenbeständen setzt voraus, daß Umbaubestände als solche von anderen Waldbeständen abgegrenzt werden können. Darüber hinaus ist ein methodischer Ansatz erforderlich, mit dem sich sowohl der Umfang als auch die raumstrukturellen Aspekte von Umbaumaßnahmen erfassen lassen.

3.2.1 Datengrundlage

Eine Analyse des Umfangs bisheriger Umbaumaßnahmen in Fichtenbeständen, welche sich auf den gesamten bayerischen Staatswald erstreckt, kann mit Rücksicht auf die festgelegte Projektlaufzeit nur auf der Grundlage bereits vorhandener Daten erfolgen. Als Datenquelle eignen sich die im 10-jhg. Turnus für jedes Forstamt erhobenen Forsteinrichtungsergebnisse. Zur Beurteilung von Umbaumaßnahmen ist ein System unterschiedlicher Zielaussagen notwendig.

Die vorgenommenen Auswertungen stützen sich überwiegend auf die Ergebnisse aus der betriebsweisen Stichprobeninventur, weil ein Großteil der Begangsdaten nur für kleinere Bezugsflächen (Holzbodenfläche eines Forstamtes bzw. einer Forstdienststelle) verfügbar ist, nicht jedoch für Wuchsgebiete oder den gesamten bayerischen Staatswald (KLEY, mdl. Mitt.); unabhängig davon haben Inventurergebnisse den Vorteil, daß sie auf der Basis eines genau festgelegten Aufahmeverfahrens zustandekommen, indem ein repräsentatives Stichprobennetz mit jeweils ca. 1800-2500 Probepunkten auf die Holzbodenfläche eines Forstamtes gelegt wird (BAYSTMINELF 1982).

3.2.2 Analysetechnische Vorüberlegungen

Die für unterschiedliche Flächenkategorien (z.B. für ein Forstamt oder für ein Wuchsgebiet) verfügbaren Inventurergebnisse basieren auf Daten aus Probekreisen, die über Koordinaten einzelnen Beständen als unterste und kleinste Planungseinheiten eines Forstbetriebes zugeordnet werden können. Eine dreistellige Schlüsselzahl legt für jeden ausgeschiedenen Bestand eine Bestandesform fest. Ein Bestand aus 100% Fichte erhält danach die Schlüsselzahl „010“ und wird als Fichtenreinbestand bezeichnet. Die forstliche Nutzungsart richtet sich neben dem waldbaulichen Ziel nach dem Alter bzw. Entwicklungsstadium des Bestandes.

Der forsteinrichtungstechnischen Bestandesausweisung folgend, können daher für die Beurteilung des Umbaus grundsätzlich nur waldbauliche Maßnahmen (z.B. Buchenvoranbau) herangezogen werden, die sich dem umzubauenden Altbestand (z.B. Fichtenreinbestand) unmittelbar zuordnen lassen; dies trifft in der Regel nur für Verjüngungen zu, die noch so stark von Altbäumen überschirmt sind (bei Nachhiebsresten mehr als 50 fm/ha oder generell bei einem Bestokkungsgrad der Altbäume von 0,3 und größer; s. BAYSTMINELF 1982), daß ausschließlich der Altbestand bestimmend ist für die Nutzungsart und die Bestandesform. Nur unter dieser Voraussetzung kann der Bestand als potentieller Fichtenumbaubestand (z.B. in Verjüngungsnutzung stehender Fichtenreinbestand aus 100% Fichte) identifiziert werden.

Ein Beispiel mag diesen Sachverhalt veranschaulichen: Ein hiebsreifer Fichtenreinbestand mit einem schon stark reduzierten Bestockungsgrad von etwa 0,5 und mit Buchenvorausverjüngungsgruppen wird bei der Forsteinrichtungsaufnahme als in Verjüngungsnutzung stehender Fichtenreinbestand mit Buchenvorausverjüngung beschrieben. Der Behandlungsschwerpunkt und die das System prägenden Eigenschaften liegen hier noch auf dem Altbestand; ein Vergleich der Baumartenzusammensetzung von Altbestand und Vorausverjüngung als Ausdruck der bisherigen Umbauanstrengungen ist problemlos möglich. Sind die Buchenvorausverjüngungsgruppen jedoch nicht mehr oder nur noch geringfügig von Altbäumen überschirmt, so taucht in den Inventurergebnissen der Forsteinrichtung ein Buchenjungbestand mit Überhältern bzw. Nachhiebsresten auf, an dem sich nicht ablesen läßt, ob er beispielsweise aus einer Umbaumaßnahme in einem Fichtenbestand hervorgegangen ist oder ehemals Vorausverjüngung in einem Kiefernbestand war. Die Klärung dieser Frage wäre nur über eine bestandesgeschichtliche Überprüfung möglich. Eine Analyse des Umbauerfolges stößt hier auf erhebliche Schwierigkeiten. Auf dieses Problem wird bei der Betrachtung der Jungbestände noch näher eingegangen.

Der nächste Schritt bestand darin, solche Fichtenbestände auszuwählen, die derzeit Gegenstand von Umbaumaßnahmen im Sinne der definierten Zielsetzung sind. Für gezielte Verjüngungsmaßnahmen in Beständen unterscheiden die Forsteinrichtungsrichtlinien (BAYSTMINELF 1982) mehrere Nutzungsarten, die der übergeordneten Kategorie „Endnutzung“ angehören und auf verschiedene waldbauliche Behandlungskonzepte abzielen; im Gegensatz dazu konzentrieren sich die Maßnahmen in Vornutzungsbeständen auf Pflegeeingriffe ohne aktive Verjüngungsmaßnahmen. Da somit nur in Endnutzungsbeständen planmäßig Maßnahmen zur Bestandesverjüngung ablaufen, war eine Beschränkung auf die Nutzungsarten Verjüngungsnutzung, Plenternutzung und Langfristige Behandlung erforderlich (vgl. Kap. 3.2.3).

Ergänzend ist zu bemerken, daß in einigen Teilen des Bayerischen Staatswaldes (z.B. im Bereich der Oberforstdirektionen Bayreuth und Regensburg; s. OBERFORSTDIREKTION BAYREUTH 1992 UND OBERFORSTDIREKTION REGENSBURG 1992) die Möglichkeit geschaffen wurde, mittels Tannenvoranbau Umbaumaßnahmen bereits in der Altdurchforstung (AD) und damit innerhalb der Vornutzung einzuleiten. Dahinter steckt der Gedanke, der Tanne den nötigen Wuchsvorsprung vor frühzeitig sich einstellender Fichtennaturverjüngung zu verschaffen. Die Berücksichtigung von Tannenvoranbauten in Altdurchforstungsbeständen hätte jedoch eine Erfassung aller AD-Bestände der selektierten Bestandesformen erfordert. Abgesehen davon, daß der angestrebte Quervergleich zwischen den Wuchsgebieten nicht mehr möglich gewesen wäre, weil diese Maßnahme nicht in allen Oberforstdirektionen üblich ist, hätte dieser Schritt den Vorausverjüngungsvorrat deutlich absinken lassen; weil dieser - ausschließlich erfassungstechnisch bedingte - Effekt die Ergebnisse verfälschen würde, waren Maßnahmen in Altdurchforstungsbeständen nicht Gegenstand der Untersuchungen.

Neben der Beschränkung auf Endnutzungsbestände wurde dem Thema „Umbau von Fichtenreinbeständen" insofern Rechnung getragen, als sich die Analysen auf mehr oder weniger reine Fichtenbestände beschränkten. Andererseits sollten die bisherigen Maßnahmen in einer möglichst großen Zahl ökologisch bedenklicher und daher umbaunotwendiger Fichtenbestände analysiert werden. Orientiert man sich an den Anweisungen in den Forsteinrichtungsrichtlinien (BAYSTMINELF 1982), so darf der Mischbaumartenanteil in Reinbeständen nicht mehr als 5% bei einzel- und gruppenweiser Mischung bzw. nicht mehr als 10% bei horstweiser Mischung ausmachen (vgl. SMALTSCHINSKI 1990, BAYSTMINELF 1993, BAYER. LANDESANSTALT FÜR WALD- UND FORSTW. 1994). Entsprechend der vorgegebenen Verschlüsselung der Bestandesformen hätten daher nur die Kennzahlen 100 (Fichtenbestand mit höchstens geringer Mischbaumartenbeteiligung) 110 (Fichtenreinbestand mit Fichtennebenbestand) und 010 (Fichtenreinbestand) zur Auswertung herangezogen werden dürfen.

Aus ökologischer Sicht kritisch zu beurteilen sind jedoch sämtliche Fichtenbestände ohne ausreichenden Laubholz- bzw. Tannenanteil. Angesprochen sind Nadelholzreinbestände mit führender Fichte. Gemessen am Flächenanteil der Baumart Fichte an der Holzbodenfläche des bayerischen Staatswaldes (49%) bestocken reine Fichtenbestände (Bestände mit den Kennzahlen 010, 100 und 110; s.o.) nur 9% der Fläche. Ein erheblicher Anteil der Fichtenfläche findet sich in Beständen aus Fichte und Kiefer wieder. Immerhin 60% der gesamten Holzbodenfläche des bayerischen Staatswaldes wird von Nadelholzreinbeständen aus Fichte oder Kiefer oder beider Baumarten zusammen eingenommen. Davon erreichen Bestandesformen mit führender Fichte (Fichte oder Fichte-Kiefer) allein einen Flächenanteil von knapp 45% (SEITSCHEK 1991).

Unter Berücksichtigung dieser Zusammenhänge muß eine umfassende Analyse ökologisch nicht gewünschter Fichtenbestände darauf abzielen, sämtliche Nadelholzreinbestände zu begutachten, in denen die Fichte führend auftritt. Im folgenden laufen diese Bestände unter der Bezeichnung „Nadelholzreinbestände mit führender Fichte". Nur ökologisch günstiger zu beurteilende Fichten-Tannen-Bestände wurden vom Auswahlverfahren ausgeschlossen.

3.2.3 Auswahl potentieller Umbaubestände

Zur Beurteilung der Umbausituation in mehr oder weniger reinen Fichtenbeständen wurden folgende Bestände herangezogen (in Klammern ist der Selektionsschlüssel für die Datenbankabfrage angegeben):

Bestandesformen: Fichte (100), Fichte rein (010, 110), Fichte-Kiefer (120), Fichte-Lärche (140), Fichte-Douglasie (150) und Fichte-sonstiges Nadelholz (190); darüber hinaus durfte die dritte Ziffer sämtliche definierten Werte annehmen, so daß auch Fichtenbestände erfaßt wurden, in denen Laubholz zumindest im Nebenbestand stockt (z.B. 106: Fichtenreinbestand mit Buchennebenbestand oder 127: Fichte-Kiefer mit Eichennebenbestand).

Nutzungsarten: Verjüngungsnutzung (50), Plenternutzung (60) oder Langfristige Behandlung (70).

3.2.4 Berücksichtigung ehemaliger Umbaumaßnahmen

Wird davon ausgegangen, daß Umbaumaßnahmen in Fichtenbeständen im bayerischen Staatswald seit mindestens 20 Jahren (s. SEITSCHEK 1991), örtlich aber auch schon seit 40-50 Jahren, stattfinden, so wird verständlich, daß die erforderliche Eingrenzung der Untersuchungen auf die Vorausverjüngung in Fichtenendnutzungsbeständen nur einen Teil der bisher erfolgten Umbauanstrengungen zu würdigen vermag. Der Betrachtung entzogen sich insbesondere nicht mehr überschirmte Voranbauten. Aufgrund der fortgeschrittenen Entwicklung sind diese bereits der Jungbestandespflege (überwiegend I. Akl. = 1-20-jhg.) oder der Jungdurchforstung (überwiegend II. Akl. = 21-40-jhg.) zugeordnet.

Maßgebend für den Wechsel in der Nutzungsart können folgende Bestandesentwicklungen sein: a) Über der Vorausverjüngung ist der Altbestand entsprechend dem zunehmendem Lichtbedarf der Verjüngung soweit aufgelichtet worden, daß die vorausverjüngte Teilfläche aufgrund der Flächengröße und des Entwicklungsstadiums als eigenständiger Bestand in die Nutzungsart Jungbestandespflege fällt. b) Die nicht oder kaum mehr überschirmte Teilfläche ist zwar selbst zu klein, um einen eigenen Bestand bilden zu können, kann aber mit weiteren oder angrenzenden, bereits vorhandenen Jungbeständen aufgrund des Entwicklungsstadiums und der Maßnahmenplanung zu einem neuen Bestand zusammengefaßt werden. c) Der Altbestand fiel unplanmäßig und vorzeitig einem Schadereignis (Sturmwurf, Schneebruch, Insektenkalamität) zum Opfer. Auch in diesem Fall wird die Forsteinrichtung beim nächsten Begang eine Änderung der Nutzungsart ähnlich den beiden bereits beschriebenen Varianten vornehmen.

Auf diesen Sachverhalten fußt die Überlegung, daß ein Jungbestand der ersten oder zweiten Altersklasse aus mehreren Teilflächen mit unterschiedlicher Vorbestockung hervorgegangen sein kann. Problematisch daran ist, daß Flächen, die aus dem Fichtenumbau entstanden sind nicht mehr von Teilflächen abgegrenzt werden können, die sich aus der Verjüngung anderer Ausgangsbestände entwickelt haben. Aber auch bei Jungbeständen, die sich nicht aus unterschiedlichen Teilflächen zusammensetzen, kann aus den Forsteinrichtungsergebnissen nicht abgeleitet werden, ob es sich bei der Vorbestockung um einen umzubauenden Fichtenreinbestand handelte. Nur über bestandesgeschichtliche Einzelerhebungen, welche aber hier nicht weiterverfolgt werden konnten, wäre eine Beantwortung dieser Frage möglich gewesen.

Ungeachtet der geschilderten Probleme bei der Rekonstruktion der Jungbestandesentwicklung wurde bei der Auswahl geeigneter Indikatoren zur Beurteilung der bisherigen Umbaubemühungen versucht, auch aus dem Bestockungsaufbau von Jungbeständen Rückschlüsse auf Umbaumaßnahmen in ehemaligen Fichtenbeständen zu ziehen. Darauf wird bei der Vorstellung der Indikatoren eingegangen (s. Kap. 3.2.7).

3.2.5 Fragestellungen zur Beurteilung der Umbausituation

Umbaumaßnahmen in Fichtenbeständen streben primär an, den Mischbaumartenanteil in der Folgebestockung deutlich zu erhöhen (vgl. HEHN 1993) und die raumstrukturelle Vielfalt der Bestände entscheidend zu verbessern. Es kommt deshalb darauf an, die Ausprägung der Vorausverjüngung in bezug auf die wesentlichen strukturellen Komponenten der Situation im aufstockenden Altbestand gegenüberzustellen.

Zur Beurteilung der bisher durchgeführten Umbaumaßnahmen wurden folgende Fragestellungen bearbeitet:

<u>Analyse der Vorausverjüngung:</u>

- Welcher Anteil der Bestandesfläche ist mit Vorausverjüngung bedeckt?
- Wie hat sich die Baumartenzusammensetzung in der Vorausverjüngung im Vergleich zum Altbestand verändert?
- Welche Baumartenanteile sieht das Verjüngungsziel vor?

- Wie ist die Vorausverjüngung entstanden (Kunst- oder Naturverjüngung), und wie ist sie auf der Fläche verteilt (Mischungsform)?
- Inwiefern ist es bereits gelungen, die vertikale Struktur (Besetzung von verschiedenen Höhenschichten und Wuchsvorsprung von Baumartengruppen) der ursprünglich einschichtig aufgebauten Fichtenreinbestände zu verbessern?
- Welcher Einfluß kommt dem Wildverbiß zu?

Analyse der Jungbestände:

- Wie sieht die Baumartenzusammensetzung der beiden ersten Altersklassen (1-20-jhg. und 21-40-jhg.) im Vergleich zum Gesamtbild (alle Altersklassen) aus?
- Wie hat sich der Flächenanteil verschiedener Bestandesformen nach Altersklassen verändert?

3.2.6 Datenerhebung und Aufbereitung

Die Ergebnisse aus der betriebsweisen Stichprobeninventur sind in der „Datenbank Forst" des Bayerischen Staatsministeriums (BAYSTMINELF 1993) gespeichert.

Wie bereits dargelegt, sollten die Daten für die ausgewählten Bestände (Nadelholzreinbestände mit führender Fichte in Endnutzung) getrennt für den gesamten bayerischen Staatswald und für einzelne Wuchsgebiete ausgegeben werden. Nicht direkt abrufbar war das durchschnittliche Verjüngungsziel der selektierten Bestandesformen. Über ein spezielles Datenfile konnte aber auch diese Information zur Verfügung gestellt werden.

Im Gegensatz zur Konzentration auf potentielle Fichtenumbaubestände, derzufolge sich die Analysen nur auf einen bestimmten Teil der Holzbodenfläche beschränken, mußte zur Ermittlung des Flächenanteils der Baumart Fichte und zur Aufbereitung der Baumarten- und Bestandesformenentwicklung nach Altersklassen auf die gesamte Holzbodenfläche des bayerischen Staatswaldes bzw. der einzelnen Wuchsgebiete zurückgegriffen werden.

Der Stichtag der Datenbankabfrage ist der 25.05.1994. Alle bis dahin in die Datenbank eingearbeiteten Inventuraufnahmen sind daher berücksichtigt. Die im einzelnen verwendeten Ergebnislisten sind in Tab. 3-1 zusammengestellt (mit angegeben sind Nummer der Ergebnisliste, Bezeichnung und relevanter Inhalt).

Bei der Sichtung aller verfügbaren Ergebnistabellen anhand eines Musterausdruckes ergab sich, daß einigen speziellen Fragestellungen im einzelnen nicht nachgegangen werden konnte: eine Unterscheidung, ob die vorhandene Verjüngung aus Pflanzung oder aus Naturverjüngung stammt (Entstehungsart), war nicht möglich; es konnte ferner keine Aussage über die Verteilung der Vorausverjüngungen auf die Bestandesfläche und die Mischungsform innerhalb einzelner Vorausverjüngungsgruppen getroffen werden. Aus dem Umstand, daß die vertikale Strukturierung der Vorausverjüngung als Durchschnittsergebnis für sämtliche in einem Naturraum erfaßten Bestände ausgegeben wird, ließen sich darüber hinaus keine Angaben machen über das vorhandene Spektrum des raumstrukturellen Aufbaus der Einzelbestände sowie über den Wuchsvorsprung eingebrachter Laubhölzer gegenüber der Nadelholznaturverjüngung.

Aus der Abb. 3-1 können die einzelnen Analyseschritte zur Beurteilung von Umbaumaßnahmen in den selektierten Fichtenbeständen entnommen werden.

Tabelle 3-1: Zusammenstellung der selektierten Listen aus den Inventurergebnissen

Nummer der Liste	**Bezeichnung**	**relevanter Inhalt**
26.1 I selektiert	Basistabellen, Typ: Altersklassen	Alter der Umbaubestände, Baumartenanteile der Altbestände
26.1 I gesamt	Basistabellen, Typ: Altersklassen	Alter der Umbaubestände, Baumartenanteile der Altbestände
26.3 I selektiert	Basistabellen - Typ: Altersklassen u. Bestandesformengruppen	Flächenanteile selektierter Bestandesformen
26.3 I gesamt	Basistabellen - Typ: Altersklassen u. Bestandesformengruppen	Flächenanteile verschiedener Fichtenbestandesformen nach Altersklassen
28.0 I selektiert	Strukturtabellen	Besetzung der Höhenschichten
43.0 I selektiert	Vorausverjüngung	Fläche mit Vorausverjüngung; reduzierte Vorausverjüngungsfläche; Baumartenzusammensetzung; Höhenstruktur
45.0 I selektiert	Baumarten und Verbiß innerhalb und außerhalb des Zauns	Verbißbelastung verschiedener Baumartengruppen in der Vorausverjüngung

I: Ergebnisse aus der betriebsweisen Stichprobeninventur; selektiert: Ergebnisse für selektierte Nadelholzreinbestände mit führender Fichte in Endnutzung; gesamt: Ergebnisse für die gesamte Holzbodenfläche eines Naturraumes

3.2.7 Indikatoren

3.2.7.1 Flächenrepräsentanz

Anhand der Aufgliederung in End- und Vornutzungsbestände läßt sich ermitteln, auf welchem Flächenanteil der potentiellen Umbaubestände derzeit Umbaumaßnahmen (Flächenanteil der Endnutzungsbestände) ablaufen; darüber hinaus kann abgeschätzt werden, welche Rolle Umbaumaßnahmen auch noch in den kommenden Jahrzehnten spielen werden (Flächenanteil der Vornutzungsbestände). In den tabellarischen und grafischen Darstellungen (Bayernkarte mit Wuchsgebietsgrenzen) wurde die gesamte Holzbodenfläche eines Naturraumes hierzu aufgeteilt in Nadelholzreinbestände mit führender Fichte - getrennt nach Endnutzung und Vornutzung - und in sämtliche anderen Bestandesformen (z.B. Laubholzbestände und Mischbestände).

3.2.7.2 Vorausverjüngungsfläche

Die Ergebnislisten aus der betriebsweisen Stichprobeninventur unterscheiden zwischen „Fläche mit Vorausverjüngung" und „reduzierte Vorausverjüngungsfläche". Unabhängig von der Dichte der Verjüngung ist unter der erstgenannten Bezeichnung diejenige Bestandesfläche zu verstehen, auf der Vorausverjüngung vorhanden ist, während die „reduzierte Vorausverjüngungsfläche" die auf Vollbestockung ideell korrigierte Verjüngungsfläche wiedergibt (BAYSTMINELF 1982).

Der mittlere Vorausverjüngungsvorrat der untersuchten Bestände resultiert somit aus dem Flächenanteil der Bestandesfläche mit Vorausverjüngung gemessen an der gesamten Bestandesfläche.

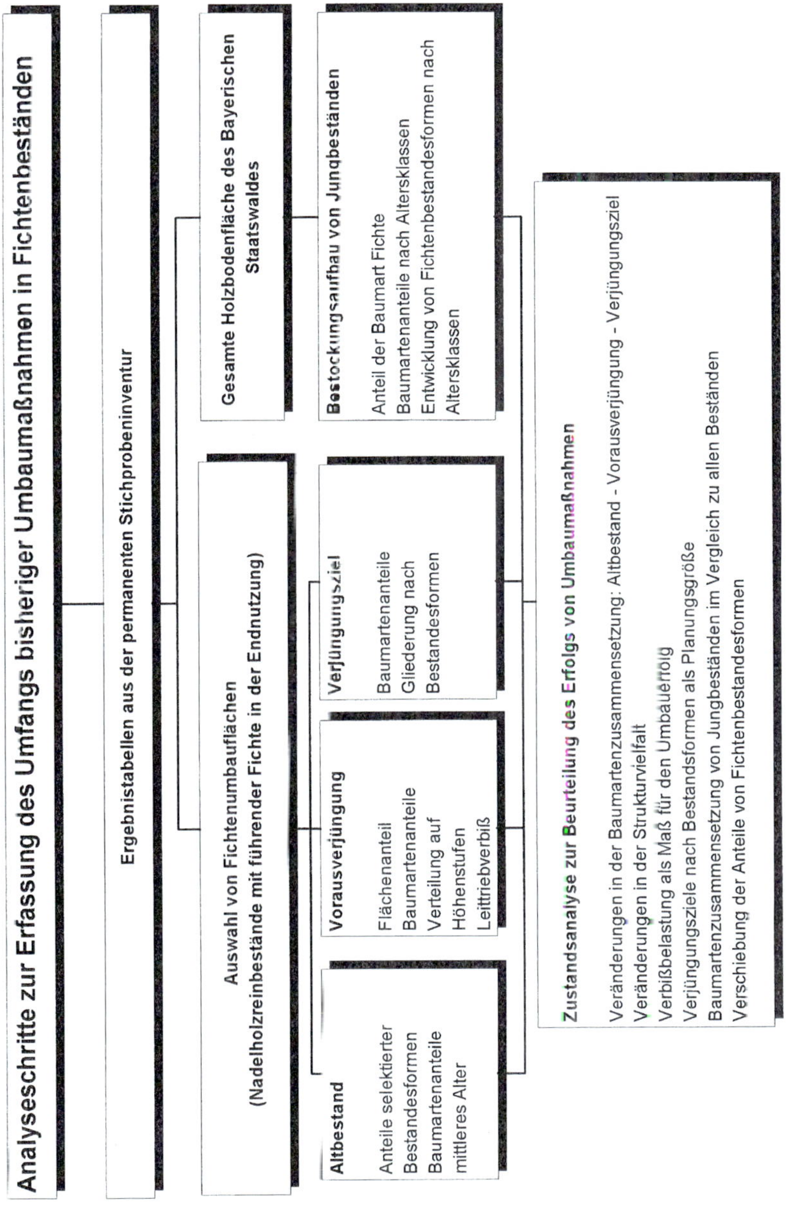

Abb. 3-1: Analyseschritte zur Erfassung des Umfangs bisheriger Umbaumaßnahmen in Nadelholzreinbeständen mit führender Fichte

Die bei der betriebsweisen Stichprobeninventur in den Verjüngungsprobekreisen (Kreisgröße 5, 8 oder 10 m²; bei dichter, unter 1,3 m hoher Verjüngung wahlweise auch mehrere Zählquadrate mit einem m²) von Endnutzungsbeständen erhobene Verjüngung wird mit Vorausverjüngung bezeichnet. Die Ermittlung der baumartenweisen Flächenanteile erfolgt für Stämmchen unter 1,3 m Höhe anstelle der sonst üblichen Grundflächenanteile über die Stammzahlanteile. Jeder Probekreis, der zumindest eine Verjüngungspflanze über 20 cm Höhe aufweist, geht mit seiner gesamten bestandesbezogenen Repräsentationsfläche (=Bestandesfläche dividiert durch die Anzahl der Probekreise pro Bestand) als „Fläche mit Vorausverjüngung" in die Inventurauswertung ein. Zur Herleitung der vollbestockten sog. „reduzierten Vorausverjüngungsfläche" wird die tatsächliche Stammzahl zur normalen, baumartenabhängigen Stammzahl ins Verhältnis gesetzt; der korrekte Vergleich der unterschiedlichen Stammzahlen bei Naturverjüngung und Pflanzung setzt hierbei voraus, daß die Inventurstammzahl bei mehr als 10000 Pflanzen/ha gekappt wird (BAYSTMINELF 1981).

3.2.7.3 Baumartenzusammensetzung im Altbestand, in der Vorausverjüngung und im Verjüngungsziel

Der Erfolg von Umbaumaßnahmen sollte primär darin zur Geltung kommen, daß die Folgegeneration mehr oder weniger reiner Fichtenausgangsbestände einen deutlich erhöhten Laubholz- bzw. Tannenanteil aufweist. Als wichtigstes Ergebnis der bisherigen Umbaubemühungen ist deshalb die Baumartenzusammensetzung der reduzierten Vorausverjüngungsfläche verglichen mit den im Altbestand vorhandenen Baumartenanteilen herauszugreifen. In einem weiteren Schritt wurden die im Verjüngungsziel veranschlagten Baumartenanteile berücksichtigt. Anhand einer Übersichtskarte mit der Abgrenzung der Wuchsgebiete kann die Veränderung der Anteile der verschiedenen Baumartengruppen unmittelbar abgelesen werden.

Wie bereits angeklungen ist, stützt sich der Vergleich der Baumartenzusammensetzung auf unterschiedliche absolute Bezugsflächen: die Baumartenanteile des Altbestandes und die im Verjüngungsziel[1] geplanten Baumartenanteile gelten für die gesamte Bestandesfläche, während sich die Baumartenzusammensetzung der Vorausverjüngung auf die reduzierte Vorausverjüngungsfläche bezieht. Zugleich läßt sich anhand der noch nicht verjüngten Teilfläche abschätzen, in welcher Größenordnung weitere Umbaumaßnahmen notwendig sind. Als Vergleichsmaßstab zu den im Altbestand und in der Vorausverjüngung tatsächlich vorhandenen Baumartenanteilen erweist sich das Verjüngungsziel vor allem deshalb als geeignete Größe, weil sich darin ein zieloptimierter Waldbau widerspiegelt. Die geplante Baumartenzusammensetzung orientiert sich an den Grundsätzen eines naturnahen, standorts- und funktionsgerechten Waldbaus (vgl. LEIBUNDGUT 1984, SCHMIDT 1993). Dabei werden die waldbaulichen Gegebenheiten (z.B. auflaufende Naturverjüngung und Eignung unterschiedlicher Verjüngungsverfahren) angemessen berücksichtigt.

Neben der Veränderung der Baumartenanteile ist es das Bestreben von Umbaumaßnahmen, den in einförmigen und einschichtigen Fichtenreinbeständen zumeist nicht ausgefüllten Stammraum mit Verjüngung zu besetzen. Hierüber gibt die Verteilung der Gehölzvegetation auf verschiedene Höhenstufen Aufschluß. Die Angaben zur vertikalen Struktur beschränken sich jedoch darauf, die nach Höhenschichten stratifizierten Flächenanteile der Verjüngungsbaumarten als Durchschnittswerte sämtlicher Bestände wiederzugeben. Aus den Gesamtergebnissen sind daher keine Rückschlüsse auf den Bestockungsaufbau einzelner Umbaubestände möglich.

Nach Maßgabe der Baumhöhe fällt jeder Verjüngungsbaum in eine von vier absoluten Höhenstufen (<1,3m; 1,3-2,0m; 2,0-5,0m und >5,0m). Somit kann zum einen ermittelt werden, wie sich die gesamte Vorausverjüngungsfläche auf einzelne Höhenstufen verteilt, und zum anderen läßt sich errechnen, wie die Baumartenverteilung in den einzelnen Höhenstufen aussieht.

[1] Das Verjüngungsziel bezeichnet die anzustrebende Baumartenmischung für die Hauptbaumarten der gesicherten Verjüngung vor Eintritt in die Dickungsphase, zahlenmäßig ausgedrückt in Standraumprozenten für den gesamten Bestand (BAYSTMELF 1982).

3.2.7.4 Verjüngungsziele nach Bestandesformen

In Anbetracht der Auswahl nicht nur von reinen Fichtenbeständen sondern allgemein von Nadelholzreinbeständen mit führender Fichte (ausgenommen Fichten-Tannen-Bestände) lassen sich die fünf Hauptbestandesformen Fichte, Fichte-Kiefer, Fichte-Lärche, Fichte-Douglasie und Fichte-sonst. Nadelholz voneinander abgrenzen. Von Interesse sind Unterschiede und Gemeinsamkeiten im durchschnittlichen Verjüngungsziel der genannten Ausgangsbestandesformen. Aus den absoluten Holzbodenflächen sind darüber hinaus die Flächenanteile der einzelnen Bestandesformen relativ zueinander zu ersehen.

3.2.7.5 Bestockungsaufbau von Jungbeständen

Aus dem Vergleich der Baumartenzusammensetzung der Jungbestände (I. Akl. =1-20-jhg.; II. Akl. =21-40-jhg.) mit derjenigen aller Bestände (und damit der gesamten Holzbodenfläche eines Naturraumes) sind näherungsweise die waldbaulichen Bestrebungen der letzten Jahrzehnte erkennbar, vermehrt Laubholz an den Kulturen zu beteiligen.

Obwohl klar herausgestellt wurde, daß Vorbestockung (z.B. Fichtenaltbestand) und Begründungsart (z. B. Vorausverjüngung unter Schirm oder Pflanzung auf der Kahlfläche) aus den Daten nicht entnommen werden können, darf vermutet werden, daß ein Anstieg der Mischbaumartenanteile in den jüngeren Beständen maßgeblich aus den Umbaumaßnahmen in Nadelholzreinbeständen bzw. nadelholzdominierten Vorbestockungen resultiert; dies trifft um so mehr zu, je höher der Anteil von Nadelhölzern oder Nadelholzreinbeständen in den Ausgangsbeständen ist bzw. war.[2] Der Vorteil des Vergleichs der Baumartenzusammensetzung verschiedener Altersbereiche (I. und II. Altersklasse sowie alle Bestandesalter) liegt darin, daß hier eine Aussage über die gesamte Holzbodenfläche eines Naturraumes getroffen wird.

Für eine zuverlässige waldbauliche und ökologische Beurteilung des Bestockungsaufbaus von Jungbeständen sind Baumartenanteile allerdings nicht ausreichend, da sie keine Auskunft geben über die tatsächliche Mischung der beteiligten Baumarten (BAYER. LANDESANSTALT FÜR WALD- UND FORSTW. 1994). Es wäre im Extremfall möglich, daß Nadel- und Laubhölzer ausschließlich räumlich getrennt voneinander in Reinbeständen vorkommen, welche aus ökologischer Sicht nicht erwünscht sind. Deshalb ist es notwendig, die Baumartenzusammensetzung ergänzend auf der Grundlage von Bestandestypen bzw. -formen zu prüfen.

Die Verjüngungsziele in den selektierten Fichtenbeständen und die klare Präferenz für Verjüngungsverfahren, die eine lange Schirmhaltung ausnutzen (z.B. Femelschlag) weisen den Weg zu Mischbeständen mit einem hohen Anteil an natürlich verjüngter Fichte. In der weit überwiegenden Zahl der Fälle werden deshalb aus dem Umbau von Fichtenreinbeständen Mischbestände mit führender Fichte hervorgehen (BURSCHEL 1990, HEHN 1993). Vor diesem Hintergrund lassen sich die Umbaumaßnahmen vergangener Jahrzehnte auch daran messen, in welchem Ausmaß (ausgedrückt als Flächenanteil) Mischbestände mit führender Fichte gegenüber reinen Nadelholzbeständen mit führender Fichte in den unteren Altersklassen an Boden gewonnen haben. Verstärkte Umbaumaßnahmen während der letzten Jahrzehnte müßten deshalb schon heute in einem veränderten Bestockungsaufbau der Jungbestände sichtbar sein.

---

[2] Der theoretisch denkbare Fall, daß der erhöhte Laubholzanteil in Jungbeständen überwiegend resultiert aus gestiegenen Laubholzanteilen bei der Verjüngung ohnehin schon gemischter Ausgangsbestände (Nadel-Laubholzmischbestände oder Bestände mit führendem Laubholz), während demgegenüber die Folgebestockung von Nadelholzreinbeständen keinen (höheren) Mischbaumartenanteil erhält, ist angesichts der mischwaldorientierten Zielsetzung und der tatsächlich bereits erfolgten waldbaulichen Maßnahmen höchst unwahrscheinlich.

Bei einer Gegenüberstellung aller Altersklassen ist zu erwarten, daß der relative Flächenanteil der Mischbestandesformen unter sämtlichen Fichtenbeständen zu den Jungbeständen (speziell 1-40-jhg. Bestände) hin angewachsen ist. Wird die Fläche aller Bestände mit führender Fichte für jede Altersklasse gleich 100% gesetzt, so sind die Anteile von Fichten-Mischbestandesformen (z.B. Fichte-Tanne oder Fichte-Buche) gegenüber den Anteilen reiner Fichtenbestände (oder Fichten-Nadelholzbestände) in Diagrammen mit gleicher Säulenhöhe (100%-Säulendiagramm) unmittelbar ablesbar.

Die angestellten Überlegungen münden in der Erkenntnis, daß sich die beiden methodischen Schritte (Baumartenzusammensetzung verschiedener Altersbereiche auf der gesamten Holzbodenfläche und Flächenanteile verschiedener Fichtenbestandesformen auf einem selektiven Teil der Holzbodenfläche) sinnvoll ergänzen können in der Beantwortung der Frage, inwieweit die Umbauanstrengungen vergangener Jahrzehnte bereits jetzt an einem veränderten Bestockungsaufbau der Jungbestände nachweisbar sind.

3.2.7.6 Leittriebverbiß

Der Erfolg von Umbaumaßnahmen hängt entscheidend davon ab, wie gut es gelingt, künstlich eingebrachte und natürlich sich einstellende Mischbaumarten ohne bleibende Schäden durch Verbiß aus dem Äserbereich des Wildes herauszuführen.

Die bisher angewandte Praxis hat sich damit beholfen, künstlich eingebrachte Mischbaumarten überwiegend unter dem Schutz von Zäunen hochzubringen (s. BAYSTMINELF 1987). Mittelfristig ist es jedoch erklärtes Ziel, Mischbaumarten ohne Zaunschutz erfolgreich zu verjüngen; schon allein aus Kostengründen ist anzustreben, auf diese Maßnahme der Wildschadensverhütung künftig zu verzichten. Von 1997 ausgehend hat die Bayer. Staatsforstverwaltung für den Schutz gegen Wildschäden in den letzten fünf Jahren allein 35,-- DM/ha*a ausgegeben (WALDHERR 1997).

Als Indikator zur Beurteilung der Verbißbelastung an der Vorausverjüngung in Fichtenbeständen eignet sich der besonders schädigende Leittriebverbiß (WALDHERR & HÖSL 1994). Zwischen der Anzahl verbissener Pflanzen und solcher mit Leittriebverbiß besteht ein enger, statistisch abzusichernder Zusammenhang (BAYSTMINELF 1987).

Die Forsteinrichtungsergebnisse sind getrennt für den „Verbiß im Zaun" und den „Verbiß außer Zaun" verfügbar. Im Mittelpunkt der Untersuchungen stand die Verbißbelastung bei den einzelnen Baumartengruppen; hier interessierte speziell, inwieweit eine Entmischung zulasten verbißgefährdeter Mischbaumarten befürchtet werden muß. Einen ersten Hinweis geben die unterschiedlichen Stammzahlen, die bei Nadelholz und Laubholz innerhalb und außerhalb des Zaunes auftraten.

3.2.8 Analyse und Aufbereitung der Inventurergebnisse

Bei den aus der Datenbank Forst abgerufenen Inventurergebnissen handelt es sich vorwiegend um absolute Flächen. Für grafische Darstellungen und Quervergleiche mußten die Ergebnisse sinnvoll aufbereitet und in eine ansprechende Form gebracht werden, was im wesentlichen über die Ermittlung von Prozentanteilen, über Summenbildung und über die Zusammenfassung von Baumarten und Einzelbestandesformen zu Gruppen geschah. Darüber hinaus war es notwendig, eine Reihe von Einzelergebnissen aus verschiedenen Ergebnistabellen miteinander zu verschneiden. Analog zur Datenauswertung nach forstlichen Wuchsgebieten wurden auch die tabellarischen und grafischen Darstellungen für jeden Naturraum gesondert erstellt.

Aus Gründen einer besseren Lesbarkeit und der Schwerpunktbildung innerhalb des Projektes konzentriert sich die Ergebnisdarstellung auf wenige, nachvollziehbar ausgewählte Naturräume. Andererseits sollte aber dem Leser die Möglichkeit bleiben, die wesentlichen Umbauergebnisse eines ihn interessierenden Wuchsgebietes nachzulesen. Daher wurde folgendes Vorgehen gewählt.

Die entscheidenden Umbauergebnisse (Repräsentanz von Umbaubeständen; Vorausverjüngungsanteile in den selektierten Beständen; Vergleich der Baumartenzusammensetzungen im Altbestand, in der Vorausverjüngung und im Verjüngungsziel) sind in übersichtlicher Form (Tabelle bzw. Bayernkarte mit Einzeldiagrammen für jedes Wuchsgebiet) für alle 15 Wuchsgebiete und den gesamten bayerischen Staatswald im Ergebnisteil wiedergegeben.

Für den Ergebnisteil wurden als Beispiele die Fichtenumbaubestände im bayerischen Staatswald und in den Wuchsgebieten 6 („Frankenalb und Oberpfälzer Jura") und 13 („Schwäb.-Bayer. Schotterplatten- und Altmoränenlandschaft") ausgewählt. Die Zahlen zur Vorausverjüngung für alle übrigen Wuchsgebiete sind im Anhang nachlesbar. Die Auswahl der beiden Wuchsgebiete liegt darin begründet, daß hier das großflächige Auftreten von Fichtenreinbeständen besonders stark abweicht von den natürlichen Waldgesellschaften[3] (KREUTZER & FOERST 1978, vgl. HASEL 1985), wodurch der Fichtenumbau ein besonderes Gewicht erhält. Zusätzlich betont wird dieser Aspekt durch die großen absoluten Umbauflächen, die in engem Zusammenhang stehen mit den ausgedehnten Staatswaldungen in den beiden Wuchsgebieten (s. SCHMIDT 1993).

3.3 Kleinräumige waldökologische Intensivstudien zur vergleichenden Analyse verschiedener Entwicklungsstadien des Umbaus (Projektphase II)

Der Schwerpunkt der Untersuchungen zum Umbau von Fichtenbeständen lag auf kleinräumigen waldökologischen Intensivstudien. Mit der umfassenden Analyse der Systemkompartimente Standort, Waldkunde, Flora und Fauna kann einem ganzheitlichen Forschungsansatz Rechnung getragen werden. Innerhalb der Forschungsgruppe fiel der standörtliche Teil dem Lehrstuhl für Bodenkunde und Standortslehre zu, der faunistische Teil wurde von HENDRICKS (in Vorbereitung) bearbeitet. Somit konzentrieren sich die hier vorgestellten Untersuchungen auf den waldkundlichen und den floristischen Teil.

3.3.1 Auswahl der Testgebiete

Der zeitliche Rahmen (1994-1997) des Forschungsprojektes und das Ziel, möglichst rasch praktisch verwertbare Forschungsergebnisse zu erhalten, scheinen unvereinbar mit den ökologischen Prozeßabläufen in Wäldern, die sehr lange Zeiträume beanspruchen. Deshalb ist es ausgeschlossen, eine sich über mehrere Jahrzehnte erstreckende Zeitreihe zu verfolgen, die die Entwicklung vom Fichtenreinbestand über verschiedene Umbauphasen bis zum verjüngungsbereiten Fichten-Buchen-(Tannen) Mischbestand als Endphase des Umbauzyklus´ umfaßt.

[3] In Wuchsgebieten, die in bezug auf die Flächenrepräsentanz aller Umbaubestände vergleichbaren Charakter haben (z.B. WG 8, 10,11, 14 oder 15) spielt die Fichte bereits von Natur aus eine - wenn auch unterschiedlich große - Rolle.

Andererseits existieren im Bereich des bayerischen Staatswaldes schon unterschiedlich entwikkelte und bis zu 40 Jahre alte Umbaustadien (ca. 40-jhg. Buchengruppen in Fichtenaltbeständen). Im günstigsten Fall liegen diese auf vergleichbarem Standort in räumlicher Nachbarschaft und liefern damit die Voraussetzungen, die nicht vorhandene Zeitreihenentwicklung mittels Chronosequenzen (gleichzeitige Analyse bereits vorhandener, verschieden alter und räumlich getrennter Entwicklungsstadien) zu simulieren (BOTKIN et al. 1972, zit n. BRUBAKER 1981; SCHMIDT 1991). Aus dem räumlichen Nebeneinander der Stadien kann somit auf das zeitliche Nacheinander geschlossen werden (ZIERL 1991, NÜßLEIN 1995). In der waldökologischen Forschung hat dieser Modellansatz zur Evaluierung natürlicher Systeme (WEINSTEIN & SHUGART 1983) große Bedeutung erlangt und ist im englischsprachigen Raum unter der Bezeichnung „space for time-substitution" bekannt geworden (PICKETT 1989).

Die Auswahl der Testgebiete erfolgte - eingebunden in den interdisziplinären Forschungsansatz - in enger Absprache mit dem Lehrstuhl für Bodenkunde und Standortslehre.

Im Hinblick auf die Zielsetzung des Forschungsvorhabens, wonach verschiedene Stadien des Umbaus von Fichtenbeständen umfassend unter waldökologischen Gesichtspunkten analysiert werden sollten, wurde folgende Vergleichsreihe verschiedener Prüfglieder formuliert:

- ein Fichtenreinbestand ohne oder nur mit kleinflächigen Verjüngungsansätzen zur Charakterisierung der Ausgangslage (**Nullfläche**),
- ein Fichtenreinbestand, der sich seit ca. 20 Jahren im Umbau zu einem Fichten-Buchen-Edellaubbaum-, bzw. Fichten-Tannen-Buchen-Mischbestand befindet (**20-jhg. Umbaustadium**),
- ein Fichtenreinbestand, bei dem die vorstehend beschriebene Umbauphase bereits vor 40-50 Jahren eingeleitet wurde (**40-jhg. Umbaustadium**) und
- ein vom Alter und Entwicklungsstadium mit der Ausgangslage vergleichbarer Bestand mit naturnaher Baumartenzusammensetzung (**naturnahes Vergleichsstadium**).

Unterschiedliche Ansprüche der Forschungsdisziplinen an die Lage und Ausformung der Umbauentwicklungsphasen waren bei der Auswahl der Testgebietsflächen zielführend in Einklang zu bringen. Die vorgestellten Umbaustadien und das naturnahe Vergleichsstadium sollten sich - mit Rücksicht auf die bodenkundlichen Forschungsansätze - auf vergleichbarem Standort in möglichst ebener Lage befinden. Aus der Sicht des faunistischen Forschungsansatzes war es erforderlich, den Abstand zwischen den räumlich getrennten Umbaustadien mindestens so groß festzulegen, daß eine Migration wirbelloser Tiere zwischen den Untersuchungsparzellen möglichst ausgeschlossen werden konnte.

Nach der Begutachtung der von verschiedenen Forstämtern vorgeschlagenen Testflächen erwiesen sich die Umbauflächen der Forstämter Biburg und Schernfeld für die geplanten Versuchsansätze als am besten geeignet. Nicht ohne Grund stellt PALMER (1985) das Forstamt Biburg als „mustergültiges Beispiel für die Einbindung des Buchenvoranbaus in die Waldbaukonzeption" heraus.

3.3.2 Beschreibung der Testgebiete

3.3.2.1 Geographische Lage und naturräumliche Gliederung

Schernfeld

Die Ortschaft Schernfeld befindet sich wenige Kilometer westlich von Eichstätt. Der größte Teil der Staatswaldfläche liegt auf der nur schwach hügeligen Jurahochfläche, die im Süden durch das Altmühltal begrenzt wird und im Norden bei Weißenburg mit dem Albtrauf endet. Der gesamte Forstamtsbereich befindet sich im Wuchsgebiet 6 „Frankenalb und Oberpfälzer Jura", Wuchsbezirk 6.2 „Südliche Frankenalb und Südlicher Oberpfälzer Jura".

Geologisch prägt die jüngste Juraformation, der sog. Malm, das Forstamtsgebiet. Häufig ist der Malm von mittel- bis tiefgründigen Lößlehmdecken aus dem Quartär bedeckt, kreidezeitliches und tertiäres Material ist nur von untergeordneter Bedeutung. Auf leichten Erhöhungen im „Schernfelder Forst" treten unmittelbar Schichten aus dem Malm-Epsilon und Malm Zeta an die Oberfläche. In diesem Bereich befinden sich auch die Testparzellen (OBERFORSTDIREKTION MÜNCHEN 1989, s.a. RUTTE 1992).

Biburg

Im Westen der Stadt Augsburg gelegen, können die Staatswaldflächen des Forstamtes Biburg überwiegend (zu 93%) dem Teilwuchsbezirk 12.7/1 „Biburger Hügelland" zugeordnet werden. Die Restfläche gehört dem übergeordneten Wuchsbezirk 12.7 „Mittelschwäbisches Schotterriedel- und Hügelland" an. Das wellige Relief ist maßgebend für die Schwankungsbreite der Höhenlagen von 460 m bis 550 m ü. NN (OBERFORSTDIREKTION AUGSBURG 1990).

Der Teilwuchsbezirk 12.7/1 ist geologisch geprägt von sandigen Tertiärablagerungen aus dem Obermiozän; örtlich überdecken Donauschotter bzw. sandige Feinlehmauflagen aus Löß das Tertiärmaterial. In Anlehnung daran kommen überwiegend Sandböden vor, deren Nährstoff- und Wasserhaushalt von der unterschiedlichen Lehmkomponente und der Lage des wasserhaltenden Untergrundes abhängen. Im Vergleich dazu treten Schotterböden und Feinlehmböden mit wechselnden Sandanteilen stark zurück (OBERFORSTDIREKTION AUGSBURG 1990).

3.3.2.2 Klimatische Verhältnisse

Schernfeld

Das Klima kann als „gemäßigt subkontinental" (mittlere Jahresschwankung der Lufttemperatur liegt bei 18°C bis 18,5°C) bezeichnet werden, wobei große Temperaturunterschiede zwischen Sommer und Winter typisch sind. Das Baumwachstum auf der Albhochfläche wird vor allem beeinträchtigt durch Spätfröste, Rauhreif, Naßschnee.

Innerhalb des Rahmens von 650-800 mm Niederschlag pro Jahr wird der Höchstwert auf der Jurahochfläche (Schernfelder Forst) erzielt. Von Mai-September fallen im langjährigen Mittel 400 mm Niederschlag, das Frühjahr ist häufig ausgesprochen niederschlagsarm. In der Folge treten nicht selten Trocknisschäden an den Pflanzkulturen auf. Die mittlere Lufttemperatur von 7,5°C resultiert aus relativ hohen Werten im Altmühltal (bis 8°C) und niedrigen Werten auf der Jurahochfläche (knapp unter 7°C). Entsprechend ist die Vegetationszeit auf der Albhochfläche mit 140-150 Tagen um bis zu zehn Tage kürzer als im wärmebegünstigten Altmühltal. Unter den dominierenden westlichen Windrichtungen überwiegt der Westwind vor dem Südwestwind. Die Höhenlagen reichen von 400 m ü. NN bis 588 m ü. NN, die Testparzellen liegen auf der Jurahochfläche im Bereich von 550 m ü. NN (OBERFORSTDIREKTION MÜNCHEN 1989).

Biburg

Bei atlantischer Klimatönung mit leicht kontinentalem Einschlag werden Mittelwerte der Jahreslufttemperatur von 7-8° C erreicht. In der Vegetationsperiode liegen die Werte für die Lufttemperatur zwischen 14°C und 15°C. Die vorwiegend aus West bis Südwest wehenden Winde tragen durchschnittlich 750-850 mm Niederschlag heran, wobei im Zeitraum von Mai-August im langjährigen Mittel 360-430 mm Niederschlag fallen. Die Hauptgefährdung für das forstliche Wachstum stellt der Sturmwurf dar. Davon wird vor allem die Fichte auf vernässenden Standorten in Mitleidenschaft gezogen. Überdichte Jungbestände werden häufig durch Schneebruch und -druck geschädigt. Spätfrostgefahr besteht besonders auf Freiflächen in Verebnungs- und Muldenlagen (OBERFORSTDIREKTION AUGSBURG 1990).

3.3.3 Anlage und Flächendesign der Testparzellen

3.3.3.1 Vorüberlegungen

Die in den Testgebieten Schernfeld und Biburg parallel aufzunehmende Vergleichsreihe von drei Umbaustadien und einer naturnahen Vergleichsfläche (s. Kap. 3.3.1) führt zu vier Testflächen in jedem der beiden Gebiete.

In bezug auf Größe und Form der Testparzellen wurden folgende Vorüberlegungen angestellt:

- Auf jeder Testparzelle sollten sämtliche Bäume über 20 cm Höhe (s. Kap. 3.3.4) aufgenommen werden (Altbestandes- und Verjüngungskomponente), wobei als Bezugseinheit für die Verjüngungskomponente Rasterquadrate von 2,5 x 2,5 m Größe dienen sollten (vgl. SCHMITT 1994).
- Die Bucheneinheit (Trupp bzw. Gruppe) des Umbaustadiums sollte möglichst vollständig innerhalb der Parzellengrenze liegen, wobei die ca. 20-jhg. Buchengruppen in beiden Gebieten etwa Gruppengröße (ca. 30 m Durchmesser) aufweisen.
- Der Übergangsbereich von der Buchengruppe zur nicht verjüngten oder mit Naturverjüngung bestockten Umgebung sollte integriert sein (etwa 5 m - 10 m).
- Das waldbauliche Verfahren des Femelschlags sollte in der Anordnung der Altbäume zur Geltung kommen.
- Die Kriterien für die Testparzellen mußten kompatibel mit dem faunistischen Untersuchungsansatz sein (s. Kap. 3.3.1).
- Die Parzellen sollten auf vergleichbarem Standort liegen.
- Aus arbeitstechnischen und standörtlichen Gründen sollten die Flächen möglichst nahe beisammen liegen.

Unter Berücksichtigung des nicht zu unterschätzenden Aufnahmeaufwandes bei der Vollerhebung von Verjüngungsflächen, und unter Abwägung der o.g. Prämissen wurde festgelegt, daß die einzelne Testparzelle eine Größe von 800 m² nicht überschreiten darf. Im Hinblick auf die gemachten Vorgaben schien eine Rechteckform mit 40 m Länge und 20 m Breite am besten geeignet. Damit war gewährleistet, daß auch die 20-jhg. Buchengruppen zumindest mit einer Seite (Längs- oder Breitseite) vollständig innerhalb der Parzellengrenzen lagen; zudem stand für die Aufnahme der Umgebung der Buchengruppe ein Raum von etwa 10 m * 20 m zur Verfügung.

Für die acht ausgewählten Parzellen wurden die nachfolgend aufgelisteten Schlüssel vergeben (s. Tab. 3-2). Im Text und in den Ergebnistabellen erscheinen entweder die Schlüssel oder die angegebenen Kurzbezeichnungen.

Tab. 3-2: Erläuterungen zu den Parzellenbezeichnungen und festgelegten Schlüsseln

Umbaustadien in den Testgebieten Schernfeld (SNF) und Biburg (BIB)	Kurzbezeichnung (en)	Schlüssel für die Testparzellen
älterer Fichtenreinbestand, stellenweise mit Fichtennaturverjüngung	Nullfläche; Fichtenreinbestand	SNF F99 BIB F99
ca. 20-jhg. Buchenvoranbau unter einem Schirm von Altfichten	20-jhg. Umbaustadium	SNF B20 BIB B20
ca. 40-jhg. Buchenvoranbau, in den Fichtenaltbestand integriert	40-jhg. Umbaustadium	SNF B40 BIB B40
Altbestand mit naturnaher Baumarten-zusammensetzung (Buche, Eiche)	naturnahe Vergleichsfläche	SNF N98 BIB N98

3.3.3.2 Vermarkung im Gelände

Unter Zuhilfenahme eines elektronischen Theodoliten wurden die Eckpunkte eines 40 m x 20 m großes Rechtecks eingemessen und mit ca. 1,5 m hohen Holzpflöcken dauerhaft im Gelände vermarkt. Ausgehend von den Eckpunkten, die später auch als Aufstellungspunkte für den Theodoliten zur Erhebung von Stammfußkoordinaten Verwendung fanden, wurde mittels kleineren, ca. 0,5 m hohen Pflöcken ein 5 m x 5 m Gitternetz über die gesamte Parzelle gelegt (zur besseren Erkennung im Gelände wurden die Pflöcke mit einem bunten Markierungsband versehen).

Die Anlage des permanenten Netzes erwies sich als sehr vorteilhaft für die Erhebung der Altbestandesparameter, für die in 10m x 10m großen Feldern durchgeführten Vegetationsaufnahmen sowie für die Verjüngungsaufnahmen. Für die auf 2,5 m x 2,5 m- Rasterfeldern durchgeführte Aufnahme der Verjüngung (zur Begründung der Gitterfeldgröße s. Kap. 3.3.5.1) wäre jedoch eine permanente Verpflockung im 2,5 m x 2,5 m großen Quadratverband mit einem unvertretbar hohen Aufwand verbunden gewesen; das vorgegebene 5 m x 5 m - Gitternetz war aber auch für diese Aufnahme insofern hilfreich, als von den festen Gitterpunkten ausgehend vier temporäre Untereinheiten (2,5 m x 2,5 m große Quadrate) mit Hilfe von Fluchtstäben gebildet werden konnten. Zur Veranschaulichung ist in Abb. 3-2 der Aufbau einer Testparzelle dargestellt. In der integrierten Tabelle sind die einzelnen Bereiche der waldkundlichen Aufnahmen aufgelistet.

Die kleinräumigen waldökologischen Intensivstudien umfassen die auf den Testparzellen durchgeführten Analysen zu den Systemkompartimenten Waldkunde und Flora. Hinzu treten Qualitätsbeurteilungen an den 40-jhg. Buchen. Für die qualitative Einschätzung 40-jhg. Buchen war es ferner notwendig, weitere Buchengruppen mit vergleichbarer Entwicklung zur Analyse heranzuziehen.

3.3.4 Waldkundliche Parameter

Bei der Konzeption des auf waldökologische Fragestellungen auszurichtenden Methodensets lag es nahe, auf die am Lehrstuhl für Landnutzungsplanung und Naturschutz entwickelte Methodik zur Aufnahme von Naturwaldreservaten zurückzugreifen. Es wurden deshalb speziell jene waldkundlichen Parameter ausgewählt, auf die auch das „Grund- und Forschungsprogramm" zur Erfassung der Waldstruktur in Naturwaldreservaten abgestellt ist (s. ALBRECHT 1991).

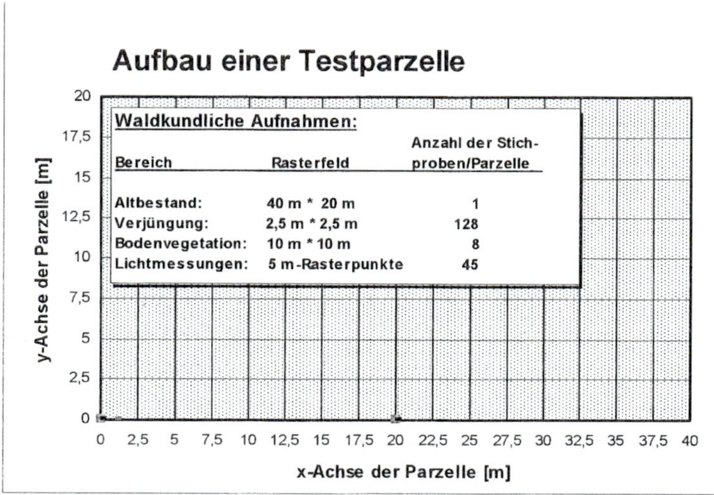

Abb. 3-2: Aufbau einer 40 m x 20 m großen Testparzelle, die in 2,5 m x 2,5 m große Rasterquadrate unterteilt ist; mit aufgeführt ist die Stichprobendichte der Einzelaufnahmen.

Die waldkundlichen Untersuchungen orientieren sich am waldwachstumskundlichen Ansatz, der sich ausschließlich mit der Gehölzkomponente befaßt. Die große Bedeutung der Waldkunde für die waldökologische Forschung liegt in der Synthese produktionsbiologischer und verjüngungsökologischer Forschungsergebnisse; für die Umsetzung in naturnahe Waldbauverfahren sind waldkundliche Erkenntnisse deshalb unverzichtbar (ALBRECHT 1990).

Vorausverjüngungsmaßnahmen in Fichtenbeständen zeichnen sich dadurch aus, daß Altbäume und Verjüngungsbäume dieselbe Bestandesfläche bestocken. Die spezifische Bestockungssituation der ausgewählten Umbaustadien zielt auf eine Dreiteilung der Gehölzkomponente ab: Altbäume (nach Alter und Entwicklungszustand) lassen sich von ca. 40-jhg. Buchen (mit Durchmessern überwiegend oberhalb der Derbholzgrenze) einerseits und von bis zu 20 Jahre alten Verjüngungsbäumen (mit Durchmessern unterhalb der Derbholzgrenze) andererseits abgrenzen.

Während bei der Verjüngungskomponente raumstruktur- und konkurrenzbezogene Gesichtspunkte im Vordergrund stehen, hebt die waldkundliche Erfassung der Altbäume auf ertragskundliche Kenngrößen ab. Je nach verfolgter Fragestellung wurden einzelne Parameter nur an bestimmten Baumkollektiven erhoben.

Die vorgenommene Dreiteilung der Gehölzkomponente spiegelt sich auch in der Aufnahme der waldkundlichen Grunddaten wider (s. Tab. 3-3):

Tab. 3-3: Aufnahmeparameter bei der Erfassung der Gehölzkomponente

Aufnahmeparameter	**Abkürzung**	**Altbäume**	**40-jhg. Buchen**	**Verjüngung (BHD < 7cm, Höhe ü. 20cm)**
Baumart	BA	X	X	X
Stammfußkoordinaten	xy	X	X	-
Brusthöhendurchmesser	$d_{1,3}$	X	X	-
Wurzelhalsdurchmesser	d_w	-	-	(x)
Baumhöhe	h	X	R	(x)
Kronenansatzhöhe	k_a	X	R	-
Kronenradien in acht Himmelsrichtungen	k_r	X	R	-
Schäden	X	X	X	

X: Aufnahme an allen innerhalb der Parzelle vorgefundenen Bäumen

R: Aufnahme an einem repräsentativen Teilkollektiv von Bäumen

(X): Aufnahme an gezielt ausgewählten Bäumen: im Falle mehrerer sehr ähnlicher und innerhalb eines Gitterfeldes vorkommender, deutlich unterständiger Verjüngunsbäume, die sich in der Höhe um weniger als 10 cm unterschieden, wurden nur die Individuen gezählt; der in der Liste aufgeführte Parameter wurde anschließend an einem stellvertretenden Stämmchen erhoben.

-: keine Erhebung

Die Erhebung der waldkundlichen Grunddaten bildet die Grundlage für Analysen, die sich mit der Strukturvielfalt der Umbauphasen befassen. Bevor auf die einzelnen Analyseschritte eingegangen wird, soll zunächst der theoretische Hintergrund der „Strukturvielfalt im Wald“ beleuchtet werden.

3.3.5 Der Umbau von Fichtenbeständen unter dem Aspekt der Strukturvielfalt

Neben der Veränderung des Bestockungsaufbaus in Richtung Mischbestand wird die Verbesserung der Raumstruktur speziell auch beim Umbau von Fichtenbeständen als wesentliches Ziel betont (vgl. AMMER & UTSCHICK 1988). Damit in Zusammenhang steht die Erkenntnis, daß die Artenvielfalt der Tier- und Pflanzenwelt von der Strukturvielfält abhängt; ferner verbindet sich mit einem reicheren strukturellen Aufbau die Hoffnung, die Elastizität und Stabilität der Waldbestände entscheidend zu verbessern.

Allgemein ist mit der Struktur von Pflanzengemeinschaften die räumliche Anordnung der Phytozönose nach Qualität und Quantität gemeint (WILMANNS 1984). Die Strukturierung betrifft damit alle Schichten eines Waldbestandes. Nach SCHERZINGER (1996) verbindet sich mit Strukturreichtum die Vielfalt an inneren Grenzlinien, wie sie z.B. durch Verjüngungskegel, durch den Stockwerksaufbau der Bäume bzw. durch die Schichtung (Zwischen- und Unterständer) einschließlich der Bodenvegetation hervorgerufen wird. Unmittelbar praxisbezogen läßt sich Strukturvielfalt nach AMMER & UTSCHICK (1988) mit den Merkmalen „reich gestuft“, „große Altersspanne“, „stehendes und liegendes Totholz“ sowie „Reichtum an unterschiedlichen Kleinstrukturen“ umreißen.

Aus der vorliegenden Charakterisierung wird bereits deutlich, daß die mit Strukturvielfalt in Zusammenhang gebrachten Kennzeichen in erster Linie auf die Raumstruktur abzielen, während numerische Elemente wie „Altersspanne“ oder „Durchmesserspektrum“ nachrangige Bedeutung haben. Die Zusammenfassung der genannten Elemente führt zur eigentlichen Bestandesstruktur.

Während darin die horizontale und vertikale Verteilung der Baum-, Strauch- und Krautschicht innerhalb eines Bestandes zum Ausdruck kommt (ARBEITSKR. FORSTL. LANDESPFLEGE 1991, SPELLMANN 1995, PALMER 1996, s.a. SCHERZINGER 1996), bezeichnet der Begriff Waldstruktur abweichend davon die Verteilung und Abgrenzung von unterschiedlichen Beständen innerhalb eines Waldgebietes. Genau genommen ist die Raumstruktur als „Geometrie des Waldinneren" nach STUGREN (1981) nur eine von sieben Strukturebenen. Dieser wird aber vor allem deshalb besondere Aufmerksamkeit geschenkt, weil sie optisch sichtbar ist und sich mit vertretbarem Aufwand qualitativ und quantitativ erfassen läßt.

STUGREN (1981) folgend umfaßt jede Strukturebene mehrere Systemelemente, die zu einem Integrierungsfaktor zusammentreten. Neben der räumlichen Ebene existieren folgende weitere Ebenen: die Biotopebene (physikalische Struktur), die biozönotische Ebene (Diversität, Dominanzstruktur), die trophodynamische Ebene (Nahrungsbeziehungen), die energetische Ebene (Energiefluß) und die zeitliche Ebene (endogene Rhythmen der Lebewesen).

Im Mittelpunkt der kleinräumigen waldökologischen Intensivstudien stand die Zustandserfassung und Bewertung der aktuellen räumlichen Bestandesstruktur, wobei die vergleichende Analyse verschiedener Umbaustadien innerhalb eines Testgebietes besondere Beachtung verdiente.

Nicht nur für die Zustandserfassung des Indikators Strukturvielfalt sondern auch für die Ableitung waldbaulicher Handlungsempfehlungen zur Erhöhung der Strukturvielfalt ist die Definition und Analyse von operationalen Strukturelementen unabdingbare Voraussetzung (vgl. PRETZSCH 1995). Analog zu den bei AMMER & UTSCHICK (1988) im Rahmen des Methodenansatzes zur „ökologischen Wertanalyse im Wald" aus übergeordneten „Indikatoren" und „Kriterien" abgeleiteten und letztlich meßbaren „Unterkriterien" müssen sich auch die zu definierenden Strukturelemente im Gelände unmittelbar erheben (z.B. Baumhöhe) oder in eine numerische Kennzahl (z.B. Schlüsselzahl für eine verbal beschriebene Mischungsform) umformen lassen. Als Indikator könnte beispielhaft die „Strukturvielfalt" angeführt werden, als daraus abgeleitetes Kriterium die „vertikale Schichtung" und als meßbares Unterkriterium die „Anzahl der Schichten", welche neben anderen Parametern den vertikalen Bestandesaufbau und mithin die Strukturvielfalt ausmachen.

Wie bereits angedeutet, setzt sich die „innere Strukturvielfalt" (Bestandesstruktur) eines Waldbestandes aus horizontalen und vertikalen Strukturkomponenten zusammen (AMMER & UTSCHICK 1988, ARBEITSKREIS FORSTL. LANDESPFLEGE 1991, OTTO 1994, SPELLMANN 1995, PALMER 1996, SCHERZINGER 1996). In Ergänzung hierzu werden die Elemente Altersspreitung und Durchmesserspektrum zur numerischen Strukturkomponente vereint.

In Anlehnung an OTTO (1994) und SPELLMANN (1995) lassen sich verschiedene Elemente der Raumstruktur modellhaft skizzieren (s. Abb. 3-3), wobei mögliche Ausbildungsvarianten bzw. Extremfälle einzelner Elemente beispielhaft vorgestellt werden.

3.3.6 Strukturmerkmale

3.3.6.1 Ertragskundliche Kenngrößen der Altbäume

Die Altbäume auf den Umbauparzellen reflektieren den Zustand vor Beginn der Umbaumaßnahmen und bilden das „Dach" der räumlichen Bestandesstruktur. Zu deren Analyse trägt die Charakterisierung der Ausgangslage in entscheidendem Maße bei; hierzu wurden die ertragskundlichen Kenngrößen der Altbäume erhoben.

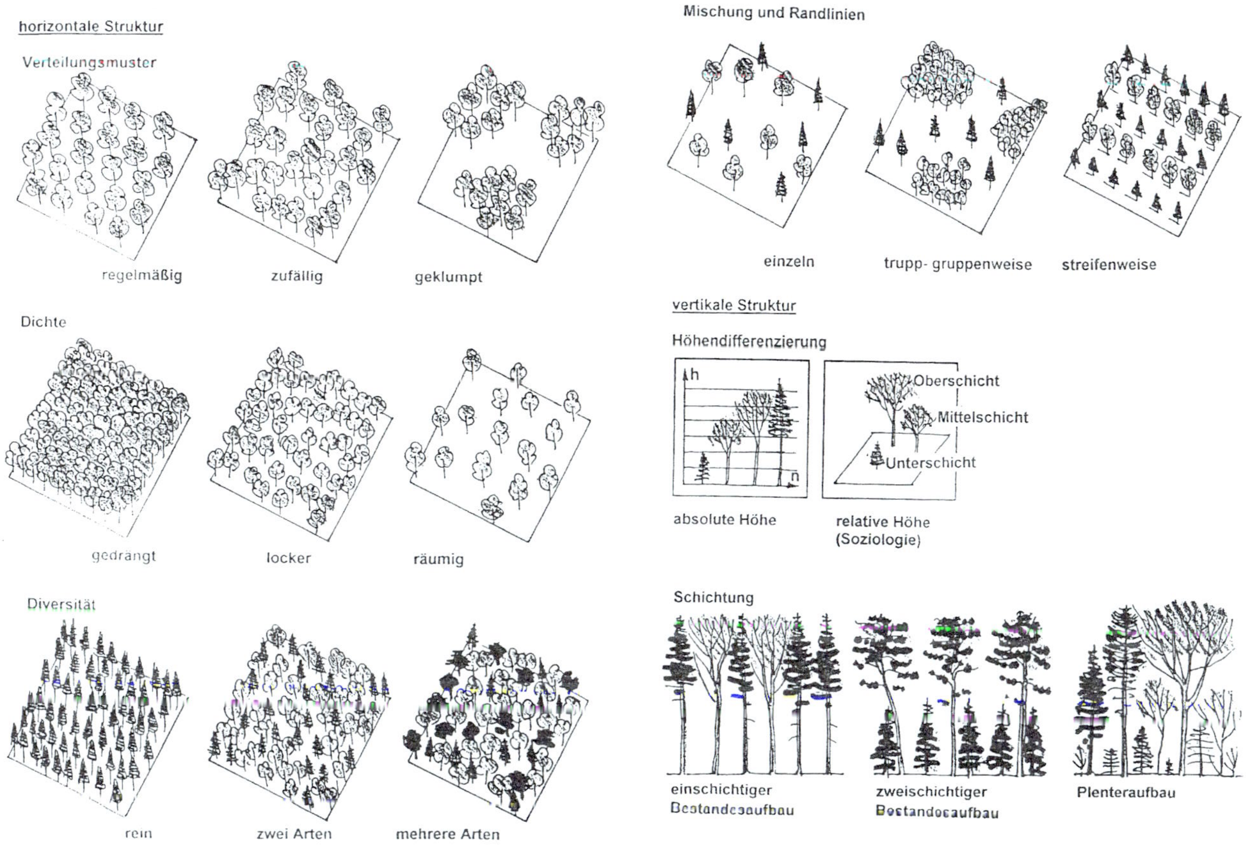

Abb. 3-3 : Modellhafte Darstellung einzelner Strukturparameter in Waldbeständen

Von den älteren und bis zu 40-jhg. Buchenvoranbauten unterscheiden sich die Altbäume vor allem im Entwicklungszustand (Baumhöhe und Durchmesser) und im Alter („jüngste" Altbäume sind über 70 Jahre alt). Mit der Ermittlung von Stammzahl, Brusthöhendurchmesser, Höhe, Grundfläche und Volumen sind die wichtigsten quantitativen Merkmalsgrößen bezeichnet, die das Baumkollektiv der Ausgangslage von Umbaumaßnahmen einschließlich der Altbäume auf den naturnahen Vergleichsparzellen aus ertragskundlicher Sicht zutreffend beschreiben. Wird der einzelne Baum als Stichprobenelement aufgefaßt, so kann die Vollaufnahme der auf den Testparzellen stockenden Altbäume - statistisch gesehen - als endliche Grundgesamtheit betrachtet werden.

Nicht nur zur Einschätzung des Zuwachses sondern auch zur Beurteilung der Stabilität von Einzelbäumen und von Baumkollektiven gegenüber abiotischen Schadereignissen (Schneebruch, Windwurf) leisten verschiedene Kronenparameter einen entscheidenden Beitrag (KRAMER & AKCA 1987). Es ist zu vermuten, daß der erhöhte Standraum, den die im Zuge von Umbaumaßnahmen jeweils verbleibenden Altbäume durch kontinuierliche Entnahme von Nachbarbäumen erhalten, Veränderungen in den Kronenkennwerten nach sich zieht. Konkret ist vorstellbar, daß sich der Assimilationsapparat in der Länge (Kronenlänge) bzw. in der Breite (Kronenbreite) infolge der Standraumerweiterung vergrößert; dabei hängt das baumindividuelle Vermögen, die Krone auch noch in höherem Alter zu erweitern, von der Baumart und dem Standort ab (vgl. ASSMANN 1961).

Unter der Voraussetzung, daß die innerhalb eines Testgebietes auf vergleichbarem Standort liegenden Fichtenaltbestände bis zum Beginn von Umbaumaßnahmen einer einheitlichen Bestandesbehandlung unterworfen waren, dürfte es zulässig sein, Veränderungen in den Kronenkennwerten unmittelbar auf Umbaumaßnahmen zurückzuführen; damit können Kronenlänge und Kronenbreite der Altfichten innerhalb eines Testgebietes verglichen werden.

Mit einer Zunahme der Kronenbreite im Laufe des Umbauverfahrens würde sich auch die Kronengrundfläche des Einzelbaumes erhöhen. Unter Berücksichtigung der kontinuierlichen Entnahme von Altbäumen sinkt jedoch der Überschirmungsgrad - ausgedrückt als Summe der Kronengrundflächen pro Flächeneinheit - zunehmend ab und schafft die lichtökologischen Voraussetzungen für die Entwicklung und Ausformung der Nachfolgebestockung. Mittels der erhobenen Kronenradien konnte die Kronengrundfläche der Einzelbäume sowie die Überschirmung der Gesamtparzelle errechnet werden.

Inwiefern Umbaumaßnahmen außerdem dazu beitragen können, die Kronendachrauhigkeit zu verbessern, wurde aus einem Parzellenquervergleich der Variationskoeffizienten für Baumhöhe und Kronenausmaße abgeleitet. Unabhängig vom Aufbau der nachschiebenden Verjüngungsschicht bildet die Kronendachrauhigkeit des Altbestandes z.B. bereits allein ein wichtiges Strukturelement für die Artendichte der Waldavifauna (ELLENBERG 1989; zit. n. SCHERZINGER 1996); dieses Moment leitet unmittelbar über zu der Raumstruktur der Bestände.

3.3.6.2 Gesamtstrukturbild des Bestandes

Die Dokumentation der Gesamtstruktur eines Waldbestandes wäre ohne die Anwendung geeigneter fotografischer oder visueller Hilfsmittel nur in unbefriedigendem Maße möglich. Bezogen auf das Luftbild betont REBEL schon 1924 (in HUSS 1984, zit. n. ALBRECHT 1990): „Das Luftbild trägt und zeigt den Stempel der Wirtschaft anschaulicher als es der längsten Erörterung mit dickstem Tabellenwerk gelingen könnte." Wenn einmal der grafischen Darstellung der Waldtextur (s. MAYER 1978), in einem anderen Fall aber der Fotografie oder dem Luftbild der Vorzug gegeben wird, dann darf daraus abgeleitet werden, daß die Vorteile, die REBEL dem Luftbild gegenüber einer ausschließlichen Verwendung von Zahlenmaterial zuspricht, auch für andere Verfahren der visuellen Bestandesdokumentation gelten (vgl. WOHLFARTH 1961, SCHMITT 1994). Fotos und Luftbilder haben allerdings - ähnlich wie grafische Darstellungen der Waldtextur - den Nachteil, daß hier der dreidimensionale Effekt zu kurz kommt. Speziell bei Fotos und Bestandesaufrissen wird die horizontale Struktur vernachlässigt (OTTO 1994).

Moderne Verfahren der Bestandesvisualisierung versuchen die Nachteile der oben genannten Verfahren zu umgehen, ohne auf deren Vorteile verzichten zu wollen. In der vorliegenden Arbeit kam ein von der Niedersächsischen Forstlichen Versuchsanstalt zur Simulation der Wachstumsentwicklung von Beständen konstruiertes Programm mit dem Namen BWIN zur Anwendung. Damit kann die Bestandesstruktur auf der Grundlage tatsächlich erhobener Meßdaten modellhaft in einer dreidimensionalen, perspektivischen Darstellung abgebildet werden (PRETZSCH 1993, NAGEL 1996). Im Unterschied zu den bisher angewandten Verfahren läßt sich der Bestand über die Variation des sog. z-Winkels stufenlos von der Horizontale (Bestandesaufriß! s. Abb. 3-4 linke Hälfte) bis zur Vogelperspektive (Draufsicht!, s. Abb. 3-4 rechte Hälfte) betrachten, wodurch sich dem Betrachter besonders der Blick in die Bestandestiefe erschließt. Darüber hinaus kann anhand der Einstellung des x-Winkels (Abszisse) eine Ansicht von verschiedenen Seiten erfolgen.

Ausgangspunkt der raumstrukturellen Bestandesanalyse sind daher modellhafte Darstellungen der Bestandesstruktur, die einen sehr anschaulichen Überblick von der Raumstruktur vermitteln und das Verständnis für die spätere Analyse struktureller Einzelkomponenten wesentlich erleichtern.

Ein Quervergleich über alle Testparzellen innerhalb eines Testgebietes ist jedoch nur dann möglich, wenn die Bestandesdarstellungen in standardisierter Form erfolgen. Jede Parzelle wurde daher mit einem Aufriß und einer Draufsicht (z-Winkel 90°) visualisiert, wie es die beiden Bilder in Abb. 3-4 in schematischer Form demonstrieren. Für den Aufriß erwies sich ein z-Winkel von 20° (Winkelabweichung von 20° gegenüber der Horizontale) besonders deshalb als vorteilhaft, weil er das Betrachtungsniveau nur geringfügig anhebt, so daß sowohl ein schräger Einblick in die Bestandestiefe möglich wird, als auch noch gewährleistet ist, die Höhenrelationen der einzelnen Baumarten abzuschätzen. Für sämtliche Darstellungen wurde ein x-Winkel von 0° gewählt, weil dadurch der Blick auf die Längsseite der Parzelle erfolgt.

Als problematisch bei stammzahlreichen Verjüngungsparzellen stellte sich heraus, daß der Vorteil einer übersichtlichen Bestandesdarstellung dann aufgehoben wäre, würde man sämtliche erhobenen Verjüngungsbäume darstellen lassen. Unabhängig davon, daß die Dateneingabe aus programmtechnischen Gründen sehr aufwendig gewesen wäre, lagen für diese Bäume keine exakten Stammfußkoordinaten vor. Daher wurde folgendes Vorgehen für die Bestandesdarstellung favorisiert:

Alle Bäume über 7 cm BHD und alle Buchen des zweiten Umbaustadiums (Buchen ca. 40-jhg.) sind vollständig mit allen tatsächlich erhobenen Kenngrößen (Stammfußkoordinaten, Alter, Höhe, Kronenansatz, Kronenbreite, BHD) in der Bestandesdarstellung vertreten.

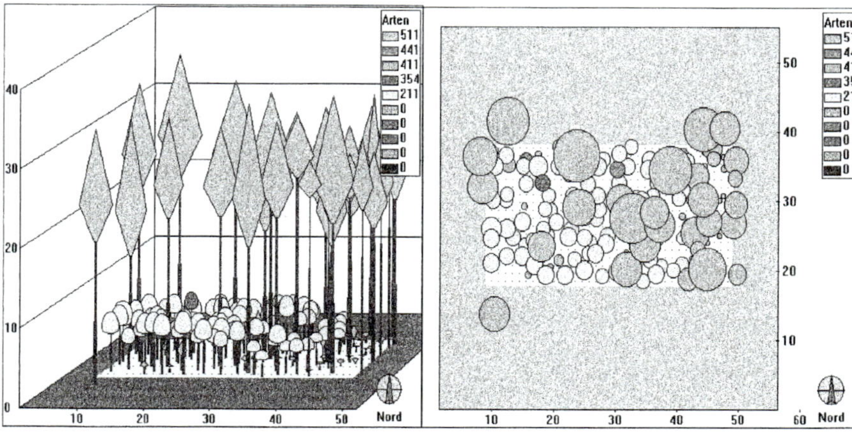

Abb. 3-4: Beispielhafte Darstellung für einen Bestandesaufriß (linke Hälfte) und eine Draufsicht (rechte Hälfte), erstellt mit dem Programm BWIN (NAGEL 1996).

Nicht erhobene Meßgrößen (Höhe und Kronenansatz bei 40-jhg. Buchen wurden nur an einigen repräsentativen Stämmen gemessen) wurden vom Programm BWIN über eingebaute Funktionen errechnet, wobei sämtliche, tatsächlich gemessenen Werte in den Funktionsaufbau eingingen.

Für die übersichtliche Darstellung der Höhenrelationen und Konkurrenzbeziehungen wurde innerhalb der Verjüngungskomponente auf den jeweils höchsten Baum eines Gitterfeldes zurückgegriffen. Mit Ausnahme der Kronenbreite und des Kronenansatzes lagen für diesen Baum sämtliche für die Darstellung zwingend erforderlichen Informationen wie Stammfußkoordinaten (xy-Koordinaten auf +/- 0,5 m genau; s. Kap. 3.3.4), Höhe, Wurzelhalsdurchmesser und Alter vor; allerdings akzeptiert das Programm BWIN keine Bäume mit einem BHD unter 1,1 cm, so daß der Brusthöhendurchmesser bzw. ersatzweise der Wurzelhalsdurchmesser für solche Individuen - insbesondere für noch kaum kniehohe Fichtennaturverjüngung - fiktiv auf 1,1 cm festgesetzt werden mußte[4]. Die Darstellung verliert jedoch damit kaum an Realitätsnähe, weil die für die bildliche Darstellung maßgebende Baumhöhe über den tatsächlichen Meßwert eingeht.

3.3.6.3 Komponenten der horizontalen und vertikalen Raumstruktur

Der unschätzbare Vorteil der dreidimensionalen Bestandesdarstellung liegt darin, daß der Betrachter relativ rasch einen ersten Eindruck von der Gesamtstruktur eines räumlichen Bestandesausschnittes erhält; daneben ist es allein anhand der bildlichen Darstellung möglich, eine Reihe von allgemeinen Fragen zur Raumstruktur hinreichend genau zu beantworten.

Die Analyse muß sich jedoch zwangsläufig auf äußerlich sichtbare (und deshalb vorwiegend qualitative) Aspekte beschränken und erlaubt nicht, einzelne Strukturelemente betreffende Fragen zu erörtern. Überdies sind aus der visuellen Betrachtung kaum waldbauliche Handlungsempfehlungen ableitbar. Demgegenüber läßt sich das einzelne Strukturelement als operationale Größe über waldbauliche Eingriffe gezielt steuern. Beispielsweise ist es möglich, die Verjüngungsdichte mittels Läuterungseingriffen zu variieren. Die Strukturanalyse wird der Komplexität des Verjüngungsgeschehens daher nur dann gerecht, wenn das präsentierte Gesamtbild in die im folgenden vorgestellten Komponenten zerlegt wird.

[4] Dies liegt maßgeblich daran, daß das Programm BWIN in erster Linie für die ertragskundliche Auswertung und Visualisierung der Derbholzkomponente (>7 cm BHD) von Waldbeständen konzipiert wurde (s. NAGEL 1996).

Stammverteilung und Verjüngungsdichte

Zur Aufklärung komplexer Zusammenhänge des Verjüngungsvorganges im Umbaubeständen kann die Verteilung der Alt- und Jungbäume einen entscheidenden Beitrag leisten (JOHANN 1970). „Die horizontale Baumartenverteilung spielt für die Struktur eines Bestandes und die daraus ableitbaren Parameter eine weitaus entscheidendere Rolle, als ihr dies bisher zugedacht war“ (FÜLDNER 1995). Waren Gesichtspunkte der Stammverteilung für den forstlichen Praktiker bislang eher von untergeordneter Bedeutung, so wird Verteilungsindizes in der modernen Waldforschung - insbesondere im Zusammenhang mit der künstlichen Begründung von Mischbeständen unter Ausnutzung von Naturverjüngungsmöglichkeiten - ein zunehmend größeres Gewicht beigemessen (FRÖHLICH & QUEDNAU 1994, vgl. PRETZSCH 1994)

Bei der biometrischen Analyse der Horizontalstruktur einer konkreten Fläche resultiert die Verteilung der einzelnen Baumarten aus der relativen Häufigkeit und der Stellung der Bäume zueinander (FÜLDNER 1995). Besondere Aufmerksamkeit verdient die Erkenntnis, daß die bei künstlicher Bestandesbegründung mehr oder weniger regelmäßig eingebrachten Buchen in Konkurrenz treten mit Baumarten aus Naturverjüngung, welche sich eher zufällig bis geklumpt verteilen und nicht selten sehr stammzahlreich ankommen, wie es bei Fichtennaturverjüngung gewohntermaßen der Fall ist (vgl. OTTO 1994).

Die im Zusammenhang mit der Vorstellung der waldkundlichen Parameter erwähnte Positionsbestimmung der Bäume (vgl. Kap. 3.3.4) innerhalb der Parzelle differenziert zwischen einer exakten Einmessung über Stammfußkoordinaten bei den Altbäumen und bei den ca. 40-jhg. Buchen sowie einer relativen Positionsbestimmung bei der Vorausverjüngung (BHD unterhalb der Derbholzgrenze) anhand der Lage der Verjüngungsgitterfelder.

Ausgehend davon kann die Verteilung der exakt eingemessenen Bäume biometrisch über den Index von CLARK & EVANS (1954) ermittelt werden, der den errechneten mittleren Abstand der Bäume zu ihren jeweils nächsten Nachbarn (r) in Beziehung setzt zum erwarteten Abstand (E(r)) bei zufälliger Verteilung. Der Index ist jedoch nur bedingt brauchbar, wenn die Fläche nicht sehr groß ist und wenn eine hohe Anzahl von Individuen dem Randbereich angehört, wie es bei den Testparzellen der Fall ist. DONNELLY (1978) (zit. n. FÜLDNER 1995) konnte diesen „edge-effect“, der sich in verzerrten Indexwerten äußert, mit einer Formel ausgleichen, die gegenüber dem Ansatz von CLARK & EVANS (1954) geringfügig modifiziert ist. Sie lautet:

$$E(r)=0{,}5\sqrt{A/N}+0{,}0514*P/N+0{,}041*P/N^{3/2}$$

mit A=Größe der Probefläche (m²), N=Anzahl der Individuen innerhalb der Probefläche und P=Länge der Außengrenze der Probefläche (m) (s. FRÖHLICH & QUEDNAU 1995, FÜLDNER 1995).

Bei zufälliger Verteilung (Poisson-Verteilung) der Bäume nimmt der Index den Wert 1 an, bei Klumpung ist der Wert <1, bei regelmäßiger Verteilung >1 (maximal möglicher Wert = 2,1491). Auf einen Signifikanztest, der die Abweichung der gemessenen Werte von der Poissonverteilung über eine standardnormalverteilte Teststatistik prüft, wurde verzichtet, da ein solcher Test nur dann Sinn macht, wenn anstelle einer Vollaufnahme eine Stichprobenerhebung erfolgte (SABOROWSKI 1994, zit. n. FÜLDNER 1995).

Aus den ermittelten Werten läßt sich rückschließen, inwiefern die bei der Ernte von Altbäumen angewandten waldbaulichen Verfahren (Femelschlag!) zu Veränderungen in der Altbaumverteilung geführt haben, die wiederum die ökologische Situation (Lichtgenuß!) der Vorausverjüngung maßgeblich beeinflußt.

Mangels exakter Stammfußkoordinaten war der CLARK & EVANS-Index bei der Verjüngungskomponente nicht anwendbar. Zur Verprobung der Verteilung von Verjüngungsbäumen auf der Grundlage von Häufigkeiten in Zählquadraten hat COX (1971, n. PRETZSCH, mdl. Mitt.) ein einfaches und praktikables Verfahren vorgeschlagen, indem die mittlere Stammzahl pro Quadrat (N) dividiert wird durch die Varianz (s_x^2). Gegenüber einer zufälligen Verteilung (=1) nach oben abweichende Werte des Dispersionskoeffiezienten verweisen auf geklumpte Verteilung, nach unten gegen Null tendierende Werte zeigen gleichmäßige Verteilung an. Für den Dispersionskoeffizienten q gilt: $q=s_x^2/\underline{x}$

Zu beachten ist, daß der Dispersionsverteilungsindex - bei PINTO DA COSTA (1992) als relative Varianz bezeichnet - stark abhängt von der gewählten Größe der Einzelquadrate, die als Aufnahmeeinheiten zur Ermittlung der Pflanzenzahlen herangezogen werden. Daraus leitet sich die Empfehlung ab, neben der Indexberechnung für verschiedene Baumarten bzw. -gruppen auch verschiedene Gitterfeldgrößen zu berücksichtigen (JOHANN 1970, FRÖHLICH & QUEDNAU 1995, FÜLDNER 1995; vgl. PINTO DA COSTA 1992). Werden bei vorliegender Klumpung die Probeflächen beispielsweise kleiner gewählt als die tatsächliche Größe der Klumpen, wird die Klumpungstendenz unterschätzt.

Dank der Aufnahme der Verjüngungspflanzen in Quadraten mit 2,5 m Seitenlänge als kleinste Stichprobeneinheiten bestand die Möglichkeit, den Dispersionskoeffizienten für insgesamt drei unterschiedliche Gitterfeldgrößen zu berechnen: für Quadrate mit 2,5 m Seitenlänge und für die nächstgrößeren Felder mit 5 m Seitenlänge und 10 m Seitenlänge. Die Abweichung der Baumverteilung von zufälliger Dispersion kann für auf Klumpung hinweisende Indexwerte durch den Vergleich von (m-1)*q (m=Anzahl der Quadrate; q=Dispersionskoeffizient) mit der Chi²-Tafel geschätzt werden (PINTO DA COSTA 1992). Für alle anderen Fälle empfiehlt sich die Anwendung des Chi²-Anpassungstests (vgl. JOHANN 1970, PINTO DA COSTA 1992, FRÖHLICH & QUEDNAU 1995). Nach FRÖHLICH & QUEDNAU (1995) ist darauf zu achten, daß der Index grundsätzlich nur dann verwendet werden darf, wenn die Anzahl der Bäume in Gruppen, die sich nicht berühren, voneinander unabhängig ist.

Zur besseren Veranschaulichung der Verjüngungsdichte wurden auf der Ebene der kleinsten Quadrate (2,5 m x 2,5 m) sog. Spektraldiagramme gebildet, indem jedes Verjüngungsfeld in Abhängigkeit von der Anzahl der Verjüngungspflanzen und ohne Rücksicht auf die Baumart einen Grauwert erhält. Gedacht war, daß insgesamt vorhandene Spektrum an Verjüngungsbäumen pro Gitterfeld (es kamen Felder mit 0 Pflanzen und solche mit bis zu 87 Pflanzen pro Quadrat vor) in Dichtestufen einzuteilen, die sich mit einem Grauwertspektrum von weiß bis schwarz visualisieren lassen.

Aus waldbaulichen Erwägungen heraus sollte sich ein Feld ohne Verjüngung von einem Feld mit mindestens einer Verjüngungspflanze im Grauwert unterscheiden. Unter Berücksichtigung der Darstellbarkeit, wonach unterschiedliche Grauwerte optisch noch wahrnehmbar sein mußten, war eine Beschränkung auf zehn Grauwertstufen notwendig; da aber auch bei dieser Vorgehensweise benachbarte Stufen z.T. recht schwer zu unterscheiden sind, wurde die absolute Pflanzenzahl zusätzlich in das Gitterfeld gedruckt. Um eine genügend gute Differenzierung im unteren Stammzahlbereich zu erzielen, wurde eine Stufenbreite von vier Pflanzen gewählt, wobei die Stufe mit der höchsten Pflanzendichte sämtliche Gitterfelder beinhaltet, die 33 oder mehr Pflanzen aufweisen. Dieses Vorgehen schien gerechtfertigt, weil Pflanzenzahlen über 33 pro Quadrat zum einen nur selten auftauchen, und weil zum anderen die hektarbezogene Stammzahl auch schon bei 33 Pflanzen pro Quadrat mit 52800 Pflanzen/ha weit über den bei einer Pflanzung üblichen Werten liegt. Aus waldbaulicher Sicht macht es deshalb keinen großen Unterschied, ob Pflanzenzahlen im Bereich von n=30 pro Gitterfeld vorkommen oder noch höher ausfallen. In Abb. 3-5 ist ein Beispiel für ein Spektraldiagramm dargestellt.

Artendiversität

In Anbetracht der Langfristigkeit der forstlichen Produktion ist die Änderung der Baumartenzusammensetzung in Richtung Mischbestand als wichtigstes Ziel und Merkmal von Umbaumaßnahmen in Fichtenbeständen hervorzuheben. Im Laufe des sich über mehrere Jahrzehnte erstreckenden Verjüngungsablaufes bestehen günstige Möglichkeiten für eine zielgerechte Ausformung der Nachfolgebestockung. Gegenstand der hier näher verfolgten Analyse ist die Verjüngungskomponente einschließlich der 40-jhg. Buchen. Die Baumartenzusammensetzung der Altbäume ist auf den Umbauparzellen auswahlbedingt sehr einseitig und ist von der Fichte geprägt.

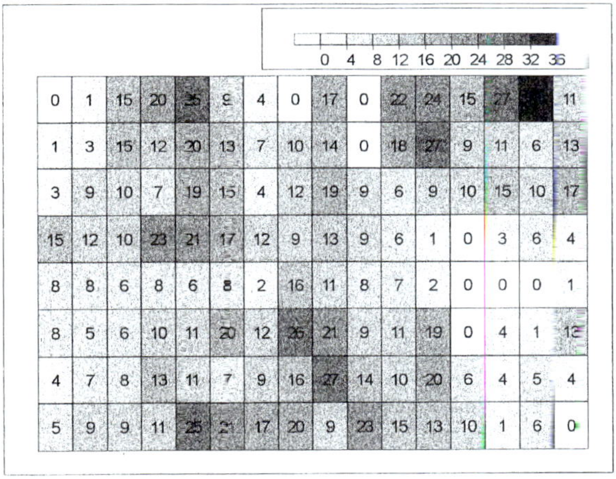

Abb. 3-5: Beispiel für ein Spektraldiagramm, das die Verjüngungsdichte auf den einzelnen Gitterfeldern mit Grauwerten symbolisiert; außerdem ist die absolute Pflanzenzahl in jedes Gitterfeld gedruckt.

ELLENBERG (1973) definiert „Diversität" allgemein mit der inneren Vielfalt an Lebensformen und Arten eines Ökosystems. In der Kombination von Anzahl und Abundanz der vertretenen Baumarten manifestiert sich die Artendiversität bei den Gehölzen. Ein geeignetes Maß zur numerischen Erfassung der Artendiversität stellt der von SHANNON & WEAVER (n. FÜLDNER 1995) eingeführte Index (H) dar, der mit der Formel $H = \sum p_i \cdot \ln p_i$ berechnet wird, wobei p_i die relative Häufigkeit einer Art angibt. Hypothetisch ist zu erwarten, daß sich die Artendiversität im Zuge des Umbaus mit der Vorausverjüngung von Mischbaumarten erhöht. Die errechneten Indizes für die Gehölzkomponente der einzelnen Testparzellen wurden einander gegenübergestellt und vergleichend bewertet. Als Bewertungsgrundlage dienten sämtliche aufgenommenen Bäume.

Für die forstliche Planung und Bewirtschaftung des Waldes sind weniger Diversitätsindizes von Interesse als vielmehr konkrete Anteile der vertretenen Baumarten. Als besonderes Charakteristikum der in Fichtenbeständen stattfindenden Umbaumaßnahmen ist hervorzuheben, daß künstlich eingebrachte Baumarten mit einer baumartenweise festgelegten Pflanzenzahl[5] eng vergesellschaftet sind mit Baumarten aus Naturverjüngung (vorwiegend aus Fichte), die nicht selten sehr stammzahlreich vertreten sind.

[5] Die künstliche Einbringung von Mischbaumarten in Fichtenreinbestände erfolgt nahezu ausschließlich über Pflanzung. Die Saat scheidet meist schon deshalb aus, weil die eingebrachten Mischbaumarten einen ausreichenden Wuchsvorsprung vor der Fichtennaturverjüngung benötigen (vgl. HEHN 1993).

Diese Erfahrung impliziert bereits, daß allein auf der Basis von Stammzahlen errechnete Baumartenanteile wenig aussagekräftig sind, wenn es darum geht, die zum Zeitpunkt der Aufnahme existierenden Konkurrenzverhältnisse zu beurteilen und die künftige Bestandesentwicklung zu prognostizieren. Ohne Rücksichtnahme auf tatsächliche Baumhöhen wird die für die Konkurrenzsituation entscheidende Baumartenverteilung in der Verjüngungsoberschicht nicht korrekt ermittelt. Ungeachtet dessen darf der Informationsgehalt der Stammzahlanteile verschiedener Baumarten nicht unterschätzt werden, eröffnet dieser doch wertvolle Einblicke in das Verjüngungspotential erntereifer Fichtenbestände.

Ebenso wie für die Untersuchung des Konkurrenzgeschehens bildet die Baumhöhe auch für die Analyse der vertikalen Struktur der Verjüngungskomponente den entscheidenden Parameter. Die Erfassung der vertikalen Raumstruktur ist von zwei Seiten her möglich: jeder Verjüngungsbaum kann - in Relation zu der Höhe der Verjüngungsbäume in seiner unmittelbaren Umgebung - einer soziologischen Schicht zugeordnet werden, womit die Basis für die relative Höhenstruktur (bzw. für die „umgebungsbezogene Höhenstruktur" lt. SCHMITT 1994) der Verjüngung geschaffen ist; demgegenüber ist für die Zuordnung zu einer a priori festgelegten Höhenklasse (z.B. Klasse I: von 1,0 m bis 3,0 m Höhe) die tatsächliche Höhe des Verjüngungsbaumes maßgebend: sie führt zur absoluten Höhenstruktur der Vorausverjüngung und liefert parzellenbezogene Aussagen zur Besetzung von Höhenschichten.

Relative Höhenstruktur

Für die Beurteilung der baumindividuellen Konkurrenzsituation bieten sich im Anhalt an SCHMITT (1994) 2,5 m x 2,5 m große Quadratflächen als Bezugseinheiten an. Der Vorteil dieser Gitterfeldgröße liegt darin, daß sie eine Untereinheit der 7,5 m x 7,5 m großen Bioeinheit darstellt, die näherungsweise dem Standraum eines Altbaumes entspricht (BURSCHEL & HUSS 1987).

Ausgehend von der höchsten Pflanze werden gitterfeldspezifisch drei relative Höhenschichten ermittelt; im Anschluß daran kann jeder weitere auf dem Gitterfeld plazierte Verjüngungsbaum entsprechend seiner Baumhöhe in eine Sozialklasse eingestuft werden.

Im Anhalt an PREUHSLER (1981) und SCHMITT (1994) kann eine Unterteilung in folgende Schichten vorgenommen werden:

- Oberschicht (O): >= 80% der Höhe des höchsten Verjüngungsbaumes/Gitterfeld
- Mittelschicht (M): >= 50% der Höhe des höchsten Verjüngungsbaumes/Gitterfeld
- Unterschicht (U): < 50% der Höhe des höchsten Verjüngungsbaumes/Gitterfeld

Beispiel: Mit 3,5 m Höhe ist eine Buche der höchste Verjüngungsbaum auf einem Gitterfeld; eine 2,8 m hohe Buche auf dem gleichen Feld würde gerade noch der Oberschicht angehören, eine 0,5 m hohe Fichte würde der Unterschicht zufallen, eine 1,4 m hohe Fichte wäre schon der Mittelschicht zuzuordnen.

In Ergänzung zum Gesamtstrukturbild, bei dem die Darstellung des jeweils höchsten Baumes pro Verjüngungsgitterfeld einen ersten Eindruck von den dominierenden Verjüngungsbaumarten und den Spitzenhöhen liefert, bieten die Baumartenzusammensetzungen unterschiedlicher Sozialebenen die Möglichkeit, die derzeitige Konkurrenzsituation zu erfassen. Ausgehend davon können Überlegungen in bezug auf die künftige Konkurrenzentwicklung angestellt werden.

Absolute Höhenstruktur

Im Gegensatz zu der sehr aufschlußreichen, aber nicht über das Gitterfeld „hinausblickenden" relativen Höhenstruktur vermag die Aufteilung der Verjüngungsbäume auf definierte Höhenschichten einen besseren Einblick in die Höhenstruktur der gesamten Parzelle und in den Wuchsvorsprung einzelner Baumarten zu geben. Als Stufenintervall wurden 2 m breite Höhenstufen gebildet, wobei die unterste Stufe zur Differenzierung der gerade in diesem Bereich oft sehr stammzahlreichen Fichtennaturverjüngung nochmals unterteilt wurde in zwei getrennte Stufen (Stufe I: von 0,2 m - 0,5 m; Stufe II: von 0,51 m - 1,0 m). Die höchste Stufe reicht von 15 m-17 m Höhe und schließt die höchste 40-jhg. Buche in Biburg (knapp über 20 m) ein.

Abgesehen von den Altbäumen, die den vertikalen Raum nach oben abgrenzen, äußert sich die vertikale Struktur eines Waldbestandes primär darin, wieviele und welche der angegebenen Höhenschichten mit Verjüngungsbäumen besetzt sind. Darüber hinaus interessiert aber auch, wie sich die einzelnen Baumarten bzw. Baumartengruppen auf den Stammraum verteilen. Näherungsweise sind aus den Ergebnissen und Diagrammdarstellungen auch die Wuchsrelationen der Baumartengruppen relativ zueinander erkennbar.

Wuchsvorsprung

Von großer Tragweite für eine hauptständige Beteiligung von Schattbaumarten wie Buche oder Tanne in der Folgebestockung ist ein ausreichender Wuchsvorsprung gegenüber der in der Regel sehr konkurrenzkräftigen Fichtennaturverjüngung.

Der Wuchsvorsprung einer Baumart gegenüber einer Nachbarbaumart kommt in der Höhendifferenz beider Arten zum Vorschein. Diese kommt zustande, indem Schattbaumarten zeitlich vor Halbschatt- und Lichtbaumarten eingebracht werden. Richtigerweise muß daher von einem Altersvorsprung gesprochen werden, der in einen Höhenvorsprung umgesetzt wird (s. HEHN 1993).

Im Rahmen der vorliegenden Untersuchungen wurde der Wuchsvorsprung (bzw. alternativ Wuchsrückstand) bestimmter Baumartengruppen als mittlere Höhendifferenz der Oberschichtbäume, d.s. solche, die auf dem Verjüngungsgitterfeld mindestens 80% der Höhe des höchsten Baumes erzielten, definiert. Mischbaumarten, die zusammen mit der Fichte den künftigen Endbestand aufbauen sollen, müssen danach mindestens in Truppgröße eingebracht werden. HEHN (1993) geht einen Schritt weiter und verlangt einen Mindestdurchmesser von 20 m bis 25 m für die Laubholzeinheit, wenn mindestens eine „Zentralbuche" herrschend im Endbestand vertreten sein soll.

Aus den Höhenmessungen und der daraus abgeleiteten soziologischen Einstufung konnten die Wuchsrelationen zwischen definierten Baumartengruppen errechnet und mit Zielgrößen verglichen werden.

Numerische Struktur

Unter den Strukturparametern fließen Angaben zum Alter und zur Durchmesserverteilung als besonders wichtige numerische Kenngrößen in die Strukturanalyse ein. Stellvertretend für die numerische Struktur soll an dieser Stelle der Stammzahlverteilung auf Brusthöhendurchmesserstufen der Vorzug gegenüber der Altersstruktur eingeräumt werden. Hierfür lassen sich mehrere Gründe nennen: In den Ergebnisdarstellungen (s. Kap. 4.2.2.1) tauchen Altersangaben zu den Altbäumen und zur Vorausverjüngung mehrfach auf, woraus Rückschlüsse auf das vorhandene Altersspektrum möglich sind. Überdies wurde bei den Altbäumen ein einheitliches Alter unterstellt, und die künstlich eingebrachten Buchen sind ohnehin gleichen Alters. Unterschiedliche Alter kommen somit nur innerhalb der Naturverjüngung vor.

Darüber hinaus bestehen Beziehungen zwischen dem Alter und dem Durchmesser. Altersbedingte Entwicklungen sind in der Regel in der Durchmesserentwicklung sichtbar. Von daher macht es Sinn, die Brusthöhendurchmesserverteilung als geeignete numerische Strukturgröße heranzuziehen. Hierzu wurden aus der Altbestandes- und Verjüngungskomponente sämtliche Derbholzbäume (> 7 cm BHD) erfaßt und in Klassen verschiedener Brusthöhendurchmesser einsortiert.

3.3.6.4 Stabilität

Nicht zuletzt wegen der häufig instabilen Verfassung einschichtig aufgebauter Reinbestände ist mit Umbaumaßnahmen das Bestreben verbunden, stabilitätsfördernde Effekte zu erzielen. Neben raumstrukturellen Komponenten (Schichtung und Baumartenmischung) wird die Stabilität des Bestandes durch das kollektive Zusammenwirken der Einzelindividuen bestimmt. Das sich aus dem Verhältnis von Krone und Schaft ergebende Erscheinungsbild eins Baumes ist maßgebend für die Fähigkeit, Belastungen wie Schnee oder Sturm Widerstand entgegenzusetzen. Regelmäßig wird als Stabilitätsmaß der als h/d-Wert bezeichnete Quotient aus Baumhöhe und Durchmesser verwendet (BURSCHEL & HUSS 1987).

Mit Bezug auf den langfristig angelegten Verjüngungsgang hängt der erfolgreiche Verlauf des Fichtenumbaus entscheidend davon ab, daß die nach Holzerntemaßnahmen jeweils verbleibenden Altfichten ausreichend stabil sind (HANEWINKEL 1996). Bis zu deren Ausscheiden erfüllt jede Altfichte wichtige waldbauliche Funktionen. Gedacht sei an den Wertzuwachs, an den günstigen Einfluß auf die bestandesklimatischen Bedingungen und nicht zuletzt an die Steuerung der Verjüngungsdynamik. Während der h/d-Wert zu Beginn von Umbaumaßnahmen näherungsweise die waldbauliche Erziehung reflektiert, welche der Einzelbaum im Laufe des bisherigen Bestandeslebens erfahren hat, ist die weitere Entwicklung des Stabilitätsindex eine Funktion der spezifischen Umbaumaßnahmen. Innerhalb der Testgebiete lassen Bestandesgeschichte und räumliche Nachbarschaft der Testparzellen eine relativ einheitliche waldbauliche Erziehung bis zum Zeitpunkt der Öffnung des Kronendaches infolge von Umbaumaßnahmen erwarten. Somit scheint es zulässig, Veränderungen der h/d-Werte primär auf Umbaumaßnahmen zurückzuführen; damit ist die Voraussetzung gegeben für einen Quervergleich innerhalb der Testgebiete.

Je intensiver sich Altbäume und Verjüngungsbäume in der Vertikalen ineinanderschieben, und je weiter fortgeschritten deshalb das Umbaustadium ist, um so mehr Beachtung muß auch der Stabilitätsentwicklung der Verjüngungskomponente geschenkt werden. Aus der Überlegung heraus, daß die auf den Testparzellen eingebrachten, etwa 20-jhg. Buchen dank der fortgeschrittenen Alters- und Höhenentwicklung die wichtigsten Gefährdungen in der Jugend wie Wildverbiß, Frostschäden oder Mäuseschäden überstanden haben, ist für die weitere erfolgreiche Entwicklung neben der Durchsetzungskraft gegenüber Konkurrenten die Einzelbaumstabilität maßgebend. Gerade bei Laubhölzern decken sich allerdings die Anforderungen an die Qualität in der Regel nicht mit solchen, die an die Stabilität oder Vitalität zu stellen sind. Bei gleicher Höhe sind stabilere Bäume gewohntermaßen dicker und besitzen stärkere Äste; diese Merkmale sind nicht vereinbar mit den Ansprüchen an qualitativ hochwertiges Holz.

Der h/d-Wert konnte für sämtliche Bäume ermittelt werden, von denen die Größen Durchmesser (Brusthöhendurchmesser von Altbäumen und 40-jhg. Buchen, Wurzelhalsdurchmesser bei den jüngeren Bäumen) und Baumhöhe vorlagen, d.s. sämtliche Altbäume, 40-jhg. Buchen, 20-jhg. Buchen einschließlich sonstiger Laubhölzer sowie ein Teilkollektiv der unter 20-jhg. Bäume (Fichtennaturverjüngung und jüngere Buchen auf der Parzelle SNF N98). Die Beurteilung der errechneten Werte kann mit Hilfe der folgenden Wertskala erfolgen, welche mehrere Stufen des Schlankheitsgrades unterscheidet: <45=Solitärbaum, 45-79=stabil, 80-100=instabil, >100=sehr instabil (BURSCHEL & HUSS 1987). In Lagen mit Schneebruch- und Schneedruckgefahr soll die Fichte beispielsweise einen h/d-Wert von 80 nicht überschreiten (RITTERSHOFER 1994).

Aufgrund des breiten Spektrums an h/d-Werten mit Werten z.T. weit über 100 wurde die mitgeteilte Klassifizierung ab dem Wert 100 mit der Einführung drei weiterer Klassen (101-150, 151-200 und über 200) fortgesetzt.

3.3.7 Aufnahme der Bodenvegetation

Die Aufnahme der Bodenvegetation vervollständigt das bislang nur auf die Gehölzkomponente ausgerichtete Strukturbild von der Phytozönose eines Waldbestandes (vgl. WILMANNS 1984). Die wichtige Funktion der Bodenvegetation als wesentliches Hilfsmittel der Standortansprache ist unbestritten (ARBEITSKR. STANDORTSKARTG. 1980). Auf der Grundlage der realen Vegetation läßt sich die lokale Standortsituation in ihrem aktuellen Zustand bewerten, woraus sich wichtige Informationen für die waldbauliche Planung ableiten lassen (FISCHER 1995). Während Baum- und Strauchschicht ausführlich im Rahmen der waldkundlichen Analyse beschrieben werden, ist im vorliegenden Zusammenhang speziell die Kraut- und Moosschicht von Interesse. Die Deckungsgrade und Artenzusammensetzungen dieser Straten sind jedoch stark abhängig von der „darüber stehenden" Baum- und Strauchschicht. Von Bedeutung ist daher, wie unterschiedliche Ausbildungen der Kraut- und Moosschicht aus der Struktur der Baum- und Strauchschicht (aus geobotanischer Sicht sind Gehölze von ein bis fünf Metern Höhe der Strauchschicht und solche von über fünf Metern Höhe der Baumschicht zuzurechnen; s. FISCHER 1995) zu erklären sind. In die gleiche Richtung zielt die Frage: Wie wirken sich verschiedene Stadien des Fichtenumbaus auf die Bodenvegetation aus, und welches Arteninventar bietet im Vergleich dazu ein der natürlichen Waldgesellschaft nahekommender Referenzbestand auf ähnlichem Standort?

Bei der Auswahl der einzelnen Testparzellen wurde darauf geachtet, daß homogene orographische und edaphische Verhältnisse (möglichst ebene Lage; keine offensichtlich kleinstandörtliche Variabilität) vorlagen. Auch die Bodenvegetation vermittelt dem äußeren Anschein nach mehr oder weniger homogene Verhältnisse. Form (Rechteck) und Größe (800 m²) der Testparzellen lassen sich gut in Einklang bringen mit der Aufnahmeflächengröße in verschiedenen Vegetationseinheiten. FISCHER (1995) gibt als Minimalfläche für Wälder Mitteleuropas 200 m² an, wobei die untere Grenze für „besonders gelagerte Fälle" bei 100 m² liegt. Für jede Testparzelle bot sich an, acht einzelne, räumlich aneinandergrenzende Vegetationsaufnahmen mit jeweils 100 m² Fläche bei 10 m Seitenlänge (identisch mit dem bei DIERSCHKE (1989) angewandten Quadratraster) anzulegen; die Grenzen der 10 m x 10 m großen Aufnahmeeinheiten waren bereits durch die engmaschigere Quadratverpflockung im 5 m x 5 m Raster vorgegeben. Die Ergebnisse der Einzelaufnahmen lassen sich anschließend zu einem Gesamtbild für jede Testparzelle verdichten.

Im Anschluß an die Ermittlung flächen- und standortsbezogener Kennwerte (Parzellenbezeichnung, Flächengröße, Meereshöhe, Geländeform, Exposition, Neigung und Boden- bzw. Substrattyp) wurden der Gesamtdeckungsgrad der Bodenvegetation und die Artmächtigkeiten einzelner Arten - getrennt nach Straten - erhoben. Zur Anwendung kam hierbei die bei ALBRECHT (1990) beschriebene und im Rahmen der Naturwaldreservatsforschung eingesetzte Artmächtigkeitsklassifizierung, die gegenüber der klassischen Methode von BRAUN-BLANQUET (1964; zit.n. ALBRECHT 1990) geringfügig modifiziert ist. Auf die Angabe der Baumschicht wurde verzichtet, da diese ausführlich bei der waldkundlichen Darstellung beschrieben wird. Die Aufnahmen fanden im Frühsommer 1995 (Schernfeld) bzw. 1996 (Biburg) statt.

Im Mittelpunkt der Analyse stand die Bewertung der Bodenvegetation aus ökologischer Sicht. Bedingung hierfür ist, daß die ökologischen Kennwerte der einzelnen Arten bekannt sind. Den von ELLENBERG (1992) für Pflanzen in Mitteleuropa beschriebenen Zeigerwerten ist das ökologische und soziologische Verhalten einzelner Arten zuzuordnen. Vielen Arten (nicht allen!) kann eine ökologische Präferenz hinsichtlich definierter physikalischer und chemischer Parameter (Licht, Temperatur, Kontinentalität, Feuchte, Reaktionsvermögen, Stickstoff) attestiert werden, welche in den ELLENBERGschen Zeigerwerten zum Ausdruck kommt. Ein Teil der Arten läßt sich darüber hinaus bestimmten ökologischen Artengruppen zuordnen, die nach einer Leitart benannt sind (HOFMEISTER 1990). Mit deren Hilfe lassen sich floristische und standörtliche Unterschiede kenntlich machen (FISCHER 1995).

Obgleich die Stellung einzelner Weiserarten als wichtige Standortsindikatoren nicht unterschätzt werden darf, kann eine zuverlässige Standortbewertung in der Regel nur auf der Grundlage des vollständigen Arteninventars erfolgen. Mittels der ELLENBERGschen Zeigerwerte kann ein ökologisches Gesamtbild von der Bodenvegetation einer Testparzelle entworfen werden. In Anlehnung an FISCHER (1995) wurde für jeden Zeigerwert das ungewichtete arithmetische Mittel[6] berechnet.

Anhand der soziologischen Charakteristika einzelner Arten wurde ferner versucht, das Arteninventar pflanzensoziologisch einzuordnen. Darüber hinaus ist von Interesse, inwiefern die Ausbildung der Bodenvegetation die waldbaulichen Gegebenheiten (Beschirmungsgrad, Verjüngungsdichte, Verjüngungshöhe) reflektiert. Diese beeinflußen den Deckungsgrad und die Artenzusammensetzung der Bodenvegetation insofern, als sie nur einen bestimmten Teil des an der Kronenoberfläche ankommenden Lichtes bis zum Boden hindurchtreten lassen.

3.3.8 Qualitätsbeurteilung von etwa. 40-jhg. Buchengruppen

„Die Auswirkungen waldbaulicher Maßnahmen auf die Holzqualität müssen verfolgt werden, speziell bei Laubbaumarten, die jetzt vermehrt angebaut und in den kommenden Jahrzehnten eingeschlagen werden" (WEGENER 1995). Diese Forderung bringt deutlich zum Ausdruck, daß die aus ökologischer Sicht notwendige Einbringung von Laubhölzern in Nadelholzreinbestände (vgl. METTIN 1985) die Anforderungen an die Holzqualität (und damit letztlich wirtschaftsbetonte Erfordernisse) nicht unberücksichtigt lassen darf.

Bislang war mit der Begründung von Laubholzvoranbauten in Nadelholzreinbeständen vornehmlich das Bestreben verbunden, den Folgebestand ökologisch aufzuwerten. Damit sind die Verbesserung der Humusstruktur und ein vielfältigerer Bestandesaufbau, wie er nicht zuletzt durch mehr Randlinien zustandekommt, gemeint. Aber auch die Herabsetzung der Sturmwurfgefahr war ein wichtiger Grund für die Begründung von Mischbeständen (HEHN 1993).

Über die Frage, in welcher Form (Größe und Verteilung der einzelnen Voranbaugruppen) der Voranbau geschehen soll, gibt es heute einen waldbaulich begründeten Konsens. Danach sollen Laubholzvoranbauten mindestens in Gruppengröße erfolgen (s. HEHN 1993 und dort zitierte Autoren), nur bei reinen Tannenvoranbauten empfiehlt sich ein truppweises Vorgehen (nach WALDHERR (1996) „behagt" der Tanne ein gruppenweiser Voranbau nicht!). Die Größe der Voranbauten beruht auf der Zielsetzung, mindestens 20-30% Laubholz bzw. Tanne hauptständig und in möglichst inniger Mischung in den künftigen Endbestand zu integrieren (s. RITTERSHOFER 1994). In Anbetracht der Pflegeprobleme bei der Sicherung der Mischbaumartenanteile gegenüber konkurrenzstarker Nadelholznaturverjüngung wurde die noch in den 50-er und 60-er Jahren dieses Jahrhunderts weit verbreitete truppweise Einbringung der Mischbaumarten (s. z.B. HEHN 1993) in zunehmendem Maße von größeren Mischungsformen („Gruppe" bzw. „Horst") abgelöst.

---

[6] FISCHER (1995) zeigt verschiedene Auswertemodi für ökologische Zeigerwerte auf (z.B. grafische Darstellung des Zeigerwertspektrums oder Medianbildung), räumt jedoch dem sehr praxisnahen, ungewichteten arithmetischen Mittel trotz mancher Nachteile (Zeigerwerte sind Ordinalwerte, Skala umfaßt ausschließlich ganze Zahlen) den Vorzug ein.

Daraus wird deutlich, daß Anforderungen an die Holzqualität der Laubhölzer bislang nicht ausschlaggebend waren für die unterbreiteten Vorschläge zur Größe einzelner Voranbauten; bestimmend waren vielmehr ökologische Effekte und besonders waldbautechnische Gesichtspunkte, die sich damit befaßten, die Mischbaumartenanteile durch möglichst rationelle und effektive Pflegeeingriffe zu sichern (s. HEHN 1993).

Es müssen aber ökologische Effekte gegen ökonomische Anforderungen abgewogen werden müssen, wenn es darum geht, Aussagen zur zieloptimierten Größe von Laubholzeinheiten zu machen.

Speziell bei der konzentrierten Einbringung von Laubholzeinheiten in Fichtenreinbestände scheinen jedoch ökologische Ansprüche und ökonomische Zielsetzungen einander diametral entgegenzustehen. Diese Vermutung basiert darauf, daß auf ökologischer Seite eine möglichst große Randlinienlänge (höherer Artenreichtum im Bereich von Grenzlinien; vgl. OTTO 1994) angestrebt wird, welche sich über die Verteilung der geplanten Laubholzfläche auf möglichst viele Laubholzeinheiten (innige Mischung!, s. RITTERSHOFER 1994) verwirklichen ließe; andererseits ist bei erhöhter Randlinienlänge auch ein größerer Anteil grobastiger Kontaktzonen zwischen Nadelholz und Laubholz zu erwarten. Dies führt zu einem höheren Anteil qualitativ minderwertiger Individuen. Ungeachtet standörtlicher Restriktionen und waldbaulicher Eigenarten verschiedener Baumarten (z.B. Tanne, s.o.), müßte eine konsequente Verfolgung wirtschaftlicher Ziele darauf hinauslaufen, das Laubholz in möglichst wenigen Einheiten einzubinden; in größeren, reinen Buchengruppen begünstigt die höhere Kronenspannung eine qualitätsorientierte Erziehung (RITTERSHOFER 1994).

Auf der Grundlage der Qualitätsbeurteilung von Voranbaubuchen in Abhängigkeit von der Randlinienlänge soll im folgenden der ökonomische Aspekt des Buchenvoranbaus beispielhaft beleuchtet werden. Daran anknüpfend werden theoretische Überlegungen zur Größe von Laubholzeinheiten aus ökologischer Sicht angestellt. Die Intention der Studie besteht darin, ökologische und ökonomische Erfordernisse einander gegenüberzustellen und daraus einen Vorschlag zur optimalen Größe von Laubholzeinheiten zu unterbreiten.

Qualitätskriterien

Der monetäre Wert des Rohholzes hängt neben der Stärkeklasse entscheidend von der Holzqualität ab. Sie wird bestimmt von der Ästigkeit, die als wichtigster Fehler aus holztechnologischer Sicht die Einteilung in Güteklassen maßgeblich bestimmt. Weitere äußerlich sichbare Qualitätskriterien sind Abholzigkeit, Krümmung und Drehwuchs etc.; dagegen scheiden innere Qualitätskriterien wie Farbe, Jahrringbau oder Verkernung als Parameter zur Qualitätsbeurteilung stehender Bäume von vornherein aus (vgl. BURSCHEL & HUSS 1987).

Bei jungen Buchen kann die qualitative Entwicklung nur mit großen Unsicherheiten vorhergesagt werden (SCHULZ 1961, MLINSEK 1994). Es kommt hinzu, daß für jüngere Alter bzw. Entwicklungsstadien keine Normwerte existieren, die ein Baum erfüllen muß, wenn er im erntereifen Zustand Holz einer bestimmten Qualität liefern soll (SPEIDEL 1955, zit. n. SCHULZ 1961). Entscheidungshilfen bieten allenfalls die auf den Erntebaum abgestellten Sortierungsbestimmungen, denen zufolge starkes, astreines und geradschaftiges Holz besonders wertvoll ist (RITTERSHOFER 1994). Bei erntereifen Buchen sollte der von Aststümpfen durchsetzte Holzbereich nicht mehr als ein Drittel des Schaftdurchmessers einnehmen. Wird als Mindestzieldurchmesser ein Brusthöhendurchmesser von 45 cm (entspricht der Mittenstärkeklasse L 4a) angenommen, so ist von jungen, etwa 15 cm dicken Buchen zu fordern, daß deren Aststümpfe auf mindestens 4 m des Erdabschnittes überwallt sind. Die Wertbeurteilung junger Bäume sollte sich auf das Erdstammstück bis etwa 6 m Schaftlänge konzentrieren (SCHULZ 1961). Bezüglich des Astdurchmessers sind bei Laubholz Äste bis 3 cm Durchmesser in Güteklasse A zulässig (KNIGGE & SCHULZ 1966).

Die Vorerkundung in den beiden Untersuchungsgebieten ließ erkennen, daß nur die älteren, etwa 40 jhg. Buchengruppen qualitativ bereits soweit differenziert sind, daß die Vergabe unterschiedlicher Qualitätsstufen möglich ist. Allerdings muß auch bei den 40-jhg. Buchen der Durchmesser als Qualitätskriterium unberücksichtigt bleiben, weil die relevanten herrschenden Bäume in der Dicke wenig differieren und meist nur einer Stärkeklasse (L 1b von 15 - 19 cm Durchmesser) angehören.

Von einzelnen stärker entwickelten Individuen abgesehen, sind die etwa 20-jhg. Buchen relativ homogen entwickelt; ausgesprochene Protzen waren ebensowenig auszumachen wie besonders gut entwickelte Individuen. Der Prozeß der Astreinigung steckt hier erst im Anfangsstadium. Somit muß sich die qualitative Beurteilung auf die äußerlich wahrnehmbaren Qualitätsmerkmale „Ästigkeit" und „Stammform" bei 40-jhg. Buchen stützen.

Im Hinblick darauf, daß Buchenwertholz auf einer möglichst großen Stammlänge (etwa 10 m) äußerlich fast ast- oder beulenfrei sein muß und höchstens gering drehwüchsig sein darf (vgl. BURSCHEL & HUSS 1987), ist das Kriterium Ästigkeit das wichtigste qualitätsbestimmende Merkmal; es setzt sich aus den meßbaren Unterkriterien Aststärke, Astanzahl und Höhe des untersten Seitenastes (vom Boden aus gemessen) zusammen. An die Stammform der 40-jhg. Buchen sind im Vergleich dazu geringere Ansprüche zu stellen, da Laubbaumarten in der Jugendphase noch leichte Stammdeformationen aufweisen dürfen (RITTERSHOFER 1994).

Folgende Anhaltspunkte dienen zur qualitativen Beurteilung des Einzelbaumes:

- Aus Gründen einer erfolgreichen Selbstreinigung mit anschließender Überwallung sollten die Äste zum Zeitpunkt des Absterbens nicht stärker als etwa 2-3 cm sein (BURSCHEL & HUSS 1987, s.a. KNIGGE & SCHULZ 1966).
- Die astfreie Schaftlänge sollte bei den im Mittel 15-20 m hohen Buchen mindestens 4 m (besser 6 m) betragen (vgl. SCHULZ 1961).
- Die Qualität ist um so höher, je geringer die Astzahl ist.

Aus der Beobachtung, daß grobastige Zonen am Rand der Buchengruppen im Kontaktbereich von Nadel- und Laubholz entstehen, kann der Schluß gezogen werden, daß sich die Qualität der Buchen in Richtung Gruppenmitte verbessert; konkret ist vorstellbar, daß unterschiedliche Entfernungsbereiche zum Gruppenrand identisch sind mit Zonen unterschiedlicher Qualitätserwartung.

Insgesamt wurden in neun Buchengruppen (fünf in Schernfeld, vier in Biburg) 370 Bäume auf ihre Qualitätserwartung hin untersucht. An jedem Baum wurden folgende Parameter erhoben: Baumnummer, Brusthöhendurchmesser (mit Schiebelehre auf 0,1 cm genau), Anzahl der Äste bis 6,5 m Höhe (Ausfahren einer Teleskopstange mit anschließender Zählung der Äste), Höhe des untersten Seitenastes, Messung der Astdurchmesser bis 3,0 m Höhe (ab 3,0 m Schätzung des Astdurchmessers), Anzahl der Totäste und Wasserreiser, Kraftsche Klasse, qualitative Beurteilung der Stammform, Entfernung zum Rand der Gruppe (der kürzeste Abstand zum Rand der Gruppe wurde mit einem Bandmaß gemessen).

Die Meßergebnisse für die Unterkriterien Aststärke, Astansatz (unterster Seitenast), Anzahl der Äste/6,5 m Höhe und Stammform wurden für jeden Baum jeweils in eine Ziffer für die Qualitätserwartung von 1=„sehr gut" bis 5=„sehr gering" transformiert. Dazwischen liegen die Stufen „gut", „mittelmäßig" und „gering". Unter Beachtung der o.g. Anhaltspunkte für die qualitative Entwicklung junger Bäume kam das folgende Zuordnungssystem (s. Tab. 3-4) zur Anwendung.

Tab. 3-4: Zuordnung der Astmerkmale zu Qualitätsstufen

Qualitätsstufe	Anzahl der Äste	Astdurchmesser (Maximum) in cm	Ansatz des untersten Seitenastes (m)	Stammform
1	0	0-0,9	>=6,5	gerade
2	1-3	1,0-1,9	5,0-6,4	-
3	4-6	2,0-2,9	3,0-4,9	leicht gekrümmt, geringer Drehwuchs oder gering abholzig
4	7-10	3,0-3,9	1,3-2,9	-
5	>=11	>=4,0	<1,3	stark gekrümmt, drehwüchsig oder stark abholzig

Bei der Stammform wurden aus praktischen Gründen nur drei Qualitätsstufen ausgeschieden.

Unsicher ist die Holzentwertung, die durch Wasserreiser und Klebäste hervorgerufen wird (SCHULZ 1961). Das Auftreten dieser holztechnologischen Fehler wurde genauso wie das von Totästen über qualitätsmindernde Zuschläge (s. Tab. 3-5) in Ansatz gebracht.

Tab. 3-5: Qualitätsminderung bei Auftreten von Wasserreisern (bzw. Klebästen) und Totästen

Anzahl der Wasserreiser auf 6,5 m Schaftlänge	Anzahl der Totäste auf 6,5 m Schaftlänge	Zuschlag
0	0	0
1-6	1	0,25
7-11	3	0,50
12-16	5	0,75
>=17	7	1,00

Aus den Einzelqualitätsziffern für Astanzahl, Aststärke, Ansatz des untersten Seitenastes und Stammform wurde ein Mittelwert gebildet. Nach Addition eines evtl. Zuschlags erhält man für den Einzelbaum eine Qualitätsziffer (gerundet auf eine Stelle nach dem Komma).

Beispiel: An einer ca. 40-jhg. Buche mit einem BHD von 17 cm werden bis zur Meßhöhe von 6,5 m sechs gesunde Äste gezählt; der stärkste Ast ist 3,5 cm dick, der unterste Seitenast setzt in 3,7 m Höhe an; außerdem sind insgesamt 2 Wasserreiser vorhanden; der Stamm ist leicht gekrümmt. Aus den Tabellen werden folgende Qualitätsziffern abgegriffen: Stufe 3 für die Anzahl der Seitenäste, Stufe 4 für die Astdicke, Stufe 3 für den Astansatz, Stufe 3 für die Stammform, Zuschlag für Wasserreiser 0,25. Daraus errechnet sich die folgende Gesamtqualitätsziffer (Q): Q=(3+4+3+3)/4+0,25=3,5. Damit liegt die Qualitätserwartung zwischen den Einschätzungen „mittelmäßig" und „gering".

Zusätzlich wurde die Qualitätserwartung des Einzelbaumes durch subjektive Ansprache mittels Vergabe einer Qualitätsziffer (von 1-5) eingeschätzt, womit das Vertrauen in das objektive Bewertungsverfahren nachträglich gestärkt werden konnte. Die ermittelte Ziffer für die Qualitätserwartung der Buchen läßt sich anschließend in Relation setzen zum ermittelten Abstand der Buche zum Rand der Gruppe.

Das aufgestellte Bewertungssystem läßt eine Reihe von Fragen offen. Unbeantwortet muß beispielsweise bleiben, ob die errechnete Qualitätsziffer der tatsächlichen Einzelbaumqualität oder - besser - der Qualitätserwartung gerecht wird. Im Vordergrund stand jedoch das Ziel, die Qualitätseinschätzungen der Einzelbäume relativ zueinander zu bestimmen; Buchen, die aufgrund des äußeren Erscheinungsbildes als qualitativ hochwertig (astfreie, herrschende Bäume mit geradem Stamm) einzustufen waren, erhielten auch bei der Ermittlung der Qualitätsziffer die Bestnote, während umgekehrt qualitativ schlecht einzustufende Bäume (ausgesprochen grobastige und oft auch sehr krumme Individuen) nicht über die Qualitätsziffer 5 hinauskamen. Alle anderen Bäume fanden sich innerhalb dieses Qualitätsrahmens wieder.

3.4 Fallweise Analyse ausgewählter Forstämter (Projektphase III)

Gegenstand der dritten Projektphase war die Verprobung des Umbaus von Fichtenbeständen an gezielt ausgewählten Testbetrieben. Zielvorstellung war, die Umbausituation der innerhalb eines Forstamtes vorkommenden Umbaubestände anhand von Forsteinrichtungsergebnissen zusammenfassend zu charakterisieren. Die statistische Auswertung dieser „Umbauergebnisse" bildete die Grundlage für die anschließende Auswahl mehr oder weniger typischer Beispielsbestände. Es war vorgesehen, jeweils zwei gezielt ausgewählte Umbaubestände pro Forstamt nach waldkundlichen Kriterien aufzunehmen. Damit sollte ein beispielhafter Einblick in das Aussehen von Fichtenumbaubeständen vermittelt werden.

Die Fallbeispiele tragen dazu bei, die Raumstruktur von Fichtenumbaubeständen auf Bestandesebene zu erfassen. Wie bereits verdeutlicht wurde, ist das für die bayernweite Analyse der Umbauverhältnisse zur Verfügung stehende Datenmaterial nur in eingeschränktem Umfang geeignet, strukturbezogenen Fragestellungen nachzugehen. Dagegen widmeten sich die waldökologischen Intensivstudien (Projektphase II) kleinräumigen Struktur- und Konkurrenzverhältnissen in Testparzellen und zielten schon von der methodischen Konzeption nicht darauf ab, Aussagen zur Raumstruktur einer größeren Umbaufläche zu treffen. Damit kann die dritte Projektphase eine Verbindung herstellen zwischen den bayernweiten Umbauanalysen (Projektphase I) und den kleinräumigen waldökologischen Intensivstudien (Projektphase II).

Gemeinsam mit dem Lehrstuhl für Forstliche Wirtschaftslehre (s. DIETER 1997) wurden insgesamt fünf Forstämter für die fallweise Analyse ausgesucht. Als potentiell geeignete Testbetriebe erwiesen sich die Forstämter Mindelheim, Tirschenreuth, Goldkronach, Kelheim und Ebersberg.

3.4.1 Analyseverfahren

3.4.1.1 Erfassung potentieller Umbaubestände

Bei der Erfassung potentieller Umbaubestände auf Forstamtsebene wurde auf die in Projektphase I getroffene Bestandesauswahl zurückgegriffen. Danach wurden alle Nadelholzreinbestände mit der Fichte als führende Baumart und mit weniger als 10% Laubholz- oder Tannenanteil selektiert (ausgenommen waren nur Fichten-Tannen-Bestände), sofern sie der Endnutzung (Nutzungsarten Verjüngungsnutzung, Langfristige Behandlung oder Plenternutzung) angehörten. Die Datengrundlage bildete das Revierbuch.

3.4.1.2 Datenerhebung

Als Datenbasis kamen grundsätzlich nur die Schätzgrößen aus dem Forsteinrichtungsbegang in Frage. Lediglich Angaben zum Holzvorrat des Altbestandes stammen aus der Inventuraufnahme; dagegen kann mit den wenigen Verjüngungsprobekreisen, die bei der Inventuraufnahme in den Einzelbestand fielen, keine verläßliche Information über die Baumartenanteile in der Vorausverjüngung gegeben werden. Erst die Verjüngungsanalyse für die gesamte Holzbodenfläche eines Forstamtes kann sich in der Regel auf eine ausreichend große Zahl von Inventurprobekreisen stützen (BAYSTMINELF 1982).

Für die Beurteilung der Umbausituation an einem Forstamt, und für die im Rahmen der waldkundlichen Aufnahme zu untersuchenden Beispielsbestände ist es von entscheidender Bedeutung, daß „umbaurelevante" Bestandesparameter in den Forsteinrichtungsergebnissen enthalten sind. Neben der verbalen Bestandesbeschreibung sind Kennzahlen zur Vorausverjüngung (reduzierte Verjüngungsfläche und Baumartenanteile) und Planungskenngrößen (Einreihungsquote, Bestockungs- und Verjüngungsziel) besonders wichtig.

Es bietet sich an, die vorhandenen Informationen einzuteilen in die Gruppen „Istzustand" und „Planung", wobei sich der Istzustand aus den Komponenten „Altbestand" und „Vorausverjüngung" zusammensetzt.

Folgende Revierbuchinformationen wurden in die vorbereiteten Formblätter eingetragen:

Altbestand

- genaue Bezeichnung des Waldortes (numerische Verschlüsselung und Name)
- Fläche des Bestandes
- Alter
- Baumartenanteile im Altbestand
- Einreihungsfläche
- Unter- und Zwischenstand (U/Z)
- Vorrat (Angabe nur möglich, sofern abgesicherte Inventurdaten vorlagen)
- Beschirmungsgrad bzw. Schlußgrad (in 1/10-Stufen oder verbal)
- Schichtung
- Mischungsform

Verjüngungsparameter

- Baumarten innerhalb der Vorausverjüngung
- reduzierte Vorausverjüngungsfläche (aus der Summe der Baumartenflächen)
- Flächenanteile der einzelnen Baumarten (aus Begangsschätzung)

Planung

- Bestockungsziel
- Verjüngungsziel
- Einreihungsfläche

Aus den verfügbaren Einzelinformationen zu den Bereichen Altbestand, Verjüngung und Planung wird bereits deutlich, daß Kenngrößen zur quantitativen und qualitativen Beschreibung eines Bestandes nur für die Teilbereiche Altbestand und Planung ausreichend verfügbar sind. Die zur Verjüngung mitgeteilten Angaben beschränken sich auf die Vorausverjüngungsfläche einzelner Baumarten bzw. -gruppen. Aus waldökologischer Sicht wichtige Parameter die geeignet wären, die horizontale und vertikale Struktur der Vorausverjüngung zu dokumentieren, sind im Revierbuch nicht enthalten. An folgende Parameter sei gedacht: Mischungsform der eingebrachten Laubholzgruppen im Bestand (z.B. vorwiegend truppweise), Mischung innerhalb der Gruppen (z.B. streifenweise), Wuchsvorsprung von Schattbaumarten, Verteilung der Einheiten auf die gesamte Fläche des Verjüngungsbestandes (gleichmäßig verteilt oder örtlich konzentriert) sowie Entstehungsart der Vorausverjüngung (Pflanzung, Saat oder Naturverjüngung).

Hinsichtlich der Entstehungsart darf jedoch angenommen werden, daß sich Fichte und sonstige Laubhölzer vorwiegend natürlich einstellen. Alle anderen Baumarten sind überwiegend künstlich (in erster Linie über Pflanzung) einzubringen, sofern nicht einzelne dieser Baumarten im Altbestand vertreten waren oder noch sind. Pflanzungen, die nach Beginn des aktuellen Forsteinrichtungswerkes erfolgten sind unter den im Revierbuch eingetragenen Neukulturmaßnahmen aufgeführt.

3.4.1.3 Aufbereitung der erhobenen Daten für Auswertungsschritte

Bevor die aus dem Revierbuch stammenden Rohinformationen ersten Analysen unterzogen werden konnten, mußten einzelne Kenngrößen umgeformt bzw. neu berechnet werden. Die baumartenweise vorliegenden Vorausverjüngungsflächen wurden - bezogen auf die gesamte vorgetragene Vorausverjüngungsfläche - in Baumartenanteile umgerechnet. In ähnlicher Weise wurde die Einreihungsfläche transfomiert in die Einreihungsquote (Flächenanteil am Gesamtbestand in 1/10-Stufen), indem der Flächenanteil der eingereihten Fläche an der gesamten Bestandesfläche errechnet wurde.

Zum Zeitpunkt der Erhebung waren in den Forstämtern wenige Jahre seit Laufzeitbeginn der Forsteinrichtung verstrichen, so daß die Umbausituation in etwa aus der Mitte der laufenden Planungsperiode (seit Laufzeitbeginn des aktuellen Forsteinrichtungswerkes wären somit 5 Jahre vergangen) begutachtet werden konnte; hier taucht das Problem auf, daß in nicht wenigen Umbaubeständen Vorausverjüngungsmaßnahmen stattgefunden haben, die im Revierbuch nur in den handschriftlich eingetragenen Pflanznachweisungen erscheinen, jedoch nicht in den reduzierten Vorausverjüngungsflächen. Bei der Beurteilung und Würdigung der Umbaumaßnahmen sind diese Maßnahmen aber zu berücksichtigen; dies geschah durch Flächenaddition der Neupflanzungen an bereits eingetragene Vorausverjüngungsflächen.

Die Erhebung (für die Forstämter Mindelheim, Tirschenreuth und Goldkronach 1995, für Kelheim und Ebersberg 1996) erfaßte daher sämtliche in den Revierbüchern nachgewiesenen Voranbaupflanzungen, die im Folgebestand hauptständig (in den Pflanznachweisungen der Revierbücher als „H" vermerkt gegenüber „N" für Nebenbestand) erwachsen sollen. Nachbesserungen führen hierbei zu keinen Veränderungen an der Voranbaufläche. In den Fällen, in denen die künstlich eingebrachten Baumarten nicht mit ihrer absoluten Standraumfläche sondern nur mit der Pflanzzahl (jeweils in Tausend Pflanzen) nachgewiesen waren, erfolgte eine Umrechnung in absolute Flächenwerte; als Richtwerte wurden die zum Zeitpunkt der Pflanzung gültigen baumartenspezifischen Regelpflanzzahlen herangezogen.[7]

3.4.1.4 Analyseschritte

Wie bereits im Vorangehenden deutlich wurde, kann die Umbausituation eines Einzelbestandes mit den Informationen aus den drei Bereichen Altbestand, Verjüngung und Planung charakterisiert werden. Die Beurteilung sämtlicher Umbaumaßnahmen in den selektierten Fichtenbeständen läßt sich in einer Gesamtschau vornehmen, indem umbaurelevante Parameter mit Hilfe von Häufigkeitsverteilungen und geeigneten Mittelwerten für jedes Forstamt präsentiert werden.

In der Zusammenfassung lassen sich die Umbaubestände - nach Forstämtern getrennt - mit den in Tab. 3-6 aufgelisteten Kenngrößen und Darstellungen charakterisieren.

3.4.2 Waldkundliche Aufnahme typischer Umbaubestände

Die Vorgabe, zwei typische Umbaubestände für jedes Forstamt auf der Grundlage der einzelbestandesweise vorliegenden Informationen auszuwählen, mußte von vornherein daran scheitern, daß sich die große Zahl unterschiedlicher Situationen (mindestens 84 erfaßte Umbaubestände pro Forstbetrieb) nicht auf wenige typische Beispiele reduzieren läßt. Vielmehr ergab sich aus der Datenanalyse sämtlicher Umbaubestände, daß bestimmte Ausprägungen einzelner Parameter (z.B. Flächenanteil der Vorausverjüngung oder Baumartenkombination innerhalb der Vorausverjüngung) häufiger vorkommen als andere.

---

[7] Beispiel: Beim Forsteinrichtungsbegang wurden 0,8 ha Buchenvorausverjüngung angeschätzt. Bis zum Stichtag wurden weitere 6000 Buchen als hauptständige Beteiligung gepflanzt. Bei einer unterstellten Regelpflanzzahl von 8000 Buchen/ha ergäbe sich eine „neue" reduzierte Buchenvorausverjüngungsfläche von 1,55 ha (0,8 ha +6000/8000).

Tab. 3-6: Liste der Kenngrößen und verschiedenen Formen der Darstellung zur Beurteilung der Umbausituation in Nadelholzreinbeständen mit führender Fichte auf Forstamtsebene.

Kenngröße	**Einheit**	**Art der Darstellung**
Flächenstatistik	Anzahl und Fläche der Umbaubestände	Tabelle
Baumarten im Altbestand	Flächenanteile	Tabelle
Beschirmungsgrade	numerisch, in 1/10-Stufen	Tabelle
Bestandesformen der Altbestände	Flächenanteile	gestapeltes Säulendiagramm
Vorausverjüngungsfläche	Flächenanteile verschiedener Stufen	Säulendiagramm
Baumartenanteile in der Vorausverjüngung	Flächenanteil	Kreisdiagramm
Baumartenkombinationen in der Vorausverjüngung	Flächenanteil	Tabelle
Abweichung Vorausverjüngung-Verjüngungsziel	prozentuale Abweichung	Plus-/Minus-Säulendiagramm
Laubholz- u. Tannenanteil im Verjüngungsziel	Anzahl der Bestände nach %-Stufen	Säulendiagramm
Bestockungsziele	Flächenanteile	gestapeltes Säulendiagramm
Einreihungsquoten	numerisch, in 1/10-Stufen	Tabelle

Von einem mehr oder weniger typischen Umbaubestand wäre aber zu fordern, daß dieser bei den Ausprägungen der wichtigen Parameter durchweg in die am stärksten besetzten Klassen fällt. Unter Rücksichtnahme auf die Gesamtheit der umbaurelevanten Bestände ist allerdings - fast erwartungsgemäß - festzustellen, daß nur eine geringe Anzahl von Beständen die genannte Forderung erfüllt. Ein Bestand, der mit einem vorausverjüngten Flächenanteil von beispielsweise 30% in die häufigste Klasse (größte Anzahl von Beständen innerhalb der Häufigkeitsverteilung) fällt, weist oft nicht die häufigste Baumartenkombination in der Vorausverjüngung (z.B. 70% Fichte und 30% Buche) auf.

Wenn aber ein starkes Ungleichgewicht zwischen der Gesamtzahl der Bestände und der Anzahl derjenigen Bestände besteht, die in bezug auf sämtliche umbaurelevanten Parameter stets den häufigsten Klassen angehörten, dann ist es nicht zulässig, die häufigeren Situationen als typische Fälle anzusehen. Es muß deshalb betont werden, daß die Umbaubeispiele jene Situationen repräsentieren, die zwar gehäuft auftreten, jedoch nicht unbedingt typisch sind für den Fichtenumbau an einem Forstamt.

Die Grundidee des Auswahlverfahrens bestand darin, jeden Bestand, in dem nachweislich Umbaumaßnahmen stattfanden (Bestände ohne Vorausverjüngung oder ausschließlich mit Fichtennaturverjüngung wurden deshalb eliminiert) durch ein System untereinander angeordneter Filter laufen zu lassen. Als Filter fungierten festgelegte Ausprägungen der umbaurelevanten Parameter. Bedeutsam schien, den wichtigsten umbaurelevanten Parameter als ersten Filter einzubauen und die weiteren Parameter in der Reihenfolge abnehmender Umbaurelevanz folgen zu lassen; damit wurde vermieden, daß Bestände mit wichtigen und gleichzeitig häufigen Ausprägungen vorzeitig im Filter „hängenblieben“. Mit Rücksicht auf die angestellten Überlegungen ergibt sich folgende Reihenfolge für die in das Selektionsverfahren eingebauten Parameter:

Baumartenkombination in der Vorausverjüngung → vorausverjüngter Flächenanteil → Planungskenngrößen → Parameter des Altbestandes (Alter, Baumarten).

Dieser abstrakte methodische Ansatz kann mit Hilfe eines konkreten Beispiels gut veranschaulichen werden: In Abb. 3-6 ist hierzu der Filterlauf mit allen relevanten Umbauparametern sowohl in schematischer Form (linke Seite) als auch in illustrierter Form (rechte Seite mit konkreten Bestandesdaten) wiedergegeben.

Die Einzelwerte, die ein Bestand aufweisen mußte, ohne vorzeitig aus dem Suchlauf auszuscheiden, sind relative Dichtemittel (Modalwert) bei Häufigkeitsverteilungen (z.B. für den vorausverjüngten Flächenanteil) bzw. arithmetische Mittelwerte bei Parametern ohne Klassenbildung (z.B. für das Bestandesalter), wobei der tatsächliche Wert vom rechnerisch ermittelten Wert (für alle Bestände) nur im Rahmen des 95%-Vertrauensbereiches abweichen durfte.

Wie bereits vermutet, konnte nur eine relativ geringe Anzahl von Beständen alle Filterstufen passieren. Diese Bestände wurden in eine Rangfolge gebracht, wofür die bestmögliche Anpassung an die vorgegebenen Zielwerte maßgebend war. Bestände mit einer Gesamtfläche unter 5 ha wurden aufgrund der geringen Flächengröße eliminiert.

Die potentiell geeigneten und nach objektiven Kriterien ausgewählten Bestände wurden im Rahmen eines Waldbegangs daraufhin überprüft, ob wesentliche Abweichungen gegenüber den Revierbuchdaten (z.B. bedingt durch ein Sturmwurfereignis) vorlagen, welche nachträglich zu einem Ausschluß des Bestandes geführt hätten. Sofern sich keine Ausschlußgründe ergaben, wurde der ranghöchste Waldbestand für die waldkundliche Aufnahme ausgewählt.

Es dürfte kaum überraschen, daß die Häufigkeitsverteilungen in der Regel nicht eingipfelig waren, sondern mehrere relative Dichtemittel aufwiesen. Bei der Auswahl des zweiten Umbaubestandes wurde versucht, dieser Situation gerecht zu werden, indem die Zielwerte für den Filterlauf an weitere relative Dichtemittel angepaßt wurden.

Bei der waldkundlichen Aufnahme mehr oder weniger typischer Umbaubestände traten jene raumstrukturellen Aspekte in den Vordergrund, denen weder innerhalb der Projektphase I (hier aufgrund der Datenstruktur) noch bei der Projektphase II (dort wegen der Beschränkung der Analysen auf kleinräumige Struktur- und Konkurrenzverhältnisse in Testparzellen) Aufmerksamkeit geschenkt werden konnte. Somit bestand die Möglichkeit, beispielhaft unterschiedliche Umbauverfahren zu verproben.

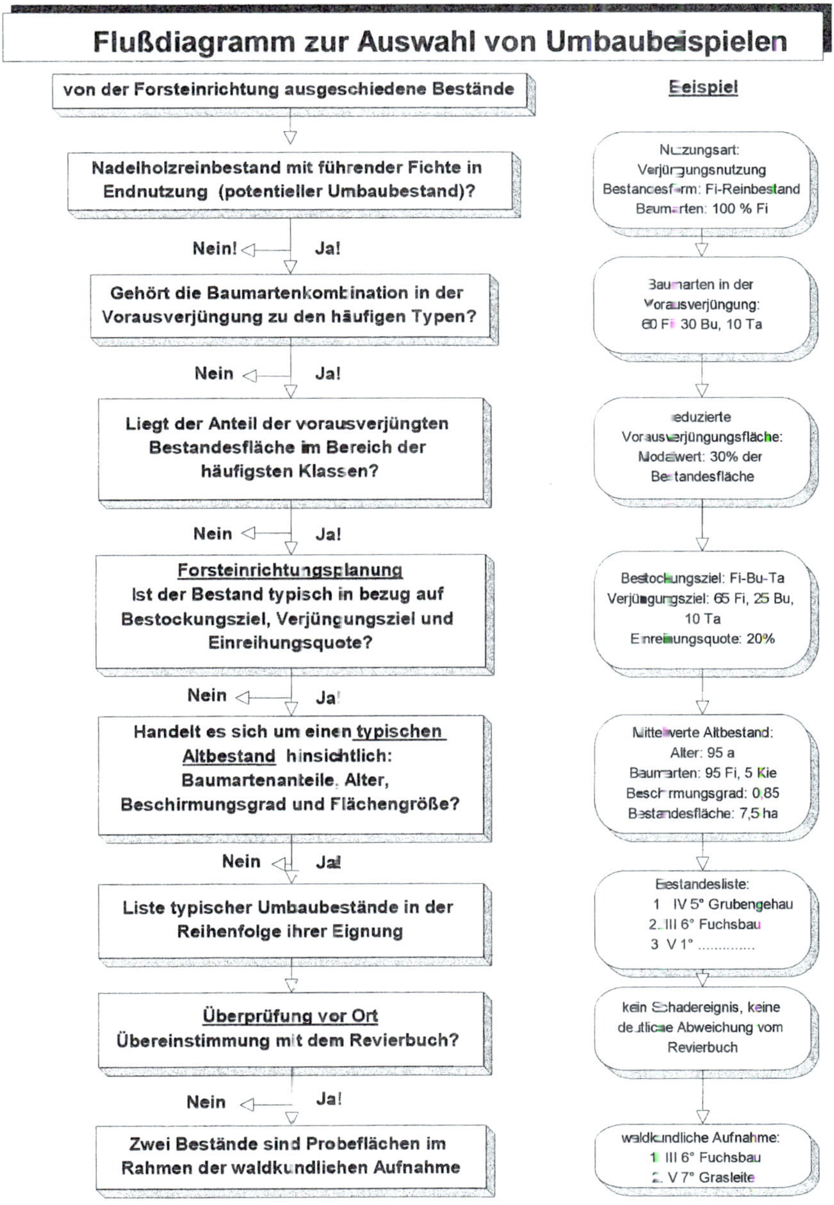

Abb. 3-6: Flußdiagramm zur Auswahl von Fichtenumbaubeständen im Rahmen der fallweisen Analyse von Forstämtern; während das Selektionsverfahren auf der linken Seite in abstrakter Form vorgestellt wird, veranschaulicht die rechte Seite den Filterlauf mit konkreten Bestandesdaten.

Die waldkundliche Aufnahme erfaßte die gesamte, in Verjüngungsnutzung stehende Bestandesfläche, wobei das Hauptaugenmerk auf die eingebrachten Laubholz- und Tannenvorausverjüngungsgruppen gerichtet war. Hinsichtlich der Aufnahmeintensität und der festgelegten Parameter unterschieden sich Teilflächen mit Laubholz- bzw. Tannenvoranbau von Flächen ohne bzw. mit Naturverjüngung (vorwiegend aus Nadelholz), wie aus Abb. 3-7 ersichtlich ist.

Auf der Basis der erhobenen Daten konnte für jeden der zehn Umbaubestände ein Strukturbild angefertigt werden, das sich in eine kartenmäßige Darstellung der Vorausverjüngungssituation (s. Abb. 3-7) und in einen analytischen Teil untergliedern läßt.

In Abb. 3-7 ist die Aufnahmemethodik anhand eines Beispiels erläutert. Die Musterkarte zeigt die räumliche Anordnung der Laubholz- bzw. Tannenvoranbauten (Punktsignaturen) sowie die auf Teilflächen bezogenen Deckungsgrade der Nadelholznaturverjüngung (Schraffuren) außerhalb der Voranbauten. Die genaue Kartenlegende ist Bestandteil der Verjüngungskarten in Kap. 4.3.4.6. Darüber hinaus wurden diejenigen Parameter aufgelistet, die bei den einzelnen waldkundlichen Systemteilen (Altbestand, Laubholz- und Tannenvoranbauten, Naturverjüngung und Forsteinrichtungsplanung) erhoben wurden und als Grundlage für den analytischen Teil dienten.

Während sich die Laubholz- und Tannenvoranbauten durch die zumeist scharfen Ränder (Zaunflächen!) und die klare räumliche Trennung vom umgebenden Bestand mit Kompaß und Bandmaß gut einmessen ließen, waren der Abgrenzung der unregelmäßig verteilten und fließend ineinander übergehenden Naturverjüngungsansätze Grenzen gesetzt. Um trotzdem auch hier zu einem ähnlich differenzierten Bild zu gelangen, wie es für die einzelnen Voranbauten entworfen wurde, bot sich an, die Bestandesfläche in mehrere Teilflächen zu untergliedern. Die Ansprache der Naturverjüngung war damit für jede Teilfläche möglich. Als Begrenzungslinien für die auszuscheidenden Teilflächen leisteten die vorgegebenen ständigen Details der Forstgrundkarte wie Forstwege oder Rückewege eine wertvolle Hilfestellung.

Mit den im folgenden aufgeführten Elementen kann die horizontale und vertikale Struktur des einzelnen Fichtenumbaubestandes dokumentiert werden:

<u>Altbestand</u>

- Variabilität des Beschirmungsgrades
- Baumartenanteile und Bestockungsaufbau (Schichtung)
- ertragskundliche Kenngrößen (Alter, Vorrat)

<u>Vorausverjüngung</u>

- vorausverjüngte Bestandesfläche
- Größe, Form und räumliche Verteilung einzelner Voranbauten
- Baumartenzusammensetzung innerhalb der Vorausverjüngung; Vergleich der ermittelten Baumartenanteile mit den Baumartenzusammensetzungen im Verjüngungsziel und im Altbestand
- Zuordnung der Voranbauten und Naturverjüngungen zu Bestandestypen auf der Grundlage der Baumartenzusammensetzung in der Oberschicht
- Veränderung der Baumartenvielfalt vom Altbestand zur Vorausverjüngung
- Mischungsform innerhalb der Voranbauten

Die waldkundliche Aufnahme von mehr oder weniger typischen Fichtenumbaubeständen hat eindeutig beispielhaften Charakter. Aus der geringen Stichprobenzahl lassen sich keine allgemeingültigen Erkenntnisse in bezug auf den Fichtenumbau in einem Forstbetrieb ableiten.

Unabhängig davon wurde aber die Möglichkeit gesehen, aus den beobachteten Einzelphänomenen auf das insgesamt mögliche Spektrum von Umbausituationen in Fichtenbeständen zu schließen. Parallel hierzu ist es möglich, Abweichungen vom konzeptionellen Regelverfahren (vgl. Kap. 2.3.2) des Fichtenumbaus aufzudecken und zu bewerten. Daraus wiederum könnten sich wertvolle Informationen für das künftige Vorgehen bei Umbaumaßnahmen ergeben.

Von besonderem Interesse war der Quervergleich über die Forstamtsgrenzen hinweg. Es sollte getestet werden, welche unterschiedlichen Wege beschritten werden, Fichtenreinbestände in Mischbestände umzubauen. Die in den Beispielsbeständen angewandten waldbaulichen Verfahren waren daher auf Gemeinsamkeiten und Unterschiede zu prüfen.

Waldkundliche Aufnahme von Fichtenumbaubeständen

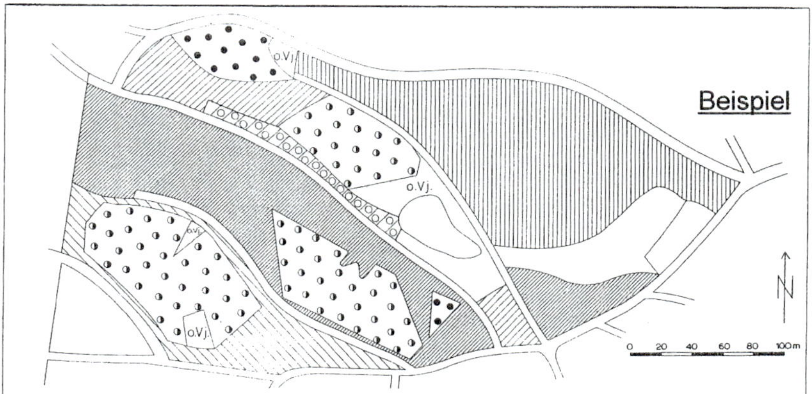

Schraffuren spiegeln unterschiedliche Deckungsgrade der Nadelholznaturverjüngung wider

Punktsignaturen entsprechen verschiedenen Typen von Laubholz- bzw. Tannenvoranbauten

Laubholz- und Tannenvoranbauten
- Einmessung (Fläche, Länge der Randlinie)
- Baumartenanteile in der Oberschicht
- Höhe in der Oberschicht
- Deckungsgrad
- Entstehungsart
- Mischungsform
- Schichtung
- Überschirmung durch den Altbestand
- Schäden

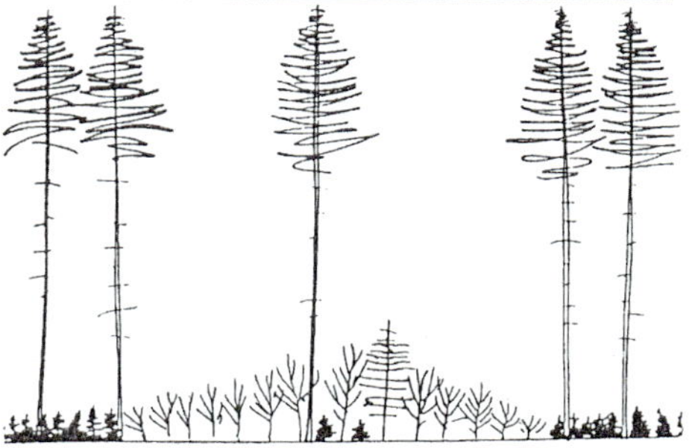

Altbestand
- Alter (aus Revierbuch)
- Baumartenanteile
- Beschirmungsgrad von Teilflächen
- Schichtung (Nebenbestand)
- Vorrat (Inventurangaben)

Planungskenngrößen
- Einreihungsquote
- Bestockungsziel
- Verjüngungsziel (Sollflächen)

Naturverjüngung (gegliedert nach Teilflächen)
- Baumarten
- mittlere Höhe der Oberschicht
- Deckungsgrad
- Mischungsform
- Alter

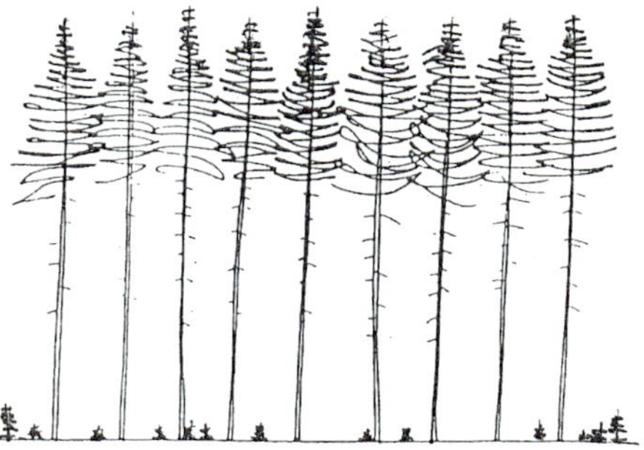

Abb. 3-7: Erläuterungen zur waldkundlichen Aufnahme von ausgewählten Fichtenumbaubeständen anhand eines Musterbeispiels; neben der schematischen Darstellung sind auch die innerhalb der Teilbereiche erhobenen Parameter aufgeführt; die verwendeten Signaturen werden in der Legende des Ergebnisteils (s. Kap. 4.3.4.6) erläutert.

4 ERGEBNISSE

4.1 Umfang von Umbaumaßnahmen in Nadelholzreinbeständen mit führender Fichte im bayerischen Staatswald

4.1.1 Flächenmäßige Repräsentanz von Umbaubeständen

Als potentielle Fichtenumbaubestände wurden Nadelholzreinbestände mit führender Fichte festgelegt. Nur ökologisch günstiger zu beurteilende Fichten-Tannen-Bestände wurden nicht einbezogen. Der Umfang der in den selektierten Fichtenbeständen derzeit ablaufenden und in den kommenden Jahrzehnten anstehenden Umbauaufgaben ist aus dem Flächenanteil ableitbar, den die ausgewählten Nadelholzreinbestandesformen an der Holzbodenfläche des bayerischen Staatswaldes und einzelner Wuchsgebiete einnehmen.

In Abb. 4-1 sind hierzu für sämtliche Wuchsgebiete neben den Flächenanteilen der Fichtenendnutzungsbestände (im folgenden als Fichtenumbaubestände bezeichnet) auch die Flächengrößen der entsprechenden Vornutzungsbestände aufgeführt. Diese quantifizieren die Größenordnung der in den kommenden Jahrzehnten anstehenden Umbauaufgaben. Als ergänzende Information sind für jedes Wuchsgebiet aus den gelb bis grün getönten Flächenfarben die jeweiligen Anteile der Baumart Fichte an der Staatswaldfläche ablesbar. Exakte Zahlen sind der Tab. 4-1 zu entnehmen.

Die Flächenanteile der Baumart Fichte erreichen in den südlich der Donau gelegenen Wuchsgebieten und in jenen des ostbayerischen Mittelgebirgszuges (WG 8 „Frankenwald, Fichtelgebirge und Steinwald", WG 10 „Oberpfälzer Wald" und WG 11 „Bayerischer Wald") über 55%. Das Wuchsgebiet 6 („Frankenalb und Oberpfälzer Jura") fällt in die Kategorie 41-55% Flächenanteil, bei allen anderen Wuchsgebieten bleibt die Fichtenfläche unter 41%. Ein Sonderstellung nimmt das WG 8 ein, welches nicht nur als einziges mit einem Fichtenanteil von 79,8% (s.Tab. 4-1) in die höchste Klasse fällt, sondern auch den höchsten Anteil von Nadelholzreinbeständen mit führender Fichte aufweist. Nur 38% der gesamten Holzbodenfläche sind hier keine potentiellen Fichtenumbaubestände. Besonders markant hinsichtlich der Relation des Fichtenanteils zum Anteil an Nadelholzreinbeständen mit führender Fichte unterscheiden sich die WG 11 („Bayerischer Wald") und 13 („Schwäb.-Bayer. Schotterplatten- und Altmoränenlandschaft"): Obgleich beide Naturräume in die gleiche Fichtenanteilsklasse (56-70%) fallen, weichen die Anteile der potentiellen Umbaubestände (26% im WG 11 gegenüber 46% im WG 13) deutlich voneinander ab. Dieser Befund resultiert mit hoher Wahrscheinlichkeit daraus, daß im WG 11 - anders als im WG 13 - ein Großteil der Fichtenfläche in bereits gemischten Beständen zu finden ist.

In der Aufteilung der Umbaubestände auf die Kategorien Endnutzung und Vornutzung legen die WG 8 und 13 den Rahmen fest: Gemessen an dem Flächenanteil von 61,8%, den Umbaubestände an der gesamten Holzbodenfläche des Wuchsgebietes 8 (Frankenwald, Fichtelgebirge und Steinwald) einnehmen, entfallen nur 15,5% der Holzbodenfläche auf Bestände in Endnutzung. Mehr als deutlich zeigt sich darin, daß der Großteil der Umbaubestände (46,3%) erst in den kommenden Jahrzehnten in das umbaufähige Alter einwächst. Verglichen damit laufen im WG 13 auf 26,5% der gesamten Holzbodenfläche des Wuchsgebietes schon derzeit Verjüngungsmaßnahmen in potentiellen Fichtenumbaubeständen ab, während die entsprechenden Vornutzungsbestände auf 19,6% Flächenanteil kommen.

Flächenanteile von Nadelholzreinbeständen mit führender Fichte

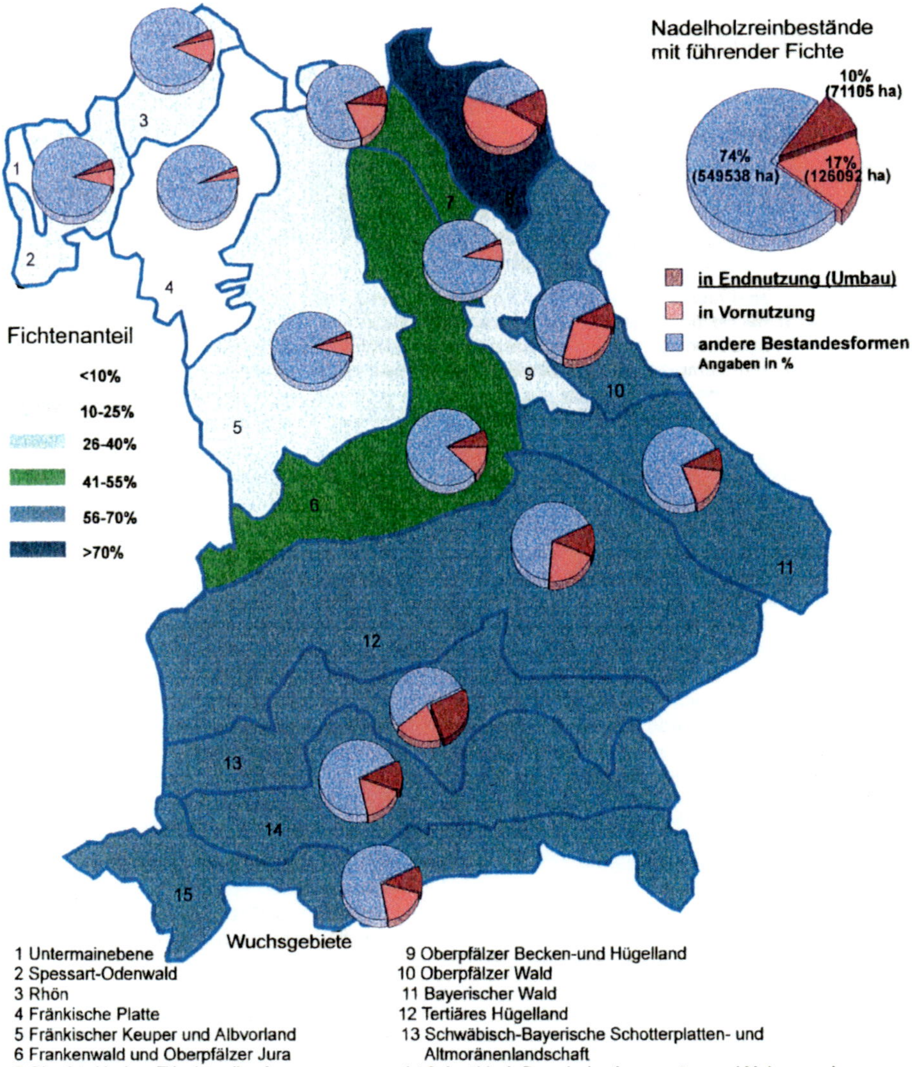

Abb. 4-1: Aufteilung der Holzbodenfläche des bayerischen Staatswaldes auf Nadelholzreinbestände mit führender Fichte - unterteilt in Endnutzungs- und Vornutzungsbestände - und in sämtliche anderen Bestandesformen; mit aufgeführt ist der Flächenanteil der Baumart Fichte in den Wuchsgebieten (Quellen: Basistabellen 26.1 und 26.2 aus der betriebsweisen Stichprobeninventur).

Nadelholzreinbestände mit führender Fichte im Bayerischen Staatswald

Nr.	Wuchsgebiet	Holzboden-fläche gesamt [ha]	Fläche selektierter Fi-Bestände[ha]	Anteil dieser Bestände im WG [%]	davon **Endnutzungsbestände** Fläche [ha]	davon **Endnutzungsbestände** in % des WG	davon Vornutzungsbestände Fläche [ha]	davon Vornutzungsbestände in % des WG	Anteil der Fi im WG [%]
2	Spessart-Odenwald	41382,6	4437,8	10,7	**1550,3**	**3,7**	2887,5	7,0	19,7
3	Rhön	23832,7	3245,8	13,6	**924,7**	**3,9**	2321,1	9,7	23,1
4	Fränkische Platte	15339,8	735,7	4,8	**248,5**	**1,6**	487,2	3,2	8,5
5	Fränkischer Keuper und Albvorland	101313,3	10695,0	10,6	**2794,3**	**2,8**	7900,7	7,8	20,1
6	Frankenalb und Oberpfälzer Jura	80362,8	15370,6	19,1	**5636,8**	**7,0**	9733,8	12,1	44,9
7	Oberfränkisches Triashügelland	12960,1	3317,2	25,6	**1075,8**	**8,3**	2241,4	17,3	35,9
8	Frankenwald, Fichtelgebirge und Steinwald	53583,6	33095,2	61,8	**8285,7**	**15,5**	24809,5	46,3	79,3
9	Oberpfälzer Becken-und Hügelland	33751,2	3116,3	9,2	**517,9**	**1,5**	2598,4	7,7	21,3
10	Oberpfälzer Wald	41734,3	15229,3	36,5	**4404,2**	**10,6**	10825,1	25,9	56,7
11	Bayerischer Wald	55412,2	14450,9	26,1	**5059,6**	**9,1**	9391,3	16,9	67,8
12	Tertiäres Hügelland	55049,9	18487,3	33,6	**7267,6**	**13,2**	11219,7	20,4	59,4
13	Schwäbisch-Bayer. Schotterplatten- u. Altmoräne	41720	19269,7	46,2	**11072,8**	**26,5**	8196,9	19,6	69,1
14	Schwäbisch-Bayer. Jungmoräne u. Molassevorberge	35936,8	10341,2	28,8	**4533,8**	**12,6**	5807,4	16,2	63,4
15	Bayerische Alpen	154275,6	45404,4	29,4	**17732,9**	**11,5**	27671,5	17,9	64,9
	Bayerischer Staatswald gesamt	***746654,9***	***197196***	***26,4***	***71105***	***9,5***	***126092***	***16,9***	***49,7***

Tab. 4-1: Übersicht über die Flächenanteile der selektierten Fichtenbestandesformen in den einzelnen Wuchsgebieten, getrennt nach Endnutzung und Vornutzung; mit aufgeführt ist die Holzbodenfläche der Wuchsgebiete insgesamt und der Flächenanteil der Baumart Fichte im Wuchsgebiet. Im Wuchsgebiet 1 ("Untermainebene") befinden sich keine Staatswaldflächen.Quellen: Tab. 26.1 und 26.2 der permanenten Stichprobeninventur

Schwerpunkte des Umbaus können allgemein in den Wuchsgebieten mit einem Fichtenanteil über 41% der Holzbodenfläche gesehen werden, wobei neben dem Wuchsgebiet 8 („Frankenwald, Fichtelgebirge und Steinwald") die Umbauaufgaben in den WG 12 („Tertiäres Hügelland") und 13 („Schwäb.-Bayer. Schotterplatten- und Altmoränenlandschaft") sowohl angesichts hoher Endnutzungsanteile wie auch infolge der Abweichung von den natürlichen Waldgesellschaften (vgl. KREUTZER-FOERST 1978) sehr dringlich sind. Diese Erkenntnis ergibt sich jedoch nicht nur aus dem dort hohen Flächenanteil von potentiellen Umbaubeständen an der gesamten Holzbodenfläche, sondern steht in Verbindung mit der insgesamt großen Holzbodenfläche in den beiden Wuchsgebieten. Diese Beobachtung trifft in besonderer Weise auch auf die Wuchsgebiete 6 („Frankenalb und Oberpfälzer Jura") und 11 („Bayerischer Wald") zu: Obwohl der Anteil an Umbaubeständen (Vornutzung und Endnutzung) „nur" 9 bzw. 26% der Holzbodenfläche ausmacht, muß die insgesamt große Staatswaldfläche zu der Erkenntnis führen, daß auch hier schwerpunktmäßig Umbauaufgaben anstehen (15371 ha und 14451 ha absolute Umbauflächen).

Insgesamt entfallen 27% der Holzbodenfläche im Bayerischen Staatswald auf potentielle Umbaubestände. Der Flächenanteil der Endnutzungbestände verhält sich zu dem der Vornutzungsbestände näherungsweise wie 2:1.

4.1.2 Alter der Umbaubestände

Als mittlere Umtriebszeit kann für die Fichte im bayerischen Staatswald ein Altersrahmen von 100-120 Jahren veranschlagt werden (SCHREYER 1986, SEITSCHEK 1991). In einzelnen Wuchsgebieten weicht das Durchschnittsalter der untersuchten Fichtenumbaubestände von diesem Altersrahmen z.T. erheblich ab (s. Abb. 4-2). So reicht die Altersspanne von 76 Jahren (WG 4 „Fränkische Platte") bis zum Höchstalter 138 Jahre (WG 15 „Bayerische Alpen"). Daher ist es nicht möglich, einen konkreten Zeitrahmen für den Beginn, die Dauer und den Abschluß von Umbaumaßnahmen in Fichtenbeständen zu benennen. Immerhin etwa die Hälfte der Wuchsgebiete liegt mit dem Durchschnittsalter jedoch in einem relativ engen Altersbereich, der von 94 bis 110 Jahre reicht und somit der für die Fichte veranschlagten Umtriebszeit sehr nahe kommt. Für niedrigere Durchschnittsalter, wie sie die Bestände der WG 4, 12, 13 und 14 („Fränkische Platte", „Tertiäres Hügelland", „Schwäb.-Bayer. Schotterplatten- und Altmoränenlandschaft" und Schwäb.-Bayer. Jungmoräne und Molassevorberge") aufweisen, können mehrere Gründe genannt werden: unzureichende Stabilität, schlechter Gesundheitszustand, Rotfäuledisposition, frühzeitige Auflösung infolge neuartiger Waldschäden und durch Sturmwürfe oder starke Schälschäden dürften die wichtigsten Faktoren für einen frühen Umbaubeginn und einen raschen Verjüngungsfortschritt sein (s. SCHREYER 1986); dort hingegen, wo angesichts stabiler und wenig fäulegefährdeter Ausgangsbestände langfristige Verjüngungsgänge möglich sind - wie es in einem Großteil der Fichtenbestände der WG 8, 9, 11 oder 15 („Frankenwald, Fichtelgebirge und Steinwald", „Oberpfälzer Becken- und Hügelland", „Bayerischer Wald" und „Bayerische Alpen") der Fall sein dürfte - sind die Bestände in der Regel knapp 100 Jahre alt bzw. älter.

4.1.3 Verjüngungsziele nach Bestandesformen

In dem auf Bestandesebene festgelegten Verjüngungsziel kommt die waldbauliche Zielsetzung zum Ausdruck, Fichtenreinbestände grundsätzlich - d.h. soweit sie nicht natürlich in reiner Ausbildung vorkommen (vgl. BAYSTMINELF 1993) - in gemischte Bestände mit deutlich erhöhtem Laubholz- bzw. Tannenanteil umzubauen.

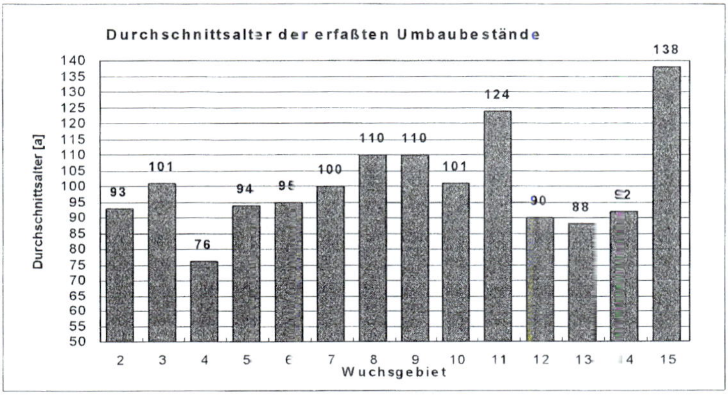

Abb. 4-2: Durchschnittsalter der erfaßten Fichtenumbaubestände nach Wuchsgebieten (zur Erläuterung der Wuchsgebietsnummern s. Tab. 4-1). Quelle: Tabelle 26.2 der betriebsweisen Stichprobeninventur.

Abb. 4-3 zeigt zusammenfassend für alle Bestände das durchschnittliche Verjüngungsziel nach Baumartengruppen für die fünf definierten Formen von Fichtenumbaubeständen. Die Werte für die absoluten Holzbodenflächen auf dem Kopf der Säulen in Abb. 4-3 heben die Dominanz der Bestandesformen Fichte rein und Fichte-Kiefer hervor. Unter allen selektierten Fichtenbeständen erreichen reine Fichtenbestände mit höchstens 5% Anteil anderer Baumarten mit 34615 ha einen Flächenanteil von 62%, Fichten-Kiefern-Bestände erzielen 34%.

Die Ausgangsbestandesformen Fichte-Lärche, Fichte-Douglasie und Fichte-sonst. Nadelholz bestocken eine vergleichsweise geringe Gesamtfläche, so daß es gerechtfertigt erscheint, die Ergebniserläuterung auf reine Fichtenbestände und Fichten-Kiefern-Bestände zu konzentrieren.

Auf mindestens 40% der Bestandesfläche sind in beiden Bestandesformen künftig Laubhölzer einschließlich Tanne geplant, wobei der Buchenanteil im Bereich von 20% liegt. Bei nur geringer Tannenbeteiligung (unter 5%) soll die auf 40% Mischbaumartenanteil noch fehlende Fläche von Eiche und Edellaubholz eingenommen werden. Die größere Teilfläche soll mit 60% Anteil (im WG 13 „Schwäb.-Bayer. Schotterplatten- und Altmoränenlandschaft") bzw. 52% (im WG 6 „Frankenalb und Oberpfälzer Jura") in den bisher reinen Fichtenbeständen und auch in der Bestandesform Fichte-Kiefer im WG 13 wieder von der Fichte bestockt werden. In den Fichten-Kiefernbeständen im WG 6 und im gesamten bayerischen Staatswald sind mit 47% bzw. 48% geringere Fichtenanteile veranschlagt worden; bei einer konstanten Nadelholzbeteiligung von etwa 60% sind hierfür höhere Zielanteile der schon in den Altbeständen vorhandenen Kiefer (bzw. Lärche) maßgebend. Auf die Tatsache, daß sonstiges Laubholz in allen Fällen nahezu nicht im Verjüngungsziel vorgesehen ist, wird später noch näher einzugehen sein.

In sämtlichen analysierten Bestandesformen werden in der Folgegeneration damit Laubholz- (schraffiert gezeichnet) und Tannenbeteiligungen (gerastert gezeichnet) von nicht weniger als 40% Flächenanteil angestrebt. Der Weg von fichtendominierten Nadelholzreinbeständen zu Mischbeständen mit vorwiegend führender Fichte und hoher Laubholzbeteiligung ist damit eindeutig vorgezeichnet.

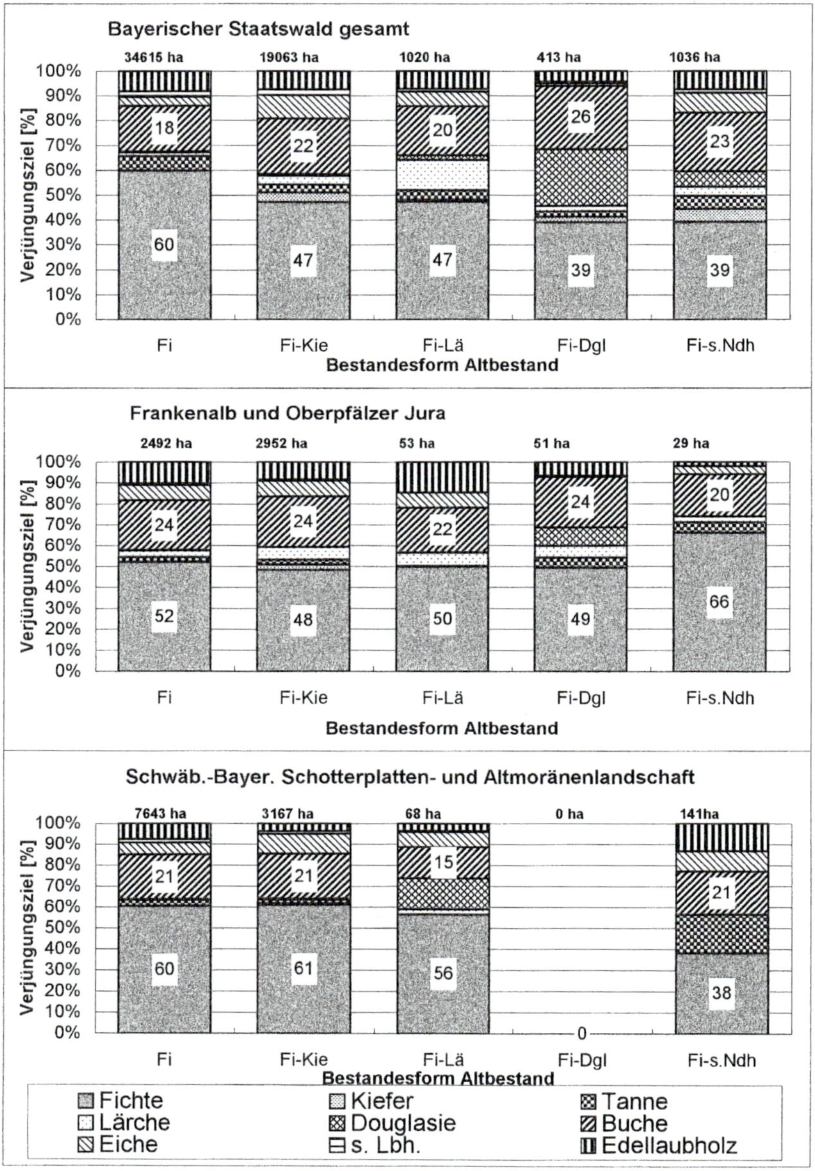

Abb. 4-3: Verjüngungsziele in verschiedenen Fichtenbestandesformen für ausgewählte Naturräume, ausgedrückt durch die relativen Flächenanteile der geplanten Baumartengruppen (Quelle: speziell erstelltes Datenfile aus der Forstdatenbank „DB2"); bei Fichte und Buche sind die genauen Anteile angegeben. Auf dem Kopf der 100%-Säulen stehen jeweils die entsprechenden absoluten Flächen.

4.1.4 Vorausverjüngungsanteile in den selektierten Beständen

Anhand der vergleichenden Analyse der Baumartenzusammensetzungen von Altbestand, Vorausverjüngung und Verjüngungsziel wird aufgezeigt, inwiefern die bisher getätigten Umbaumaßnahmen zielkonform verlaufen. Zum besseren Verständnis sei nochmals hervorgehoben, daß sich der Baumartenvergleich auf unterschiedlich große absolute Bezugsflächen stützt: die Baumartenanteile für den Altbestand und für das Verjüngungsziel gelten für die gesamte Bestandesfläche, während sich die für die Vorausverjüngung (VVJ) ermittelten Baumartenanteile auf die „reduzierte" - d.h. auf Vollbestockung umgerechnete - Teilfläche des Bestandes beziehen. In Tab. 4-2 und Abb. 4-4 sind die mit Verjüngung bestockten Flächengrößen für alle Wuchsgebiete und für den gesamten bayerischen Staatswald zusammengestellt.

Tab. 4-2: Flächenanteile verschiedener Vorausverjüngungskategorien („VVJ") in den selektierten Fichtenbeständen, getrennt nach forstlichen Wuchsgebieten (Bezeichnung der Wuchsgebiete s. Abb. 4-1). Quelle: Tabelle 43.0 aus der betriebsweisen Stichprobeninventur.

Vorausverjüngungsflächen in den selektierten Fichtenbeständen

WG	Endnutzungs-fläche [ha]	Probekreise mit VVJ [n]	Fläche mit VVJ [ha]	in % der End-nutzungsfläche	reduzierte VVJ-Fläche [ha]	in % der End-nutzungsfläche
2	1550,3	367	707,9	45,7	**597,4**	38,5
3	924,7	236	259,6	28,1	**212,5**	23,0
4	248,5	43	60,5	24,3	**43,2**	17,4
5	2794,3	866	1404,4	50,3	**1057,1**	37,8
6	5636,8	1828	3103,3	55,1	**2321,9**	41,2
7	1075,8	241	500,1	46,5	**434,2**	40,4
8	8285,7	2433	5293,7	63,9	**3851,3**	46,5
9	517,9	71	194,0	37,5	**158,1**	30,5
10	4404,2	1265	2702,1	61,4	**2216,2**	50,3
11	5059,6	1143	2366,4	46,8	**1888,9**	37,3
12	7267,6	1920	2734,1	37,6	**2103,1**	28,9
13	11072,8	2370	5197,4	46,9	**3352,8**	30,3
14	4533,8	110[illegible]	1788,0	39,4	**1249,5**	27,6
15	17732,9	2694	6606,8	37,3	**3534,8**	19,9
Sa.	***71104,9***	***16578***	***32918,3***	***46,3***	***23021,0***	***32,4***

In insgesamt 16578 Probekreisen, die eine Gesamtfläche von 32918 ha repräsentieren, konnte mindestens eine Verjüngungspflanze über 20 cm Höhe gefunden werden. Folglich ergibt sich - multipliziert mit der durchschnittlichen Repräsentationsfläche aller Probekreise - eine Fläche von fast 33000 ha, auf der Vorausverjüngung vorhanden ist, das ist annähernd die Hälfte der gesamten Endnutzungsfläche. Unter Berücksichtigung der für eine vollbestockte Fläche notwendigen Pflanzenzahlen (s. BAYSTMINELF 1981) errechnet sich hieraus eine reduzierte Vorausverjüngungsfläche von knapp 33%.

In der wuchsgebietsweise stark unterschiedlichen Anzahl von Probekreisen mit erfaßter Vorausverjüngung manifestieren sich - in Relation zu der absoluten Endnutzungsfläche - auch verschieden hohe Vorausverjüngungsvorräte. Die Flächenanteile mit Vorausverjüngung schwanken zwischen 24,3% („WG Fränkische Platte") und 63,9% (WG „Frankenwald, Fichtelgebirge und Steinwald").

Gegenüber der „Fläche mit Vorausverjüngung" ist die „reduzierte Vorausverjüngungsfläche" im Mittel um etwa 30% niedriger (vgl. Tab. 4-2). Als Extremfälle stehen sich die Wuchsgebiete 2 („Spessart-Odenwald") und 13 (s.o.) gegenüber: Während die reduzierte Vorausverjüngungsfläche im WG 2 mit 38,5% nur wenig unter der Fläche mit Vorausverjüngung (45,7%) liegt, ist letztere im WG 13 mit 46,9 % deutlich höher als die reduzierte Vorausverjüngungsfläche (30,3%).

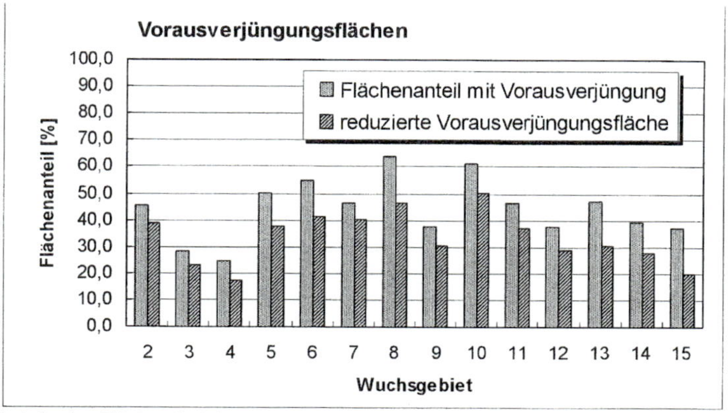

Abb. 4-4: Anteile der Flächen "mit Vorausverjüngung" und der "reduzierten Vorausverjüngungsfläche" in den Fichtenumbaubeständen verschiedener Wuchsgebiete; Quelle: Tabelle 43.0 aus der betriebsweisen Stichprobeninventur.

Es muß herausgestellt werden, daß der Gesamtanteil der vorausverjüngten Bestandesfläche auch Initialphasen des Umbaus umfaßt, in denen noch keine Verjüngungsmaßnahmen stattfanden. Wird zusätzlich in Rechnung gestellt, daß vollständig vorausverjüngte Teilflächen mit geringer Überschirmung durch Altbäume (s. Kap. 3.2.4) häufig schon als Jungbestände ausgeschieden wurden und folglich innerhalb der „Vorausverjüngung" nicht mehr auftauchen, so sind die in den Fichtenumbaubeständen festgestellten Vorausverjüngungsvorräte beachtenswert hoch.

4.1.5 Baumartenzusammensetzung in der Vorausverjüngung und im Verjüngungsziel

In Abb. 4-5 sind die in Prozent ausgedrückten Baumartenzusammensetzungen des Altbestandes, der unter dem Schirm aufwachsenden Vorausverjüngung und des Verjüngungsziels vergleichend gegenübergestellt. Wie bereits mitgeteilt, konzentriert sich die Ergebnisdarstellung auf die WG 6 („Frankenalb und Oberpfälzer Jura") und 13 („Schwäb.-Bayer. Schotterplatten- und Altmoränenlandschaft"). In einer Zusammenschau wurde ferner die Umbausituation in den selektierten Fichtenbeständen für den gesamten bayerischen Staatswald beschrieben. Zur Verdeutlichung der Veränderungen wurden für diese Naturräume zusätzlich Plus-/Minusrechnungen aufgestellt, aus denen die bereits eingetretenen Verschiebungen in den Baumartenanteilen ablesbar sind, wenn man Altbestand und Vorausverjüngung gegenüberstellt. Ergänzend kann mittels Sollveränderungen (Verjüngungsziel) abgeschätzt werden, in welchem Ausmaß das gesteckte Ziel bereits erreicht ist. In Säulendiagrammen lassen sich die Veränderungen grafisch zum Ausdruck bringen, wie dies in Abb. 4-6 geschehen ist.

Die in Abb. 4-5 ausgedruckten Flächenfarben der einzelnen Wuchsgebiete lassen den Flächenanteil von Laubhölzern und Tanne (im folgenden als Mischbaumarten bezeichnet) in der vorhandenen Vorausverjüngung erkennen. Der Farbübergang von Gelb- zu Grüntönen ist gleichbedeutend mit einem Anstieg des Mischbaumartenanteils. Die Säulenkombination setzt die Baumartenanteile im Altbestand, in der Vorausverjüngung und im Verjüngungsziel zueinander in Beziehung. Hier stehen blaue und grüne Farbtöne als Symbole für Laubhölzer (einschließlich Tanne), während rote bzw. violette Farbtöne Nadelholzarten kennzeichnen.

Der überwiegende Teil der Wuchsgebiete weist danach bereits jetzt Mischbaumartenanteile von 26-30% auf; die WG 10 („Oberpfälzer Wald") und 14 („Schwäb.-Bayer. Jungmoräne und Molassevorberge") erreichen einen Mischbaumartenanteil von mehr als 30%, und in den WG 4 („Fränkische Platte"), 5 („Fränkischer Keuper und Albvorland") und 11 („Bayerischer Wald") liegen die Mischbaumartenanteile sogar über 35%. Doch selbst in den vergleichsweise etwas abfallenden WG 2 („Spessart-Odenwald") und 8 („Frankenwald, Fichtelgebirge und Steinwald") sind Laub- und Nadelhölzer auf mindestens 15% der vorausverjüngten Bestandesfläche vorhanden. In bezug auf die Situation im WG 2 ist anzumerken, daß hier reine Nadelholzbestände insgesamt nur eine vergleichsweise geringe Fläche bestocken.

In Relation zu den sehr hohen Fichten- bzw. Kiefernanteilen der Ausgangsbestände, welche in allen Wuchsgebieten mehr als 90% der Fläche bestocken, ist der Mischbaumartenanteil in der Vorausverjüngung deutlich angestiegen.

Die Ergebnisse für die WG 6 und 13 sowie für die Summe aller Fichtenumbaubestände im bayerischen Staatswald zeigen folgendes (Abb. 4-5 und Abb. 4-6): Besonders fällt auf, daß das Säulenverteilungmuster in allen drei Gebieten sehr ähnlich aussieht. In Relation zum Ausgangsbestand haben Fichte und Kiefer in der Vorausverjüngung deutlich an Flächenanteil verloren, wobei diese Beobachtung in besonderem Maße auf das WG 13 und den bayerischen Staatswald insgesamt zutrifft. Hier mußte die Fichte Anteilseinbußen von -18% bzw. -13% hinnehmen, während die Abnahme im WG 6 mit -7% etwas geringer ausfällt. Gegenüber den im Verjüngungsziel vorgesehenen Fichtenanteilen, die 27-31% unter den Fichtenanteilen der Altbestände liegen, sind die Flächenanteile der Fichte in den näher untersuchten Naturräumen derzeit aber noch zu hoch, während die Verminderung des Kiefernanteils fast exakt der Planung entspricht.

Auf der anderen Seite konnten Buche, sonst. Laubholz und Edellaubholz die Anteile gegenüber den Altbeständen deutlich ausweiten, wobei die im Verjüngungsziel geplante Erhöhung des Buchenanteils um 17-21% bisher nur etwa zu einem Drittel realisiert ist. Demgegenüber fällt der zwischen 8 und 12% liegende Zuwachs beim sonst. Laubholz sehr viel höher aus, als dies im Verjüngungsziel geplant ist (s. Abb. 4-6). Dabei fällt auf, daß diese Baumartengruppe in den Altbeständen kaum vorhanden ist und im Verjüngungsziel nur mit einem sehr geringen Anteil von ca. 1% vorgesehen ist. Die für die Baumartengruppen Eiche und Edellaubholz angestrebten und im Bereich von 5-10% liegenden Anteilserhöhungen sind - wie die Plus-/Minusrechnung zeigt - beim Edellaubholz besser realisiert als bei der Eiche.

Insgesamt gesehen sind in den näher betrachteten Naturräumen die Mischbaumartenanteile beim Übergang von den Altbeständen zur Vorausverjüngung stark angewachsen; in nicht unerheblichem Maße trägt zu dieser Entwicklung das im Verjüngungsziel kaum beachtete sonst. Laubholz bei. Stellt man die ökologisch wertvolle und neben der Buche bei Umbauten in Fichtenbeständen vorrangig zu beteiligende Tanne an die Seite der Laubhölzer, ergeben sich sogar Mischbaumartenanteile von über 25%. Zwar konnten auch Buche (grüne Säule in Abb. 4-5) sowie mit gewissen Vorbehalten auch Edellaubholz und Eiche (hellblaue und dunkelblaue Säulen in Abb. 4-5) die Präsenz gegenüber der Ausgangslage steigern, jedoch noch nicht in dem Maße, wie es aus Sicht des Verjüngungsziels gewünscht ist. Abgesehen von den absoluten Flächenanteilen der Baumartengruppen gelten die geschilderten Erkenntnisse im Trend auch für die hier nicht näher beschriebenen Wuchsgebiete.

Verjüngungssituation in Nadelholzreinbeständen mit führender Fichte

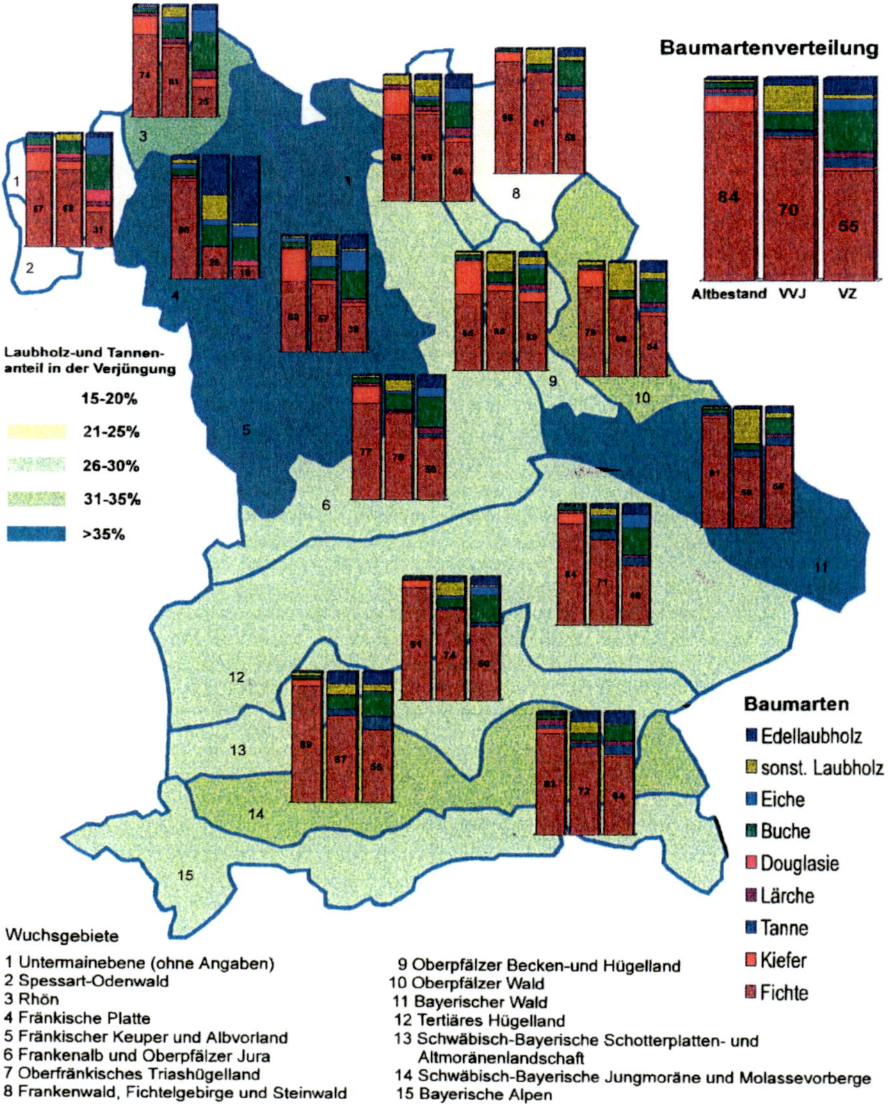

Abb. 4-5: Verjüngungssituation in Nadelholzreinbeständen mit führender Fichte: Gegenübergestellt sind die Baumartenzusammensetzungen der Altbestände, der Vorausverjüngung (VVJ) und des Verjüngungsziels (VZ). Die Flächenfarben der Naturräume repräsentieren den in der Vorausverjüngung bereits vorhandenen Laubholz- und Tannenanteil. Quellen: Tabellen 26.2 und 43.0 aus der Stichprobeninventur.

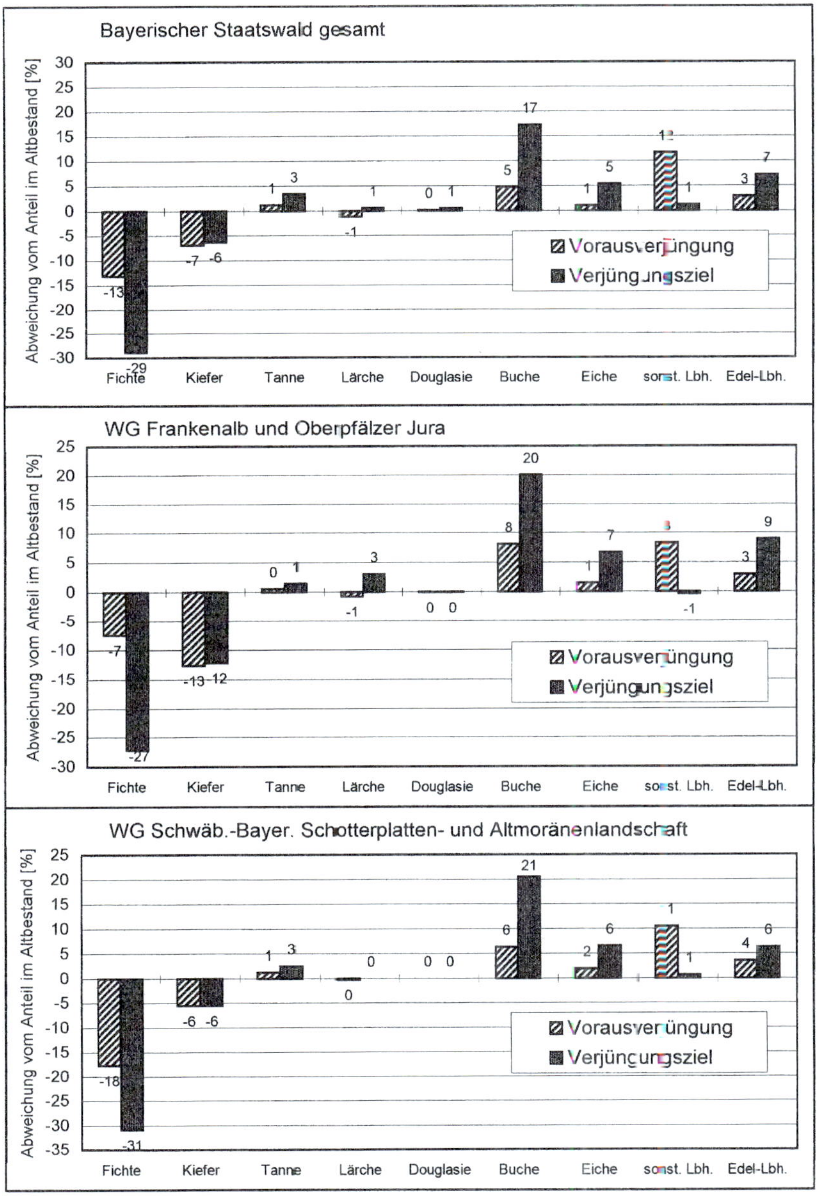

Abb. 4-6: Verschiebungen der Baumartenanteile in der Vorausverjüngung und im Verjüngungsziel von Fichtenumbaubeständen in Relation zur Baumartenzusammensetzung der Altbestände in ausgewählten Naturräumen und für die selektierten Umbaubestände des gesamten bayerischen Staatswaldes. Quellen: Tabellen 26.2, 43.0 und Datenfile für das Verjüngungsziel aus der permanenten Stichprobeninventur.

4.1.6 Vertikale Struktur

Aus der Aufteilung der Vorausverjüngung auf fünf absolute Höhenstufen (von unter 0,7 m bis zu über 5,0 m Höhe) ist die vertikale Struktur der Umbaubestände ersichtlich. Die kombinierte Darstellungsform in Abb. 4-7 bietet zum einen die Möglichkeit, die flächenmäßige Verteilung des Vorausverjüngungsvorrates auf einzelne Höhenstufen abzulesen (rechter Diagrammteil), zum anderen wurde aber auch versucht, die relativen Anteile der Baumartengruppen in den einzelnen Höhenstufen aufzuzeigen; hierfür wurde die Fläche jeder Höhenstufe gleich 100% gesetzt (linker Diagrammteil).

Der mit Abstand größte Teil des gesamten Vorausverjüngungsvorrates ist in den näher analysierten Gebieten in der Vorausverjüngung mit einer Höhe unter 0,7 m festgelegt; die Besetzung der übrigen Höhenstufen tritt im Vergleich dazu deutlich zurück und nimmt mit größerer Höhenstufe ab.

Hinsichtlich der innerhalb der einzelnen Höhenschichten ermittelten Baumartenanteile ist festzustellen, daß der Mischbaumartenanteil mit zunehmender Höhenstufe tendenziell ansteigt, wofür vor allem zunehmende Anteile der Baumartengruppen Buche und sonst. Laubholz verantwortlich sind. Besonders ausgeprägt ist dieser Trend im WG 13 („Schwäb.-Bayer. Schotterplatten- und Altmoränenlandschaft), wo der Mischbaumartenanteil mit zunehmender Höhenstufe von nur knapp über 20% in der untersten Höhenstufe bis zu einem Wert von annähernd 85% (!) ansteigt; diese Zunahme geht hier auf die Buche zurück. Auch in den beiden anderen Gebieten vergrößert sich der Mischbaumartenanteil mit zunehmender Höhe und erreicht knapp die 50%-Marke; lediglich im WG 6 („Frankenalb und Oberpfälzer Jura“) ist in der Höhenstufe „über 5,0 m Höhe“ wieder eine Zunahme des Fichtenanteils zu beobachten.

Doch selbst in der klar von Fichte dominierten untersten Höhenstufe sind Mischbaumarten mit 20% (WG 13) bzw. sogar über 25% (Bayerischer Staatswald und WG 6) Flächenanteil vertreten.

Die Entwicklung der Mischbaumartenanteile von etwa 20% in der untersten Höhenstufe bis zu Werten von weit über 85% in der obersten Höhenstufe ist vor dem Hintergrund zu sehen, daß sich die Baumartenzusammensetzungen der Höhenstufen ab 0,7 m aufwärts auf absolute Flächen stützen, die weit unter dem Flächenniveau der von der Fichte beherrschten untersten Höhenstufe liegen. In Relation zur Baumartenzusammensetzung dieser Höhenschicht fallen die Baumartenanteile der folgenden Höhenstufen bei den Gesamtanteilen daher kaum ins Gewicht.

4.1.7 Leittriebverbiß innerhalb der Vorausverjüngung

Speziell die in der untersten Höhenstufe (bis 0,7 m) beteiligten Mischbaumarten können den hier vorhandenen Flächenanteil nur dann erhalten und in fortgeschrittenen Höhenstufen behaupten, wenn der Wildverbiß nicht zur Entmischung führt, indem Laubhölzer und Tanne stärker als Fichte oder andere Nadelholzarten verbissen werden. Als Verbißweiser ist in

Abb. 4-8 der Leittriebverbiß bis 1,3 m Mittelhöhe (s. WALDHERR & HÖSL 1994) getrennt nach Baumartengruppen aufgeführt, wobei unterschieden wurde zwischen der Verbißbelastung im Zaun und außerhalb des Zaunes.

Für die Gesamtsituation im bayerischen Staatswald trifft zu, daß Laubhölzer außerhalb des Zaunes mit Verbißprozenten um 10 im Mittel doppelt so häufig verbissen werden wie Nadelhölzer; nur die besonders verbißgefährdete Tanne (vgl. BURSCHEL et al. 1985) übertrifft mit 16% verbissener Leittriebe alle anderen Baumartengruppen.

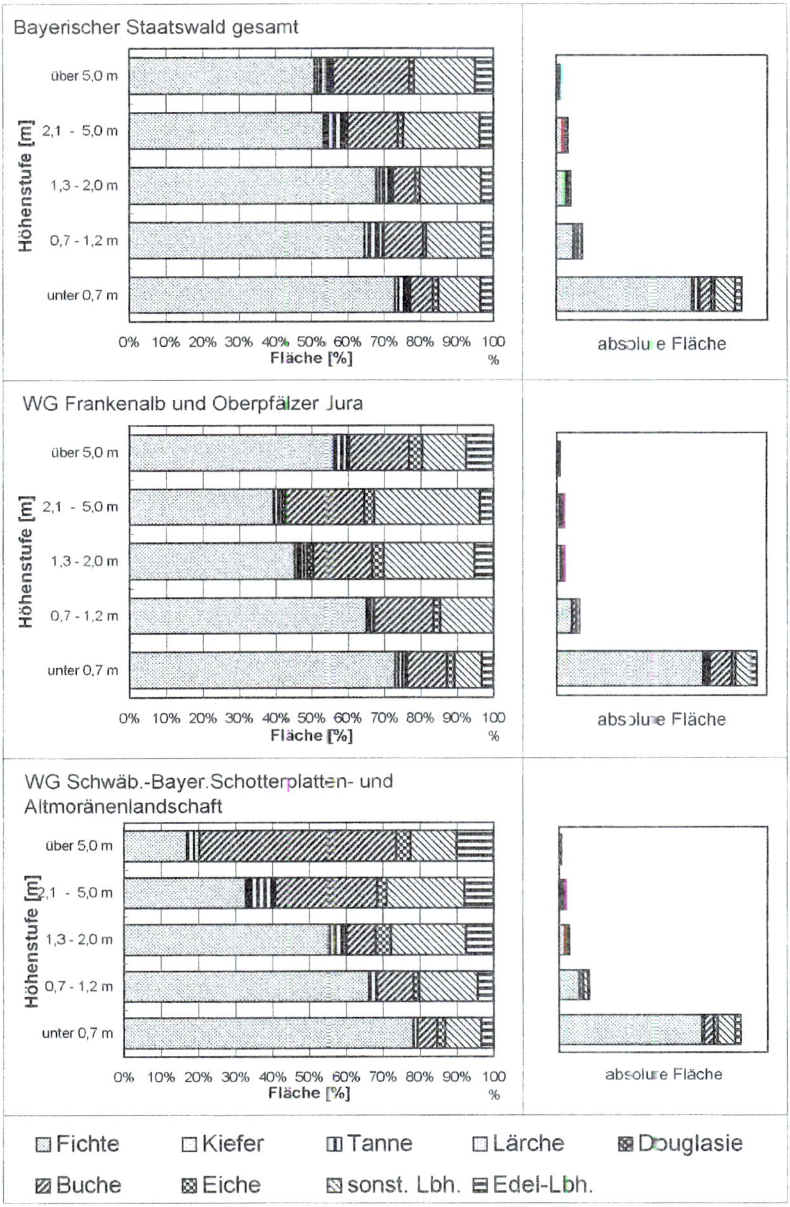

Abb. 4-7: Vertikale Struktur der Vorausverjüngung in den Fichtenumbaubeständen ausgewählter Naturräume; im linken Diagrammteil sind die relativen Baumartenanteile dargestellt, im rechten Diagrammteil sind jeweils die entsprechenden absoluten Flächen (ohne konkrete Flächenangabe) aufgeführt. Quelle: Tabelle 43.0 der permanenten Stichprobeninventur

Die dem sonst. Laubholz aufgrund regelmäßig hoher Verbißbelastung zugesprochene Funktion als Verbißweiser (LEDER 1992, vgl. EBERT 1973) bestätigt sich in den Ergebnissen für die Situation im bayerischen Staatswald und im WG Frankenalb und Oberpfälzer Jura; dagegen sind im WG Schwäb.-Bayer. Schotterplatten- und Altmoränenlandschaft Eiche und Edellaubholz mit etwa 15% Leittriebverbiß höheren Belastungen ausgesetzt als sonst. Laubholz (etwa 12%). Hier erreicht die Tanne einen besorgniserregenden Spitzenwert mit 20% verbissener Leittriebe. Bei Buche sind außerhalb des Zauns einheitlich 5-7% der Pflanzen verbissen.

Es mag überraschen, daß das Wild innerhalb des Zaunes - in Kontrast zur Situation außerhalb der Zaunflächen - im Verbißverhalten überraschenderweise keine klare Präferenz für bestimmte Baumartengruppen zeigt. Tanne und Eiche scheinen jedoch verbißgefährdeter zu sein, wie in den Ergebnissen zumindest andeutungsweise erkennbar ist; bei beiden Baumarten war ein Leittriebverbiß an mehr als 5% der verbißgeschützten Bäume zu verzeichnen. An den übrigen Baumartengruppen lag die festgestellte Verbißbelastung unter 5%.

Aus dem Verhältnis der Stammzahlen ergibt sich, daß Laubhölzer innerhalb des Zaunes mehr als doppelt so häufig vertreten sind wie außerhalb der Zaunflächen. Die höhere Verbißbelastung außerhalb des Zaunes erfordert, daß Laubhölzer in Fichtenbeständen überwiegend im Schutz von Zäunen aufwachsen müssen. Auf der anderen Seite ist nicht zu verkennen, daß ein beträchtlicher Teil von etwa 1500-2000 Verjüngungsbäumen pro ha (s. Abb. 4-8) ohne Zaunschutz aufwachsen kann, obwohl diese Bäume die verbißgefährdete Höhenzone (bis 1,3 m Mittelhöhe, s. BAYER. LANDESANSTALT FÜR WALD- UND FORSTW. 1994) noch nicht durchwachsen haben. Bei den Nadelhölzern zeigt sich ein uneinheitliches Bild: Während im bayerischen Staatswald insgesamt im Zaun deutlich mehr Bäume aufwachsen, liegen die Vergleichswerte für die Stammzahlen innerhalb und außerhalb des Zauns in den beiden Wuchsgebieten in einer vergleichbaren Größenordnung.

Zwei Gründe können angeführt werden, weshalb sich die Anteile der eingebrachten bzw. natürlich sich verjüngenden Laubhölzer und Tanne ohne Zaunschutz im allgemeinen noch nicht sichern lassen: Verglichen mit Nadelhölzern sind Laubhölzer und Tanne außerhalb von Zaunflächen stärkeren Verbißbelastungen ausgesetzt. Darüber hinaus sind die unterschiedlichen Stammzahlen innerhalb und außerhalb des Zaunes ein Indiz dafür, daß sich die Mischbaumarten überwiegend nur im Schutz von Zäunen erfolgreich verjüngen lassen. Wenngleich die festgestellte Verbißbelastung bei keiner Baumartengruppe über dem besonders kritischen Wert von 30-35% verbissener Leittriebe lag (AMMER 1996, WALDHERR 1996), geben WALDHERR & HÖSL (1994) zu bedenken, daß der aktuelle Verbißzustand der tatsächlichen Verbißbelastung an der unter Schirm aufwachsenden Vorausverjüngung nicht gerecht wird, zumal es der Verjüngung infolge des verzögerten Höhenwachstums über mehrere Jahre nicht gelingt, aus der verbißgefährdeten Höhenzone herauszuwachsen.

Somit trifft zu, daß das Schalenwild mittelfristig nach wie vor den stärksten Einfluß auf die Baumartenzusammensetzung ausübt (STAUFFENBERG 1990, vgl. VOLZ et al. 1996). Wenn die erfolgreiche Verjüngung der Hauptholzarten außerhalb von Zaunflächen gelingen soll, wie dies z.B. von STAUFFENBERG (1990) und SINNER (1997) gefordert wird, dann ist eine gezielte Wildbestandsregulierung unabdingbar (s. WEIDENBACH 1988, SEITSCHEK 1989, BROGGI 1990, OTT 1990, GÖTZ 1994).

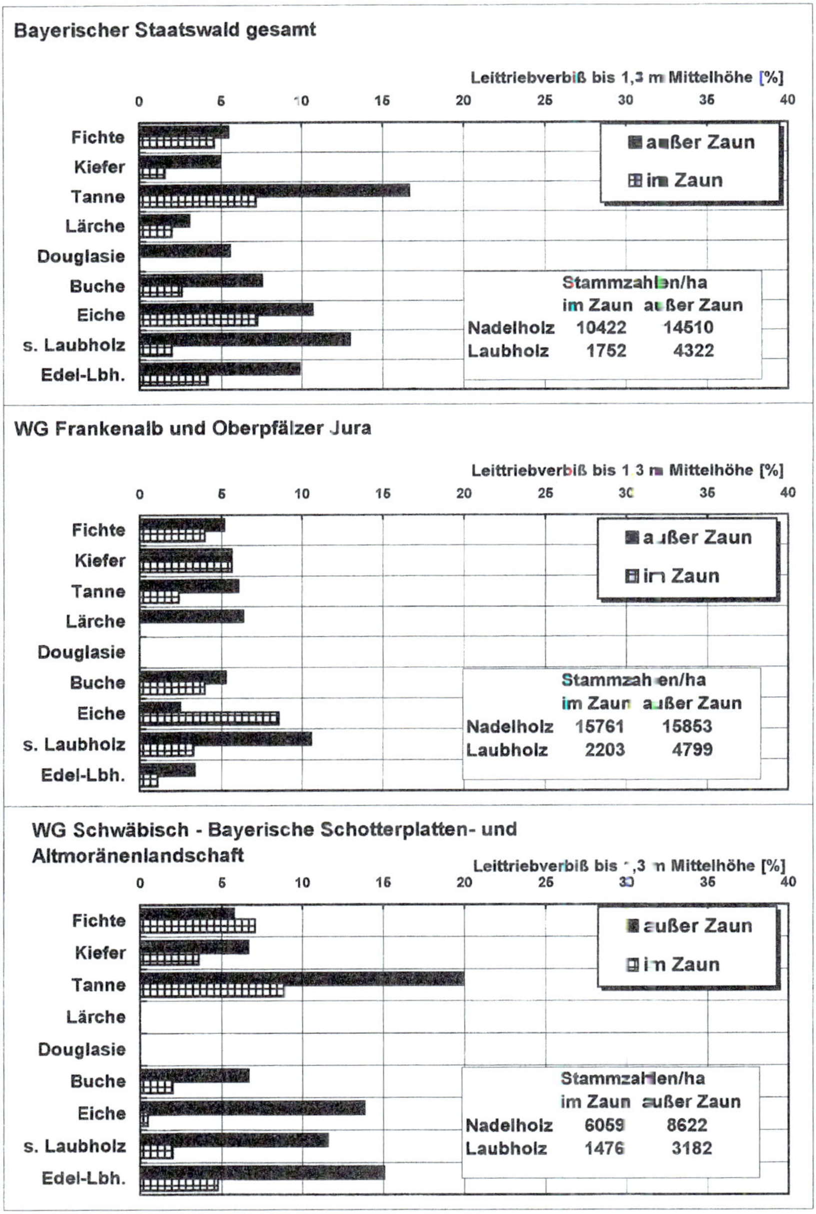

Abb. 4-8: Leittriebverbiß an der Vorausverjüngung bis 1,3 m Mittelhöhe in den Fichtenumbaubeständen; die Verbißprozente sind getrennt nach Baumartengruppen und für die Verhältnisse „im Zaun" sowie „außer Zaun" dargestellt (Quelle: Tabelle 45.0 aus der Stichprobeninventur).

4.1.8 Bestockungsaufbau von Jungbeständen

In Abb. 4-9 und in Abb. 4-10 sind die Baumarten- und Bestandesformenanteile der 1-20-jhg.- (Akl. I) und 21-40-jhg. (Akl II) Bestände den entsprechenden Flächenanteilen der Gesamtbestockung (Altersklasse I bis Altersklasse VII) gegenübergestellt.

4.1.8.1 Baumartenzusammensetzung

Es fällt auf, daß der Laubholzanteil in den beiden Wuchsgebieten und im bayerischen Staatswald insgesamt in den bis 20-jhg. Beständen mit bis zu 40% markant höher ist als in den beiden anderen Alterskategorien. Ursächlich für diesen Anstieg sind vorwiegend erhöhte Anteile sonst. Laubholzes, in geringerem Umfang aber auch höhere Eichen- und Edellaubholzanteile.

Erstaunlich ist, daß der Buchenanteil der I. Akl. nur im WG 13 („Schwäb.-Bayer. Schotterplatten- und Altmoränenlandschaft") geringfügig angewachsen ist, während die Buche in den beiden anderen Naturräumen auf der Gesamtfläche sogar etwas höhere Anteile erzielt als in den Jungbeständen. Die verstärkte Beteiligung von Laubhölzern bei den Neukulturmaßnahmen der 50-er und 60-er Jahre dieses Jh. (s. Kap. 2.3.1) müßte erkennbar sein am Laubholzanteil der zweiten Altersklasse (21-40-jhg. Bestände). Im Vergleich zum Durchschnitt aller Bestände lassen sich aber nur im WG 13 Bestrebungen in diese Richtung ausmachen, währenddessen der Laubholzanteil im WG 6 („Frankenalb und Oberpfälzer Jura") in der II. Akl. sogar geringer ausfällt als auf der Gesamtfläche. Wird die Nadelholzseite betrachtet, so überrascht, daß die allgemein höheren Laubholzanteile der I. Akl. nur im WG 13 zu Lasten der Fichte gehen. Dagegen kommt die Fichte im WG 6 und im gesamten bayerischen Staatswald sowohl in der I. Akl. wie auch in der II. Akl. auf höhere Anteile, als sie der Gesamtbestand ausweist. Aus diesem Befund ergibt sich die Konsequenz, daß niedrigere Nadelholzanteile in der I. Akl. im Bayerischen Staatswald und im WG 6 gleichbedeutend sind mit niedrigeren Kiefernanteilen, da nach der Fichte nur die Kiefer mit nennenswerten Anteilen in allen Altersbereichen vorkommt. Diese Entwicklung zeigt sich andeutungsweise auch in der II. Akl. Lediglich im WG 13 ist der Kiefernanteil in der II. Akl. höher als in allen anderen Alterskategorien.

In Relation zum Gesamtbestand sind die Laubholzanteile in den jüngsten Beständen (1-20-jhg.) unübersehbar angestiegen. Dagegen gilt diese Erkenntnis nicht für die II. Akl., deren Baumartenzusammensetzung kaum von den Durchschnittswerten für alle Altersklassen abweicht. Innerhalb der I. Akl. ist allerdings nicht die Buche für den höheren Laubholzanteil verantwortlich sondern vorwiegend das sonst. Laubholz. Hier zeigen sich auffällige Parallelen zur Baumartenzusammensetzung in der Vorausverjüngung der Umbaubestände (vgl. Kap. 4.1.5).

4.1.8.2 Flächenanteile von Bestandesformen mit führender Fichte

Gegenüber der für verschiedene Altersbereiche vorgestellten Baumartenzusammensetzung spiegeln sich in der Altersentwicklung unterschiedlicher Fichtenbestandesformen die Bemühungen der vergangenen Jahrzehnte wider, nicht nur vermehrt Laubholz an den Kulturen zu beteiligen, sondern vor allem Fichtenreinbestände in Mischbestände umzubauen.

In Abb. 4-10 wurde die in jeder Altersklasse vorkommende Gesamtfläche der Fichtenbestandesformen mit 100% angesetzt. Während die schraffierten Säulenanteile jene Bestandesformen abbilden, welche aus dem Umbau von Fichtenbeständen als Zielbestockungen hervorgehen sollen (Fichten-Tannen- oder Fichten-Laubholz-Mischbestände), kommen in den gerasterten Säulenteilen die definierten Ausgangslagen des Umbaus (Nadelholzreinbestände mit führender Fichte) zum Vorschein.

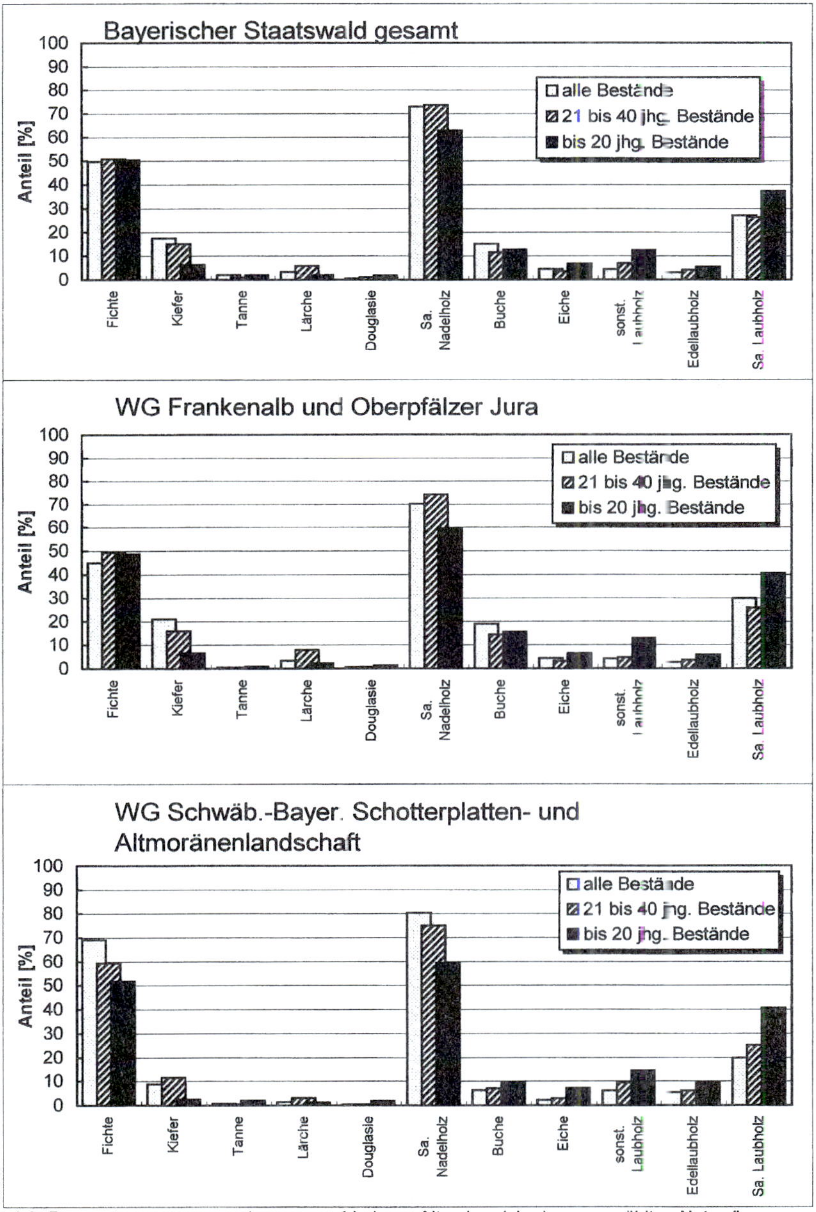

Abb. 4-9: Baumartenzusammensetzung verschiedener Altersbereiche in ausgewählten Naturräumen und im gesamten bayerischen Staatswald; die Flächenanteile beziehen sich jeweils auf die gesamte Holzbodenfläche der jeweiligen Gebiete (Quelle: Tabelle 26.1 aus der Stichprobeninventur).

In den betrachteten Gebieten nehmen die schraffierten Säulenteile zu den beiden ersten Altersklassen hin anteilmäßig deutlich zu, von knapp über 70% im WG 13 bis hin zu annähernd 80% im WG 6 und im Bayerischen Staatswald, woraus abgeleitet werden kann, daß unter den bis 40-jhg. Jungbeständen Mischbestandesformen gegenüber Nadelholzreinbestandesformen sichtbar überwiegen. Sehr hohe Anteile von Nadelholzreinbestandesformen erstrecken sich im WG 13 („Schwäb.-Bayer. Schotterplatten- und Altmoränenlandschaft") über den Altersbereich von 61 - 120 Jahre und betonen damit, daß der Umbau dort nicht nur derzeit, sondern auch in den kommenden Jahrzehnten eine dringliche waldbauliche Aufgabe sein wird. Im WG 6 („Frankenalb und Oberpfälzer Jura") und im Bayerischen Staatswald insgesamt liegen die Anteile von Nadelholzreinbestandesformen im Altersbereich von 41 bis über 121 J. bei 40-50% und damit sehr viel niedriger als im WG 13 (bis 90% in den 81-100-jhg. Beständen). Dennoch werden auch in diesen Naturräumen Aufgaben des Fichtenumbaus das waldbauliche Geschehen der kommenden Jahrzehnte bestimmen. Vergleichsweise hohe Flächenanteile der Mischbestandesformen in der höchsten Altersklasse (ab 121 Jahre) auf der Gesamtfläche und im WG 13 können u.a. auf die geringere Umtriebszeit bei der Fichte zurückgeführt werden. Hierfür bietet sich folgender Erklärungsansatz: Vorzeitiges Ausscheiden der Fichte aus einem Fichtenreinbestand mit geringem Mischbaumartenanteil erhöht - relativ gesehen - die Anteile der verbleibenden Mischbaumarten mit höheren Umtriebszeiten; sobald der Mischbaumartenanteil der mehr oder weniger reinen Nadelholzausgangsbestände nach kontinuierlicher Entnahme vorzugsweise von Fichten die 5- bzw. 10%-Marke überschreitet, ist definitionsgemäß von einem Mischbestand zu sprechen (vgl. BAYSTMINELF 1982).

Außerdem ist festzustellen, daß die Anteile reiner Fichtenbestände (mit „Fichte" bezeichnet) innerhalb der Nadelholzreinbestandesformen der ersten Altersklasse zurückgegangen sind: Abgesehen von der Situation im WG 13 konnten die Bestandesformen Fichte-Kiefer und Fichte-Douglasie die relativen Flächenanteile gegenüber der reinen Fichte („Fichte rein") geringfügig erweitern. Deshalb darf behauptet werden, daß sich die Fichtenbestände der ersten Altersklasse in den zwei näher untersuchten Naturräumen und im gesamten bayerischen Staatswald echt gemischt (Fichte-Laubholz) darstellen oder als Nadelholzmischungen aus mindestens zwei Nadelbaumarten (z.B. Fichte-Kiefer oder Fichte-Douglasie) bestehen. Reine Fichtenbestände sind in geringerem Ausmaß vertreten als in den folgenden Altersklassen.

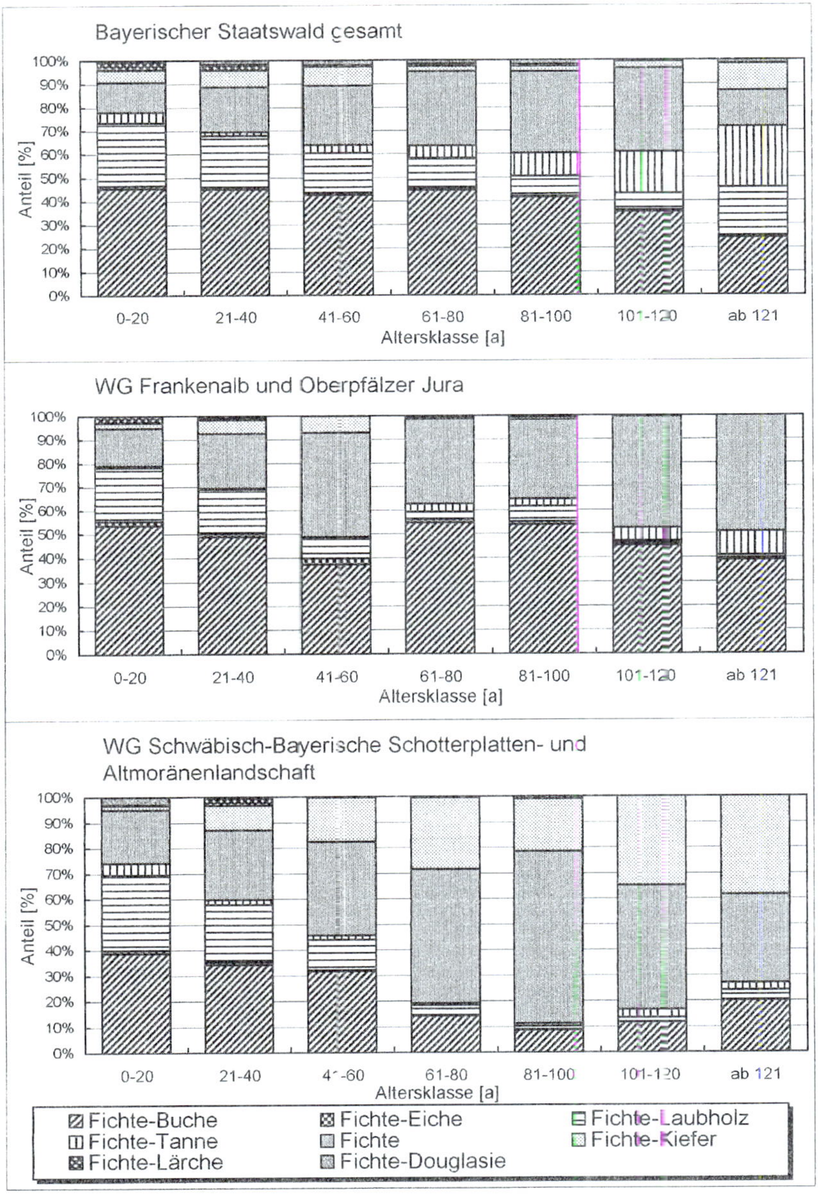

Abb. 4-10: Flächenanteile sämtlicher Bestandesformen mit führender Fichte nach Altersklassen in ausgewählten Naturräumen und im gesamten bayerischen Staatswald; Schraffuren symbolisieren Fichtenmischbestände, Punktraster repräsentieren Nadelholzreinbestände mit führender Fichte. Quelle: Tabelle 38.1 aus dem Forsteinrichtungsbegang.

Aus der Analyse von Forsteinrichtungsergebnissen zum Umbau von Fichtenbeständen lassen sich für die Gesamtsituation im bayerischen Staatswald abschließend folgende Schlüsse ziehen:

Als potentielle Fichtenumbaubestände stocken Nadelholzreinbestände mit führender Fichte auf 27% der Holzbodenfläche des bayerischen Staatswaldes. Davon werden derzeit 9,5% im Rahmen der Endnutzung planmäßig verjüngt.

Die mischwaldorientierte Zielsetzung in den ausgewählten Endnutzungsbeständen äußert sich klar im Verjüngungsziel: es kann gesagt werden, daß die künftige Bestockung zu 60% aus Nadelholz (vor allem Kiefer und Fichte) und zu 40% aus Laubholz (einschließlich Tanne) bestehen soll.

Die Baumartenzusammensetzung in der Verjüngung bezieht sich auf eine reduzierte Vorausverjüngungsfläche, die 32% der untersuchten Endnutzungsfläche einnimmt.

Verglichen mit der nahezu ausschließlich aus Nadelhölzern bestehenden Ausgangsbestokkung sind in der Vorausverjüngung bereits 28% Mischbaumarten (Laubholz und Tanne) vorhanden, was als sehr positives Ergebnis zu werten ist. Annähernd 70% der erfaßten Vorausverjüngung ist allerdings weniger als 0,7 m hoch. Kaum geplante sonstige Laubhölzer sind mit 13% in der Vorausverjüngung beteiligt, der Buchenanteil liegt unter dem Verjüngungsziel und erreicht 7%.

Die Verbißsituation und die innerhalb von Zäunen ungleich höheren Stammzahlen bei Laubholz und Tanne weisen darauf hin, daß sich Mischbaumarten in Fichtenumbaubeständen im Prinzip nur im Schutz von Zäunen erfolgreich verjüngen lassen.

Bereits erfolgte Veränderungen des Bestockungsaufbaus kommen in den Flächenanteilen unterschiedlicher Fichtenbestandesformen in den einzelnen Altersklassen zum Vorschein. In den bis 20-jhg. Beständen sind Fichten-Laubholz-Mischbestände unter sämtlichen Bestandesformen mit führender Fichte wesentlich stärker vertreten als in den folgenden Altersklassen.

4.2 Waldökologische Intensivstudien in den Testgebieten Biburg und Schernfeld

Die waldkundliche Vollaufnahme der acht ausgewählten Testparzellen zielten darauf ab, die Arten- und Raumstruktur innerhalb der Gehölzkomponente für verschiedene Phasen des Umbaus von Fichtenbeständen (einschließlich vergleichbarer naturnaher Stadien) anhand einer Momentaufnahme darzustellen und zu analysieren.

4.2.1 Dreidimensionale Strukturprofile

Anhand von dreidimensionalen Bestandesdarstellungen läßt sich die Vielschichtigkeit der Raumstruktur in anschaulicher Form präsentieren (z.B. LAMPRECHT 1980) und ein erster Eindruck vom Bestockungsaufbau der untersuchten Umbaustadien vermitteln. Deshalb wurden die hierzu angefertigten Modellbilder in einer Zusammenschau an den Anfang des Ergebnisteils gestellt. In den Abb. 4-11 bis Abb. 4-18 wurde die einzelne Testparzelle jeweils mit einem Bestandesaufriß (linker Teil der Abbildungen) und einer Draufsicht (rechter Teil der Abbildungen; z-Winkel=90°) visualisiert, wobei die Seitenansicht mit einem z-Winkel von 10° gegenüber der Horizontale im Betrachtungsniveau geringfügig angehoben ist.

Die Stellung der Altbäume sowie der 40-jhg. Buchen entspricht exakt den Stammfußkoordinaten, für die Verjüngung ist stellvertretend die geschätzte Lage des höchsten Baumes innerhalb der 2,5 m x 2,5 m großen Gitterfelder dargestellt. Die in der Legende aufgeführten Baumarten liefern einen ersten Hinweis auf Unterschiede in der Artenvielfalt der Gehölzkomponente.

In Ergänzung zu den Bildinformationen wurden in Form einer stichpunktartigen Bildbeschreibung die wichtigsten Informationen zum horizontalen und vertikalen Bestockungsaufbau auf der Grundlage der Bestandesmodelle herausgearbeitet; die Beschreibung erfolgt getrennt für die Komponenten „Altbäume" und „Verjüngung".

Darüber hinaus bieten die Strukturmodelle eine gute Grundlage zum besseren Verständnis der Ergebnisse zu den einzelnen Strukturelementen.

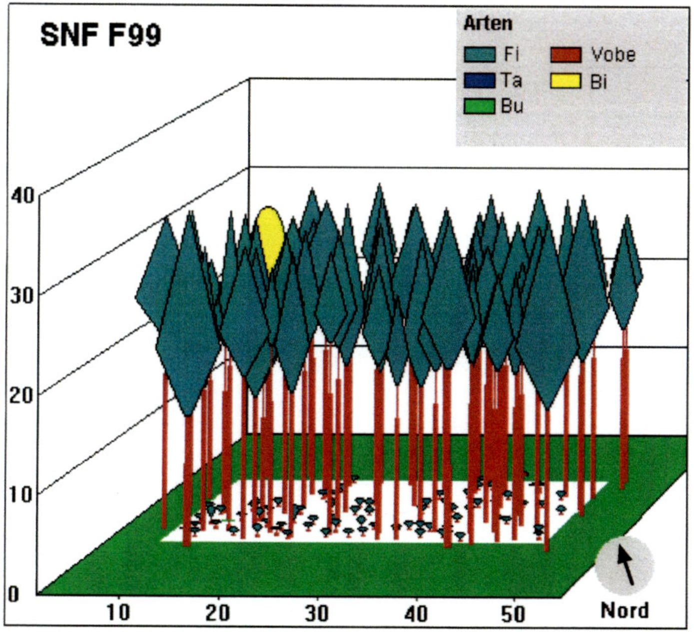

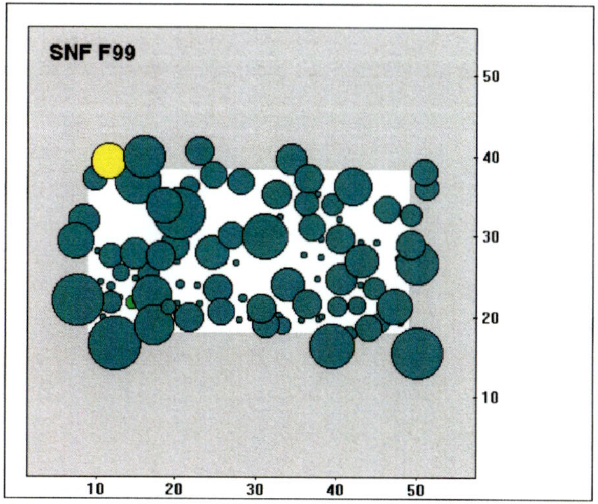

Altbäume

relativ dicht stehend, wobei die Vogelperspektive lichte Partien erkennen läßt; Altbäume verteilt auf die gesamte Parzellenfläche, aus reiner Fichte (eine Birke als Randbaum); auffallend große Kronendachrauhigkeit mit lang ausgebildeten Kronen bei geringer Kronenbreite; unterer Stammraum nicht ausgefüllt.

Verjüngung

Fichte deutlich dominierend, aber auch einzelne Mischbaumarten unter den höchsten Bäumen pro Gitterfeld; Verjüngung konzentriert auf südliche und östliche Parzellenhälfte, sonst verjüngungsfrei; in der Höhe erst gering entwickelt und kaum differenziert.

Abb. 4-11: Darstellung des Fichtenreinbestandes (Nullfläche) in Schernfeld (SNF F99) in Aufriß und Draufsicht; erstellt mit dem Programm BWIN (geringfügig modifiziert).

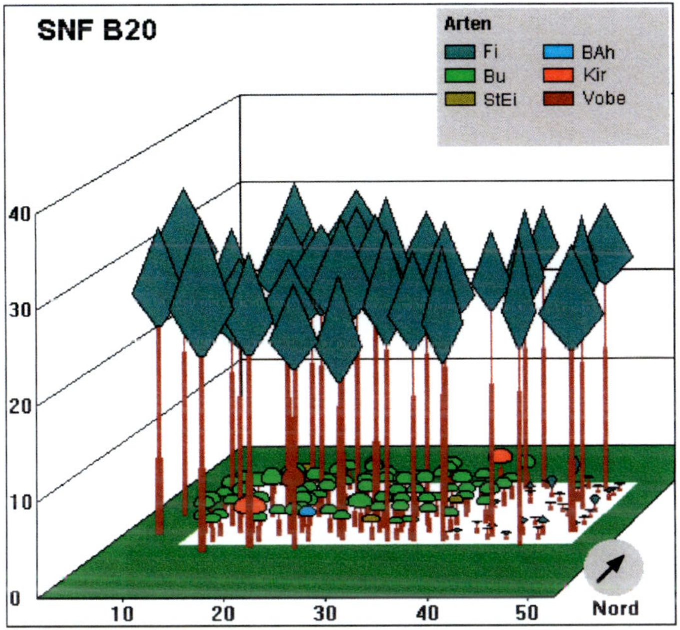

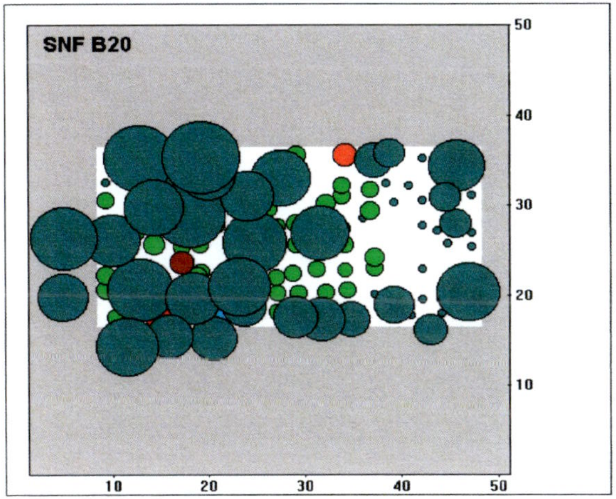

Altbäume

gegenüber Vollbestockung reduzierte Altbaumzahl; überraschend dichter Altbestandesschirm über der Buchengruppe, Lücke über Fichtenverjüngung; Kronenlänge knapp über 1/3 der Altbaumlänge; breitere Kronen als auf SNF F99; deutlich erkennbare Kronendachrauhigkeit.

Verjüngung

ein Großteil der Fläche wird von der bereits einige Meter hohen und überwiegend einschichtig aufgebauten Buchengruppe eingenommen; unter den höchsten Bäumen pro Gitterfeld sind zahlreiche andere und auf die Fläche verteilte Laubholzarten vertreten; diese z.T. etwas höher als die benachbarte Buche; erkennbarer Wuchsvorsprung des Laubholzes gegenüber angrenzender, lückiger Fichtennaturverjüngung; Bestandesaufbau insgesamt als zweischichtig einzustufen.

Abb. 4-12: Darstellung des 20-jhg. Umbaustadiums in Schernfeld (SNF B20) in Aufriß und Draufsicht; erstellt mit dem Programm BWIN (geringfügig modifiziert).

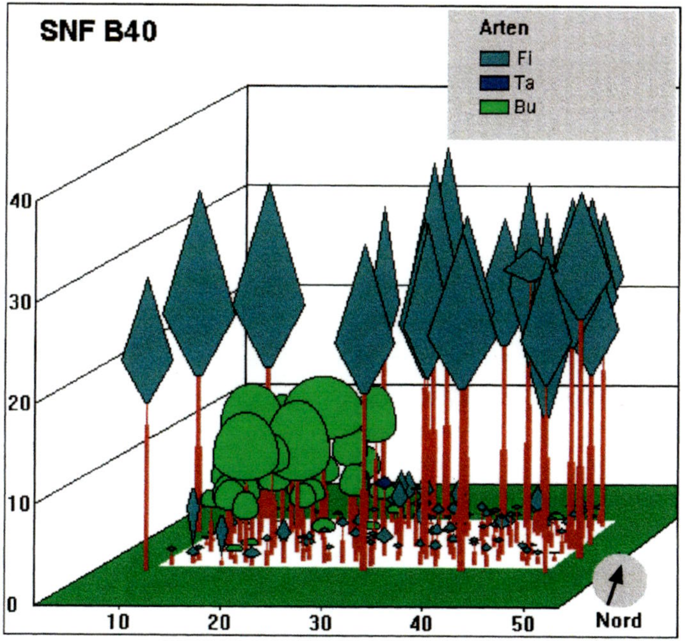

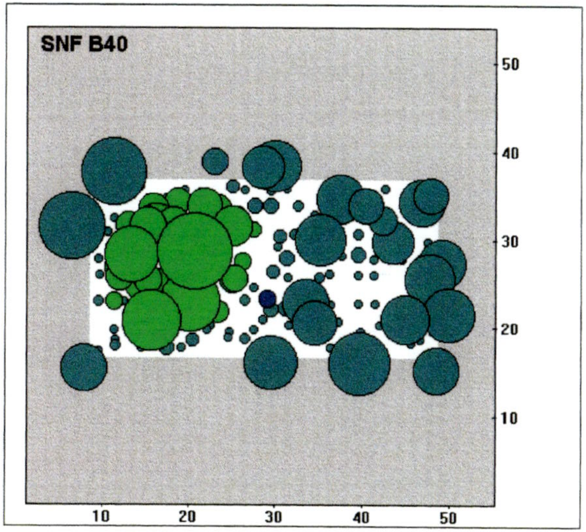

Altbäume

geringe Anzahl von Altfichten, in Trupps konzentriert (Osthälfte); Femelgruppe nicht mehr von Altbäumen überschirmt, jedoch noch von einzelnen, von der Buchengruppe abgerückten Altfichten umgeben; ausgeprägte Kronendachrauhigkeit, überwiegend lange und breite Kronen.

Verjüngung

Buchenfemelgruppe rundlich ausgebildet und von geringem Durchmesser; fortgeschrittenes Entwicklungsstadium mit bereits mehreren unterständigen Buchen; dichter Kronenschluß; Buchen haben gegenüber der flächig vorhandenen Fichtennaturverjüngung mehrere Meter Wuchsvorsprung; Entwicklungspotential zu einem ausgeprägt stufigen Bestandesaufbau vorhanden.

Abb. 4-13: Darstellung des 40-jhg. Umbaustadiums in Schernfeld (SNF B40) in Aufriß und Draufsicht; erstellt mit dem Programm BWIN (geringfügig modifiziert).

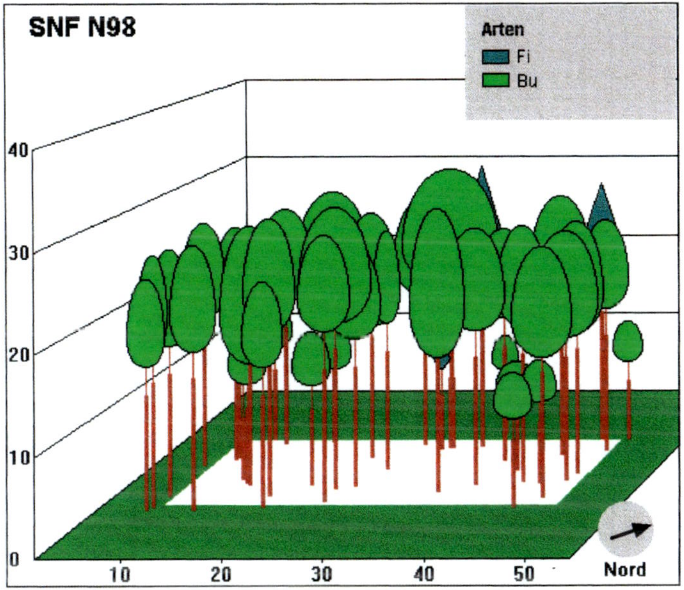

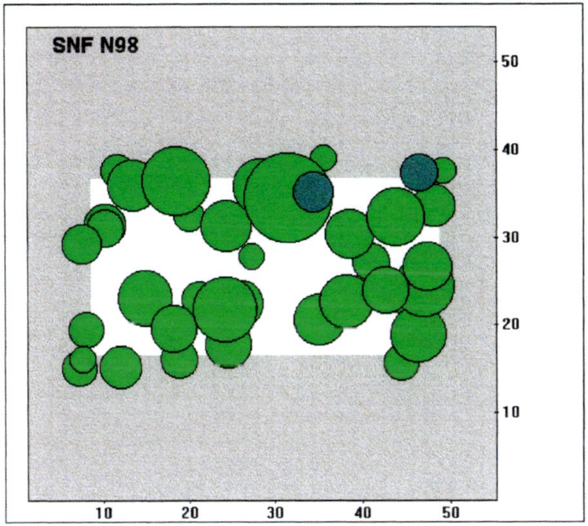

Altbäume

ungleichmäßig verteilt; aus Buche mit einzelnen Fichten; infolge nur spärlich vorhandener Buchen-Unterständer und geringer Kronendachrauhigkeit hallenwaldartiger Charakter; Kronen auffallend lang, aber mit relativ geringer Kronenbreite; aus der Vogelperspektive lichte Bestandespartien erkennbar.

Verjüngung

auf der gesamten Fläche in Warteposition (knapp über 20 cm hoch) und deshalb programmtechnisch nicht darstellbar.

Abb. 4-14: Darstellung des naturnahen Vergleichsstadiums in Schernfeld (SNF N98) in Aufriß und Draufsicht; erstellt mit dem Programm BWIN (geringfügig modifiziert).

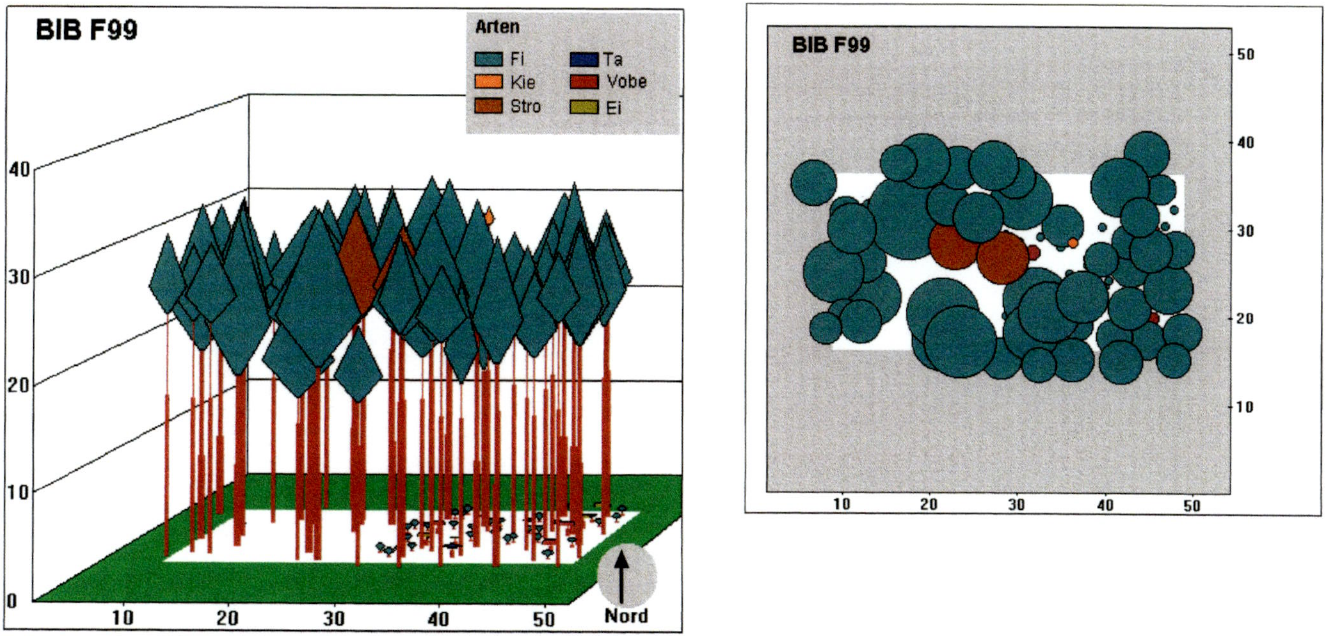

Altbäume

geschlossener Fichtenaltbestand (mit zwei Stroben und einer Kiefer) mit dichteren Partien im Südosten sowie im westlichen und nordwestlichen Teil der Parzelle; Kronen auffallend breit, aber nur ausnahmsweise länger als 1/3 der Gesamtbaumlänge; hohe Kronendachrauhigkeit; einschichtiger Bestandesaufbau.

Verjüngung

in der Höhe noch gering entwickelte Verjüngungsansätze, auf östliche Hälfte der Parzelle begrenzt; Fichte in der Verjüngung dominierend, jedoch zahlreiche, geringfügig höher entwickelte Vogelbeeren (Stieleichen) unter den höchsten Bäumen pro Gitterfeld vertreten.

Abb. 4-15: Darstellung des Fichtenreinbestandes (Nullfläche) in Biburg (BIB F99) in Aufriß und Draufsicht; erstellt mit dem Programm BWIN (geringfügig modifiziert).

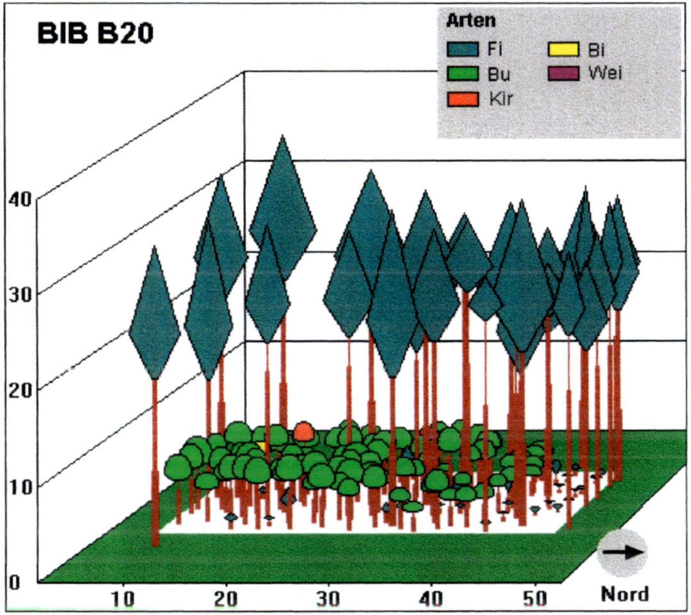

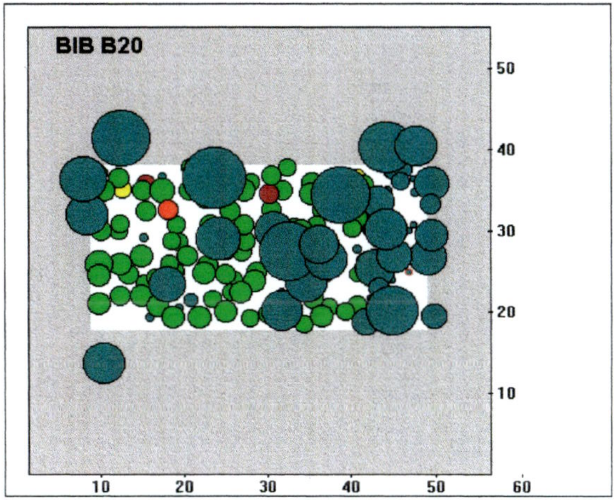

Altbäume

unregelmäßig verteilt; im Kernbereich der Buchengruppe und im südlichen Teil nur noch geringe Überschirmung durch Altfichten (Femelstellung!), am Übergang zur Fichtennaturverjüngung dichter werdender Altholzschirm in Richtung Norden; lange, aber relativ schmal ausgebildete Kronen; hohe Kronendachrauhigkeit.

Verjüngung

Buchengruppe nimmt nahezu die gesamte Parzellenfläche ein und ist höher entwicklelt als auf SNF B20; nach Süden pultdachartige Zunahme der Höhen; mehrere sonst. Laubhölzer unter den höchsten Bäumen pro Gitterfeld; gegenüber z.T. erst spärlich entwickelter Fichtennaturverjüngung (im Norden) haben Laubhölzer einen Wuchsvorsprung von mehreren Metern; einzelne, auch schon höhere Fichten in die Buchengruppe eingemischt; Bestandesaufbau als zweischichtig zu bezeichnen.

Abb. 4-16: Darstellung des 20-jhg. Umbaustadiums in Biburg (BIB B20) in Aufriß und Draufsicht; erstellt mit dem Programm BWIN (geringfügig modifiziert).

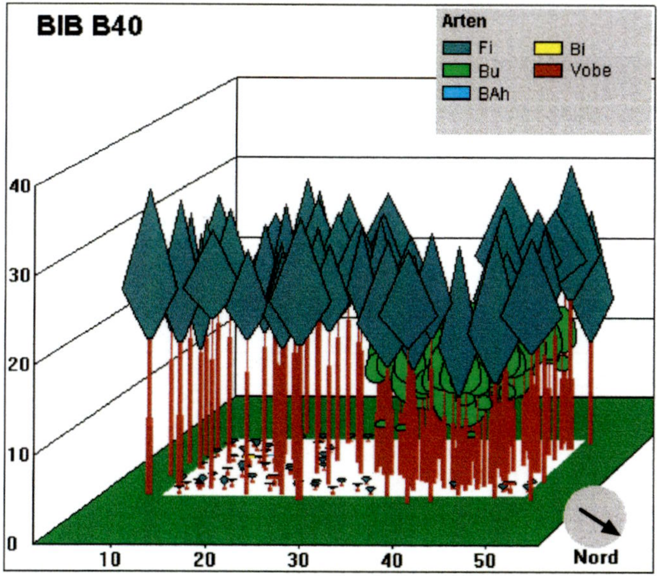

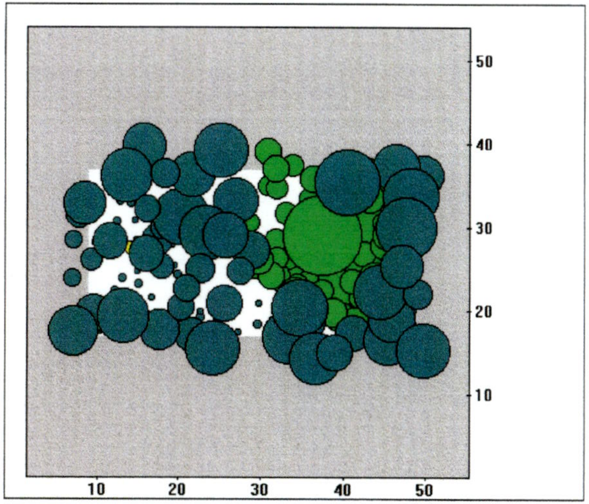

Altbäume

für fortgeschrittenes Umbaustadium überraschend hohe Anzahl von Altfichten; Buchengruppe stark von Altbäumen umfüttert, nur im Kernbereich ohne Überschirmung; Kronenlänge über 1/3 der Gesamtbaumlänge; z.T. sehr breite Kronen, aber mit großer Spreitung; einzelne lichte Partien im Südwesten.

Verjüngung

Buchentrupp in fortgeschrittenem Entwicklungsstadium (Stangenholz); Spitzenhöhen der Buchen bereits über der Hälfte der Bestandesoberhöhe der Altbäume; nur wenige unterständige Buchen; Buchen haben Wuchsvorsprung von ca. 15 m (!) gegenüber der noch sehr niedrigen Fichtennaturverjüngung (mit einzelnen Mischbaumarten) außerhalb der Buchengruppe; hierdurch starke Steilrandausbildung mit Tendenz zu dreischichtigem Bestandesaufbau.

Abb. 4-17: Darstellung des 40-jhg. Umbaustadiums in Biburg (BIB B40) in Aufriß und Draufsicht; erstellt mit dem Programm BWIN (geringfügig modifiziert).

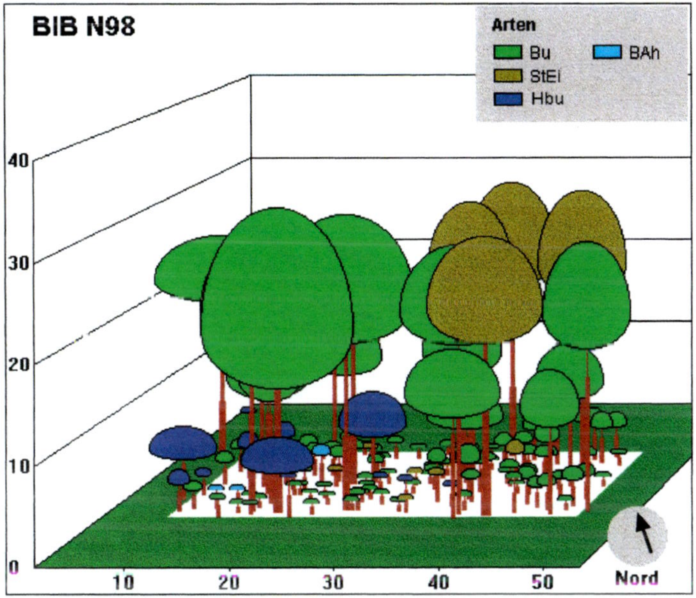

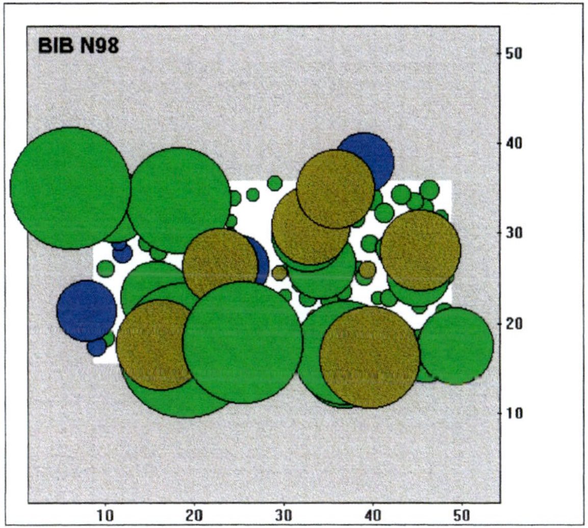

Altbäume

in der Oberschicht aus Buche und Eiche, unregelmäßig über die Fläche verteilt; im Nebenbestand Buche und Hainbuche; Eichen eher mit kurzer Krone; Buchen mit auffallend breit entwickelten Kronen; Variabilität in der Höhenentwicklung; stufiger, mehrschichtiger Bestandesaufbau; einzelne Bestandesücken vorhanden.

Verjüngung

abgesehen von kleinen nicht verjüngten Teilflächen flächige Verjüngung aus Buche (vorwiegend), Stieleiche, Hainbuche und Bergahorn; ausgesprochen stufig aufgebaute Verjüngung, auf der Osthälfte Buche höher entwickelt

Abb. 4-18: Darstellung des naturnahen Vergleichsstadiums in Biburg (BIB N98) in Aufriß und Draufsicht; erstellt mit dem Programm BWIN (geringfügig modifiziert).

4.2.2 Ertragskundliche Kenngrößen der Altbäume

Die auf den Testparzellen vorhandenen Altbäume (älter als ca. 40-jhg. Buchen) sind aufgrund ihrer Dimensionen (Baumhöhe, Kronenausmaße sowie Stammdurchmesser) strukturprägend für das Gesamtsystem und begrenzen dieses nach oben (vgl. SCHMIDT 1991). Mit der Grundfläche, dem Vorrat und der Baumhöhe seien die wichtigsten ertragskundlichen Grunddaten zur Charakterisierung des Altbaumkollektivs als Ausgangslage der Umbaumaßnahmen genannt (ASSMANN 1961, KRAMER & AKCA 1987, s.a. ALBRECHT 1991).

In Tab. 4-3 sind die erhobenen bzw. berechneten ertragskundlichen Parameter der Altbäume für die gesamte Parzelle (Summenwerte) und für charakteristische Mittelstämme zusammengestellt; ergänzend hierzu wurden die parzellenbezogenen Ergebnisse in gängige Hektarwerte transformiert.

Tab. 4-3: Ertragskundliche Kenngrößen der auf den Parzellen stockenden Altbäume

Ertragskundliche Kenngrößen der Altbäume

	Parzelle							
Kenngrößen	**SNF F99**	**BIB F99**	**SNF B20**	**BIB B20**	**SNF B40**	**BIB B40**	**SNF N98**	**BIB N98**
Alter	79	110	108	100	118	105	90	130
Stammzahl								
innerhalb der Parzelle	44	40	25	19	11	33	30	20
einschließlich der Randbäume	60	52	31	30	22	49	41	25
Stammzahl/ha	***550***	***500***	***313***	***238***	***138***	***413***	***375***	***250***
Durchmesser/Grundfläche								
Durchmesser D(g)	34,6	39,4	42,6	47,0	46,1	42,4	27,6	41,5
Durchmesser D (100)	44,5	52,2	48,5	55,8	49,5	51,1	35,1	45,3
Grundfläche Parzelle (m^2)	4,1	5,1	3,6	3,3	1,8	4,7	1,8	3,0
Grundfläche/ha (m^2)	***51,8***	***64,0***	***44,6***	***41,1***	***22,9***	***58,4***	***22,4***	***37,9***
Vorrat								
Vorratsfestmeter m.R./Baum	1,3	1,8	2,1	2,4	2,5	1,9	0,8	2,3
Vorratsfestmeter m.R./Parzelle	59,2	71,8	52,4	46,0	27,3	62,6	23,9	47,0
Vorrat/ha (Vfm m.R.)	***740,1***	***898,1***	***655,4***	***574,4***	***340,9***	***783,0***	***299,1***	***587,2***
Grundflächenanteile								
Fichte	100,0	88,0	100,0	100,0	100,0	100,0	5,7	0,0
Kiefer	0,0	1,8	0,0	0,0	0,0	0,0	0,0	0,0
Strobe	0,0	9,6	0,0	0,0	0,0	0,0	0,0	0,0
Buche	0,0	0,0	0,0	0,0	0,0	0,0	94,3	41,7
Eiche	0,0	0,0	0,0	0,0	0,0	0,0	0,0	54,5
Hainbuche	0,0	0,0	0,0	0,0	0,0	0,0	0,0	3,9
Höhen								
Höhe H (g)	31,5	32,1	33,9	33,0	34,9	31,1	*26,0*	*24,9*
Höhe H (100)	33,6	33,9	34,8	34,8	35,7	32,8	*29,0*	*26,3*
Variabilitätskoeffizient	7,2	7,5	7,3	11,9	8,2	11,1	27,8	34,5

Verwendete Höhen- und Volumenfunktionen (im Anhalt an das Programm BWIN, s. Nagel 1996):
Volumen: Fichte: Bergel 1987; Buche, Hainbuche: Bergel 1973; Eiche: Bergel 1974
Höhen: Fichte: logarithmisch h=b0+b1*ln(d); Buche: Petterson h=1,3+exp(ln(1,0/(b0+b1*(1,0/d)))*3,0)
Abkürzungen: H (100): Höhe der 100 stärksten Bäume/ha; D (100): Durchmesser der 100 stärksten Bäume pro ha; m.R.: mit Rinde; D(g): Durchmesser des Grundflächenmittelstammes,
H (g): Höhe des Grundflächenmittelstammes; Vfm m.R.: Vorratsfestmeter mit Rinde

4.2.2.1 Bestandesalter

Im Testgebiet Schernfeld ist die zeitliche Entwicklungsreihe des Umbaus vom Fichtenreinbestand zum Mischbestand nahezu ideal realisiert: würde man auf der mit 79-jhg. Fichten bestockten Nullfläche (SNF F99) zum jetzigen Zeitpunkt mit dem Buchenvoranbau beginnen, könnte nach 20 Jahren ein Entwicklungsstand erreicht sein, wie er sich zum Aufnahmezeitpunkt auf der Parzelle SNF B20 mit ca. 20-jhg. Buchenvoranbau unter 100-jhg. Fichten dargestellt hat; nach weiteren 20 Jahren ist ein Bestandesbild denkbar, das der Parzelle SNF B40 (39-jhg. Buchen in Vergesellschaftung mit 118-jhg. Fichten) entspricht. Die 90 Jahre alten Bäume der naturnahen Parzelle SNF N98 sind vom Entwicklungsstand wiederum gut mit der Nullfläche vergleichbar.

In Biburg ist die zeitliche Entwicklungsreihe nur bei den 20-jhg. bzw. exakt 42-jhg. Buchen verwirklicht. Die Altfichten der Nullfläche (110-jhg.) und der mit Buchenvoranbau bestockten Umbaustadien (100- bzw. 105-jhg. Altfichten) unterscheiden sich in ihrem Alter nur marginal. Dagegen sind die Altbäume der naturnahen Parzelle (BIB N98) schon 130 Jahre alt.

4.2.2.2 Stammzahlen

Mit fortschreitender Entwicklung der Verjüngung wird die Zahl der Altbäume zunehmend reduziert, indem über den Buchenvorausverjüngungsgruppen entsprechend dem wachsenden Lichtbedarf der Verjüngung (vgl. WALTER 1986, MOSANDL 1996) femelartig nachgelichtet wird. Diese Erkenntnis kann mit der Stammzahlentwicklung auf den Testflächen in Schernfeld gut nachempfunden werden, bei denen die Stammzahl von der Nullfläche (550 Stämme/ha auf SNF F99) zu den Umbauphasen kontinuierlich abnimmt und auf Parzelle SNF B40 (mit 40-jhg. Buchen) bei nur noch 138 Stämmen/ha liegt. Ein ähnlicher Trend ist beim Übergang von der Nullfläche zum 20-jhg. Umbaustadium auch in Biburg zu beobachten; hier nimmt die Stammzahl von 500 Bäumen pro ha auf 238 Bäume pro ha ab. In Anbetracht des integrierten und schon 40 Jahre alten Buchenvoranbaus ist die Stammzahl auf der Parzelle BIB B40 mit 413 Stämmen/ha noch sehr hoch. Bei der Gegenüberstellung der beiden naturnahen Parzellen liegt die Stammzahl im 90-jhg. Bestand in Schernfeld bei 375 Stämmen/ha, in Biburg ist die Anzahl im 130-jhg. Bestand auf 250 Stämme/ha reduziert.

Ein Vergleich der Stammzahlen innerhalb der Parzellengrenzen mit der Anzahl der aufgenommenen Randbäume macht deutlich, daß eine nicht unerhebliche Zahl von Bäumen zwar außerhalb der Parzelle stockt, aber die Parzellengrenze mit der Krone zumindest tangiert. Nicht nur für das gesamte Erscheinungsbild der Testparzelle (s. Bestandesdarstellungen in Kap. 4.2.1) sind die Randbäume aber außerordentlich wichtig, sondern auch für die Struktur- und Konkurrenzverhältnisse innerhalb der Nachfolgebestockung. Relativ hoch ist die Anzahl der Randbäume auf den beiden 40-jhg. Umbauparzellen SNF B40 und BIB B40, wo die Stammfußkoordinaten von 50 bzw. 33% aller aufgenommenen Altbäume außerhalb des Parzellenrandes liegen.

4.2.2.3 Durchmesser und Grundfläche

Der verglichen mit dem Durchmesser des Grundflächenmittelstammes (vgl. Tab. 4-3) von niederdurchforstungsartigen Eingriffen weniger stark berührte Durchmesser der 100 stärksten Bäume pro ha (D100) (vgl. ASSMANN 1961) nimmt von Parzelle SNF F99 (Nullfläche) zu SNF B20 (mit 20-jhg. Buchen) deutlich und von SNF B20 zu SNF B40 (mit 40-jhg. Buchen) nochmals geringfügig zu. Es ist allerdings zu beachten, daß der geringere Durchmesser auf Parzelle SNF F99 in Zusammenhang steht mit dem niedrigeren Durchschnittsalter der erst 79-jhg. Altfichten.

Im Testgebiet Schernfeld ist der Anstieg der mittleren Durchmesser von der Nullfläche zu den Umbauparzellen maßgeblich dafür verantwortlich, daß die errechneten Gesamtgrundflächen in der Entwicklungsreihe von SNF F99 (Nullfläche) bis zu SNF B40 (mit 40-jhg. Buchen) nicht in dem Maße zurückgehen, wie es die starke Abnahme der Stammzahlen erwarten ließe: Die Grundfläche der Nullfläche unterscheidet sich mit 52 m² kaum von derjenigen der 20-jhg. Umbauparzelle mit 45 m². Auf den höchsten Grundflächenwert kommt die Nullfläche (BIB F99) in Biburg mit 64 m². Während das 20-jhg. Umbaustadium (BIB B20) nur noch mit 41 m² bestockt ist und dem Äquivalent in Schernfeld (SNF B20) fast gleicht, fällt der hohe und fast an die Nullfläche heranreichende Wert von 58 m² für die Parzelle BIB B40 aus dem Rahmen. Dieses Ergebnis ist vor allem deshalb erstaunlich, weil auf der von der 40-jhg. Buchengruppe bestockten Teilfläche keine Altfichten vorkommen.

Geradezu gegenläufig verhalten sich Stammzahl- und Grundflächenwerte auf den beiden naturnahen Parzellen: Die relativ geringe Grundfläche von 22 m²/ha der im Mittel 90 Jahre alten Bäume auf SNF N98 verteilt sich auf immerhin 375 Stämme/ha, während die merklich geringere Stammzahl der im Mittel schon 130 Jahre alten Bäume auf BIB N98 (250 Stämme/ha) immerhin noch eine Grundfläche von 38 m² bestockt.

Eng verknüpft mit den Grundflächenwerten sind die Vorratswerte der Parzellen. Die recht hohen Werte der vollbestockten[1] Nullflächen (740 Vfm bzw. 898 Vfm) untermauern die Wuchskraft der Standorte in den beiden Testgebieten. Im Anhalt an den von RÖHLE (1995) neu konstruierten Bonitätsfächer für die Fichte, der den seit 1970 stark erhöhten Zuwachsgängen der Fichte Rechnung trägt, ergeben sich Oberhöhenbonitäten von 38 (38 m Oberhöhe im Alter 100) für SNF F99 bzw. 32 für BIB F99.

Die tatsächliche Vorratsentwicklung der verschiedenen Umbauphasen kann wie folgt zusammengefaßt werden: Sowohl aufgrund des zunehmenden Standraumes (durch femelartige Eingriffe), als auch infolge der unterschiedlichen Bestandesalter steigt der Einzelbaumvorrat im Testgebiet Schernfeld von SNF F99 mit 1,3 Vfm über SNF B20 mit 2,1 Vfm zu SNF B40 mit 2,5 Vfm stark an. Nicht so deutlich zeigt sich dieser Trend bei den verschiedenen Entwicklungsstadien in Biburg. Andererseits steht der Vorratsvergleich hier angesichts des recht engen Altersrahmens aller Altbäume (von 100 Jahren auf BIB B20 bis zu 110 Jahren auf BIB B40) auf einer verläßlicheren Grundlage als in Schernfeld: Während das Einzelbaumvolumen auf BIB B20 mit 2,4 Vfm das der Nullfläche (1,8 Vfm) erheblich übersteigt, dürfte das noch hohe Stammzahlniveau auf BIB B40 der Grund dafür sein, daß der Grundflächenmittelstamm hier kaum massenreicher (1,9 Vfm) als auf der Nullfläche ist.

Als Mittelwert aus sehr stark dimensionierten Oberschichtbäumen und schwach dimensionierten Unter- und Zwischenständern liegt der Vorrat des Einzelbaumes auf der naturnahen Parzelle in Biburg (BIB N98) mit 2,3 Vfm auf hohem Niveau. Demgegenüber bleiben die noch überwiegend schwach dimensionierten und - altersbedingt - noch vor der Phase des Lichtungszuwachses (vgl. BURSCHEL & HUSS 1987) stehenden Buchen auf SNF N98 mit 0,8 Vfm für den Einzelstamm deutlich zurück.

[1] Bezogen auf die für Vollbestockung erforderliche Grundflächenhaltung laut Ertragstafel WIEDEMANN für Fichte (1942, mäßige Durchforstung, in: BAYSTMINELF 1990) sind beide Nullflächen sogar überbestockt (Bestockungsgrad 1,07 für SNF F99 und 1,44 für BIB F99).

4.2.2.4 Grundflächenanteile

Der Flächenanteil einer Baumart kommt im prozentualen Beitrag zur Grundflächensumme aller Derbholzbäume zum Ausdruck. Die gezielte Auswahl von Umbauparzellen, deren Altbäume nahezu ausschließlich Fichten sind, erklärt die einseitige Baumartenzusammensetzung der Umbaustadien mit einem Anteil von 100% Fichte (s. Tab. 4-3). Nur auf Parzelle BIB F99 (Nullfläche) sind den Fichten zwei Stroben und eine Kiefer mit zusammen 12% Grundflächenanteil beigemischt. Die naturnahen Vergleichsvarianten können als Buchenbestand mit geringer Fichtenbeteiligung (SNF N98) bzw. als Eichen-Buchenbestand (BIB N98) beschrieben werden.

4.2.2.5 Höhen- und Kronenkennwerte

Als Ausdruck des alters- und standortsabhängigen Leistungspotentials ergeben sich die in Tab. 4-3 aufgeführten Höhenwerte für den Grundflächenmittelstamm und für den Stamm der 100 höchsten Bäume/ha (H 100). Analog zur Durchmesser- und Vorratsentwicklung nimmt auch die Höhe H 100 im Testgebiet Schernfeld mit fortgeschrittenem Umbaustadium zu, von 33,6 m auf SNF F99 (Nullfläche) bis zu 35,7 m auf SNF B40 (mit 40-jhg. Buche). Nicht zu dem in Biburg ähnlich verlaufenden Trend paßt das 40-jhg. Umbaustadium (BIB B40). Obwohl Ausgangsbestand (BIB F99) und Umbaustadien auf der gleichen Standortseinheit stocken, ist zu mutmaßen, daß die auf BIB B40 beobachtete geringere Oberhöhe (32,8 m gegenüber 34,8 m auf BIB B20 und 33,9 m auf BIB F99) daraus resultiert, daß die hier in Oberhanglage stockenden Altfichten weniger wachstumsstimulierendes Hangzugwasser erhalten als die Bäume der am Unterhang liegenden Parzellen BIB B20 und BIB B40. Die Oberhöhenbonitierung nach RÖHLE (1995) widerspricht diesem Gedanken jedoch: für die Parzellen BIB F99 und BIB B40 errechnet sich der gemeinsame Wert von 32, wohingegen die Oberhöhenbonität der Parzelle BIB B20 bei 35 liegt.

Für die Vitalität des Einzelbaumes ist neben der - über die Baumhöhe determinierten - soziologischen Stellung vor allem die Ausbildung der Baumkrone bestimmend. Darüber hinaus ergänzt die Kronenausbildung die auf der Grundlage der h/d-Werte getroffenen Feststellungen zur Stabilität der Bestände (s. BURSCHEL 1987). Anhand der Parameter Kronendurchmesser und Kronenlänge kann der Assimilationsapparat hinreichend genau charakterisiert werden. Innerhalb eines Testgebietes kann verglichen werden, in welchem Ausmaß sich die Stammzahlreduktion bei den Altbäumen in veränderten Kronenwerten niederschlägt.

Den zur Darstellung der Kronenvariabilität besonders geeigneten Boxplots (PREUHSLER 1991) in Abb. 4-19 (zur Erläuterung s. Abbildungsunterschrift) ist zu entnehmen, daß die Altfichten auf SNF F99 (Nullfläche) einen erheblich geringeren Durchmesser aufweisen als jene der beiden Umbaustadien im Testgebiet Schernfeld (SNF B20 und SNF B40). Letztere unterscheiden sich kaum in der Kronenbreite: sie ist auf SNF B20 insgesamt etwas variabler (breitere boxes) und größer als auf SNF B40. Im Gegensatz zu dieser Beobachtung haben die Altfichten der 40-jhg Umbauphase (SNF B40) mit Bekronungsprozenten von über 45 im Mittel die längsten Kronen im Testgebiet Schernfeld. Mögen die Ergebnisse für die Kronenbreite recht plausibel erscheinen, so kann die Beobachtung, daß die Kronen auf SNF B20 (mit 20-jhg. Buche) kürzer ausgebildet sind als auf der dichter bestockten Nullfläche (SNF F99) damit nicht in Einklang gebracht werden.

Im Testgebiet Biburg fällt auf, daß die mittleren Kronendurchmesser der mit Fichten bestockten Parzellen kaum voneinander abweichen und bei etwa 5 m liegen; deutlich wird aber, daß die Kronenbreite auf BIB B40 (mit 40-jhg. Buchen) jene der anderen Parzellen in der Variabilität übertrifft.

Die Kronenlänge lehnt sich dagegen an das erwartete Muster an: einem Bekronungsprozent von etwa 40 für die Altbäume der beiden Umbauparzellen (BIB B20 und BIB B40) steht ein solches von knapp 35 auf der Nullfläche (BIB F99) gegenüber. Damit manifestiert sich der größere Standraum, den die Altfichten infolge der Femelstellung innerhalb des 20-jhg. bzw. 40-jhg. Umbaustadiums erhalten haben in Kronen, die im Mittel tiefer am Stamm ansetzen als auf der Nullfläche. In Anbetracht der baumartenbezogenen Unterschiede in der Kronentextur ist ein Vergleich mit den naturnahen Parzellen hier nicht zielführend. Die entsprechenden Kennwerte können aus den Abb. 4-19 und Abb. 4-20 abgegriffen werden. Hervorgehoben werden sollen die außerordentlich breitkronigen Bäume der naturnahen Parzelle in Biburg (BIB N98).

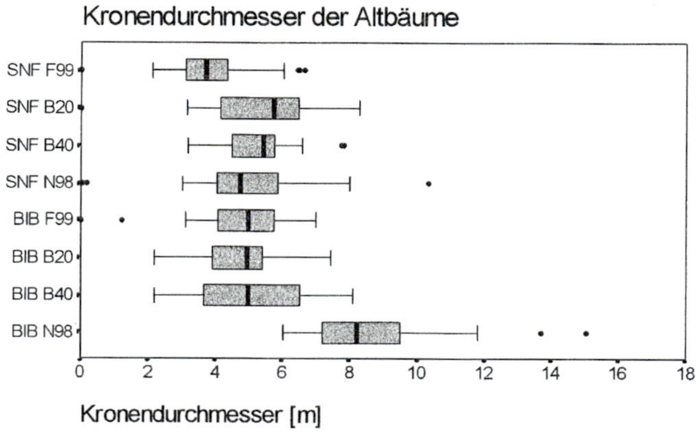

Abb. 4-19: Statistische Kennwerte für den Kronendurchmesser der Altbäume innerhalb der Testparzellen. Die Boxplotdarstellung stellt neben dem Median (senkrechter schwarzer Strich innerhalb der Box) das 1. und 3. Quartil (Ausdehnung der Box) sowie die Spannweite („whiskers") dar. Mit Punkten bzw. Sternchen sind Ausreißer 1. Ordnung bzw. 2. Ordnung bezeichnet (vgl. PREUHSLER 1991, LOZÁN 1992, SCHMITT 1994).

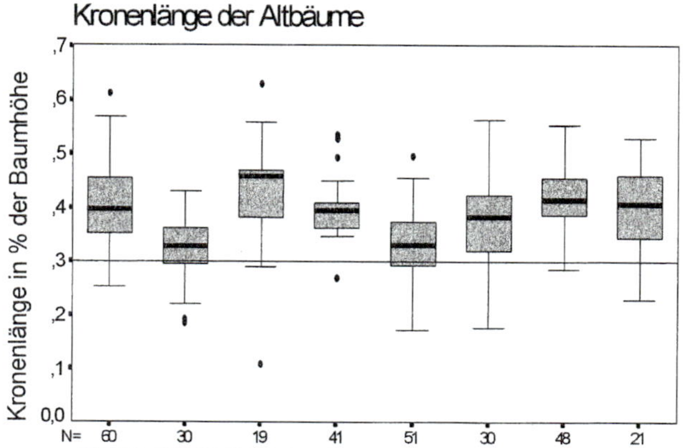

Abb. 4-20: Boxplot für die Kronenlängen der Altbäume innerhalb der Testparzellen (zur Erläuterung der Kennwerte vgl. Abb. 4-19); bei einem Bekronungsprozent von 30 (als grober Anhalt für den Übergang von labilen zu stabilen Verhältnissen; s. HAUGG 1994) wurde eine waagerechte Referenzlinie eingezeichnet; mit aufgeführt ist die Stichprobengröße (=N).

4.2.2.6 Beschirmungsgrade

Abgesehen von der Konkurrenz durch Bodenvegetation und kleinstandörtlichen Unterschieden werden die Entwicklungsbedingungen der Verjüngung in entscheidendem Maße vom Licht als wichtigstem Umweltfaktor für die im Wald ablaufenden Prozesse beeinflußt (z.B. FEDERER & TANNER 1966, DIERSCHKE 1982, THOMASIUS 1992, OTTO 1994). Auf den Umbauparzellen hängt der Lichtgenuß der Verjüngungspflanzen vom Grad der Überschirmung durch die Altbäume ab. (vgl. JOHANN 1970, SCHMIDT-VOGT 1972). Aus der Summenbildung der durch die Einzelbäume hervorgerufenen Horizontalüberschirmungen[2] resultiert die Gesamtüberschirmung der Parzelle. Dank eines speziell für die Ermittlung der Kronenüberschirmung entwickelten Programms (PRETZSCH 1989) konnte nicht nur der Gesamtbeschirmungsgrad ausgegeben werden, sondern es ließen sich auch die 1-fach, 2-fach, 3-fach sowie 4- und mehrfach überschirmten Flächenanteile der Parzellenfläche berechnen (s. Tab. 4-4).

Analog der Stammzahl- und Grundflächenentwicklung nimmt auch der Beschirmungsgrad in Schernfeld von der Nullfläche (SNF F99) zu den Umbaustadien mit Buchenvoranbau (SNF B20 und SNF B40) hin ab, wobei die Gesamtüberschirmung des 20-jhg. Umbaustadiums nur wenig unter dem Niveau der Nullfläche liegt. Eine ähnliche Aussage liefert der Quervergleich der Parzellen BIB F99 (Nullfläche) und BIB B40 (mit 40-jhg. Buche), welche auch einen nennenswerten Anteil an 2-fach überschirmter Fläche vorweisen können. Gegenüber der auf diesen Flächen noch relativ hohen Gesamtüberschirmungen (72,4% und 64,3%) schirmen die Kronen der Altbäume auf der Fläche BIB B20 nur noch 45% der Testfläche ab.

Tab. 4-4: Quantifizierung des 1-fach, 2-fach, 3-fach sowie mehrfach überschirmten Flächenanteils der Testparzellen durch die Altbäume; der Variabilitätskoeffizient resultiert für jede Parzelle aus den Einzelüberschirmungen der 2,5 m x 2,5 m großen Verjüngungsfelder (n=128).

Kronenüberschirmung durch die Altbäume

	Parzellen							
Überschirmung	**SNF F99**	**BIB F99**	**SNF B20**	**BIB B20**	**SNF B40**	**BIB B40**	**SNF N98**	**BIB N98**
1-fach	55,7	53,4	43,1	40,3	31,3	50,8	50,3	35,4
2-fach	4,8	17,2	7,6	4,9	2,7	12,2	14,3	35,1
3-fach	0,1	1,8	3,5	0,0	0,0	1,2	1,5	15,2
>=4-fach	0,0	0,0	0,6	0,0	0,0	0,0	0,1	0,8
Gesamt (>=1-fach)	**60,7**	**72,4**	**54,8**	**45,2**	**33,9**	**64,3**	**66,3**	**86,4**
Variabilitätskoeffizient	48,3	44,4	73,3	90,9	118,6	55,9	54,4	31,6

In beträchtlichem Umfang tragen 2-fach überschirmte Teilflächen auf der naturnahen Parzelle in Biburg (BIB N98) zur Gesamtbeschirmung bei. Sogar dreifach überschirmte Teilflächen sind nicht selten. Weitaus weniger häufig trifft man auf derartige Kronenüberlappungen im naturnahen Vergleichstadium in Schernfeld (SNF N98), wie auch insgesamt allen übrigen Parzellen gemeinsam ist, daß 2-fach überschirmte Bestandesflächen in deutlich geringerem Ausmaß vorkommen als 1-fach überschirmte.

Die bisher vorgenommenen Quervergleiche in bezug auf die Baumhöhe, auf ausgewählte Kronenparameter und auf den Beschirmungsgrad basierten in erster Linie auf charakteristischen Mittelwerten und erlaubten einen guten Überblick über parzellenweise Unterschiede. In Mittelwerten kommt aber weder die Variabilität der Einzelwerte zum Vorschein, noch ist damit die teilflächenbezogene Diversität bestimmter Parameter erfaßbar.

[2] Zur Anwendung kam die zwar mit Unsicherheiten behaftete, aber bei einmaligen Zustandsaufnahmen oft übliche und vertretbare Tangential-Hochblick-Methode von PREUHSLER (in RÖHLE & HUBER 1985 und RÖHLE 1995), wobei die für die Erstellung der Kronenkarten (im Anhang) herangezogenen Spline-Funktionen auf acht, in den verschiedenen Himmelsrichtungen gemessene Kronenradien zugreifen konnten.

Die Variabilität des durch die Altbaumkomponente hervorgerufenen Beschirmungsgrades, beurteilt anhand des aus den Einzelüberschirmungen der jeweils 128 Verjüngungsfelder abgeleiteten Variabilitätskoeffizienten, ist ein hervorragendes Maß zur Quantifizierung kleinräumig wechselnder Überschirmungen auf der Testparzelle. Je höher der Koeffizient, desto lebhafter ist nicht nur der „Wandel zwischen sonnigen und schattigen Stellen" (OTTO 1994), sondern um so günstiger sind auch die Verhältnisse hinsichtlich eines heterogenen Aufbaus der Nachfolgebestockung. Die aus Tab. 4-4 für die Nullflächen (SNF F99 und BIB F99) zu entnehmenden Werte liegen klar unter den Koeffizienten für die 20-jhg. und 40-jhg. Umbaustadien. Ein ausgesprochen heterogen aufgebautes Kronenmuster ist danach auf den Parzellen BIB B20 und SNF B40 festzustellen. Die geringsten Unterschiede zu den Nullflächen zeigen die Parzellen BIB B40 und SNF N98. Der relativ niedrige Koeffizient von 31,6 für die naturnahe Parzelle in Biburg verweist auf weniger Abwechslung in der horizontalen Überschirmung der Verjüngungsfelder.

Der von den Altbäumen zu leistende Beitrag zu einer möglichst vielfältigen Raumstruktur äußert sich neben räumlich wechselnden Beschirmungsgraden vor allem in der Kronendachrauhigkeit. Die z.T. bereits beschriebene und in den Boxplots der Abb. 4-19 und Abb. 4-20 erscheinende Variabilität einzelner Kronenparameter stellt bereits einen Teil der Kronendachrauhigkeit dar.

Bedeutend wichtiger sind jedoch die auf einer Testfläche beobachteten Unterschiede in den Baumhöhen. Ergänzend zu den Baumhöhenmittelwerten wurden hierzu in Tab. 4-3 auch die Variabilitätskoeffizienten der Baumhöheneinzelwerte errechnet.

Danach sind in Schernfeld zwischen der Nullfläche und den Testflächen mit Buchenvoranbau keine offensichtlichen Unterschiede in der Variabilität der Baumhöhen gegeben; völlig konträr dazu können 20-jhg. und 40-jhg. Umbaustadium in Biburg mit Werten über 11 eine ausgeprägt höhere Kronendachrauhigkeit verbuchen, als sie die Nullfläche (BIB F99) bietet. Keineswegs überraschend ist die sehr hohe Kronendachrauhigkeit der Parzellen SNF N98 und BIB N98, wenn man bedenkt, daß in den Werten auch der Nebenbestand enthalten ist.

In Hinsicht auf die Variabilitätskoeffizienten der 40-jhg. Umbauparzellen (SNF B40 und BIB B40) ist aber fraglos zu diskutieren, ob die tatsächlich gegebene Kronendachrauhigkeit nicht erst dann gebührend gewürdigt ist, wenn die Baumhöhen auch der 40-jhg. Buchen in den Rechengang einfließen. Diese zweite Rechenvariante zur Ermittlung der Kronendachrauhigkeit führt zu extrem hohen Werten von 41,8 für SNF B40 und 61,6 für BIB B40. Obgleich der zwischen der Höhenoberkante der 40-jhg. Buchen und den z.T. mehr als 15 m höheren Altfichten vorhandene Steilrand für viele Tierarten ein unüberbrückbares Hindernis darstellen dürfte (vgl. VOLK 1984), ist durchaus vorstellbar, daß die sehr mobile Avifauna auf solche Veränderungen in der vertikalen Struktur positiv reagiert (UTSCHICK 1990, s.a. ZUKRIGL, zit. n. SCHERZINGER 1996).

4.2.2.7 Der h/d-Wert als Stabilitätsmaß

Als Maßzahl für die Stabilität des Altbaumkollektivs wurde der h/d-Wert herangezogen. Mit Hilfe der in Abb. 4-21 verwendeten Boxplots lassen sich nicht nur parzellenweise Unterschiede im h/d-Wert aufdecken, sondern anhand des Spektrums aller vorkommenden h/d-Werte ist auch eine Abschätzung der besonders aussagekräftigen kollektiven Stabilität (s. PREUHSLER 1981) des jeweiligen Bestandesausschnittes möglich.

Während die Fichten der Nullfläche in Schernfeld mit einem Median von 90 überwiegend als instabil (mit Tendenz zu „sehr instabil") im Sinne der Definition von BURSCHEL & HUSS (1987) zu bezeichnen sind, liegen die entsprechenden Werte für die Parzellen SNF B20 (mit 20-jhg. Buche) und SNF B40 (mit 40-jhg. Buche) unter 80 und damit in einem Bereich, der auf stabile Verhältnisse verweist. Auch die rechte Boxgrenze (3. Quartil) verläßt diese Marke hier kaum. Nur wenige Altfichten auf SNF B20 müssen danach als instabil bezeichnet werden, ohne daß deren Werte jenseits von 100 liegen. Anlaß zur Sorge geben dagegen die extrem hohen Werte (Extremwerte sind durch Punkte bzw. Sterne kenntlich gemacht) einzelner Altfichten auf der Nullfläche deshalb, weil sich hier Ansatzpunkte für Sturmwürfe ergeben könnten.

Als überwiegend instabil bis sehr instabil wären die Verhältnisse auf SNF N98 anzusprechen, allerdings mit der Einschränkung, daß die tiefwurzelnde Buche auch bei höheren h/d-Werten (über 80) oft noch ausreichend stabil ist. „Stabile" Werte haben die Eichen und Buchen (Hainbuchen) auf Parzelle BIB N98, wo selbst die rechte Boxgrenze die bei 80 eingezeichnete Referenzlinie nicht erreicht. Die linke Boxgrenze kommt an einen Stabilitätsindex heran, wie man ihn bei der Fichte nur von Solitärbäumen kennt (vgl. BURSCHEL & HUSS 1987).

In Biburg fällt der Befund für die Entwicklungsreihe der Umbaustadien ähnlich aus wie in Schernfeld: Die annähernd identischen Mittelwerten knapp unter 80 (76 in BIB B20 und 75 in BIB B40) für die Altbäume im Bereich der Umbauphasen mit Buchenvoranbau untermauern die ausreichende Standfestigkeit des Bestandesausschnittes. Zusätzliches Gewicht erfährt diese Aussage durch die noch unter den Mittelwerten liegenden Mediane (s. Abb. 4-21). In bezug auf die ermittelten Indexwerte schneiden die Altbäume auf der Nullfläche in Biburg (BIB F99) zwar etwas besser ab als beim Äquivalent in Schernfeld (SNF F99), liegen jedoch mit einem Mittelwert von 85 noch klar im instabilen Bereich.

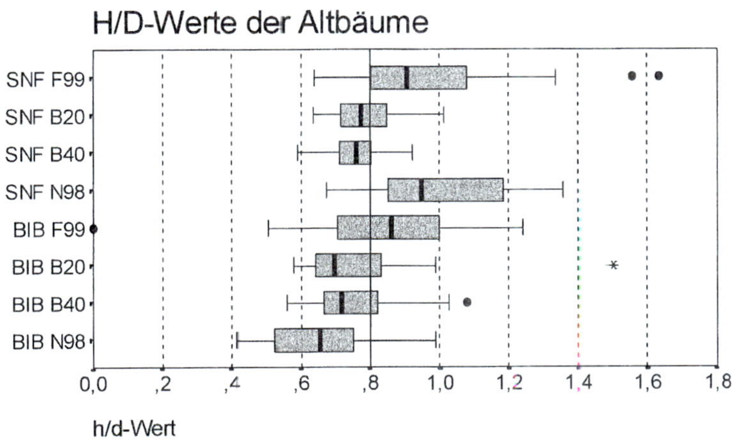

Abb. 4-21: h/d-Werte (in m/cm) der Altbäume für die verschiedenen Testparzellen, dargestellt als Boxplots; die dunkle, senkrechte Linie innerhalb der Box bezeichnet den Median, die Boxgrenzen reichen vom 1. bis zum 3. Quartil der Meßwerte, der Rahmen außerhalb der Box gibt die Spannweite an; mit Punkten bzw. Sternen sind Ausreißer 1. und 2. Ordnung gekennzeichnet; die senkrechte Referenzlinie bei einem h/d-Wert von 0,8 grenzt den stabilen (<0,8) vom labilen (>0,8) Bereich ab. Der Wert 0,8 (m/cm) entspricht dem gängigen h/d-Wert von 80.

Ungeachtet der gesondert zu beurteilenden naturnahen Parzellen darf aus den Untersuchungsergebnissen der Schluß gezogen werden, daß die Altbäume im Bereich der mit Buchenvoranbau bestockten Umbauentwicklungsphasen aufgrund der günstigen h/d-Werte (<80) als ausreichend stabil einzuschätzen sind; indessen liegt der überwiegende Teil der Altbäume der beiden Nullflächen außerhalb des stabilen Bereiches, womit Einbußen im kollektiven Stützgerüst zu erwarten sind.

4.2.3 Horizontale und vertikale Raumstruktur

Im Rahmen der waldkundlichen Analyse von Umbaumaßnahmen standen Parameter der horizontalen und vertikalen Raumstruktur im Mittelpunkt. Je vielfältiger sich ein Waldbestand in der Artenzusammensetzung und in der horizontalen und vertikalen Raumstruktur präsentiert, um so weniger geeignet sind Bestandessummen- oder -mittelwerte zur Charakterisierung des strukturellen Aufbaus. Dagegen gewinnen Einzeldarstellungen und Kenngrößen, mit denen die Variabilität im Bestockungsaufbau zum Ausdruck gebracht wird zunehmend an Bedeutung. Im folgenden werden die Ergebnisse zu den einzelnen Strukturparametern vorgestellt.

4.2.3.1 Verteilung von Altbäumen und 40-jhg. Buchen

Erste Einblicke in die Verteilung der Altbäume und der 40-jhg. Buchen ergaben sich bereits aus den Bestandesaufrissen und -draufsichten (s. Abb. 4-11 bis Abb. 4-18). Anhand der nach soziologischen Schichten stratifizierten Indexwerte (modifizierter Index nach CLARK & EVANS (1954)) kann die Verteilung der Derbholzbäume mathematisch überprüft werden (Abb. 4-22).

Mit Werten um 1,0 und knapp darüber sind die Bäume der Oberschicht auf den Nullflächen (SNF F99 und BIB F99) und auf der naturnahen Parzelle in Biburg (BIB N98) mehr oder weniger zufällig verteilt. Verglichen damit zeigt die Oberschicht der 20-jhg. Umbauphase in Biburg (BIB B20) eine schwache Tendenz zur Klumpung, womit sich die räumlich differenzierte Entnahme der Altfichten mit dem Ziel, einen Lichtschacht über den Buchengruppen zu schaffen, dokumentiert.

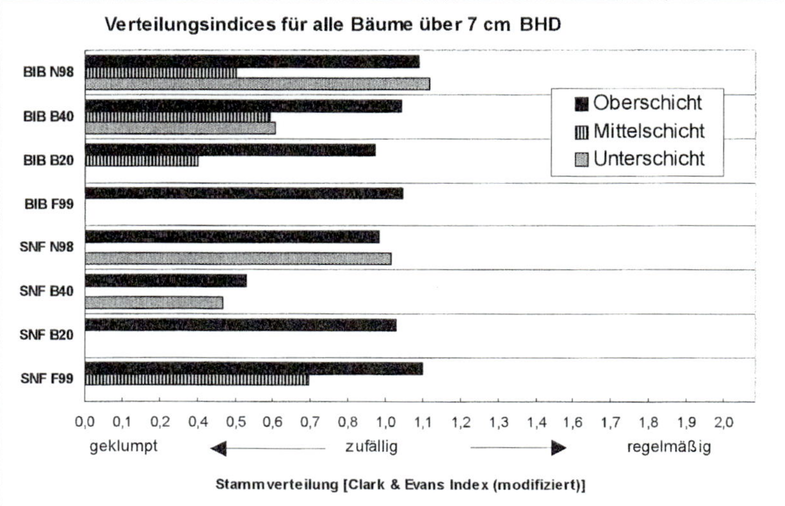

Abb. 4-22: Verteilungsindizes (nach CLARK & EVANS (1954), modifiziert) für die Altbäume und für 40-jhg. Buchen, differenziert nach Parzellen und soziologischen Schichten; berücksichtigt wurden innerhalb der Parzellengrenze gelegene Bäume.

In ausgeprägtem Maße geklumpt verteilt präsentieren sich die Altbäume des 40-jhg. Umbaustadiums in Schernfeld, deren Abstand zum jeweils nächsten Nachbarn im Mittel nur noch halb so groß ist wie bei zufälliger Verteilung; auf diesen Testflächen konzentrieren sich die Altfichten auf die nicht von 40-jhg. Buchen bestockte Bestandeshälfte. Dagegen überraschen die fast exakt einer zufälligen Poissonverteilung entsprechenden Werte für die Oberschicht auf der 20-jhg. Umbauparzelle in Schernfeld (SNF B20) und auf der 40-jhg. Umbauparzelle in Biburg (BIB B40): In Biburg dürfte hierfür die insgesamt hohe Anzahl von Altbäumen ausschlaggebend sein. In Schernfeld läßt die über der Buchengruppe bisher nur in geringem Umfang erfolgte Nachlichtung, die in der Draufsicht mehr den Anschein eines schirm- statt femelschlagartigen Eingriffs hat (vgl. Abb. 4-14), keinen von einer zufälligen Verteilung abweichenden Wert entstehen.

Innerhalb der Mittelschicht der 40-jhg. Umbauphasen finden sich ausschließlich die etwa 40-jhg. Buchen wieder, deren räumlich konzentrierte und in Truppgröße erfolgte Einbringung auf den Parzellen SNF B40 und BIB B40 in Indexwerten für die Mittel- bzw. Unterschicht hervortritt, die zwischen 0,44 und 0,61 liegen und damit die starke Aggregation numerisch unter Beweis stellen.

Ausgehend von einem Wert von 1,0 für zufällig verteilte Bäume liegen die Indizes für Ober- und Unterschicht auf der naturnahen Parzelle in Schernfeld (SNF N98) etwa genauso weit unterhalb des angegebenen Richtwertes (Tendenz zur Klumpung) wie die Werte für die naturnahe Parzelle in Biburg (BIB N98) darüber liegen (Tendenz zur Regelmäßigkeit). Dort sind lediglich die wenigen Bäume aus der Mittelschicht aggregiert verteilt.

4.2.3.2 Verjüngungsstruktur

<u>Artenvielfalt der Gehölzkomponente</u>

Die Artenvielfalt der Gehölzkomponente eines Waldbestandes resultiert aus der Anzahl und Häufigkeit der vorkommenden Einzelarten. Aufgrund der Prämisse, daß den Altfichten im Bereich der Umbauphasen lediglich einzelne Bäume anderer Nadelholzarten beigemischt sein durften, tendiert die Artenvielfalt unter den Altbäumen gegen Null. Auf der anderen Seite würde aber die Artenvielfalt unter den Gehölzen der Vorausverjüngung nur marginal ansteigen, wenn - wie nicht selten geplant (s. PALMER 1996) - ausschließlich Buche als Beimischung zur natürlich sich einstellenden Fichte eingebracht wird.

Die tatsächliche Baumartenzusammensetzung der Verjüngungsschicht (einschließlich der 40-jhg. Buchen) auf den Umbauparzellen zeigt demgegenüber ein anderes, für die geringe Größe (0,08 ha) der Testparzellen erstaunliches Ergebnis (s. Tab. 4-5).

Auf sämtlichen acht Parzellen sind mindestens vier verschiedene Baumarten vertreten, wobei es sich stets um eine Mischung aus Nadel- und Laubhölzern handelt. Bemerkenswert ist die Beteiligung von jeweils zwei Nadel- und Laubholzarten auf den Nullflächen, wo bisher keine künstlicher Verjüngungsmaßnahmen erfolgten.

Obgleich nachweisbar ist, daß im Bereich der 20-jhg- und 40-jhg. Umbaustadien in Biburg und in Schernfeld nur Buche und Tanne künstlich eingebracht wurden (KRIEBEL, mdl. Mitt. und MEMMINGER, mdl. Mitt.), kommen z.B. auf der Parzelle SNF B20 insgesamt acht verschiedene Baumarten vor. Der in der Reihenfolge mit 7 Baumarten folgenden naturnahen Parzelle in Schernfeld (SNF N98) stehen das 20-jhg. und das 40-jhg. Umbaustadium in Biburg (BIB B20 und BIB B40) mit je 6 Gehölzarten kaum nach. Jeweils vier verschiedene Nadel- bzw. Laubholzarten sind auf den beiden Nullflächen sowie auf den Parzellen SNF B40 (mit 40-jhg. Buche) und BIB N98 (naturnahes Vergleichsstadium) vorhanden.

Die gegenüber den Altbeständen z.T. deutlich erhöhte Artenzahl darf jedoch nicht allein als Maß zur Quantifizierung der Artendiversität herangezogen werden, weil hier die relativen Arthäufigkeiten außer acht bleiben. Daher quantifizieren SHANNON & WEAVER (n. FÜLDNER 1994) die Artendiversität mit einem Index, der sich aus einer Kombination von Artenzahlen und den jeweiligen Abundanzen der Arten errechnet, womit die häufig nicht vorhandene Gleichverteilung der Arten berücksichtigt wird (vgl. AMMER 1996); die in Tab. 4-5 aufgelisteten Stammzahlen beweisen denn auch, daß deren Häufigkeiten erheblich differieren und daher bei Diversitätsüberlegungen zwingend einkalkuliert werden müssen.

Obschon aus der Bestandesdarstellung eindeutig hervorgeht, daß die Buche in den 20-jhg. Umbaustadien die Parzellenfläche dominiert, ist sie stammzahlmäßig geringer vertreten als die Fichte. Noch augenfälliger wird der Unterschied, wenn man sich den 40-jhg. Umbaustadien zuwendet, bei denen die Buchen - höhenüberlegen und in der Bestandesdarstellung gut 1/3 der Parzellenfläche beherrschend (s. Abb. 4-13 und Abb. 4-17) - nicht einmal 10% der Fichtenstammzahl erzielen.

Insgesamt verdeutlicht das Ergebnis das starke Mißverhältnis zwischen den hohen Stammzahlen der Fichtennaturverjüngung und den vergleichsweise geringen Stammzahlen der künstlich begründeten Buche bzw. des natürlich angekommenen sonst. Laubholzes.

Tab. 4-5: Stammzahlen für die verschiedenen Baumarten innerhalb der Verjüngungskomponente (>20 cm Höhe und nicht älter als 40 Jahre); die zwei häufigsten Baumarten einer Parzelle sind jeweils fett gedruckt; neben der Anzahl vertretener Baumarten ist als Maß für die Artendiversität der Shannon-Index für jede Parzelle errechnet worden.

Stammzahlen und Artendiversität innerhalb der Verjüngung

	Parzellen							
Baumarten	**SNF F99**	**BIB F99**	**SNF B20**	**BIB B20**	**SNF B40**	**BIB B40**	**SNF N98**	**BIB N98**
Fichte	**1337**	**123**	**810**	**909**	**817**	**1003**	0	0
Tanne	1	1	4	18	1	0	0	0
Buche	1	0	**534**	**276**	**64**	**65**	**217**	**935**
Hainbuche	0	0	0	0	0	0	9	16
Bergahorn	0	0	1	0	0	2	1	15
Feldahorn	0	0	0	0	0	0	**25**	0
Kirsche	0	0	3	2	0	0	2	0
Stieleiche	0	6	5	0	4	2	12	**23**
Roteiche	0	0	1	0	0	0	0	0
Birke	0	0	0	3	0	2	0	0
Vogelbeere	**2**	**17**	1	0	0	3	2	0
Weide	0	0	0	3	0	0	0	0
Nadelholz	***1338***	***124***	***814***	***927***	***818***	***1003***	***0***	***0***
Laubholz	***3***	***23***	***545***	***284***	***68***	***74***	***268***	***989***
Anzahl Baumarten	**4**	**4**	**8**	**6**	**4**	**6**	**7**	**4**
Shannon-Index	**0,01**	**0,56**	**0,74**	**0,66**	**0,30**	**0,29**	**0,74**	**0,27**
Stammzahl Parzelle	1341	147	1359	1211	886	1077	268	989
Stammzahl/ha	***16763***	***1838***	***16988***	***15138***	***11075***	***13463***	***3350***	***12363***

Wie bereits angeklungen ist, beeinflussen die hohen Stammzahlen der Fichte den Diversitätsindex maßgeblich: Immerhin finden sich in der Verjüngung der Nullfläche in Schernfeld (SNF F99) neben der Fichte noch Tanne und zwei Laubholzarten ein, was sich aber im Diversitätsindex nicht positiv ausdrückt. Mit 0,01 weicht der Wert hier kaum vom Nullwert für den reinen Fichtenaltbestand ab. Einen guten Kontrast bieten die Verhältnisse auf der Nullfläche in Biburg (BIB F99), wo das Stammzahlverhältnis der vier Baumarten wesentlich ausgewogener ist. Dies manifestiert sich in einem Indexwert, der mit 0,56 sogar den Vergleichswert für das 40-jhg. Umbaustadium übertrifft und so auf eine höhere Artendiversität verweist. Die Gesamtartenzahl liegt demgegenüber auf einem vergleichbaren Niveau.

Die höchste Artendiversität errechnet sich für die 20-jhg. Umbauphasen und die naturnahe Parzelle in Schernfeld. Beachtliche Artenzahlen (zwischen 6 und 8) und weniger starke Diskrepanzen bei den Stammzahlhäufigkeiten als auf anderen Parzellen sind ursächlich für die höheren Indexwerte.

Der auffallend niedrige Diversitätsindex der Parzelle BIB N98 (naturnahes Stadium) ist mit zurückzuführen auf das starke zahlenmäßige Übergewicht der Buchennaturverjüngung.

Verteilungsindizes für die Verjüngung

Die horizontale Struktur der Verjüngungskomponente wird neben der Baumartenzusammensetzung maßgeblich durch die Baumartenverteilung bestimmt.

Für die einzelnen Baumartengruppen und für verschiedene Gitterfeldgrößen wurden Dispersionskoeffizienten berechnet, die anschließend auf statistisch signifikante Abweichungen von einer zufälligen Verteilung (Poisson-Verteilung) überprüft wurden (s. Tab. 4-6).

Die Koeffizienten für die gesamte Verjüngung wurden für die Gitterfeldgrößen mit 2,5 m und 5 m Seitenlänge grafisch dargestellt (s. Abb 4-22). Je weiter der Balken nach rechts ausschlägt, um so stärker ist die Verjüngung geklumpt verteilt.

Tab. 4-6: Dispersionskoeffizienten nach COX (n. PRETZSCH, mdl. Mitt.) für die Verteilung der Verjüngungsbäume auf den Testparzellen; für verschiedene Baumartengruppen und Feldgrößen wurde die Abweichung gegenüber einer zufälligen Verteilung anhand der Chi²-Teststatistik (LOZÁN 1992) auf statistische Signifikanz überprüft: ***hoch signifikant (p<0,1%), **signifikant (p<1%), *schwach signifikant (p<5%), ohne Stern: nicht signifikant; Zahlen in eckigen Klammern wurden angesichts der geringen Stichprobe (n<4) nicht mit der Chi^2-Verteilung verprobt.

Dispersionskoeffizienten für die Verjüngung

Parzelle	Feldgröße	Baumartengruppe					Gesamt
		Fichte	Tanne	Buche	Elbh(Ei)	sonst. Lbh.	
SNF F99	2,5m x 2,5m	34,1***	-	-	-	[1,9]	34,0***
	5m x 5m	100,2***	-	-	-	-	99,9***
	10m x10m	296,2***	-	-	-	-	295,4***
BIB F99	2,5m x 2,5m	63,2***	-	-	3,7***	9,3***	74,9***
	5m x 5m	10,7***	-	-	1,5*	1,5***	10,8***
	10m x10m	19,9***	-	-	1,6	2,4***	20,3***
SNF B20	2,5m x 2,5m	7,1***	1,0	4,3***	1,1	[1,0]	4,8***
	5m x 5m	14,9***	2,4***	12,5***	1,1	[1]	10,4***
	10m x10m	29,1***	3,5***	29,8***	1,2	[0,9]	17,0***
BIB B20	2,5m x 2,5m	6,8***	2,4***	3,5***	[1,0]	[1,0]	4,6***
	5m x 5m	20,1***	2,8***	6,4***	[0,9]	[1,1]	12,3***
	10m x10m	41,7***	2,0	13,5***	[0,8]	[0,9]	17,89***
SNF B40	2,5m x 2,5m	6,4***	-	2,09***	3,9***	-	5,2***
	5m x 5m	17,1***	-	3,7***	3,9***	-	13,4***
	10m x10m	36,0***	-	6,9***	3,5***	-	28,3***
BIB B40	2,5m x 2,5m	18,3***	-	1,9***	[1,0]	[1,0]	16,4***
	5m x 5m	60,5***	-	3,9***	[1,4]	[0,8]	53,3***
	10m x10m	157,1***	-	8,0***	[1]	[0,8]	134,3***
SNF N98	2,5m x 2,5m	-	-	1,9***	1,5***	2,0***	1,9***
	5m x 5m	-	-	2,4***	1,6***	1,9***	2,7***
	10m x10m	-	-	4,5***	2,1***	1,8***	4,9***
BIB N98	2,5m x 2,5m	-	-	5,4***	1,8***	-	5,0***
	5m x 5m	-	-	13,4***	2,6***	-	12,5***
	10m x10m	-	-	23,5***	2,18***	-	23,1***

Die Einzelergebnisse der Tab. 4-6 zeigen, daß in Richtung regelmäßige Verteilung gehende Werte (unter 1,0) nur ausnahmsweise auftauchen. Ein Großteil der Verjüngungsindizes zeigt eine höchst signifikante Klumpung. Während die stets zu beobachtende stark geklumpte Verteilung der Fichtennaturverjüngung zu erwarten war, ist die starke Aggregierung der Buchen zunächst sehr erstaunlich. Im Hinblick darauf, daß die Bucheneinheiten nicht die gesamte Parzellenfläche abdecken, leuchtet aber ein, daß die auf die Parzellenfläche bezogenen Koeffizienten auch bei den mehr oder weniger regelmäßig gepflanzten Buchen zu Werten größer als 1,0 führen muß. Relativiert wird dieses Ergebnis aber insofern, als auch die Indizes, welche in einem gesonderten Rechengang für die von den Buchengruppen eingenommenen Teilflächen ermittelt wurden, eine mehr oder weniger stark geklumpte Verteilung anzeigen.

In Richtung zufällige Verteilung tendieren lediglich Tanne auf Parzelle SNF B20 (bei einer Gitterfeldgröße von 2,5 m x 2,5 m Größe) und Edellaubholz bzw. Eiche auf Parzelle SNF B20 (bei sämtlichen untersuchten Gitterfeldgrößen).

Mit Rücksicht auf die geringen Stammzahlen sind die Werte für das sonst. Laubholz auf den Parzellen SNF F99 (Nullfläche), SNF B20, BIB B20 (jeweils mit 20-jhg. Buche) und BIB B40 (mit 40-jhg. Buche) nur von eingeschränkter Aussagekraft; sie heben sich allerdings in der Weise von den bisher mitgeteilten Werten ab, daß sie schwach in Richtung regelmäßige Dispersion tendieren.

Das von Fichte bzw. Buche geprägte Verteilungsbild führt dazu, daß sich die Gesamtverjüngung auf sämtlichen Parzellen und auch bei verschiedenen Gitterfeldgrößen höchst signifikant geklumpt präsentiert, ein Befund, der so nicht unbedingt zu erwarten war.

Zum Ausdruck kommt dieses Ergebnis in Abb. 4-23 insofern, als die Säulen ausschließlich Werte größer als 1,0 erreichen. Besonders stark ausgeprägt ist die Aggregation der Verjüngung auf den Nullflächen und im Bereich der Parzelle BIB B40. Bemerkenswert ist, daß die stärkste Klumpung auf Parzelle SNF F99 auf der Ebene der Gitterfelder mit 10 m Seitenlänge zu beobachten ist, auf BIB F99 hingegen auf der Ebene der Gitterfelder mit 2,5 m Seitenlänge. Dieses Ergebnis ist dahingehend zu interpretieren, daß die Fichtenklumpen auf der Nullfläche in Schernfeld über die Flächen der kleineren Gitterfelder hinausreichen (s. FÜLDNER 1995). Aber auch die nächstgrößeren und 5 m x 5 m großen Verjüngungsfelder reichen nicht aus, um der tatsächlichen Größe der Fichtenklumpen gerecht zu werden, was sich daran zeigt, daß der Dispersionskoeffizient weiter ansteigt, wenn von der mittleren Gittergröße zu 10 m x 10 m großen Feldern übergegangen wird.

Im übrigen deutete sich schon bei der Bestandesdarstellung (vgl. Abb. 4-11) an, daß sich das Fichtenvorkommen auf eine Parzellenecke konzentriert. Aus den Ergebnissen der Parzelle BIB F99 (Nullfläche) ist abzuleiten, daß die Größe der einzelnen Klumpen sichtlich näher an 2,5 m x 2,5 m große Befundeinheiten heranreicht als an solche mit 5 m x 5 m Größe.

Für alle übrigen Parzellen trifft zu, daß die Klumpung stärker ausgeprägt ist, wenn anstelle von 2,5 m x 2,5 m großen Feldern solche mit Ausmaßen von 5 m x 5 m herangezogen werden.

Verjüngungsdichte

Die Analyseergebnisse zur Verjüngungsdichte komplettieren das Gesamtbild von der horizontalen Struktur der Waldbestände, die in engem Zusammenhang mit der räumlichen Verjüngung steht. Konnten die Dispersionskoeffizienten die räumliche Verteilung der Verjüngung numerisch charakterisieren, so vermag ein grafisches Bild zur Dichtestruktur die kleinräumige Variation zwischen Stellen wechselnder Verjüngungsdichte besonders gut zu dokumentieren.

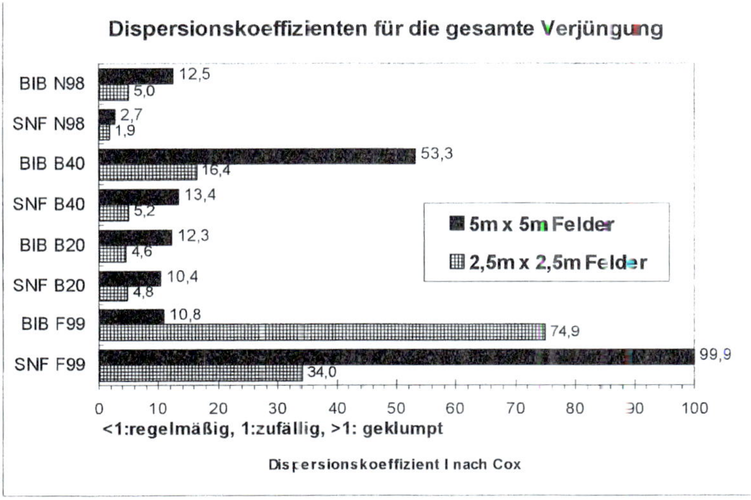

Abb. 4-23: Dispersionskoeffizienten nach COX (n. PRETZSCH, mdl. Mitt.) für die gesamte Verjüngung der einzelnen Testparzellen. Als Stichprobeneinheiten wurden zwei unterschiedliche Gitterfeldgrößen herangezogen; der Stichprobenumfang lag damit für die einzelne Parzelle bei n=32 und n=128 .

Zählt man alle auf einem Gitterfeld vorkommenden Verjüngungspflanzen über 20 cm Höhe und vergibt daraufhin für die ermittelte Summe einen Grauwert entsprechend einer vorher festgelegten Skalierung, entsteht graphisch in einem Spektraldiagramm ein lückenloses Mosaikbild aus weiß bis schwarz gefärbten Quadraten (s. Abb. 4-24). Daraus ergeben sich wertvolle Einblicke in die horizontale Struktur der Umbaubestände.

In der Reihe der Testparzellen in Schernfeld sticht das Mosaikbild der Nullfläche (SNF F99) deutlich hervor: Die starke Schwarzfärbung in der linken Ecke signalisiert sehr hohe, kleinräumig konzentrierte Verjüngungsdichten, die von der Fichte herrühren (s. Tab. 4-5). Besonders auffallend ist, daß unmittelbar benachbart und allgemein in der oberen Hälfte der Parzelle Gitterfelder ohne Verjüngung überwiegen; angesichts der relativ geringen Parzellenausmaße ist die scharfe Grenze zwischen überdichten Verjüngungsansätzen und verjüngungsfreien Partien sehr erstaunlich. Hinzu kommt, daß die zugehörigen Kronenbilder (vgl. Abb. 4-11 und Anhang) keinen erklärenden Beitrag zur heterogenen Ausbildung des Verjüngungsmusters zu liefern vermögen.

Auf der Parzelle SNF B20 (mit 20-jhg. Buche) sind Felder mit der höchsten Verjüngungsdichte in ähnlich geringem Umfang vertreten wie Felder ohne Verjüngung, wobei die pro Feld gezählte Anzahl von Verjüngungsbäumen im Mittel sehr hoch ist: Felder mit weniger als drei Pflanzen sind selten anzutreffen, Felder mit mehr als 10 Pflanzen dagegen sehr häufig. Hervorzuheben ist, daß die unterschiedlichen Verjüngungsdichten das insgesamt definierte Spektrum an Grauwerten vollständig abdecken und mithin die reichhaltige Mosaikstruktur betonen. Auffallende räumliche Unterschiede, wie sie mit Rücksicht auf die klare Trennung von Buchengruppe (linke Hälfte, vgl. Bestandesdarstellung in Abb. 4-12) und angrenzender Fichtennaturverjüngung (rechter Parzellenrand in Abb. 4-12) vermutet werden könnten, sind im Dichtemuster nicht erkennbar.

Ein ähnliches Muster wie die 20-jhg. Umbauparzelle ist auch auf der 40-jhg. Umbauparzelle in Schernfeld (SNF B40) zu beobachten, wobei die stärkere Präsenz von Feldern mit geringer Verjüngungsdichte zu einem etwas helleren Gesamtbild führt; dies trifft besonders für den Bereich zu, in dem die 40-jhg. Buchengruppe zu finden ist. Ebenso wie die geringere Ausgangsstammzahl bei Buche kommt hier das konkurrenzbedingte Ausscheiden von Buchen mit fortschreitender Entwicklung zum Tragen. Noch heller und relativ homogen weiß bis hellgrau gefärbt mit einem hohen Anteil von Feldern ohne Verjüngung oder nur mit wenigen Pflanzen stellt sich das als Initialphase zu bezeichnende Verjüngungsstadium der naturnahen Parzelle SNF N98 dar.

In Biburg ähnelt das Mosaikbild der Parzelle BIB F99 (Nullfläche) dem der soeben beschrieben Parzelle SNF N98 sehr stark, mit der Einschränkung, daß das Bild der Nullfläche einheitlicher weiß bis hellgrau ist. Aber auch hier liegt eine klare räumliche Trennung vor: In der rechten Hälfte sind überwiegend Felder mit Verjüngungsdichten von bis zu acht Pflanzen festzustellen, während die linke Hälfte praktisch verjüngungsfrei ist (s. Abb. 4-24). In bezug auf die Anzahl und den räumlichen Wechsel verschiedener Grauwertstufen ist das 20-jhg. Umbaustadium in Biburg (BIB B20) deutlich strukturreicher als die Nullfläche und weist auffallende Ähnlichkeiten mit dem Äquivalent in Schernfeld (SNF B20) auf. Einer nur geringen Anzahl sowohl von Feldern ohne Verjüngung wie auch von Feldern mit höchster Verjüngungsdichte steht eine größere Feldhäufigkeit im mittleren Grauwertbereich gegenüber. An der räumlichen Verteilung der Grauwerte ist erkennbar, daß die Verjüngungsdichte am Übergang der Buchengruppe zur angrenzenden Fichtennaturverjüngung zunächst ansteigt; zum rechten Parzellenrand hin nimmt die Verjüngungdichte mit zunehmender Überschirmung durch die Altbäume (vgl. Bestandesdarstellung in Abb. 4-16) wieder etwas ab.

In der Reihe der Biburger Testparzellen weicht das 40-jhg. Umbaustadium (BIB B40) deutlich von den anderen Parzellen ab. Während die 40-jhg. Buchen aufgrund der fortgeschrittenen Alters- und Höhenentwicklung (und in deren Folge verminderten Stammzahlen) schon so große Abstände untereinander aufweisen, daß einzelne Gitterfelder unbesetzt bleiben, nimmt die Verjüngungsdichte außerhalb der Buchengruppe stetig zu bis zum Höchstwert von mehr als 32 Verjüngungsbäumen/Feld am linken Rand der Parzelle. Hierfür verantwortlich ist die z.T. üppig ankommende Fichtennaturverjüngung.

Ohne klar erkennbares Muster zeigt das Mosaikbild der naturnahen Parzelle in Biburg (BIB N98) ein relativ gleich häufiges Vorkommen derjenigen Grauwertstufen, die Verjüngungsdichten von 0 bis 20 Pflanzen pro Gitterfeld abbilden. Höhere Verjüngungsdichten treten kleinräumig konzentriert nur in der linken Parzellenhälfte auf (s. Abb. 4-24).

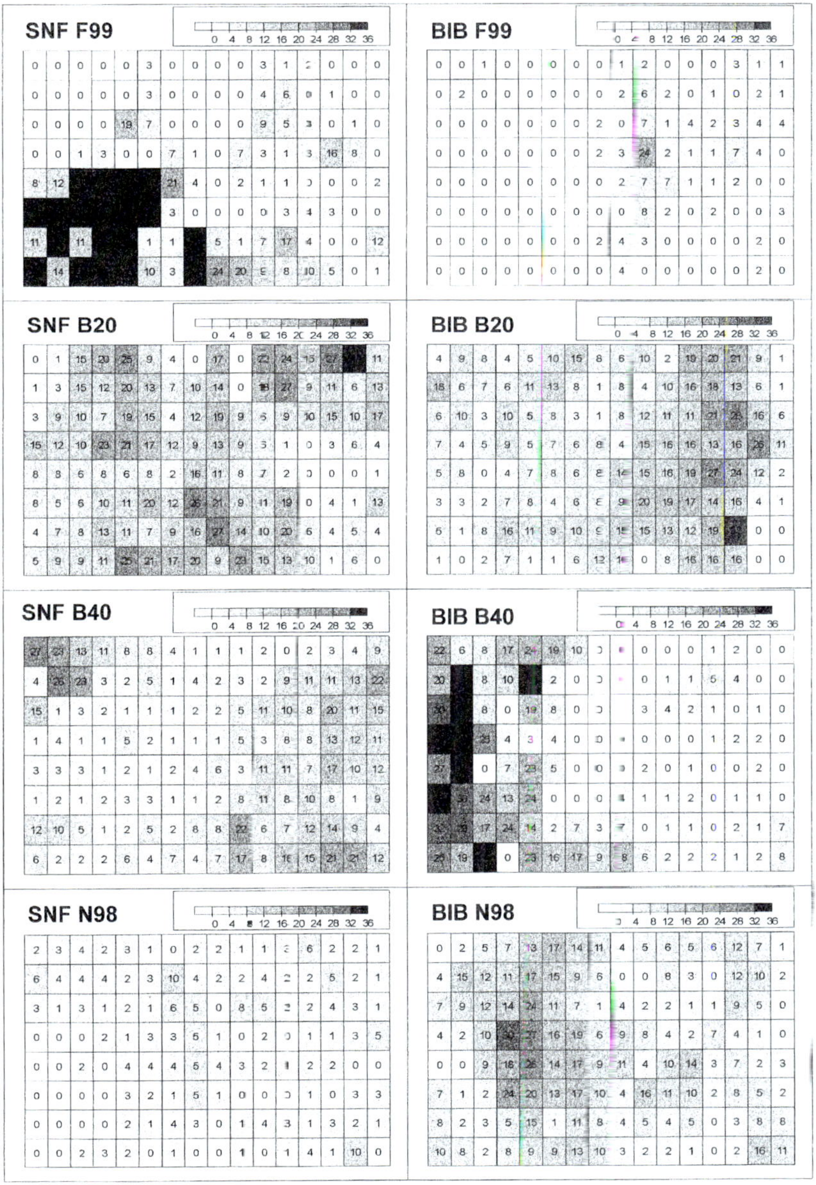

Abb. 4-24: Spektraldiagramme zur Darstellung der Verjüngungsdichte auf den Testparzellen; erfaßt wurden sämtliche Vejüngungsbäume einschließlich der 40-jhg. Buchen; im Verjüngungsfeld ist die genaue Stammzahl abgedruckt; die Ziffern in der Skalenleiste geben jeweils das Maximum einer Grauwertstufe an.

Vertikale Struktur

Die aus den Höhenmessungen und der räumlichen Verteilung der Verjüngungsbäume abgeleiteten Ergebnisse zur vertikalen Raumstruktur können in mehrere Komponenten zerlegt werden:

- Aufteilung aller Bäume auf Höhenstufen (absolute vertikale Struktur)
- Aufteilung auf gitterfeldbezogene relative Höhenschichten als Ausdruck kleinräumiger Konkurrenzverhältnisse (soziologische Struktur)
- mittlere Höhenunterschiede der Baumarten untereinander (Wuchsvorsprung)

Absolute vertikale Struktur

Aus der Aufteilung aller erhobenen Verjüngungsbäume auf festgelegte Höhenintervalle (2 m-Höhenintervalle mit nochmaliger Differenzierung im unteren Höhenbereich) kann abgelesen werden, in welchem Ausmaß der ursprünglich nicht ausgefüllte Stammraum der Fichtenaltbestände mit Verjüngungsbäumen besetzt ist. Ausgehend von der mittleren Höhe der höchsten Verjüngungsbäume, d.s. die 40-jhg. Buchen in Biburg, wurde mit einer Stufenmitte von 16 m (Höhenstufe von 15 m -17 m) die obere Grenze der 2 m breiten Höhenstufen festgesetzt. Als erstes Ergebnis kann damit festgehalten werden, daß die 40-jhg. Buchen in Biburg schon bei etwa 50% der Altbestandeshöhe angelangt sind. Verglichen damit sind die Buchen des entsprechenden Stadiums in Schernfeld (SNF B40) erst bis zur Höhenstufe 12 m vorgedrungen.

Die Unterschiede in der vertikalen Strukturierung treten in Abb. 4-25 in anschaulicher Form zum Vorschein. Zur Erleichterung des Parzellenquervergleichs innerhalb der Testgebiete wurde die y-Skala standardisiert. Mit Rücksicht auf unterschiedliche absolute Stammzahlen mußte die Skalierung der x-Achse aber variabel gehalten werden. Mit gewissen Einschränkungen können auch die Baumartenanteile innerhalb der einzelnen Höhenstufen abgeschätzt werden. Problematisch ist jedoch, aus der grafischen Darstellung auf das insgesamt vorhandene Baumartenspektrum der einzelnen Höhenstufen zu schließen, weil stammzahlmäßig sehr stark vertretene Baumarten wie die Fichte die Skalierung der x-Achse so sehr bestimmen, daß gering vertretene Mischbaumarten wie sonst. Laubholz oder Edellaubholz oft nicht mehr auszumachen sind. Unabhängig davon wird aber das vorhandene Artenspektrum in anderen Ergebnisdarstellungen (s. Kap. 4.2.3.2) ausreichend gewürdigt.

Das Höhenwachstum der Verjüngung ist auf den Parzellen mit ca. 40-jhg. Buche (s.o.) am weitesten fortgeschritten, wobei deutliche Unterschiede zwischen beiden Parzellen bestehen: während in Schernfeld bis zur Verjüngungsoberkante sämtliche Höhenstufen mit Verjüngung besetzt sind, ist in Biburg zwischen den Höhenstufen 0,75 m und 12 m eine große verjüngungsfreie Lücke vorhanden.

Die Verjüngung der 20-jhg. Umbaustadien reicht bis zur Höhenstufe von 6 m (SNF B20) bzw. 8 m (BIB B20) und weist damit eine reichhaltigere vertikale Strukturierung auf als die Nullflächen (SNF F99 und BIB F99) und die naturnahe Parzelle im Forstamt Schernfeld (SNF N98); mit Ausnahme einiger weniger Pflanzen knapp über 1 m Höhe wird die Höhenstufe 2 m auf den zuletzt genannten Flächen nicht erreicht.

Im Bereich der 20-jhg. Umbauphasen und auf der Parzelle SNF B40 versucht die Fichtennaturverjüngung mit sehr hohen Stammzahlen den Anschluß an die um wenige Meter höherentwikkelte Buche zu erreichen. Demgegenüber zeigt das Bestandesbild des 40-jhg. Umbaustadiums in Biburg (BIB B40) in Abb. 4-17 mehr als deutlich einen dreistufigen Bestandesaufbau, wobei die Jungfichten keinen Anschluß an die herrschenden Buchen haben; damit entsteht ein weitgehend nicht ausgefüllter Stammraum im Höhenbereich von 1,0 m bis etwa 11,0 m.

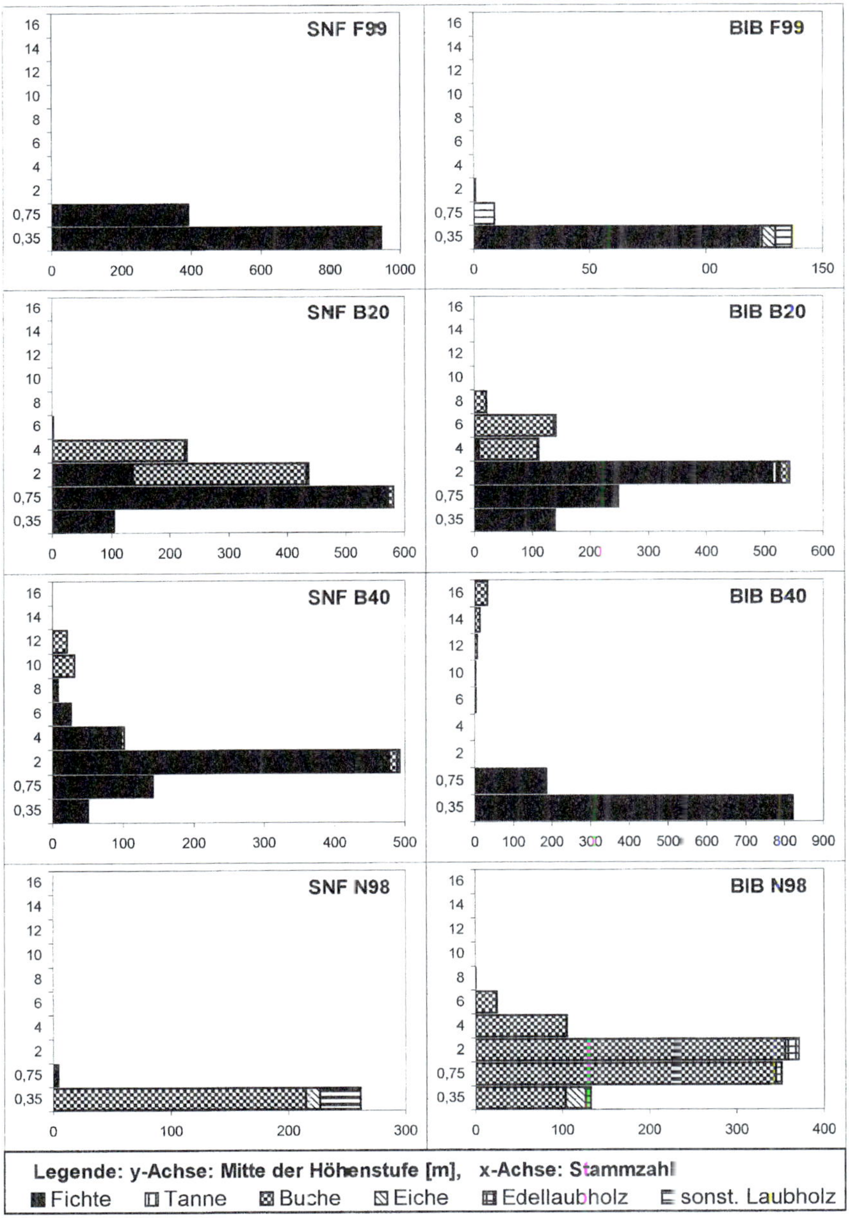

Abb. 4-25: Aufteilung der erhobenen Verjüngungsbäume auf definierte Höhenstufen, nach Baumartengruppen und Testparzellen.

Die beiden Nullflächen demonstrieren die Dominanz der Fichtennaturverjüngung mit der Einschränkung, daß auf Parzelle BIB F99 im Unterschied zu SNF F99 nennenswert Mischbaumarten (Eiche, sonst. Laubholz) besonders in der Oberschicht beteiligt sind; zudem ist das Stammzahlniveau in Schernfeld erheblich höher.

Auf den beiden naturnahen Parzellen sind die im Altbestand vorhandenen Baumarten auch in der Verjüngung angemessen vertreten, wobei die Buche eindeutig dominiert. Infolge der Baumhöhenentwicklung (bis zu Höhenstufe 8 m) läßt sich die Situation auf der Parzelle BIB N98 als fortgeschrittenes Verjüngungsstadium interpretieren, wohingegen auf SNF N98 - vergleichbar der Entwicklung auf den beiden Nullflächen - das Initialstadium der Verjüngung verwirklicht ist.

Die Unterschiede in der Vertikalstruktur der untersuchten Bestände gehen bereits aus den Bestandesdarstellungen hervor (vgl. Abb. 4-11 bis Abb. 4-18) und konnten mit den Analysen zur absoluten vertikalen Struktur auch quantitativ bestätigt werden. Gleichwohl wurde versucht, den Nachweis für Abweichungen im vertikalen Aufbau auch auf statistischer Basis zu führen. Damit wurde dem Anliegen entsprochen, die aufgrund von Bestandesbildern getroffenen Vergleichsattribute wie „reichhaltigere Struktur" oder „stärkere vertikale Durchmischung" mit einer geeigneten Maßzahl zu quantifizieren und abzusichern.

Ausgehend von der Überlegung, daß die vertikale Struktur eines Bestandesausschnittes von der Variation der Baumhöhen und der Verteilung der Einzelbäume bestimmt wird, wurde als Stichprobenelement die Varianz sämtlicher Baumhöhen von vier benachbarten Verjüngungsgitterfeldern herangezogen. Anhand einer einfachen Varianzanalyse, der ein Mittelwertvergleich der errechneten Höhenvarianzen zugrundeliegt, konnten Unterschiede im vertikalen Bestockungsaufbau aufgedeckt werden.

Die Varianz der Höhenmessungen von vier zusammenhängenden Verjüngungsgitterfeldern bildete jeweils einen Meßwert, so daß der Stichprobenumfang pro Parzelle bei n=32 Einzelwerten lag. Es wurden nur Bäume berücksichtigt, die im einzelnen Verjüngungsgitterfeld der Ober- oder Mittelschicht angehörten.

Mangels Varianzhomogenität und aufgrund der nichtnormalverteilten Einzelwerte erfolgte der Vergleich von Mittelwerten für verschiedene Parzellen über eine einfache Varianzanalyse anhand des nichtparametrischen Tests von KRUSKAL-WALLIS (KÖHLER et al. 1992, NORUSIS 1994), der mehrere unabhängige Stichproben in einem Durchgang analysiert. Zunächst liefert der Test aber nur die Information, ob statistisch abzusichernde Unterschiede vorhanden sind. Erst mit nachgeschalteten und paarweisen U-Tests (n. MANN-WHITNEY; in KÖHLER et al. 1992) konnte nachgewiesen werden, zwischen welchen Parzellen Unterschiede bestehen. Voraussetzung für die Anwendbarkeit des U-Tests ist jedoch, daß zuerst diejenigen Parzellen verglichen werden, deren Rangsummen beim KRUSKAL-WALLIS-Test am weitesten auseinander liegen. Nur wenn hier statistisch abgesicherte Unterschiede auszumachen sind, ist es erlaubt, den Test mit dem jeweils nächsten Paar fortzusetzen (WISEMAN, mdl. Mitt.).

Die Ergebnisse der Teststatistik untermauern die auf der Grundlage von Grafiken und Bestandesbildern getroffenen Feststellungen: Danach weisen die 20-jhg. und 40-jhg. Umbaustadien in beiden Testgebieten eine hoch signifikant stärkere vertikale Durchmischung auf als die Nullflächen und die naturnahen Vergleichsparzellen. Dagegen ist erstaunlich, daß beim Vergleich der 20-jhg. und 40-jhg. Stadien nur in Schernfeld das 40-jhg. Stadium eine signifikant höhere vertikale Gliederung aufweist als das Umbaustadium mit erst 20-jhg. Buchenvoranbau (SNF B20). Obwohl die Erscheinungsbilder der entsprechenden Parzellen auch in Biburg sehr stark divergieren (vgl. Abb. 4-16 und Abb. 4-17) können hier Abweichungen über die Höhenvarianzen nicht abgesichert werden.

Eine genauere Betrachtung der in die Teststatistik einfließenden Einzelwerte für die Parzelle BIB B40 kommt zu dem Urteil, daß die Varianzen bei den nahezu im Gleichschluß aufwachsenden und vorwüchsigen Buchen ähnlich niedrig ausfallen wie die entsprechenden Werte für die einheitlich entwickelte und kaum kniehohe Fichtennaturverjüngung außerhalb der Buchengruppe. Ausschließlich dort, wo höherentwickelte Buchen auf niedrigwüchsige Fichten stoßen, also am Rand der Buchengruppe, ergeben sich höhere Varianzwerte. Überwiegend geringe Varianzen im Bereich der räumlich getrennten Buchengruppe und Fichtennaturverjüngung ziehen somit auch insgesamt ein Testergebnis nach sich, das sich nicht von der 20-jhg. Umbauparzelle abhebt. Zwischen Nullfläche und naturnaher Parzelle existiert nur in Biburg ein hoch signifikanter Unterschied.

Ungeachtet der Sondersituation auf der Parzelle BIB B40, lassen sich die augenscheinlichen Unterschiede in der vertikalen Gliederung zwischen den Nullflächen und den Entwicklungsphasen des Fichtenumbaus somit auch statistisch belegen.

<u>Wuchsvorsprung</u>

Eng verbunden mit der vertikalen Gliederung der Verjüngungskomponente ist die aus waldbaulicher Sicht wichtige Kenngröße des Wuchsvorsprunges. Der Wuchsvorsprung bzw. -rückstand einer Baumartengruppe gegenüber weiteren Baumartengruppen ergibt sich aus der Differenz der mittleren Baumhöhen in der Verjüngungsoberschicht.

In Tab. 4-7 sind parzellenweise die mittleren Höhenunterschiede (einschließlich des 95%-Vertrauensbereiches) und die Maximalhöhen der vertretenen Baumartengruppen mitgeteilt. Im Anhang wurden die mittleren Höhenunterschiede der an der Verjüngungsoberschicht beteiligten Baumartengruppen auf ihre statistische Aussagekraft hin getestet.

Aus waldbaulicher Sicht kommt es bei Vorausverjüngungsmaßnahmen in Fichtenreinbeständen darauf an, den künstlich eingebrachten Schattbaumarten (Buche und Tanne) den erforderlichen Wuchsvorsprung vor sich natürlich einstellender Fichtenverjüngung zu verschaffen (WEIDENBACH 1988, HEHN 1993). Besondere Beachtung bei der Beurteilung des Wuchsvorsprunges verdienen daher die 20- und 40-jhg. Umbauphasen.

Auf Parzelle SNF B20 (mit 20-jhg. Buche) hat die Buche im Mittel einen Höhenvorsprung von 2 m gegenüber der Naturverjüngung aus Fichte und einen Rückstand von etwa 40 cm gegenüber den einzeln beigemischten Edellaubhölzern; allerdings ist das Maximum der Buche mit 5,6 m Höhe größer als das der Edellaubhölzer (5,3 m). Im fortgeschrittenen 40-jhg. Entwicklungsstadium (SNF B40) erreicht die Buche gegenüber der Fichte einen Wuchsvorsprung von über 6 m, der beim Vergleich der Maxima auf 5 m zurückgeht. Anders als auf den eigentlichen Umbauparzellen befinden sich die Verjüngungsbäume der Parzellen SNF F99 (Nullfläche) und SNF N98 (naturnahe Fläche) infolge der geringen absoluten Höhen von 20 cm bis maximal 30 cm noch in Wartestellung (vgl. PREUHSLER 1981).

Ähnlich wie auf der Nullfläche in Schernfeld (SNF F99) erreichen auch die Verjüngungsbäume auf der Nullfläche in Biburg (BIB F99) kaum mehr als 50 cm Oberhöhe, wobei die sonst. Laubhölzer und Edellaubhölzer die Fichte nur um wenige cm überragen. Sehr deutlich fällt der Höhenunterschied von etwa 4,5 m zwischen den vorangebauten Buchen und den angekommenen sonst. Laubhölzern auf der einen Seite und der Fichte auf der anderen Seite auf der mit 20-jhg. Buchen bestockten Fläche BIB B20 aus. Die höchsten Verjüngungsbäume erreichen bereits knapp 8 m (Edellaubholz und sonst. Laubholz) bzw. 8,5 m (Buche).

Bedingt durch den stark schichtigen Bestandesaufbau sind die Höhenunterschiede auf Parzelle BIB B40 besonders gravierend: Bei einer Höhendifferenz von 15 m zwischen Buche und den anderen Baumartengruppen (Fichte, Edellaubholz und sonst. Laubholz) muß wohl besser von einem „Vorauseilen“ denn von einem Wuchsvorsprung der um mehr als 30 Jahre älteren Buchen gesprochen werden. Durch die ungleiche Wuchsrelation ist ein ausgeprägter Steilrand zwischen der vorgewachsenen Buchengruppe und der Fichtennaturverjüngung entstanden.

Angesichts des mittleren Höhenunterschiedes von fast 7 m zwischen Buche und Fichte hätte man auch auf der äquivalenten Fläche in Schernfeld (SNF B40) das Vorhandensein eines Steilrandes erwarten können. In der Bestandesdarstellung (Abb. 4-12) ist jedoch erkennbar, daß sich diese Vermutung deshalb nicht bestätigt, weil die räumliche Konstellation der unterschiedlichen Wuchsrelationen auf dieser Fläche sehr günstig ist. Der Grund für den stufigen Übergang von der Buchengruppe zur angrenzenden Fichtennaturverjüngung ist darin zu sehen, daß sich die niedrigsten Buchen am Rand der Gruppe befinden und hier unmittelbar an die höchsten Jungfichten grenzen. Genau genommen müßte der Wuchsvorsprung deshalb etwas niedriger angesetzt werden als der berechnete mittlere Höhenunterschied.

Das Erscheinungsbild der Verjüngung auf der naturnahen Parzelle in Biburg (BIB N98) wird augenfällig geprägt durch die Buche; in der Mittelhöhe überragt sie die gering vertretenen Eichen und Edellaubhölzer um ca. 1 m. Mit Werten von 7,5 m für die Buche und 5 m für das Edellaubholz liegen die Maximalhöhen beträchtlich über den Mittelwerten.

Der in Tab. 4-7 aufgeführte Vertrauensbereich stellt ein Maß für die Sicherheit der errechneten mittleren Höhenunterschiede dar (vgl. LOZÁN 1992). Dank der sehr schmalen Vertrauensbereichsintervalle dürfen die Angaben zu den Wuchsrelationen zwischen Buche und Fichte als sehr zuverlässig eingeschätzt werden. Demgegenüber ist die aus zumeist nur wenigen Baumhöhen berechnete Mittelhöhe für die anderen Baumartengruppen mit großen Unsicherheiten behaftet, wie an der großen Spanne des Vertrauensbereiches ablesbar ist. Verläßliche Aussagen zum Wuchsvorsprung sind bei diesen Baumartengruppen deshalb nicht möglich.

Relative vertikale Struktur

Maßgebend für die Zuordnung des einzelnen Verjüngungsbaumes zu einer soziologischen Verjüngungsschicht (Oberschicht, Mittelschicht oder Unterschicht) war dessen Baumhöhe in Relation zum höchsten Baum auf dem 2,5 m x 2,5 m messenden Verjüngungsgitterfeld. Die Transformation aller innerhalb einer soziologischen Schicht vorgefundenen Verjüngungsbäume in Standraumanteile der vorkommenden Baumartengruppen liefert einen guten Einblick in die derzeitigen Konkurrenzverhältnisse. Diese wiederum bilden die Grundlage für Überlegungen zur weiteren Bestandesentwicklung. Während sich die derzeitige Dominanzstruktur in der Baumartenzusammensetzung der Oberschicht reflektiert, läßt sich das Entwicklungspotential anhand einer synthetischen Analyse von Ober- und Mittelschicht abschätzen.

Zunächst ist zu unterstellen, daß die in der Unterschicht vorkommenden Bäume bedingt durch den jetzt schon vorhandenen Wuchsrückstand keine Chance mehr haben, in die Oberschicht aufzusteigen[3]. Anders sieht die Konstellation bei Mittel- und Oberschicht aus: Denkbar ist sowohl eine Verschiebung von Mittelschichtbäumen in die Oberschicht als auch ein sozialer Abstieg von herrschenden Bäumen in die Mittelschicht, woraus sich maßgebliche Veränderungen in den Baumartenanteilen der herrschenden Verjüngungsschicht ergeben könnten. In Tab. 4-8 sind die rechnerisch ermittelten Stammzahlanteile verschiedener Baumartengruppen für die Oberschicht (O), für Ober- und Mittelschicht (O+M) sowie gemeinsam für alle soziologischen Schichten (Stammzahlanteile=N) enthalten.

---

[3] Diese Annahme gilt nicht ohne Vorbehalte: Für noch mögliche Veränderungen der sozialen Position - insbesondere für einen sozialen Aufstieg - spielt auch die erreichte absolute Höhe an der Verjüngungsoberkante eine wichtige Rolle.

Tab. 4-7: Statistische Kennzahlen für die Baumhöhe der einzelnen Baumartengruppen in den Testgebieten; die Ergebnisse beschränken sich auf die Oberschicht (>=80% der Baumhöhe des höchsten Baumes pro Gitterfeld) der Verjüngungskomponente; als Maß für die Ermittlung des Wuchsvorsprunges wurde die mittlere Höhe (in m) der Verjüngungsoberschicht verwendet.

Parzelle	Kenngröße	Fichte	Tanne	Buche	Eiche(Edellbh.)	s.Lbh.
SNF F99	Anzahl der Meßwerte	52	1	1	-	1
	mittlere Höhe der Oberschicht	**0,32**	-	-	-	-
	Maximum	0,65	-	-	-	-
	95%-Vertrauensbereich	0,29-0,35	-	-	-	-
SNF B20	Anzahl der Meßwerte	32	-	250	7	1
	mittlere Höhe der Oberschicht	**0,98**	-	**3,28**	**3,74**	-
	Maximum	2,1	-	5,6	5,3	-
	95%-Vertrauensbereich	0,84-1,12	-	3,22-3,34	2,90-4,59	-
SNF B40	Anzahl der Meßwerte	117	1	41	-	-
	mittlere Höhe der Oberschicht	**2,67**	-	**9,3**	-	-
	Maximum	8,0	-	12,99	-	-
	95%-Vertrauensbereich	2,40-2,94	-	8,18-10,41	-	-
SNF N98	Anzahl der Meßwerte	-	-	90	36	1
	mittlere Höhe der Oberschicht	-	-	**0,21**	**0,22**	-
	Maximum	-	-	0,7	0,7	-
	95%-Vertrauensbereich	-	-	0,20-0,23	0,19-0,25	-
BIB F99	Anzahl der Meßwerte	33	1	-	3	11
	mittlere Höhe der Oberschicht	**0,25**	-	-	**0,35**	**0,53**
	Maximum	0,3	-	-	0,4	1
	95%-Vertrauensbereich	0,23-0,26	-	-	0,23-0,47	0,37-0,68
BIB B20	Anzahl der Meßwerte	33	-	162	2	6
	mittlere Höhe der Oberschicht	**1,37**	-	**5,87**	**6,7**	**5,22**
	Maximum	5,9	-	8,5	7,8	6,5
	95%-Vertrauensbereich	0,95-1,79	-	5,71-6,02	-	4,02-6,41
BIB B40	Anzahl der Meßwerte	78	-	52	1	3
	mittlere Höhe der Oberschicht	**0,53**	-	**15,72**	-	**0,47**
	Maximum	0,8	-	20,25	-	0,6
	95%-Vertrauensbereich	0,49-0,56	-	14,94-16,50	-	0,08-0,85
BIB N98	Anzahl der Meßwerte	-	-	182	10	-
	mittlere Höhe der Oberschicht	-	-	**3,03**	**2,14**	-
	Maximum	-	-	7,5	5,0	-
	95%-Vertrauensbereich	-	-	2,80-3,26	1,09-3,18	-

In Kontrast zur Nullfläche im Testgebiet Schernfeld, auf der die Fichte fast ausnahmslos alle soziologischen Schichten allein besetzt, beherrscht die Buche die Ober- und Mittelschicht des 20-jhg. Umbaustadiums (SNF B20). Eiche und sog. „andere Laubhölzer“ (Weichlaubhölzer und Edellaubhölzer) sind in der Oberschicht mit knapp 5% beteiligt, sinken jedoch auf etwa 2% ab, wenn die Mittelschicht einkalkuliert wird („O+M“). Die Baumartenanteile der beiden oberen soziologischen Schichten stehen damit in starkem Gegensatz zu den Stammzahlanteilen aller Schichten; hier dominiert die Fichte mit 59,6%.

Aus Gründen der Übersichtlichkeit wurde die innerhalb der soziologischen Niveaus jeweils dominierende Baumartengruppe fett und kursiv gedruckt. Lediglich bei den 20-jhg. Umbauphasen ist die bei Ober- bzw.- Ober- und Mittelschicht herrschende Buche nicht identisch mit der stammzahlmäßig (=N) dominierenden Fichte.

Im Bereich der 40-jhg. Umbauphasen sind die Anteile der Buche in den oberen soziologischen Schichten sichtbar höher als die Stammzahlanteile. Sehr ähnlich verläuft die Anteilsentwicklung bei den naturnahen Parzellen: Neben der bestandesbestimmenden Buche ist die Eiche in den soziologischen Niveaus „O" und „O+M" mit etwa 8% Anteil (BIB N98) bzw. 20% Anteil (SNF N98) beteiligt. Auffallend ist hier, daß zwischen den Sozialebenen kaum Verschiebungen in den Baumartenanteilen eintreten.

Sehr aufschlußreich für waldbauliche Empfehlungen könnten die auf der Parzelle BIB F99 beobachteten Baumartenanteile sein: Schon bei den Stammzahlen (=N) mit 17% Anteil beteiligt, erhöht sich der Anteil der Mischbaumarten (Tanne und Laubhölzer) in der Ober- sowie in der Ober- und Mittelschicht auf etwa 30%. Vor allem „andere Laubhölzer" (Weich- und Edellaubhölzer) spielen hier eine Rolle.

Wie schon beim 20-jhg. Umbaustadium in Schernfeld, so kehrt sich auch das Baumartenverhältnis auf Parzelle BIB B20 von den Stammzahlen zu den oberen soziologischen Niveaus („O" und „O+M") um: Die insgesamt sehr zahlreich vertretene Fichte (Stammzahlanteil=75%) fällt in den oberen Schichten auf 23% zurück, während die Buche auf 2/3 der Parzellenfläche dominiert. Erfreulich ist, daß die Mischbaumarten wie Eiche und „andere Laubhölzer" in der Oberschicht mit immerhin 4% Anteil stärker vertreten sind, als es sich ergibt, wenn man die Anteile gemeinsam für Ober- und Mittelschicht errechnet. Für Entwicklungsprognosen ist von Bedeutung, daß die Einbußen der Mischbaumarten in der Mittelschicht vorwiegend der Fichte zugute kommen. Die Tanne ist ohnehin nur in der Mittel- und Unterschicht präsent.

Die Parzelle BIB B40 setzt sich in beiden Sozialebenen („O" und „O+M") aus knapp 60% Fichte und gut 40% Buche zusammen; nur sehr spärlich angekommene andere Laubhölzer sowie Eiche konzentrieren sich auf die Verjüngungsoberschicht.

Tab. 4-8: Anteile von Baumartengruppen innerhalb der Verjüngung, differenziert nach Sozialklassen und Testparzellen; Stichprobeneinheit ist das einzelne Gitterfeld. Der Gesamtanteil einer Baumartengruppe ergibt sich als Mittelwert aus den gitterfeldweise errechneten Einzelanteilen. Die dominierende Baumartengruppe innerhalb der einzelnen Sozialniveaus ist jeweils fett und kursiv gedruckt. Es bedeuten: N: Stammzahlanteile, O: Stammzahlanteile in der Verjüngungsoberschicht, O+M: Stammzahlanteile zusammen für die Verjüngungsober- und -mittelschicht.

Baumartenanteile in der Verjüngung in verschiedenen Sozialklassen

Baumarten-gruppe	Stammzahlanteil [%] SNF F99			SNF B20			SNF B40			SNF N98		
	N	O	O+M	N	O	O+M	N	O	O+M	N	O	O+M
Fichte	***99,7***	***97,1***	***97,2***	***59,6***	24,8	26,0	***92,2***	***72,2***	***73,6***	0,0	0,0	0,0
Tanne	0,1	1,3	1,3	0,3	0,0	0,2	0,1	0,8	0,8	0,0	0,0	0,0
Buche	0,1	0,3	0,1	22,8	***69,8***	***71,1***	7,2	26,2	25,6	***81,0***	***79,1***	***79,8***
Eiche	0,0	0,0	0,0	0,2	3,7	1,7	0,5	0,0	0,0	18,3	19,9	19,2
andere Lbh	0,1	1,3	1,3	0,5	0,9	0,2	0,0	0,0	0,0	0,7	1,0	1,0

	BIB F99			BIB B20			BIB B40			BIB N98		
	N	O	O+M	N	O	O+M	N	O	O+M	N	O	O+M
Fichte	***83,7***	***69,0***	***72,1***	***75,1***	24,6	27,3	***93,1***	***56,7***	***57,9***	0,0	0,0	0,0
Tanne	0,7	1,2	1,2	1,5	0,0	0,9	0,0	0,0	0,0	0,0	0,0	0,0
Buche	0,0	0,0	2,3	22,8	***67,5***	***66,1***	6,0	41,5	41,0	***94,5***	***92,4***	***91,7***
Eiche	4,1	7,1	5,2	0,2	1,1	0,4	0,4	0,3	0,9	5,5	6,8	7,4
andere Lbh	11,6	22,6	19,2	0,5	2,7	1,2	0,5	1,5	0,2	0,0	0,0	0,0

Höhenentwicklung der Verjüngung und Beschirmungssituation

Das in den geschilderten Ergebnissen zur vertikalen Struktur zum Ausdruck kommende Höhenwachstum der Verjüngung ist letztlich eine durch die Lichtverhältnisse gesteuerte Größe (WALTER 1986, THOMASIUS 1992, OTTO 1994). In Hinsicht auf die ermittelten Kenngrößen kann als Ersatz für den Lichtgenuß der Verjüngung die Kronenüberschirmung durch die Altbäume herangezogen werden (s. BRUNNER 1993, vgl. a. MOSANDL 1996). Dank des für jedes 2,5m x 2,5 m große Verjüngungsgitterfeld errechneten Beschirmungsgrades (Gesamtbeschirmung aus 1-fach sowie zwei- und mehrfach auftretenden Beschirmungen) bestand die Möglichkeit, die feldbezogenen Oberhöhen der Verjüngung unmittelbar in Beziehung zu den Beschirmungsgraden zu setzen.

Die fehlende Normalverteilung des Datenmaterials war ausschlaggebend dafür, daß als Testgröße der nichtparametrische Rangkorrelationskoeffizient nach SPEARMAN (s. LOZÁN 1992) herangezogen wurde. Mit Rücksicht auf einen ausreichenden Stichprobenumfang wurde es als zielführend erachtet, neben einer Gesamtbetrachtung sämtlicher Verjüngungsbäume die nachgeschalteten Korrelationen auf die Baumartengruppen Fichte und Buche zu konzentrieren.

In den einzelnen Testdurchgängen fanden jeweils nur jene Verjüngungsfelder Berücksichtigung, auf denen die zu untersuchenden Baumartengruppen auch tatsächlich vorkamen.

Auf der Betrachtungsebene aller Verjüngungsbäume zeigen die Stadien mit Buchenvoranbau in Biburg (BIB B20 und BIB B40) sowie die naturnahe Parzelle (BIB N98) den erwarteten (und auch signifikanten) negativen Zusammenhang zwischen der Verjüngungsoberhöhe und dem Beschirmungsgrad. Demgegenüber sind die positiven - und gleichermaßen statistisch absicherbaren - Korrelationen der entsprechenden Schernfelder Flächen (SNF B20 und SNF B40) kaum nachvollziehbar, zeigen sie doch, daß die Verjüngungsoberhöhe um so niedriger ist, je geringer der Beschirmungsgrad ist. Dieser offensichtliche Widerspruch läßt sich teilweise erklären, wenn man einerseits die Baumartengruppen Buche und Fichte einzeln betrachtet und andererseits auch die Besonderheiten der Testparzellen berücksichtigt.

Tab. 4-9: Zusammenhang zwischen der Oberhöhenentwicklung (Oberhöhe: >=80% der Höhe des höchsten verjüngungsfeldbezogenen Baumes) und dem durch die Altbäume hervorgerufenen Beschirmungsgrad ausgedrückt durch den SPEARMANschen Rangkorrelationskoeffizienten. Anhand des Varianzanalyse/F-Tests (s. LOZÁN 1992, NORUSIS 1994) ist die Sicherheit des Zusammenhangs (p=Irrtumswahrscheinlichkeit) überprüft worden; dabei bedeuten: - : keine Daten vorhanden bzw. nicht berechnet; n.s.: nicht signifikant; *: schwach signifikant (p<0,05); **: signifikant (p<0,01); *** hochsignifikant (p=0,001). Nicht in den jeweiligen Stichprobenumfang (=n) gingen Verjüngungsfelder mit fehlenden Werten ein.

Korrelationen zwischen dem Beschirmungsgrad (Altbäume) und der Oberhöhenentwicklung der Vorausverjüngung

Parzelle	n	alle Bäume	Signifikanz	n	Buche	Signifikanz	n	Fichte	Signifikanz
Schernfeld									
SNF F99	77	0,19	n.s.	-	-	-	-	-	-
SNF B20	119	0,22	*	83	0,07	-	30	-0,31	n.s.
SNF B40	123	0,40	***	33	-0,32	-	91	0,46	**
SNF N98	-	-	-	-	-	-	-	-	-
Biburg									
BIB F99	46	-0,21	-	-	-	-	-	-	-
BIB B20	122	-0,42	***	29	-0,33	**	29	-0,09	n.s.
BIB B40	86	-0,36	**	50	0,16	-	50	-0,23	n.s.
BIB N98	117	-0,33	***	-	-	-	-	-	-

Infolge der noch kaum erfolgten Nachlichtung über der 20-jhg. Buchengruppe in Schernfeld (SNF B20) sind keine Abhängigkeiten zwischen Beschirmung und Buchenwachstum nachzuweisen. Die auf dieser Testfläche in der Oberschicht vorkommenden Fichten zeigen eine schwach negative Korrelation in der Beziehung „Oberhöhe"- „Beschirmungsgrad". Wie jedoch an den Stichprobenumfängen für Buche und Fichte abzulesen ist, wird der Gesamtkoeffizient der Verjüngung in erster Linie von der Buche bestimmt. Die Bestandesdarstellung (s. Abb. 4-12) läßt allerdings erkennen, daß sich die vorhandene Altbaumlücke - wider Erwarten - nicht über der Buchengruppe befindet, sondern im Bereich der mit Fichte verjüngten Umgebung. Ursächlich für die entstandene Lücke war die unplanmäßige und durch Borkenkäferbefall bedingte Entnahme von zwei Altfichten kurze Zeit nach Installierung der Versuchsanordnung. Nicht zuletzt deshalb verhalten sich die Verjüngungsoberhöhen und die Beschirmungsgrade gleichlaufend.

Die beinahe ideal ausgebildete Femelstellung des 20-jhg. Umbaustadiums in Biburg (BIB B20) (s. Abb. 4-16) spiegelt sich im signifikanten Zusammenhang ($p<=0{,}01$) „Beschirmung-Höhenwachstum der Buchen" gut wider. Der entsprechende Korrelationskoeffizient von -0,33 trägt der zunehmenden Höhe der Buchenverjüngung mit abnehmendem Beschirmungsgrad Rechnung. Bei der Fichte dagegen läßt sich eine solche Beziehung auf der Testfläche BIB B20 nicht herstellen.

Gleichfalls nicht gesichert sind die Zusammenhänge zwischen Höhenwachstum und Beschirmungsgrad bei den 40-jhg. Buchen, was darauf zurückzuführen ist, daß der Großteil der Buchen bereits völlig schirmfrei ist (s. Abb. 4-13 und Abb. 4-17). Letztlich doch überraschend ist aber der positive Korrelationskoeffizient für die Fichtennaturverjüngung der Parzelle SNF B40 ($r= 0{,}46$). Aufgrund des fortgeschrittenen Höhenwachstums und der Variabilität in der Höhenentwicklung wurde hier ein negativer Korrelationskoeffizient für wahrscheinlich gehalten.

Es bleibt festzuhalten: Das Phänomen, daß sich in einzelnen Fällen - insbesondere im Testgebiet Schernfeld - kein plausibler Zusammenhang zwischen der Oberhöhe der Verjüngung und der Überschirmungssituation ergab, konnte überwiegend mit den parzellenspezifischen Sondersituationen in bezug auf die Altbaumüberschirmung erklärt werden. Auf der anderen Seite kann nicht abschließend geklärt werden, warum beispielsweise die Fichte in SNF B40 mit zunehmender Überschirmung größere Spitzenhöhen erzielt oder warum die Buche in SNF B20 offensichtlich kaum auf räumlich wechselnde Beschirmungen reagiert. Folgende Gründe könnten hierfür in Frage kommen:

- Die zwischen dem Beschirmungsgrad und dem Höhenwachstum der Verjüngung existierenden Beziehungen sind nicht immer eindeutig (s. AMMER 1996 und dort zit. Autoren). V. LÜPKE (1982) hat beobachtet, daß das Höhenwachstum beschatteter Buchen geringfügig über dem Wachstum bei vollem Lichgenuß lag, ein Aspekt, der der Buchenoberhöhenentwicklung der Parzelle SNF B20 (mit 20-jhg. Buche) nicht widerspricht.

- Die sehr diffizile Auflösung der Beschirmungsgrade in 2,5 m x 2,5 m große Bezugseinheiten ist bereits zu fein, als daß sie dem tatsächlichen Lichtgenuß der darunterliegenden Verjüngungspflanzen gerecht werden könnte. Auch bei gröberer Auflösung dürften seitliche Lichteinflüsse von Bedeutung sein und zusammen mit der nicht zu unterschätzenden photosynthetischen Wirkung von Sonnenflecken einen erklärenden Beitrag zu den offenen Fragen liefern.

- Die tatsächlichen - räumlich wie zeitlich variierenden - Beschirmungssituationen, denen Buchen und Fichten im Laufe ihrer Entwicklung unterworfen waren, sind nicht mehr rekonstruierbar. Die zwischen den Oberhöhen und der Beschirmung hergestellten Beziehungen basieren somit ausschließlich auf der momentanen Konstellation und können nur sehr bedingt die Gesamt-Entwicklung repräsentieren.

Numerische Struktur

Typische numerische Elemente wie die Alters- oder Durchmesserverteilung sind aus den Bestandesdarstellungen kaum ablesbar. Wie bereits auseinandergesetzt (s. Kap. 3.3.6.3) wurde als numerische Kenngröße die Durchmesserverteilung nach Baumarten herausgegriffen. In Abb. 4-26 wurden die auf den Parzellen stockenden Altbäume auf Durchmesserstufen aufgeteilt.

Die Brusthöhendurchmesser der auf der Nullfläche in Schernfeld (SNF F99) stockenden Altbäume reichen von 18 cm bis 52 cm. Die Häufigkeitsverteilung der Stämme auf Durchmesserstufen mit dem Überwiegen von mittleren Durchmessern nähert sich gut an eine GAUSSsche Glokkenkurve an und ist typisch für einen einschichtigen und gleichaltrigen Reinbestand (PREUHSLER 1981, KRAMER & AKCA 1987, SCHMITT 1994). Bei ähnlicher Form, aber deutlich schmälerer Ausprägung ist der „Glockengipfel" auf Parzelle SNF B20 (mit 20-jhg. Buche) nach rechts zu höheren Durchmesserklassen verschoben. Die nur noch geringe Anzahl von Altfichten auf Parzelle SNF B40 verteilt sich mehr oder weniger gleichmäßig auf einen relativ breiten Bereich größerer Durchmesserstufen. Währenddessen die 20-jhg. Buchen in Schernfeld den Derbholzbereich noch (!) nicht erreicht haben, ist es den 40-jhg. Buchen annähernd gelungen, die bis zu den schwächsten Altbäumen vorhandene „Durchmesserlücke" zu schließen.

Charakteristisch für eine Hochdurchforstung in einem Buchenbestand, wie sie in Schernfeld auf der naturnahen Vergleichsfläche (SNF N98) praktiziert wurde (KRIEBEL, mdl. Mitt.), ist eine zweigipfelige Häufigkeitsverteilung. Die vom Alter her identischen Buchen auf Parzelle SNF N98 verteilen sich auf einen Bereich mit geringem Durchmesser (Nebenbestand) und einen Bereich mittlerer Durchmesserstufen (herrschende Schicht). In Relation zum Modellbild, wie es von BURSCHEL & HUSS (1987) für einen hochdurchforsteten Buchenbestand entworfen wurde, ist der Gipfel im unteren Durchmesserbereich jedoch auf einem zu niedrigen Niveau, woraus zu schließen ist, daß der Buchennebenbestand ausgesprochen spärlich ausgebildet ist.

Weniger glockenförmig als auf SNF F99 (Nullfläche) ist die Stammzahlverteilung auf Durchmesserstufen im Fichtenreinbestand in Biburg (BIB F99) ausgebildet. Wie bereits bei den ertragskundlichen Kenndaten herausgestellt wurde (s. Kap. 4.2.2), ist das Säulenmuster nicht zuletzt wegen des höheren Alters nach rechts zu größeren Durchmessern verschoben.

Die Altfichten des 20-jhg. Umbaustadiums (BIB B20) verteilen sich gleichmäßig auf einen relativ breiten Durchmesserbereich, wobei sich das Durchmesserspektrum aber kaum von der Nullfläche (BIB F99) abhebt. Die gegenüber den anderen 20-jhg. und 40-jhg. Umbauphasen stark erhöhte Zahl an Altfichten auf Parzelle BIB B40 (mit 40-jhg. Buche) ist annähernd normalverteilt und weist auffallende Ähnlichkeiten mit der Nullfläche in Schernfeld auf. In den von der Derbholzgrenze (7 cm) bis etwa 26 cm Durchmesser reichenden und nicht von Altfichten eingenommenen Durchmesserbereich schieben sich die 40-jhg. Buchen und sind im Begriff, die Durchmesserlücke zu schließen.

Die geringe Zahl von Altbäumen der naturnahen Parzelle BIB N98 verteilt sich annähernd gleichmäßig über den gesamten angegebenen Durchmesserbereich.

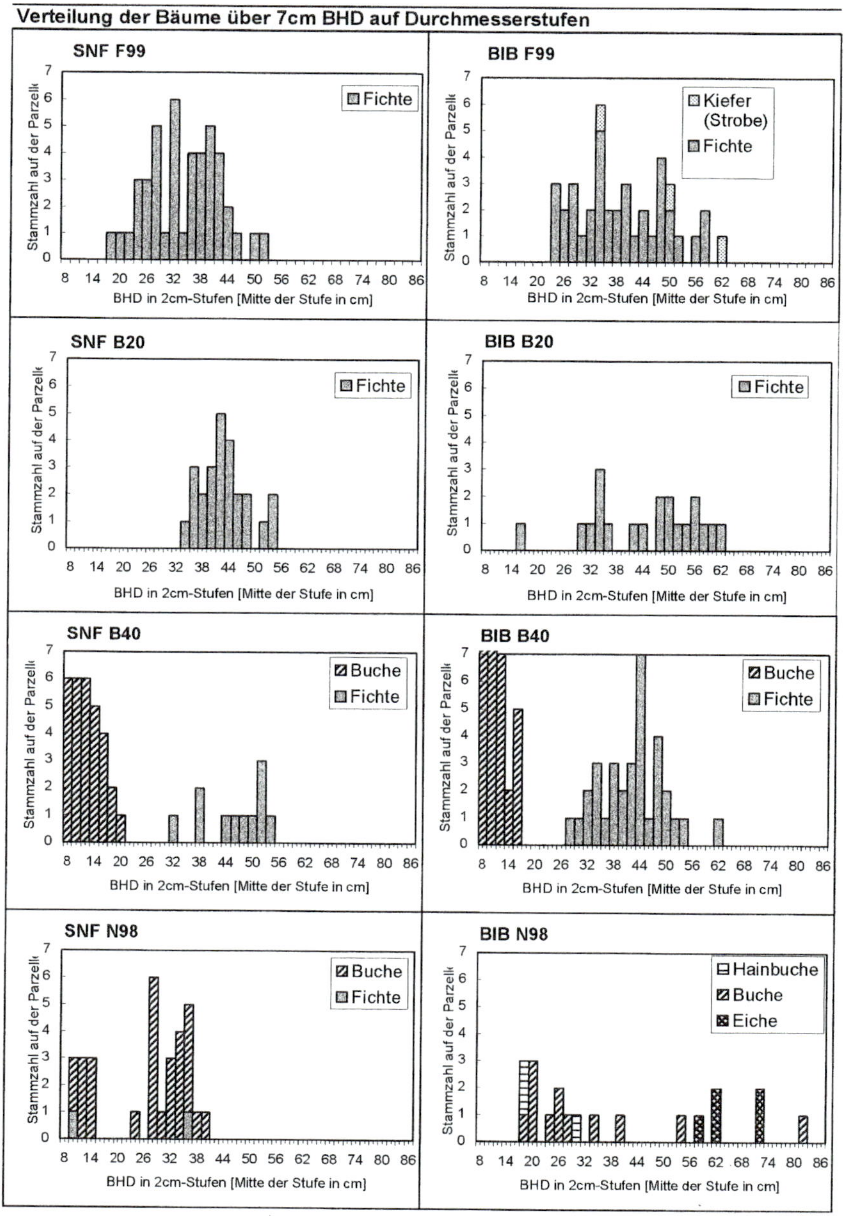

Abb. 4-26: Stammzahlverteilung sämtlicher Bäume über 7 cm BHD auf Durchmesserstufen von 2 cm Breite, differenziert nach Baumartengruppen; bei Parzelle BIB B40 (mit 40-jhg. Buche) übertreffen die Stammzahlen in den unteren Durchmesserstufen das Niveau der y-Achse geringfügig.

4.2.3.3 h/d-Wert als Ausdruck der Stabilität von Verjüngungsbäumen

Die Übertragung der bei den Altbäumen angewandten Wertskala mit Fortsetzung ab dem h/d-Wert 101 auf die Verjüngungsbäume liefert die in Tab. 4-10 mitgeteilten Ergebnisse. Die innerhalb der Ober- und Mittelschicht vorkommenden Verjüngungsbäume wurden hierzu nach Baumartengruppen getrennt in fünf h/d-Stufen einsortiert. Zur besseren Orientierung wurden bei jeder Baumartengruppe die zwei am häufigsten vorkommenden Stufen umrahmt; nicht hervorgehoben wurden Stufen, in denen weniger als vier Verjüngungsbäume vorkamen. Für die Bäume der Parzellen SNF F99 und SNF N98 wurden keine h/d-Werte ermittelt.

Die Jungfichten der Parzelle SNF E20 (mit 20-jhg. Buche) liegen bei insgesamt geringer Baumhöhe überwiegend im stabilen Bereich mit einer gewissen Tendenz zu instabiler Ausformung. Davon abgegrenzt sind die etwa 20-jhg. Buchen als instabil bis sehr instabil anzusprechen. Deutlich stabiler erweisen sich die 40-jhg. Buchen in Schernfeld. Ein Vergleich mit dem 20-jhg. Entwicklungsstadium zeigt, daß sich das Schwergewicht nach links in die h/d-Zonen 50-79 („stabil") und 80-100 („instabil") verlagert hat. Interessant ist die Aufteilung der Fichte auf zwei Gruppen mit etwa gleicher Stammzahlhäufigkeit. Die weniger stark besetzte Stufe „80-100" vermittelt zwischen den häufiger vorkommenden und einander entgegenstehenden Stufen „stabil" und „sehr instabil".

Stabil, jedoch mit einer gewissen Tendenz zur Instabilität sind die Fichten im Bereich der 20-jhg. Umbauphase in Biburg entwickelt. Wie auch bei der Vergleichsparzelle in Schernfeld ist die Mehrzahl der 20-jhg. Buchen in Biburg der Stufe „sehr instabil" zuzuordnen, wobei aber die Situation insgesamt günstiger (h/d-Stufe 80-100 am zweithäufigsten) einzuschätzen ist als bei den 20-jhg. Buchen der Schernfelder Vergleichsparzelle (SNF B20).

Von den bisherigen Beobachtungen weicht die Situation der Umbauparzelle BIB B40 insofern sehr stark ab, als 26 von 61 der ca. 40-jhg. Buchen den außergewöhnlich hohen h/d-Wert von 200 überschreiten.

Die Buchen der naturnahen Parzelle BIB N98 streuen über einen breiten Bereich von h/d-Werten, wobei das Schwergewicht bei Werten zwischen 80 und 150 liegt.

Aus der Zusammenschau der Versuchsergebnisse ergibt sich, daß die Buche auf den einzelnen Parzellen nur mit wenigen Einzelindividuen in die Zone günstiger h/d-Werte eindringt. Sehr hoch sind insbesondere die auf der Parzelle BIB B40 ermittelten h/d-Werte für die 40-jhg. Buchen. Eine insgesamt ausreichende kollektive Stabilität kann allein den 40-jhg. Buchen in Schernfeld zugesprochen werden. Bei sonst. Laubholz und bei Edellaubholz ist hinsichtlich der h/d-Werte keine einheitliche Richtung erkennbar. Die ohnehin geringen Stammzahlen verteilen sich annähernd über den gesamten Bereich der definierten h/d-Stufen.

Wegen der erst niedrigen Wuchshöhe sind die ausgesprochen geringen h/d-Werte für die Fichten der Nullfläche und des 40-jhg. Umbaustadiums in Biburg nicht aussagekräftig.

Aufgrund der hohen h/d-Werte (über 100, in Einzelfällen über 200) müßte der überwiegenden Zahl der untersuchten 20-jhg. bzw. 40-jhg. Buchen eine sehr ungünstige Statik zugesprochen werden. Grundsätzlich gilt nämlich, daß sich die statischen Eigenschaften der Bäume mit zunehmendem h/d-Wert verschlechtern (NÜßLEIN 1995, SPELLMANN 1995). Als Richtwert für den Übergang von stabilen zu labilen Verhältnissen wird in der Regel der h/d-Wert von 80 genannt (BURSCHEL & HUSS 1987, HAUGG 1994, WEISE 1994), wobei die herangezogene Wertskala als Stabilitätsweiser im Grunde genommen nur bei Nadelhölzern und bei älteren Bäumen aussagekräftig ist (s. NÜßLEIN 1995).

Tab. 4-10: Aufteilung der erhobenen Verjüngungsbäume (einschließlich der 40-jhg. Buchen) auf h/d-Stufen, differenziert nach Baumartengruppen; bei Fichte und Buche sind die zwei häufigsten h/d-Stufen schwarz umrandet. Im Testgebiet Schernfeld fanden an der kaum kniehohen Naturverjüngung der Parzellen SNF F99 und SNF N98 keine Durchmessererhebungen statt.

Verteilung der Verjüngungsbäume auf h/d-Stufen

		h/d-Stufe					
Parzelle	**Baumartengruppe**	**bis 49**	**50-79**	**80-100**	**101-150**	**151-200**	**über 200**
SNF B20	Fichte	2	26	14	8	0	0
	Tanne	0	1	0	0	0	0
	Buche	0	2	41	315	88	9
	Edellaubholz (Eiche)	1	1	2	3	1	0
	sonst. Laubholz	0	0	1	0	0	0
SNF B40	Fichte	4	13	7	16	3	2
	Tanne	0	0	0	0	0	0
	Buche	1	11	8	4	3	3
	Edellaubholz (Eiche)	0	0	0	0	0	0
	sonst. Laubholz	0	0	0	0	0	0
BIB F99	Fichte	8	27	3	2	0	0
	Tanne	0	1	0	0	0	0
	Buche	0	0	0	0	0	0
	Edellaubholz (Eiche)	0	2	1	1	0	0
	sonst. Laubholz	1	3	5	2	0	0
BIB B20	Fichte	12	28	14	1	0	0
	Tanne	0	3	1	0	0	0
	Buche	0	14	58	138	28	8
	Edellaubholz (Eiche)	0	0	0	1	0	1
	sonst. Laubholz	0	0	1	5	1	0
BIB B40	Fichte	107	41	0	0	0	0
	Tanne	0	0	0	0	0	0
	Buche	1	0	0	13	21	26
	Edellaubholz (Eiche)	1	0	0	0	0	0
	sonst. Laubholz	0	2	1	0	0	0
BIB N98	Fichte	0	0	0	0	0	0
	Tanne	0	0	0	0	0	0
	Buche	2	32	82	170	24	7
	Edellaubholz (Eiche)	2	1	2	4	1	1
	sonst. Laubholz	1	0	0	0	0	0

Zur Beurteilung der an den Fichten- und Buchenjungwüchsen ermittelten h/d-Werte kann die Übersicht von BRUNNER (1993) herangezogen werden, in der die in Bergmischwaldversuchen (s.a. BURSCHEL et al. 1985) an Jungwüchsen verschiedener Baumarten erhobenen h/d-Werte mit Angaben aus der Literatur verglichen wurden. Danach liegt der überwiegende Teil der eigenen Meßwerte bei Buche deutlich über den im Bereich von 50-65 liegenden h/d-Werten von BRUNNER (1993) und auch über bzw. an der oberen Grenze des von DOHRENBUSCH (in BRUNNER 1993) angegebenen Rahmens (h/d-Werte von 50-116).

Demgegenüber fand SCHMITT (1994) an jungen Buchen in mit Altbäumen überschirmten gemischten Jungwüchsen h/d-Werte von 100 bis 200. Dieser Befund steht im Grundsatz in Einklang mit den in Biburg und Schernfeld festgestellten Versuchsergebnissen. Allerdings beobachtete SCHMITT (1994) ein rasches Absinken des h/d-Wertes auf etwa 160 im Bereich der Derbholzschwelle und einen weiteren Rückgang bis auf 100 bei einem BHD von 15 cm - ganz im Gegensatz zu den 47 Buchen der Parzelle BIB B40, deren h/d-Werte trotz überschrittener Derbholzschwelle über 150 bzw. sogar über 200 liegen. Vergleichbar sind diese Werte aber wiederum mit dem h/d-Wert 200, den NÜßLEIN (1995) an Buchen im Baumholzstadium von Buchen-Edellaubholz-Mischbeständen gemessen hat.

4.2.4 Ausbildung der Bodenvegetation

4.2.4.1 Natürliche Waldgesellschaften

Schernfeld

Auf den Untersuchungsstandorten in Schernfeld (SNF) kann als natürliche Waldgesellschaft in Anlehnung an SEIBERT (1968) das für die Fränkische Alb charakteristische Lathyro-Fagetum angenommen werden. Die feinsandigen, schluffigen bis tonigen Lehmen, welche im Bereich der mit Altfichten bestockten Parzellen SNF F99 (Nullfläche), SNF B20 (mit 20-jhg. Buche) und SNF B40 (mit 40-jhg. Buche) anzutreffen sind, lassen als Subassoziation ein Lathyro-Fagetum melampyretosum vermuten. Im Bereich der naturnahen Vergleichsparzelle SNF N98 stößt man aufgrund fehlender Albüberdeckung unmittelbar auf Kalksteinbraunlehm als Substrat. Abweichend von den oben genannten Standorten ist hier natürlicherweise die typische Form des Lathyro-Fagetum ausgebildet (SEIBERT 1968).

Die Karte der natürlichen Waldzusammensetzung nach KREUTZER & FOERST (1978) enthält Buchenwälder mit Eiche, denen örtlich Tanne und etwas Fichte beigemischt ist. Im Gegensatz zu der von SEIBERT vorgenommenen Klassifizierung geht die forstliche Standortkartierung davon aus, daß im Bereich der Fichtenbestände auf der Standortseinheit „304“ („frische tiefgründige (Fein-) Lehme“) natürlicherweise Hainsimsen-Buchenwälder ausgebildet sind.

Biburg

Für die Parzellenstandorte in Biburg gibt die Übersichtskarte natürlicher Vegetationsgebiete (SEIBERT 1968) einheitlich die Hügellandform (Südbayern-Rasse) des Luzulo-Fagetum als natürliche Waldgesellschaft an, welche auf Braunerden mit mittlerem Basengehalt und auf Podsol-Braunerden in Höhenlagen von 300 - 800 m ü. NN vorkommt. KREUTZER & FOERST (1978) nennen für das Biburger Hügelland Stieleichen-Buchenwälder mit geringem Tannen bzw. Kiefernanteil als natürliche Waldgesellschaft, wobei fließende Übergänge zu Buchen-Eichenwäldern bzw. Buchenwäldern mit Tanne und etwas Fichte gegeben sind.

4.2.4.2 Artenzahlen und soziologische Einordnung

In Kontrast zu den Nullflächen und zu den 20-jhg. Umbauphasen, deren Baumschichten noch von der Fichte geprägt sind, läßt die Gehölzkomponente der 40-jhg. Umbauphasen in beiden Testgebieten angesichts der Zusammensetzung aus Fichte (Baumholzphase) und Buche (Stangenholzphase) bereits deutlich den künftigen Mischbestandescharakter erkennen. Die Strauchschicht hinzugerechnet, ist die Entwicklung zu Mischbeständen auch auf den 20-jhg. Umbauparzellen erkennbar, wo die Buche das Verjüngungsgeschehen dominiert.

Schernfeld

Trotz des vergleichsweise geringen Deckungsgrades liegt die Artenzahl der Bodenvegetation auf der Parzelle mit 20-jhg. Buchenvoranbau (SNF B20) etwas höher als auf der Nullfläche (SNF F99) (n=29 gegenüber n=24). Am geringsten ist die Artenzahl (n=18) auf Parzelle SNF B40 und dürfte in Verbindung stehen mit dem niedrigen Gesamtdeckungsgrad von nur 17%. Bei der Besetzung verschiedener Straten fällt auf, daß die Nullfläche keine Strauchschicht besitzt, wogegen die beiden Umbauphasen in sämtlichen Straten Vegetation aufweisen.

Der Charakter der Bodenvegetation auf der Nullfläche wird neben der z.T. üppigen Fichtennaturverjüngung von Carex brizoides, Oxalis acetosella und verschiedenen Moosen geprägt. Daneben sind auch Dryopteris dilatata und Milium effusum stetig vertreten. Häufige Arten in den mit Buchen bestockten Umbauphasen sind Oxalis acetosella, die Moosarten Plagiomnium affine und Thuidium tamariscinum sowie Rubus fruticosus auf SNF B20 und Oxalis acetosella und Rubus fruticosus auf SNF B40.

Den Flächen SNF F99, SNF B20 und SNF B40 ist gemeinsam, daß in der Bodenvegetation mehrere Arten aus typischen Buchenwaldgesellschaften (vgl. OBERDORFER 1983) vertreten sind. Ohne sämtliche Arten mit soziologischen Eigenschaften aufzuzählen, seien folgende Arten aus der Krautschicht herausgegriffen: aus der Klasse Querco-Fagetea sind Anemone nemorosa (SNF B20), Viola reichenbachiana (SNF F99) und Quercus robur (SNF F99, SNF B40) vorhanden; den Fagioncharakter betonen Abies alba (SNF F99, SNF B20, SNF B40) und Milium effusum (SNF F99, SNF B20), die Gruppe der Fagetalia-Arten ist vertreten durch Acer pseudoplatanus (SNF B20), Polygonatum multiflorum (SNF F99) und Dryopteris filix-mas (SNF B20). Der hierdurch hervorgerufene Buchenwaldcharakter wird jedoch überlagert durch typische Fichtenbegleitarten wie Sorbus aucuparia (SNF F99, SNF B20 und SNF B40) und Galium rotundifolium (SNF B20); sie unterstreichen das noch von den Altfichten geprägte Gesamtbild der Umbaustadien.

Das Fehlen von Assoziationscharakterarten im Bereich der drei Entwicklungsstadien des Fichtenumbaus ist bezeichnend für die geobotanische Gruppe der ranglosen Gesellschaften (s. FISCHER 1995). In Abweichung von der natürlichen Waldgesellschaft sind die Bodenvegetationsformen der Umbauphasen im Anhalt an JAHN & SEIBERT (zit. n. FISCHER 1995) als Forstgesellschaften zu benennen.

Das Erscheinungsbild der Vegetation auf der naturnahen Parzelle SNF N98 unterscheidet sich bedeutend von den bisher beschriebenen Vegetationstypen. Obgleich Strauch- und Moosschicht vollständig fehlen, kommt die üppig ausgebildete Krautschicht auf die beachtliche Zahl von 55 Arten. Hohe Deckungsgrade erzielen Galium odoratum, Geranium robertianum, Impatiens noli-tangere, Oxalis acetosella und Stellaria holostea; stetig vertreten sind Vicia sepum, Carex sylvatica, Fagus sylvatica, Fragaria vesca und Hepatica nobilis. Im Vergleich zur Bodenvegetation der Umbauphasen gewährleistet der laubfreie Zustand im Frühjahr die Entwicklung einzelner Frühjahrsgeophyten wie Anemone nemorosa, Fragaria vesca und Hepatica nobilis (vgl. DIERSCHKE 1989).

Die spezifische Artenzusammensetzung der Parzelle SNF N98 ermöglicht eine pflanzensoziologische Einordnung bis zur Assoziation des Hordelymo-Fagetum. Im Gegensatz zum Galio-odorati-Fagetum treten im Hordelymo-Fagetum Arten auf, die auf erhöhten Kalk- bzw. Basengehalt verweisen. Typische Beispiele auf der Testfläche sind Lathyrus vernus und Lilium martagon, welche als Differentialarten das Hordelymo-fagetum[4] gegen das Galio-odorati-Fagetum abtrennen.

Die von Fagetalia-Arten geprägte Vegetation wird überlagert durch das Auftreten von Arten, die typisch sind für andere Waldgesellschaften: Carpinus betulus, Stellaria holostea und Galium sylvaticum (Assoziationscharakterart des Galio-Carpinetum) vermitteln bereits zum Verband Carpinion betuli. Als Zeigerart für stau- und sickerfeuchte Standorte kommt Impatiens noli-tangere in einer Reihe von Waldgesellschaften vor, ist jedoch primär dem Galio-odorati-Fagetum circaetosum zuzurechnen, das seinerseits zum Verband Alno-Ulmion überleitet (FISCHER 1995).

[4] Hordelymus europaeus als namensgebende Charakterart ist in Süddeutschland kaum anzutreffen (FISCHER 1995).

Bodenvegetation	Parzelle							
	SNF F99	SNF B20	SNF B40	SNF N98	BIB F99	BIB B20	BIB B40	BIB N98
Standort								
Neigung	0°	0°	5°	0°	1-2°	6°	6°	0°
Exposition	-	-	N	NO u. NW	NW	NW	W	-
Geländeform	eben	eben	leicht geneigt	Kuppenlage	leicht geneigt	Mittelhang	Oberhang	Kuppenlage
Meereshöhe (m ü. NN)	558	555	553	548	540	545	551	550
Substrat	frische, tief-	frische, tief-	frische, tief-	mäßig trockene	sandige Lehme	sandige Lehme	sandige Lehme	sandiger
	gründige	gründige	gründige	Kalkver-	an ausgeglichen	an ausgeglichen	an ausgeglichen	Lehm
	Feinlehme	Feinlehme	Feinlehme	witterungslehme	frischen Hängen	frischen Hängen	frischen Hängen	
Artenzahlen								
Krautschicht	18	14	7	55	19	7	17	8
Strauchschicht	-	8	6	-	1	4	-	5
Moosschicht	6	7	5	-	6	5	4	-
Artenzahl	24	20	18	55	26	10	21	13
Artenzahlen/Feld	8 bis 12	10 bis 17	1 bis 8	17 bis 31	10 bis 17	1 bis 12	7 bis 15	5 bis 10
Deckungsgrad								
mittl. Deckungsgrad	78%	41%	17%	29%	93%	27%	47%	37%
Deckungsgrad/Feld	60-95%	10-95%	0-35%	20-40%	90%-95%	5-80%	5-80%	5-70%
wichtige Zeigerwerte								
Lichtzahl	4,5	4,6	5,3	5,2	4,7	5,1	5,0	4,8
Feuchtezahl	5,5	5,4	5,4	5,2	5,4	6,0	5,1	5,3
Reaktionszahl	5,0	5,7	4,0	6,2	3,8	3,3	3,4	5,5
Stickstoffzahl	5,5	6,8	5,2	5,6	5,3	4,7	4,3	6,4
Ökologische Gruppen (Nr)	**Anzahl der Arten innerhalb der ökologischen Gruppen**							
Vaccinium myrtillus (2)			2		3	2	3	
Avenella flexuosa (3)					2		2	
Dryophteris carthusiana (4)	3	2	3		2	2	3	
Anemone nemorosa (11)	3	2			3			3
Lamiastrum galeobdolon (12)	2			0				
Mercurialis perennis (13)				5				
Athyrium filix-femina (14)				2				
Gymnocarpium dryopteris (23)		2						
Epilobium augustifolium (27)				3				

Tab. 4-11: Übersicht zur Ausbildung der Bodenvegetation auf den Testflächen; mit angegeben sind auf den Standort bezogene Kenndaten. Die Benennung und Nummerierung der ökologischen Gruppen richten sich nach Hofmeister (1990).

Bemerkenswert ist das stetige Vorkommen von Stellaria holostea. Dem Carpinion-Verband angehörend, grenzt diese Art die Tieflandform des Hordelymo-Fagetum gegen die Hochlandform ab, wobei ein Übergangsbereich von 350-550 m ü. NN angegeben wird. Dieser Erkenntnis folgend (vgl. FISCHER 1995), wäre in Schernfeld die Tieflandform an der Höhengrenze der Verbreitung angekommen bzw. hätte diese sogar schon überschritten.

Die Ausbildung der Bodenvegetation auf Parzelle SNF N98 ist bezeichnend für einen natürlichen und artenreichen, jedoch straucharmen Kalkbuchenwald (DIERSCHKE 1982 und 1989). Dieser darf jedoch nicht als Maßstab für die natürliche Waldgesellschaft auf den nährstoffärmeren und aus lehmiger Albüberdeckung entstandenen Standorten der Umbauphasen (s.o.) herangezogen werden[5].

Biburg

Anders als in Schernfeld kommen in Biburg die meisten Arten (n=26) auf der Nullfläche (BIB F99) vor, gefolgt vom 40-jhg. Umbaustadium (BIB B40) mit 21 Arten. Mit nur 16 bzw. 13 Arten ist die Bodenvegetation der Flächen BIB B20 (mit 20-jhg. Buche) und BIB N98 (naturnahe Vergleichsfläche) relativ artenarm (DIERSCHKE 1989). Ein Zusammenhang zwischen den Artenzahlen und den Deckungsgraden ist offensichtlich: Auf Parzelle BIB F99 kommt der Deckungsgrad an die 100%-Marke heran, auf BIB B40 liegt dieser noch bei 47%. Auf den beiden anderen Flächen sind nicht mehr als 40% der Fläche mit Bodenvegetation bedeckt.

Das auf Einzelexemplare begrenzte Vorkommen der Assoziationscharakterart Luzula luzuloides auf den Parzellen BIB F99 und BIB B40 läßt als Pflanzengesellschaft ein Luzulo-Fagetum annehmen. Diese Vermutung wird unterstützt durch das Auftreten von Begleitarten wie Avenella flexuosa, Vaccinium myrtillus und Polytrichum formosum, welche als säuretolerante Differentialarten das Luzulo-Fagetum gegen Gesellschaften weniger saurer Böden abgrenzen (DIERSCHKE 1982, MICHIELS 1994, FISCHER 1995). Weitere Buchenwaldarten sind Impatiens parviflora und Viola reichenbachiana (BIB F99) aus der Ordnung Fagetalia und Abies alba (BIB F99 und BIB B40) aus dem Verband Fagion. Auf der 20-jhg. Umbaufläche (BIB B20) fehlen Assoziationscharakterarten. Die vorkommenden Baumarten Picea abies (Piceetalia), Fagus sylvatica (Fagion) und Quercus robur (Querco-Fagetea) sind Ausdruck übergeordneter, aber nicht identischer soziologischer Einheiten (s. OBERDORFER 1983). So muß die Bodenvegetationsdecke im Bereich der Parzelle BIB B20 unspezifisch als Fichtenforstgesellschaft bezeichnet werden (s.o.).

Innerhalb der relativ artenarmen naturnahen Testparzelle gehen die hohen Deckungsgrade einzelner Felder auf Carex brizoides und Impatiens parviflora zurück. Neben Fagus sylvatica und Quercus robur ist auch Rubus fruticosus stetig anzutreffen. Lediglich über die Arten Fagus sylvatica, Quercus robur (Querco-Fagetea) sowie Milium effusum und Acer pseudoplatanus (Fagion) kann eine grobe pflanzensoziologische Einordnung erfolgen. Dagegen gelingt es nicht, das auch hier prognostizierte Luzulo-Fagetum anhand von Charakterarten in der Bodenvegetation nachzuweisen.

---

[5] Vom Grundsatz homogener Standorte mußte im Testgebiet Schernfeld insofern abgewichen werden, als auf der Standortseinheit „304" (s.o.) kein naturnaher Laubholzbestand auffindbar war, der in der Entwicklungsphase mit der Nullfläche vergleichbar gewesen wäre.

4.2.4.3 Ökologische Zeigerwerte:

Die numerischen Werte für die verschiedenen Zeiger (Lichtzahl, Feuchtezahl und Reaktionszahl) sind aus Tab. 4-11 ersichtlich und ermöglichen eine ökologische Einordnung der Vegetation (vgl. MAYER 1978) auf den Testparzellen. Außerdem sind sämtliche ökologischen Gruppen (in Anlehnung an HOFMEISTER 1990) aufgeführt, die durch mindestens zwei Pflanzenarten pro Parzelle repräsentiert sind. Der Tabellenwert gibt an, wieviele Pflanzenarten aus der jeweiligen ökologischen Gruppe auf der Testparzelle vorkommen.

Schernfeld:

Bezüglich der Lichtzahl steht die Bodenvegetation auf den Parzellen SNF F99 und SNF B20 zwischen Schatten- und Halbschattenpflanzen, während die Artenzusammensetzung der beiden anderen Parzellen den Charakter von Halbschattenpflanzen mit Tendenz zu höheren Lichtansprüchen signalisiert. Die Feuchtezahl differiert zwischen den Parzellen innerhalb eines Rahmens von 5,2 und 5,5 und zeigt betont frische (Frischezeiger werden mit dem Wert 5,0 angegeben) Bodenverhältnisse an.

Im Quervergleich der Testparzellen sind die größten Abweichungen bei der mittleren Reaktionszahl festzustellen. Saure bis mäßig saure Bedingungen (Mittelwert 4,0) zeigen die Bodenpflanzen auf Parzelle SNF B40 (mit 40-jhg. Buche) an. Der relativ niedrige Wert für dieses am weitesten entwickelte Umbaustadium überrascht insofern, als im Fichtenreinbestand ohne Laubholzvoranbau (SNF F99) günstigere und nur „mäßig saure" Bodenbedingungen angezeigt werden (Durchschnittswert 5,0). Dagegen vermittelt die Bodenvegetation auf Parzelle SNF B20 eine bessere Bodenreaktion und läßt sich umschreiben mit „mäßig sauer" bis „schwach sauer". Bedeutend günstiger ist die bereits in Richtung „schwach basisch" gehende Bodenreaktion (6,2) der naturnahen Parzelle.

Biburg

Innerhalb eines schmalen Rahmens gruppieren sich die Lichtzahlen aller Parzellen um den - Halbschattenpflanzen kennzeichnenden - Wert 5,0. Dabei tendieren die etwas niedrigeren Lichtzahlen auf der Nullfläche und der naturnahen Vergleichsparzelle schwach in Richtung Schattenpflanzen. Noch ausgeprägter als die Artenzusammensetzung in Schernfeld heben die Mittelwerte für die Feuchtezahl der in Biburg vorkommenden Vegetation die Wasserhaushaltsstufe „frisch" hervor. Die Feuchtezahlen der Parzellen BIB F99 und BIB N98 zeigen bereits in Richtung „Feuchte", und die Arten der 20-jhg. Umbauphase stehen mit einem Mittelwert von 6,0 genau zwischen Frische- und Feuchtezeigern.

In Biburg liegen die von der Bodenvegetation angezeigten Reaktionszahlen auf einem insgesamt niedrigeren Niveau als in Schernfeld. Unerwartet niedrig sind besonders die zwischen Säurezeiger und Mäßigsäurezeiger fallenden Werte der Bodenvegetation im Bereich der Umbaustadien mit vorangebauten Buchen (BIB B20 und BIB B40); offensichtlich konnte hier das Buchenlaub noch keine Aufbasung des Standortes bewirken.

4.2.4.4 Ökologische Gruppen:

Schernfeld

Die ökologischen Gruppen 3 (Avenella flexuosa), 4 (Dryopteris carthusiana) und 11 (Anemone nemorosa) (s. Tab. 4-11) sind auf Parzelle SNF F99 ausgewogen mit zwei bis drei Arten präsent. Dabei bildet die - auch ökologisch betrachtet - in der Mitte liegende Dryopteris carthusiana-Gruppe den Übergang zwischen der Avenella flexuosa-Gruppe (Nr. 3) - und der Anemone nemorosa-Gruppe (Nr. 11).

Die Artenzusammensetzung kann dahingehend interpretiert werden, daß Bodenreaktion und Nährstoffverhältnisse nicht so günstig sind wie bei ausschließlichem Vorkommen der bessere Bedingungen anzeigenden Anemone nemorosa-Gruppe; auf der anderen Seite gestaltet sich die Situation aber wiederum vorteilhafter als bei alleinigem Vorkommen der Avenella flexuosa-Gruppe.

Die ökologische Beurteilung der genannten Gruppen kann unmittelbar übertragen werden auf die Situation des 20-jhg. Umbaustadiums (SNF B20): in Relation zur Parzelle SNF F99 dürfen aus dem Vorkommen der Dryopteris carthusiana-Gruppe und der Anemone nemorosa-Gruppe vor allem deshalb etwas bessere Oberbodenverhältnisse abgeleitet werden, weil die weniger günstig einzuschätzende Avenella flexuosa-Gruppe hier fehlt. Unterstützt wird diese Einschätzung durch die mit zwei Arten repräsentierte Gymnocarpium dryopteris-Gruppe, die bezeichnend ist für günstigere Nährstoffverhältnisse.

Neben der Dryopteris cartusiana-Gruppe ist in der Bodenvegetation des 40-jhg. Umbaustadiums lediglich die Vaccinum myrtillus-Gruppe vertreten; ihre Funktion als Weiser für zur Rohhumusbildung und Versauerung neigende Waldböden liefert - im nachhinein - auch eine gute Erklärung für die niedrige Reaktionszahl.

Die Zeigerarten der naturnahen Parzelle (SNF N98) gehören vornehmlich zu ökologischen Gruppen, die ihren Verbreitungsschwerpunkt in Laub- oder Mischwäldern haben. Noch stärker als die Lamium galeobdolon-Gruppe (6 Arten) betont die mit 5 Arten vertretene Mercurialis perennis-Gruppe die sehr gute Nährstoff- und Basenausstattung des Standortes mit guter Streuzersetzung (Humusform Mull!). Bestätigt wird die günstige Humusform durch Arten aus der Epilobium augustifolium-Gruppe, die kennzeichnend für Schlagfluren sind und kleinstandörtlich hohe Lichtintensität signalisieren.

Biburg

Aus Tab. 4-11 ist ersichtlich, daß Nullfläche und 20-jhg. bzw. 40-jhg. Umbaustadium in bezug auf die vorkommenden ökologischen Gruppen nicht wesentlich voneinander abweichen. In ähnlichem Umfang wie einzelne Arten aus der Gruppe Vaccinum myrtillus den sauren und sehr nährstoffarmen Charakter des Standortes betonen, weist das Vorkommen von Arten der Avenella flexuosa-Gruppe (BIB F99 und BIB B40) bzw. Dryoptheris carthusiana-Gruppe (BIB F99 bis BIB B40) auf etwas günstigere Oberbodenverhältnisse hin.

Die Arten mit ökologischer Zeigerfunktion der naturnahen Fläche (BIB N98) gehören ausnahmslos zur Anemone nemorosa-Gruppe, die auf nährstoffhaltige, mäßig saure bis alkalische Standorte verweist. Diesbezüglich überrascht, daß - im Gegensatz zu den beiden Umbauphasen mit Buchenvoranbau (BIB B20 und BIB B40) - die für verbesserte Oberbodenverhältnisse charakteristische Anemone nemorosa-Gruppe auch in der Bodenvegetation der Nullfläche (BIB F99) vorkommt.

4.2.4.5 Zusammenfassende Beurteilung und Teildiskussion

Die Erhebung der Bodenvegetation wurde mit der Vorstellung angegangen, daß die 20-jhg.- und 40-jhg. Umbauphasen infolge der mehrjährigen Buchenbestockung bereits mit einem anspruchsvolleren Arteninventar aufwarten könnten als die monoton aufgebauten und nur mit Fichten bestockten Nullflächen. Konkret wurden höhere Artenzahlen, das Auftreten von Zeigerarten für günstigere physikalische Bodenbedingungen sowie das gehäufte Auftreten von Arten aus den natürlicherweise vorkommenden Waldgesellschaften erwartet.

Anhand des vorgefundenen Arteninventars kann diese Vermutung nicht bestätigt werden. Wie die vorgestellten Ergebnisse belegen, zeigen die Ausbildungen der Bodenvegetation im Quervergleich von Nullflächen und 20-jhg. bzw. 40-jhg. Umbaustadien weder im soziologischen noch ökologischen Verhalten auffallende Divergenzen. Sofern die Ergebnisse einzelner Parameter einen positiven Entwicklungsprozeß von der Nullfläche zu den Umbauphasen erkennen ließen, verhielten sich die Befunde für andere Parameter innerhalb des Testgebietes gegenläufig oder konnten mit den Ergebnissen im jeweils anderen Testgebiet nicht unterstützt werden.

So schneidet die Parzelle SNF B20 (mit 20-jhg. Buche) im Testgebiet Schernfeld hinsichtlich der Reaktionszahl am günstigsten ab, wogegen die Arten der Parzelle SNF B40 (mit 40-jhg. Buche) sogar eine saurere Bodenreaktion anzeigen, als sie das Arteninventar der Nullfläche ausweist. In Biburg sind die mittleren Reaktionszahlen der 20-jhg. und 40-jhg. Umbauphase geringer als auf der Nullfläche.

Abgesehen von den Parzellen BIB F99 und BIB B40, welche mit Luzula luzuloides die Charakterart des Luzulo Fagetum vorweisen können, erlaubt es die Bodenvegetation der übrigen, noch mit Altfichten bestockten Umbauflächen aufgrund des gemeinsamen Vorkommens von Buchenwaldarten übergeordneter Soziabilität (Querco-Fagetea, Fagetalia, Fagion) und Arten aus Fichtengesellschaften nicht, eine klare Zuordnung zu Assoziationen vorzunehmen. Korrekterweise muß hier noch von - anthropogen bedingten - Fichtenforstersatzgesellschaften gesprochen werden (HEYDEMANN 1982, MÜHLHÄUßER 1989, ZERBE 1994).

Hierzu paßt, daß die Verjüngungsfreudigkeit der Fichte auf den Umbauparzellen kaum vereinbar mit der potentiell natürlichen Waldgesellschaft (pnV) auf den Untersuchungsstandorten ist (s. SEIBERT 1968), weswegen es z.B. für MÜHLHÄUßER (1989) und DEUTSCHER FORSTVER. (1997) fragwürdig erscheint, die potentielle natürliche Vegetation als verbindliche Zielrichtung des naturnahen Waldbaus zu postulieren (vgl. KOCH 1990, s.a. SCHERZINGER 1996). KOWARIK (1987) relativiert diesen Aspekt insofern, als bei der Ermittlung der heutigen pnV anthropogen bedingte Standortveränderungen zu berücksichtigen sind. Die ausschließlich natürliche Waldverjüngung eines Fichtenausgangsbestandes würde nach PALMER (1996) zumindest eine weitere Generation mit Fichte zur Folge haben.

Für die Tatsache, daß sich in der Ausbildung der Bodenvegetation noch kein Umbaueffekt erkennen läßt, bieten sich die folgenden Erklärungsmöglichkeiten:

Gemessen an den langfristigen Prozeßabläufen in Wäldern und mit Rücksicht darauf, daß der Standort der Umbauflächen von mindestens zwei Fichtengenerationen geprägt ist, reichen wenige Jahrzehnte des Buchenvoranbaus offensichtlich nicht aus (s. DOLINSEK 1988), um einen markant positiven Einfluß auf die Veränderung der Bodenvegetation zu buchenbestimmten Vegetationstypen auszuüben.

Die trupp- bis gruppenweise eingebrachten 20-jhg. und 40-jhg. Buchen bilden während der Vegetationszeit ein stark beschattend wirkendes Blätterdach, das nur einen Bruchteil des schon durch die Altfichten reduzierten Lichtanteils bis zur Bodenoberfläche hindurchtreten läßt (WOLF 1980, SCHERZINGER 1996), mit der Folge, daß die Bodenvegetation unter den Buchen ausgesprochen spärlich ausgebildet ist (SCHMIDT-VOGT 1972, DIERSCHKE 1982, ELLENBERG et al. 1986, SCHMIDT 1991, s.a. WAGNER & NAGEL 1992) und sich fast ausnahmslos auf schattenertragende Moose beschränkt (s. HEYDEMANN 1982). Außerhalb der Buchengruppen ist die Bodenvegetation in der erst wenige Dezimeter hohen Fichtennaturverjüngung zwar dichter und artenreicher, aber ohne Zweifel von der Fichte geprägt, womit die wichtigste Erklärung für die kaum von den Nullflächen abweichenden Befunde genannt werden kann.

In diesem Zusammenhang ist bemerkenswert, daß sich das Arteninventar der naturnahen Parzelle BIB N98 kaum von den Artenzusammensetzungen der Umbauphasen abhebt. Die hier einzig existente Anemone nemorosa-Gruppe kommt auch auf der Nullfläche in Biburg vor. Der insgesamt relativ niedrige Deckungsgrad ist im mehrschichtigen und stark beschattend wirkenden Bestandesaufbau begründet, der in hohen Kronenschlußgraden hervortritt. Die ausgesprochen geringe Artenzahl dürfte Ausdruck einer speziell im Schlußwald- bzw. angehenden Verjüngungsstadium artenarmen Buchengesellschaft (DIERSCHKE 1989, SCHMIDT 1991) sein, welcher im übrigen auch Rote-Liste-Arten bzw. „spektakuläre" Arten weitgehend fehlen (FISCHER 1992).

Das im Testgebiet Biburg beobachtete Vegetationsmuster verleitet zu der Annahme, daß sich die Bodenvegetationstypen von Fichtenforsten und artenarmen Buchen-(Eichen-) Wäldern im Falle bestimmter, fest definierter Ausgangslagen nicht markant unterscheiden. Zu diesen sind insbesondere konkrete Standortsbedingungen, bestimmte zeitliche Waldentwicklungsphasen, die natürlich zu erwartende Waldgesellschaft sowie der Bestockungsaufbau zu zählen. Diese Einschätzung belegen ELLENBERG et al. (1986) mit der These, daß Kunstforste oft artenreicher sind als naturnahe Laubwälder.

Bei diesen Überlegungen darf im übrigen nicht übersehen werden, daß die Erhebungen der Bodenvegetation einmalige Momentaufnahmen bestimmter Waldentwicklungsphasen auf kleinen Probeflächen darstellen. Ungeachtet äußerlich kaum wahrnehmbarer Unterschiede, zeigt die Bodenvegetation der naturnahen Fläche BIB N98 eine deutlich günstigere Bodenreaktion an, so daß schon allein deshalb eine Gleichstellung der naturnahen Fläche in Biburg mit den dort vorkommenden Phasen des Fichtenumbaus ausscheidet. Auf Fläche BIB N98 ist infolge des höheren pH-Wertes auch ein erhöhtes ökologisches Potential für die Entwicklung einer reichhaltigen Bodenfauna anzunehmen.

4.2.5 Qualitätserwartung von 40-jhg. Buchen

Auf der Grundlage von Astigkeit (Aststärke, Astanzahl und Höhe des untersten Seitenastes vom Boden aus) und Stammform wurde die Qualitätserwartung von etwa 40 Jahre alten Buchen mittels einer Qualitätsziffer eingeschätzt. Von zentraler Bedeutung für die Ableitung einer zieloptimierten (Harmonie zwischen ökologischen und ökonomischen Ansprüchen) Größe von Voranbaugruppen war dabei die Qualitätserwartung des Einzelindividuums in Abhängigkeit von der Entfernung zum Rand der Laubholzeinheit.

Insgesamt wurden 370 Buchen der Kraft-Klassen 1-3, die sich auf neun Gruppen (fünf davon im Testgebiet Schernfeld, vier im Testgebiet Biburg) verteilten, analysiert. Die Größe der Laubholzeinheit schwankte zwischen 7,5 m Durchmesser und 17 m Durchmesser, so daß richtigerweise selbst die größeren Laubholzeinheiten als Buchentrupps (und nicht als Gruppen!) zu bezeichnen wären; nur die kleinste erhobene Laubholzeinheit erreicht mit 7,5 m Durchmesser kaum Truppgröße (vgl. SCHMITT 1994).

4.2.5.1 Qualitätseinschätzung

In der Zusammenschau sämtlicher aufgenommener Bäume ist in Abb. 4-27 die Qualitätseinschätzung der Buchen in Abhängigkeit von der Entfernung zum Rand der Laubholzeinheit als Scatterplot dargestellt; randständige Buchen haben folglich einen Abstand von 0 m zum Gruppenrand. Je niedriger der Wert auf der y-Achse ist, desto höher ist die Qualitätserwartung der Buche.

Während sich aus dem Punktemuster eine Beziehung zwischen der Qualitätseinschätzung und dem Abstand zum Gruppenrand nur ansatzweise herstellen läßt, zeigt ein Ausgleich der Punktewolke über eine lineare Kurvenanpassung (Abb. 4-27) einen deutlichen Trend, der sich darin mitteilt, daß sich die Qualitätserwartung vom Rand der Buchentrupps zur Truppmitte stetig verbessert.

Der aufgrund der Nichtnormalverteilung und der Varianzeninhomogenität der Werte als Maß für Zusammenhänge geeignete SPEARMANsche Korrelationskoeffizient (LOZÁN 1992) von -0,61 (Signifikanzniveau von 0,1%) bestätigt den deutlichen Zusammenhang der beiden Variablen. Auch bei der Einzelbetrachtung der Buchentrupps zeigen sich abgesicherte Zusammenhänge, die nur bei zwei von neun Trupps nicht sehr deutlich sind (Koeffizienten -0,31 und -0,36; s. Anhang).

Nur bei randständigen Buchen waren Qualitätserwartungen schlechter als Stufe 4 festzustellen. Bis zu der bei 3 m Abstand zum Gruppenrand eingezeichneten Referenzlinie (s. Abb. 4-27) tauchen sehr häufig auch Qualitätseinstufungen auf, die zwischen den Stufen 3 und 4 liegen; dagegen tritt bei einem Abstand von 3 m und mehr zum Rand der Buchentrupps die Qualitätsstufe 4 kaum mehr in Erscheinung.

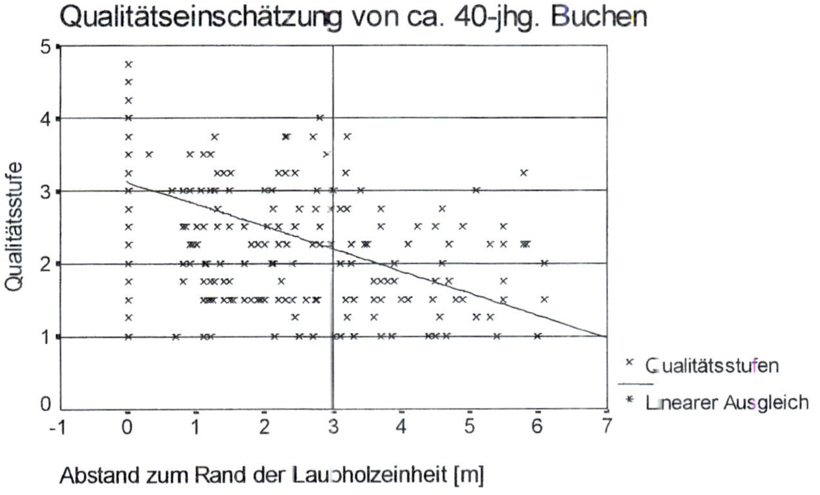

Abb. 4-27: Scatterplot zur Qualitätseinschätzung von ca. 40-jhg. Buchen in Abhängigkeit von der Entfernung zum Rand der Gruppe; die Punktewolke wurde mit einer linearen Kurve ausgeglichen. Die Formel für die Gleichung lautet: y=4,0804+(-1,0386)*x (Bestimmtheitsmaß: B=0,318, n=369). Von einer Regressionsanalyse i.e.S. wurde abgesehen, zumal die Gesamtqualitätsziffer eines Einzelbaumes aus der Verrechnung ordinaler Qualitätsziffern hervorgeht (vgl. NORUSIS 1994); lediglich das Bestimmtheitsmaß der Geraden wurde angegeben. Die Qualitätsstufe 1 bringt eine sehr hohe Qualitätserwartung zum Ausdruck, die Stufe 5 eine sehr geringe.

Das Säulendiagramm in Abb. 4-28 bietet die Möglichkeit, die Anzahl der in jeder Entfernungsstufe erhobenen Buchen abzulesen und die darin vorkommenden relativen Anteile der Qualitätsstufen abzuschätzen. Besonders sticht die hohe Zahl randständiger Buchen heraus, die weit über diejenige Stammzahl hinausgeht, die im äußeren, 1 m breiten Umfassungsstreifen der überwiegend quadratisch bis kreisförmig ausgeformten Buchentrupps zu erwarten wäre. Diese Beobachtung darf als Hinweis darauf gewertet werden, daß konkurrenzbedingte Ausscheidungen vor allem im Inneren der Buchentrupps stattfanden, während sich die randständigen Bäume infolge der geringeren Konkurrenz durch Nachbarbäume besser behaupten konnten. Die wenigen Einzelindividuen, die mehr als 7 m vom Rand der Buchentrupps entfernt waren, wurden als Ausreißer eingestuft und blieben beim regressionsanalytischen Ausgleich unberücksichtigt.

Unter den Randbäumen sind neben der nicht weiter überraschend hohen Anzahl qualitativ geringwertiger Buchen auch Individuen höherer Qualitätserwartung vorhanden. Bereits ab 1 m Entfernung zum Rand dominieren die Bäume mit höherer Qualitätserwartung (Stufen 1 bis 3) gegenüber denjenigen mit niedrigeren (Stufen 4 und 5), welche ab 4 m Entfernung zum Rand der Buchentrupps gänzlich fehlen. Buchen mit sehr guter Qualitätserwartung (Stufe 1), die bereits im Alter von 40 Jahren bis auf 6,5 m Höhe astfrei sind und über ansprechende Stammformen verfügen, gibt es am Rande der Buchentrupps kaum; ab 1 m Entfernung zum Gruppenrand sind solche Bäume dann aber regelmäßig anzutreffen. Die geringe Anzahl von Buchen in den Entfernungsstufen 7 m bis 9 m steht damit in Zusammenhang, daß nur zwei Buchentrupps einen größeren Radius als 7 m aufwiesen.

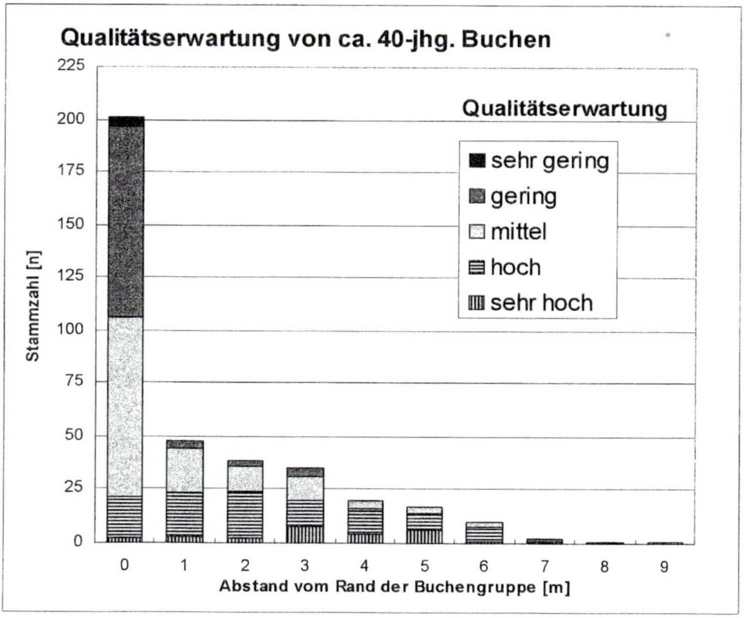

Abb. 4-28: Qualitätserwartung von ca. 40-jhg. Buchen in Abhängigkeit von der Entfernung zum Rand der Buchengruppe; in einem gestapelten Säulendiagramm sind die nach Qualitätsstufen differenzierten Bäume gegen den Abstand vom Rand der Buchengruppe aufgetragen.

Aufgrund der dargestellten Ergebnisse scheint das Potential gut bis sehr gut veranlagter Buchen auch in kleinen Laubholzeinheiten - und um solche handelt es sich bei den Buchentrupps ausnahmslos (!) - ausreichend groß zu sein. Zu unterstreichen ist jedoch, daß sich die Gesamtzahl der aufgenommenen Buchen auf den Randbereich bzw. sogar auf randständige Individuen konzentriert; hier kommen Bäume mit geringer bis sehr geringer Qualitätserwartung überproportional häufig vor.

Im Hinblick auf die noch ungenügende (und damit noch kaum qualitätsbestimmende) Durchmesserentwicklung (s. BURSCHEL 1987) schlägt bei den 40-jhg. Buchen vor allem die Astigkeit auf die Qualitätserwartung durch; darauf bezogen scheint es zulässig, Zonen unterschiedlicher Qualitätserwartung mit Zonen unterschiedlicher Astigkeit gleichzusetzen. Ausgehend vom Rand der Buchentrupps könnte als „grobastige Kontaktzone“ (zum angrenzenden Nadelholz) ein Bereich definiert werden, in dem Bäume mit geringer oder sehr geringer Qualitätserwartung regelmäßig auftauchen. Bezogen auf die Meßergebnisse erreicht die grobastige Kontaktzone im Laubholz eine Streifenbreite von maximal 3 m. Mit anderen Worten: Ab einer Entfernung von 3 m zum Rand der Buchengruppen kommen Bäume mit geringer oder sehr geringer Qualitätserwartung nur noch äußerst selten vor.

4.2.5.2 Grundsätzliche mathematische Überlegungen zu Grobastzonen

Das vorgestellte Gesamtergebnis liefert den Einstieg in eine Reihe von theoretischen Ansätzen in bezug auf die Flächenanteile grobastiger Zonen in unterschiedlich groß gewählten Laubholzeinheiten. Unterstellt man ein Verjüngungsziel von 20% Laubholz auf einer Fläche von einem Hektar, so bieten sich mehrere Möglichkeiten, den Laubholzanteil zu realisieren: In Abhängigkeit von unterschiedlichen Mischungsformen (Anzahl, Größe und Verteilung der Laubholzeinheiten) gelangt man bei einer unterstellten Grobastzone von 3 m (s.o.) zu den in Tab. 4-12 ausgewiesenen Zahlen.

Tab. 4-12: Flächenanteile einer 3 m breiten Grobastzone in Abhängigkeit vom Durchmesser der einzelnen Laubholzeinheit (kreisförmig); mit der Anzahl der Einheiten/ha, dem Abstand der Gruppen bei gleichmäßiger Verteilung und der Randlinienlänge sind weitere ökologisch bedeutsame Größen aufgeführt, wobei gängige Durchmesser für Laubholzeinheiten (trupp- bis gruppenweise Mischung mit Durchmessern für die Laubholzeinheiten von einer halben bzw. einer Altbaumlänge) hervorgehoben sind.

Parameter unterschiedlich großer Laubholzeinheiten bei einem Laubholzanteil von 20%

Durchmesser der Einheit	Anzahl/ha	Abstand [m]	Randlänge [m]	Flächenanteil einer 3 m breiten Grobastzone im Laubholz [%]
10 m	25	10	785	84
15 m	**11**	**15**	**518**	**63**
20 m	7	18	440	49
25 m	4	25	314	43
30 m	**3**	**28**	**282**	**35**
35 m	2	35	220	34

Abhängig vom gewählten Durchmesser der Laubholzeinheit sind bei dem geplanten Laubholzanteil von 20% zwischen 2 (bei 35 m Durchmesser) und 25 (bei 10 m Durchmesser) Laubholzeinheiten/ha einzubringen. Entsprechend schwankt der Abstand der Laubholzeinheiten zwischen 35 m und 10 m. Entstehen bei 10 m großen Einheiten noch Randlinien mit einer Gesamtlänge von 785 m/ha, so sinkt diese bei Gruppen mit 35 m Durchmesser auf 220 m ab, wobei starke Verminderungen bei den Übergängen von 10 zu 15 m sowie von 20 zu 25 m Durchmesser existieren. Dagegen geht die Länge der Randlinien ab 25 m Durchmesser - relativ gesehen - nicht mehr so stark zurück, wie beim Übergang von kleinen zu mittleren Durchmessern.

Mit der Abnahme der Randlinienlänge zu größeren Durchmessern sinkt auch der Flächenanteil der Grobastzonen an der Gesamtfläche der Laubholzeinheiten. Aus Sicht der zu erwartenden Holzqualität ist der Effekt besonders von kleinen zu mittleren Durchmessern sehr groß, wohingegen eine Steigerung des Durchmessers von 30 auf 35 m den Flächenanteil der Grobastzone nicht mehr entscheidend vermindert. Nur wenn versucht wird, das Laubholz konzentriert in Form einer Einheit pro Hektar einzubringen, sinkt der Flächenanteil der Grobastzone des entstandenen Buchenhorstes (mit exakt 50 m Durchmesser) auf den geringen Wert von 13%; dann kommen die Randlinien allerdings nur noch auf eine Länge von 157 m pro Hektar.

Aus den kleinräumigen waldökologischen Intensivstudien in den Testgebieten Biburg und Schernfeld lassen sich zusammenfassend die folgenden wichtigen Ergebnisse herausstellen:

Infolge der reduzierten Zahl von Altbäumen ist der Vorrat des Einzelbaumes auf den Parzellen mit Buchenvoranbau höher als auf den Nullflächen. Diese Entwicklung ist auch entscheidend dafür, daß die h/d-Werte und damit die Bestandesstabilität im Bereich der fortgeschrittenen Umbauphasen besser sind als in den Fichtenreinbeständen.

Die Bestandesdarstellungen zeigen, daß die 20-jhg. und 40-jhg. Umbauphasen deutlich strukturreicher als die Nullflächen sind. Diese Aussage unterstützen folgende Gesichtspunkte: die mit Buchen bestockten Stadien weisen in bezug auf die Verjüngungsdichte eine ausgeprägtere Mosaikstruktur auf; auch der kleinräumige Wechsel unterschiedlicher Horizontalüberschirmungen (der Altbäume) ist auf diesen Flächen wesentlich variabler. Verglichen mit den Nullflächen ist im Bereich der Buchenvoranbauten eine größere Zahl von Höhenschichten mit Verjüngungsbäumen besetzt, wobei der Bestockungsaufbau überwiegend geschichtet (und noch kaum gestuft) ausgebildet ist.

Während die Ausgangsbestockung nur aus Nadelholzarten (Fichte) besteht, ist in der Vorausverjüngung aller Parzellen eine Mischung aus mindestens vier Nadel- und Laubhölzern vorhanden. Die höchste Zahl an Baumarten ist mit 6 bzw. 8 Arten in den 20-jhg. Stadien vorhanden, wobei hier nur Buche und Tanne künstlich eingebracht wurden. Maßgebend für die künftige Artenzusammensetzung der 20-jhg Entwicklungsstadien sind die Standraumanteile der einzelnen Baumarten in der Verjüngungsober- und mittelschicht. Bei der Zusammenfassung dieser beiden Schichten sinkt der Anteil der einzeln beigemischten Laubhölzer von knapp 5% in der Oberschicht auf 1-2%. Unter Berücksichtigung der Entwicklungsdynamik ist anzunehmen, daß diese Arten mittelfristig von der Buche und der Fichte verdrängt werden.

Gegenüber der Fichtennaturverjüngung hat die Buche in den 20-jhg.- und 40-jhg. Umbaustadien einen Wuchsvorsprung von mindestens 2 m. Somit sind die Chancen für die Beteiligung der Buche im künftigen Hauptbestand gut. Auf der Parzelle BIB B40 ist die Höhendifferenz zwischen 40-jhg. Buchen und Fichtennaturverjüngung mit 15 m allerdings so groß, daß der angestrebte stufige Bestandesaufbau nicht mehr zu erlangen sein dürfte.

Anhand der Bodenvegetation läßt sich ein Einfluß des Buchenvoranbaus noch nicht nachweisen. Alle mit Altfichten bestockten Umbaustadien sind noch als Fichtenforstersatzgesellschaften zu bezeichnen. Dieser Befund kann u.a. darauf zurückgeführt werden, daß die Bodenvegetation vor allem auf den Teilflächen außerhalb der Laubholzvoranbauten vorhanden ist, während unter den stark beschattenden Buchen offensichtlich nur einige Moosarten überlebensfähig sind.

Die qualitative Entwicklung der Buchen hängt von der Lage innerhalb der Buchengruppen ab: bei den untersuchten ca. 40-jhg. Buchen erhöht sich die Qualitätserwartung vom Rand zum Zentrum der Buchentrupps. Zur Verminderung der grobastigen Randzonen wären deshalb große Mischungsformen vorteilhaft. Von ökologischer Seite wird jedoch die Bedeutung von Randlinien-effekten hervorgehoben, was für eine kleine Mischungsform spräche. Dieser Konflikt muß näher auseinandergesetzt werden (s. Kap. 5.7 der Diskussion).

4.3 Fallweise Analyse von Forstämtern

In fünf Forstämtern wurden sämtliche in der Endnutzung befindlichen Nadelholzreinbestände mit führender Fichte über die Revierbuchdaten erfaßt. Anhand der Zahlen zur Vorausverjüngung wurden die bisherigen Umbaumaßnahmen in diesen Beständen analysiert. In zwei pro Forstamt ausgewählten Umbaubeständen wurde das jeweils angewandte Umbauverfahren beispielhaft untersucht.

4.3.1 Flächengrundlagen

Die in Tab. 4-13 wiedergegebene Flächenstatistik vermittelt eine Übersicht über die Anzahl und über verschiedene Flächenkenngrößen der erfaßten Fichtenumbaubestände, insbesondere in Relation zur Holzbodenfläche des jeweiligen Forstamtes.

Tab. 4-13: Kenngrößen zu Anzahl, Alter und Holzbodenflächen der erfaßten Fichtenumbaubestände; EN + VN: Endnutzungs- und Vornutzungsbestände.

Flächenstatistik

Kenngrößen	Mindelheim	Goldkronach	Tirschenreuth	Kelheim	Ebersberg
Anzahl erfaßter Bestände (n)	100	273	83	100	351
mittlere Flächengröße (ha)	6,93	6,64	4,71	4,77	9,51
Flächendurchschnittsalter (a)	89	109	111	93	89
untersuchte Gesamtfläche (ha)	693	1813	391	477	3338
Anteil an der Holzbodenfläche des Forstamtes	0,20	0,32	0,07	0,08	0,47
Anteil an allen Umbaubeständen (EN+VN)	0,93	0,41	0,17	0,43	0,70

Abhängig von der Repräsentanz der Fichtenumbaubestände in den einzelnen Forstämtern streuen die Gesamtfläche und die Anzahl der Umbaubestände sehr stark. Aus den Anteilen der ausgewählten Bestandesformen an der gesamten Holzbodenfläche des Forstamtes bzw. an allen vorkommenden Fichtenreinbeständen (also unter Berücksichtigung der noch nicht eingereihten Vornutzungsbestände) ist abzulesen, daß Umbauaufgaben in den Untersuchungsforstämtern in zum Teil stark unterschiedlichem Ausmaß anstehen. Im Forstamt Mindelheim sind 93% aller möglichen Fichtenumbaubestände schon heute in der Endnutzung. Von erheblicher Tragweite ist der Umbau im Forstamt Ebersberg, wo 3338 ha als potentielle Fichtenumbauflächen eingestuft wurden und damit bereits knapp die Hälfte der Staatswaldfläche des Forstamtes abdecken.

In den Forstämtern Tirschenreuth und Kelheim liegen die Flächenanteile der untersuchten Umbaubestände auf einem sehr niedrigen Niveau (7% und 8%). Angesichts des hohen Anteils von Vornutzungsbeständen darf aus diesem Ergebnis aber nur für das Forstamt Kelheim der Schluß gezogen werden, daß der Fichtenumbau hier keine bedeutende Rolle spielt. In Tirschenreuth sind dagegen erst 17% der potentiellen Fichtenumbaufläche eingereiht und damit Gegenstand der Untersuchungen.

Das flächengewogene Durchschnittsalter spaltet die Forstämter in zwei Gruppen auf, deren Bestandesalter sich im Mittel um etwa 20 Jahre unterscheiden. Etwa 90 Jahre alt sind danach die Bestände in Mindelheim, Kelheim und Ebersberg, etwa 110 Jahre alt sind jene in Goldkronach und Tirschenreuth.

Die durchschnittlichen Flächengrößen als Hinweis auf die Form der Waldbewirtschaftung wie auch auf das Waldeinteilungsnetz liegen bei knapp 5 ha (Tirschenreuth und Kelheim) und knapp 7 ha (Mindelheim und Goldkronach). Nur die Bestandesfläche in Ebersberg ist mit 9,5 ha größer, wobei hier die fest vorgegebene Waldeinteilung in quadratische Abteilungen eine Rolle spielt (OBERFORSTDIREKTION MÜNCHEN 1987).

4.3.2 Bestockungsaufbau der Altbestände

Der durchschnittliche Flächenanteil des Laubholzes in den Ausgangsbeständen muß konsequenterweise dann gering sein, wenn nur solche Bestände erfaßt wurden, denen ein Laubholz- oder Tannenanteil von höchstens 5% beigemischt ist. Insgesamt ist deshalb ein Nadelholzanteil von mehr als 95% zu erwarten. Der tatsächliche Flächenanteil der zur Fichte beigemischten Nadelhölzer und Laubhölzer hängt von der Anzahl der nicht aus reiner Fichte (Fichtenanteil=100%) bestehenden Umbaubestände ab (vgl. Abb. 4-29). Die nachfolgende Tab. 4-14 liefert eine forstamtsweise gegliederte Übersicht über die durchschnittliche Baumartenzusammensetzung in den Altbeständen der selektierten Fichtenbestandesformen.

Die insgesamt sehr geringen und zwischen 0,09% (Tirschenreuth) und 1,73% (Mindelheim) liegenden Laubholzanteile liefern den Beweis dafür, daß unter den Fichtenreinbeständen solche mit 5% Mischbaumartenbeteiligung eher selten vorkommen, wobei die Anteile im wesentlichen auf das Vorkommen von Buche zurückgehen; lediglich im Forstamt Mindelheim kommt neben der Buche (0,9%) auch sonstiges Laubholz (0,8%) vor. Abgesehen vom Forstamt Tirschenreuth, wo in erheblichem Umfang Fichten-Kiefernbestände auftreten, welche den Kiefernanteil auf 15% ansteigen lassen, liegt der Fichtenanteil bei allen anderen Forstämtern über 95%. Andere Nadelhölzer liegen unter 1%.

Insgesamt wird deutlich, daß sich die mittleren Nadelholzanteile (von 98,3% bis 99,9% reichend) der Fichtenumbaubestände im Quervergleich der Forstämter nur unwesentlich unterscheiden[6].

<u>Bestandesformen der Altbestände</u>

Aus Abb. 4-29 ist der flächenmäßige Beitrag der Bestandesformen zur gesamten Umbaufläche zu ersehen. Wie schon angedeutet wurde, spielt die Bestandesform „Fichte-Kiefer" in Tirschenreuth eine derart wichtige Rolle, daß Bestände mit 100% Fichte und Bestände aus Fichte mit mindestens 5% Kiefer zu etwa gleichen Anteilen vertreten sind und zusammen mehr als 90% der erfaßten Forstamtsfläche abdecken. In den übrigen Forstämtern dominiert die Bestandesform „Fichte 100%". Besonders einseitig stellt sich die Ausgangssituation im Forstamt Ebersberg dar: Über 95% der Untersuchungsfläche entfällt auf Fichtenbestände, in denen keinerlei andere Nadel- und Laubholzarten vorkommen. Die auf 100% noch fehlende Fläche wird von Fichtenbeständen mit Kiefer eingenommen, Bestände mit geringer Laubholz- oder Tannenbeimischung fehlen gänzlich. Diesbezüglich weichen die Verhältnisse im Forstamt Goldkronach dahingehend ab, daß neben den Nadelholzreinbestandesformen „Fichte 100%" und „Fichte-Kiefer" mit zusammen über 95% Flächenanteil in geringem Umfang auch Fichtenbestände mit höchstens 5% Laubholz- oder 5% Tannenbeimischung existieren. Immerhin knapp 10% der Bestandesfläche entfällt in Tirschenreuth auf Bestände mit 5% Mischungsanteil, wobei es sich hier vorwiegend um die Bestandesform „Fichte mit 5% Tanne" handelt.

---

[6] Bei dem geringen mittleren Laubholzanteil darf nicht übersehen werden, daß der Einzelbestand keinen über 5% hinausgehenden Laubholzanteil aufweisen durfte; überdies wurden Laubholzanteile im Einzelbestand von unter 5% nicht berücksichtigt, weil die Begangsschätzung die Mischbaumartenanteile in Stufenbreiten von 5% anschätzt. Die tatsächlichen Grundflächenanteile der Mischbaumarten dürften daher geringfügig höher sein.

Tab. 4-14: Baumartenzusammensetzung der Altbestände in den zur fallweisen Analyse herangezogenen Forstämtern; mit aufgeführt sind die Durchschnittswerte für den Beschirmungsgrad und die Einreihungsquote.

Baumartenzusammensetzung der Altbestände

Parameter	Mindelheim	Goldkronach	Tirschenreuth	Kelheim	Ebersberg
Fichte	97,80	98,70	84,52	95,12	94,65
Kiefer	0,30	0,79	15,23	2,50	5,15
Tanne	0,14	0,16	0,16	0,30	0,00
Lärche	0,06	0,16	0,00	0,70	0,12
Summe Nadelholz	***98,30***	***99,81***	***99,91***	***99,12***	***99,92***
Buche	0,90	0,18	0,09	0,75	0,08
Eiche	0,00	0,00	0,00	0,00	0,00
Edellaubholz	0,06	0,00	0,00	0,04	0,00
sonst. Laubholz	0,77	0,00	0,00	0,08	0,00
Summe Laubholz	***1,73***	***0,18***	***0,09***	***0,88***	***0,08***
Beschirmungsgrad	***0,88***	***0,84***	***0,81***	***0,78***	***0,91***
Standardabweichung	0,15	0,08	0,12	0,12	0,04
Einreihungsquote	***0,41***	***0,22***	***0,30***	***0,28***	***0,39***
Standardabweichung	0,25	0,10	0,14	0,18	0,17

Im Gegensatz zu den drei bisher angesprochenen Forstämtern liefern die Forstämter Mindelheim und Kelheim gute Beispiele dafür, daß es neben den Nadelholzreinbestandesformen nicht wenige Altbestände gibt, die bereits in der Ausgangslage 5% Laubholz oder 5% Tanne beinhalten. Im Forstamt Kelheim machen diese Bestandesformen knapp 15% der ausgewählten Gesamtfläche aus, im Forstamt Mindelheim weisen sogar gut 25% der erfaßten Bestandesfläche geringe Mischbaumartenanteile auf.

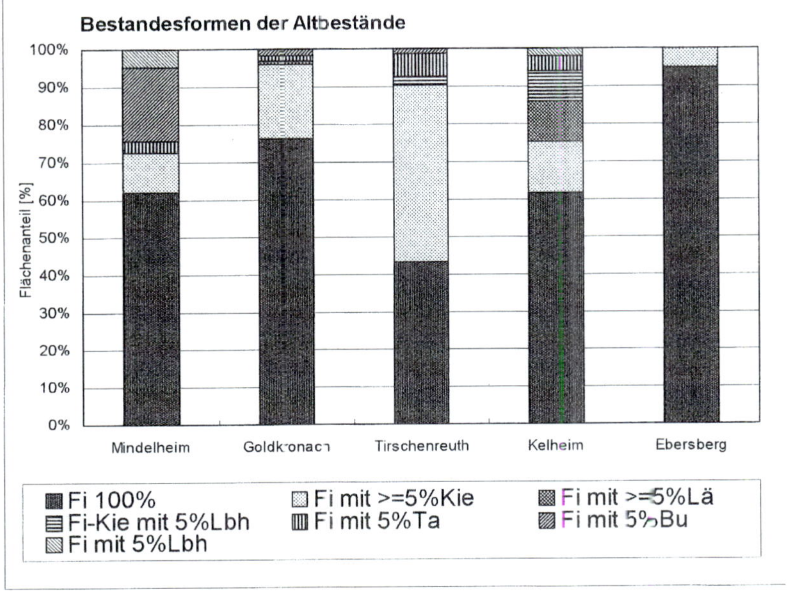

Abb. 4-29: Relative Flächenanteile der zur Gruppe „Nadelholzreinbestände mit führender Fichte" zusammengefaßten Bestandesformen innerhalb der untersuchten Forstämter.

Beschirmungsgrad

Bemerkenswert ist, daß die arithmetischen Mittelwerte des Beschirmungsgrades (s. Tab. 4-14 auf S. 135) für die Umbaubestände in allen Forstbetrieben in einer Größenordnung liegen, mit der eine insgesamt hohe Beschirmung[7] durch die Altbäume angezeigt wird. Der sehr enge Rahmen reicht von 0,78 (für Kelheim) bis 0,91 (für Ebersberg).

Anzumerken ist, daß sich der Gesamtbeschirmungsgrad aus den flächengewogenen Mittelwerten der bestandesweise aufgeführten Beschirmungsgraden errechnet; auch schon bei diesen handelt es sich um Mittelwerte, welche nicht imstande sind, die in der Regel räumlich wechselnden Überschirmungssituationen innerhalb eines Bestandes (über den Femelgruppen geringere Beschirmungsgrade als in den umgebenden Bestandesteilflächen) zutreffend wiederzugeben.

Die hier nicht explizit wiedergegebene Häufigkeitsverteilung der Bestände auf intervallskalierte Beschirmungsgrade (B°) von nicht überschirmt (Beschirmungsgrad=0) bis zu vollem Schlußgrad (Beschirmungsgrad=1.0) zeigt bei allen fünf untersuchten Forstämtern eine Verteilung mit ausgeprägter Rechtsschiefe. Bestände mit Beschirmungsgraden, die stärkeren Kronenschluß signalisieren (B° größer als 0,7) treten somit bei weitem häufiger auf als solche mit geringer Überschirmung.

Mit Ausnahme des Forstamtes Mindelheim, bei dem Bestände mit noch geschlossenem Kronendach (B°=1.0) am häufigsten vorkommen, weisen alle anderen Forstämter mit B°=0,8 einen Modalwert auf, der sich verbal mit „licht" bzw. „geschlossen, auf Teilflächen licht bis lückig" umschreiben läßt. Während sich die Beschirmungsgrade in den Forstämtern Goldkronach und Ebersberg auf die Stufen 0,7-0,9 konzentrieren, reicht die mittlere Überschirmungssituation in den Forstämtern Mindelheim, Tirschenreuth und Kelheim von B°=0,5 („räumig" bzw. „durchbrochen" bis „stark durchbrochen") bis zu vollem Schlußgrad. Auch hier überwiegen aber Beschirmungsgrade größer als 0,6. Bemerkenswert für die Forstämter Goldkronach, Ebersberg und Kelheim ist, daß zum Zeitpunkt der Forsteinrichtungsaufnahme Bestände mit vollem Kronenschlußgrad nahezu nicht vorhanden waren. Zumindest bei Initialphasen des Umbaus bzw. bei neu eingereihten Beständen hätte man ein mehr oder weniger geschlossenes Kronendach erwarten können. Ebensowenig wie noch geschlossene Bestände spielen Umbaubestände mit Beschirmungsgraden unter 0,5 eine Rolle.

Erläuternd ist darauf hinzuweisen, daß die Forsteinrichtungsanweisung (BAYSTMINELF 1982) für die Bestandes- und Nutzungsartenausscheidung vorgibt, Verjüngungsbestände mit Beschirmungsgraden unter 0,4 oder auch einzelne eigens ausscheidbare Teilflächen mit diesen Beschirmungsgraden innerhalb von Verjüngungsbeständen bereits in die Nutzungsart Jungbestandespflege einzugliedern.

4.3.3 Forsteinrichtungsplanung

Die für den Einzelbestand geplanten Maßnahmen stützen sich auf die Kenngrößen Einreihungsquote, Bestockungsziel und Verjüngungsziel.

Einreihungsquote

Ähnlich wie die Beschirmungsgrade liegen auch die Einreihungsquoten im Mittel aller untersuchten Umbaubestände innerhalb eines schmalen Bandes, das von 0,21 (Goldkronach) bis zum Höchstwert von 0,41 (Mindelheim) reicht. Diese arithmetischen Mittelwerte deuten bereits an, daß die geplanten Bestockungsziele mit überwiegend niedrigen Einreihungsquoten und folglich langfristigen Verjüngungsgängen verfolgt werden sollen. Innerhalb der 10-jhg. Planungsperiode wird deshalb nur ein Bruchteil des aufstockenden Altbestandes entnommen.

---

[7] Beschirmungsgrade, die im Revierbuch nicht numerisch aufgeführt waren, sondern verbal zum Ausdruck gebracht wurden (z.B. „licht geschlossen") wurden in plausible numerische Kennziffern (im Beispiel 0,9) transformiert.

Teilt man die Bestände mittels einer - hier nicht ausgewiesenen - Häufigkeitsverteilung auf Einreihungsquoten auf, so sind im Forstamt Goldkronach nahezu ausschließlich langfristige Verjüngungsgänge geplant mit Einreihungsquoten von 0,1-0,3 bei einem deutlichem Übergewicht der Stufe 0,2. Davon abweichend deckt die Häufigkeitsverteilung bei den anderen Forstämtern ein breiteres Spektrum von Einreihungsquoten ab. Diese Beobachtung trifft besonders auf das Forstamt Mindelheim zu, in dem hohe Einreihungsquoten (0,7-0,9) für eine nennenswerte Zahl von Beständen angesetzt wurden. Wie auch in Tirschenreuth kommen aber auch in Mindelheim die Stufen 0,2 und 0,3 stark gehäuft vor. Im Gegensatz hierzu ist in Kelheim das Schwergewicht zur nächst niedrigeren Stufe (0,1 und 0,2 am häufigsten) verschoben, in Ebersberg zur nächst höheren Stufe (0,3 und 0,4 am häufigsten).

Nur schwer mit naturnahen Waldbauverfahren in Einklang zu bringende ganzflächige „Räumungen" des Altbestandes (Einreihungsquote = 1,0) sind auf Einzelfälle beschränkt, wie z.B. in Mindelheim und Ebersberg; sie spielen dann eine Rolle, wenn sehr instabile Fichtenbestände auf Sonderstandorten sehr zügig in Laubholzbestände aus lichtbedürftigen Baumarten (z.B. Eiche) umgebaut werden müssen (s. OBERFORSTDIREKTION AUGSBURG 1991 und OBERFORSTDIREKTION MÜNCHEN 1987).

Bestockungsziele

Bei der Forsteinrichtungsplanung wird als Bestockungsziel eine Bestandesform angegeben, die sich in der Regel aus bis zu drei Baumarten bzw. Baumartengruppen zusammensetzt. Daraus resultiert eine große Zahl unterschiedlicher Bestockungszieltypen. Nicht nur aus Gründen der grafischen Darstellbarkeit, sondern vor allem im Hinblick auf anwendungsbezogene Gesichtspunkte wurde versucht, ähnliche sowie flächenmäßig stark unterrepräsentierte Bestockungsziele zu Gruppen zusammenzufassen. Forstamtsübergreifend ergaben sich insgesamt acht unterschiedliche Bestockungszieltypen.

Aus Abb. 4-30 geht hervor, daß die mehr oder weniger reinen Fichtenausgangsbestände in allen Forstämtern in mindestens 70% der Fälle in Mischbestände aus Fichte und Laubholz bzw. Tanne umgebaut werden sollen. Reine Fichtenbestände sind danach nicht mehr geplant, Nadelholzreinbestände mit führender Fichte (z.B. Fichte-Kiefer oder Fichte-Lärche) spielen eine stark untergeordnete Rolle. In den Forstämtern Mindelheim und Kelheim wird in 20% bzw. 30% der untersuchten Fichtenumbaubestände sogar führendes Laubholz als Bestockungsziel geplant.

Durchschnittliche Verjüngungssituation

In Verbindung mit der bereits mitgeteilten Baumartenzusammensetzung für den Altbestand und den Mittelwerten für die Kenngrößen der Forsteinrichtungsplanung (s. Tab. 4-14) kann anhand der Vorausverjüngungssituation ein übersichtliches Gesamtbild von der Umbausituation in den einzelnen Forstbetrieben entworfen werden.

Die für jedes Forstamt konzipierten Kreisdiagramme (s. Abb. 4-32) informieren über den vollständig verjüngten Flächenanteil der Untersuchungsbestände und über die Aufteilung der vorausverjüngten Fläche auf Baumartengruppen. Die geringsten Vorausverjüngungsvorräte erzielen die Forstämter Mindelheim (17%) und Tirschenreuth (20%). Deutlich höhere Vorausverjüngungsvorräte sind in Ebersberg (37%) und Kelheim (29%) zu verzeichnen. Von diesen Forstämtern hebt sich das Forstamt Goldkronach deutlich ab, in dessen Umbaubeständen annähernd die Hälfte der Gesamtbestandesfläche vollständig verjüngt ist.

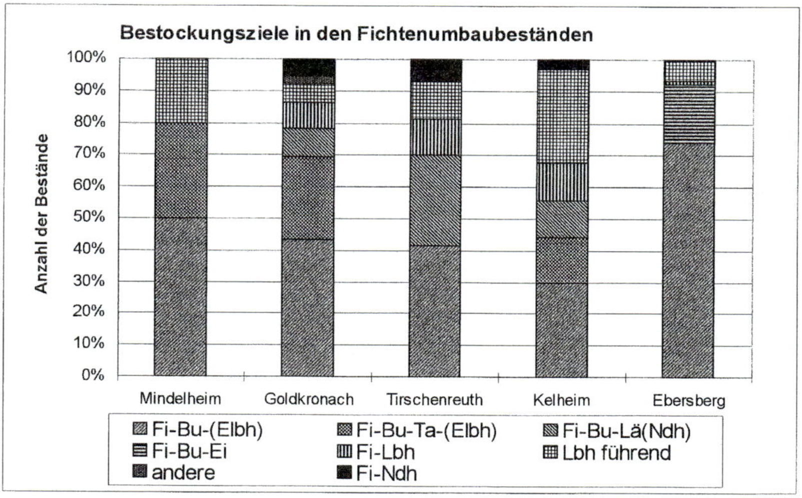

Abb. 4-30: Relative Flächenanteile der in den Umbaubeständen geplanten Bestockungsziele; die große Zahl der insgesamt vorkommenden Zieltypen wurde zu acht Gruppen vereinigt.

Häufigkeitsverteilung der vorausverjüngten Bestandesteilflächen

Die Verteilung der untersuchten Bestände auf Verjüngungsstufen (mit einer Stufenbreite von 10%) nach Maßgabe des Flächenanteils der reduzierten Vorausverjüngungsfläche an der gesamten Bestandesfläche führt bei den Forstämtern Mindelheim, Tirschenreuth, Kelheim und Ebersberg zu einem deutlich linksschief ausgeprägten Bild (s. Abb. 4-31), das in engem Zusammenhang steht mit dem Vorausverjüngungsvorrat: je mehr das Schwergewicht nach links verlagert ist, um so geringer ist der Vorausverjüngungsvorrat; in Mindelheim kommen am häufigsten Bestände noch ohne Verjüngung oder solche mit nur 10% reduzierter Vorausverjüngungsfläche vor. Der Großteil der Bestände verteilt sich in den Forstämtern Tirschenreuth, Ebersberg und Kelheim auf die Vorausverjüngungsstufen 0,1 bis 0,4. Der insgesamt sehr hohe Vorausverjüngungsvorrat (49%) in Goldkronach zeigt in der Verteilung eine sehr gute Annäherung an eine Glockenform. Ähnlich der Verteilung bei den vorgenannten Forstämtern sind zwar auch hier Vorausverjüngsstufen mit niedrigen Werten (0,2 und 0,4) am häufigsten, aber auch Werte ab 0,5 aufwärts kommen in einer Vielzahl von Beständen vor. Diese Erkenntnis gilt auch für das Forstamt Ebersberg: nicht selten findet man hier Bestände, deren vollständig verjüngter Flächenanteil zwischen 50% und 100% liegt.

Baumartenzusammensetzung

Ungeachtet der konkurrenzbedingten und nur schwer vorhersagbaren Verschiebungen in der Baumartenzusammensetzung ist für die am künftigen Bestockungsaufbau teilhabenden Baumarten vordergründig die aktuelle Baumartenzusammensetzung innerhalb der Vorausverjüngung entscheidend. Verglichen mit der Ausgangslage hat sich diese - wie in Abb. 4-32 dargestellt - in allen Forstämtern eindeutig zugunsten des Laubholzes verschoben, wobei der Quervergleich der Forstämter ein heterogenes Bild zeigt.

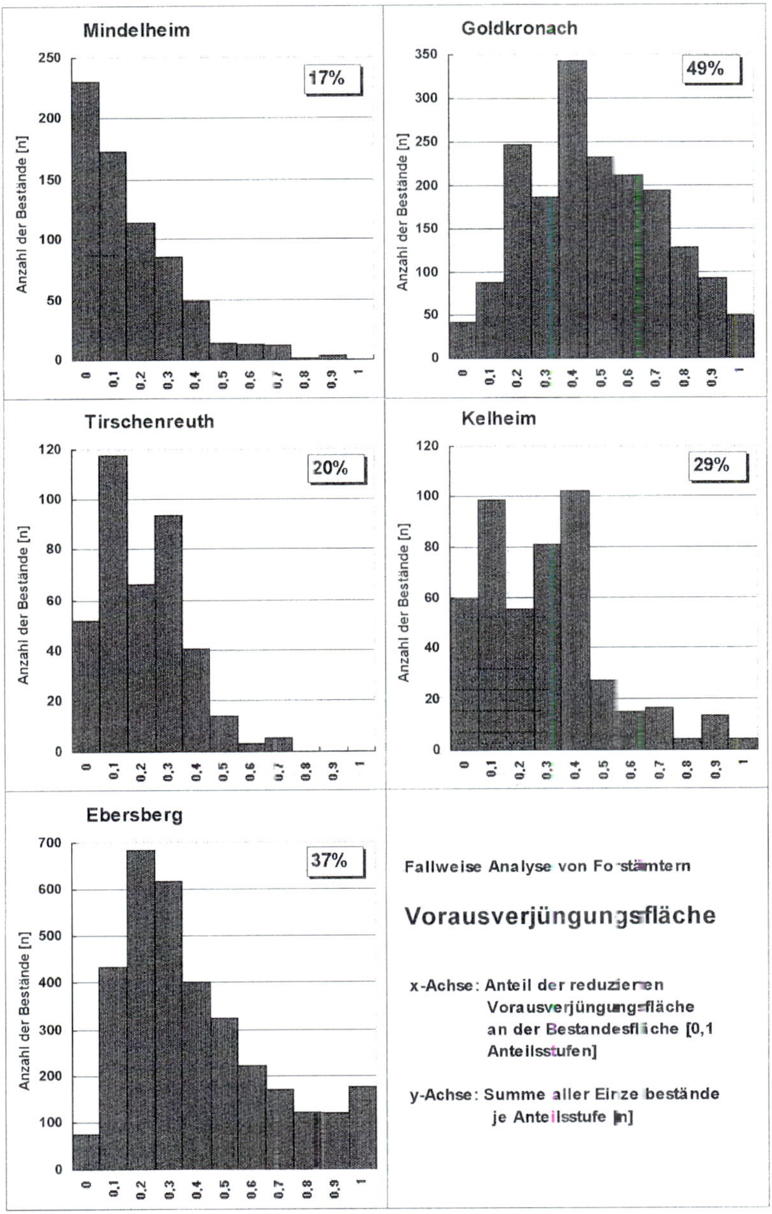

Abb. 4-31: Aufteilung der innerhalb eines Forstamtes selektierten Umbaubestände auf Vorausverjüngungsstufen nach Maßgabe des Flächenanteils der reduzierten Vorausverjüngungsfläche an der Gesamtfläche des Einzelbestandes; ferner ist der Vorausverjüngungsvorrat (in der Ecke rechts oben) aufgeführt.

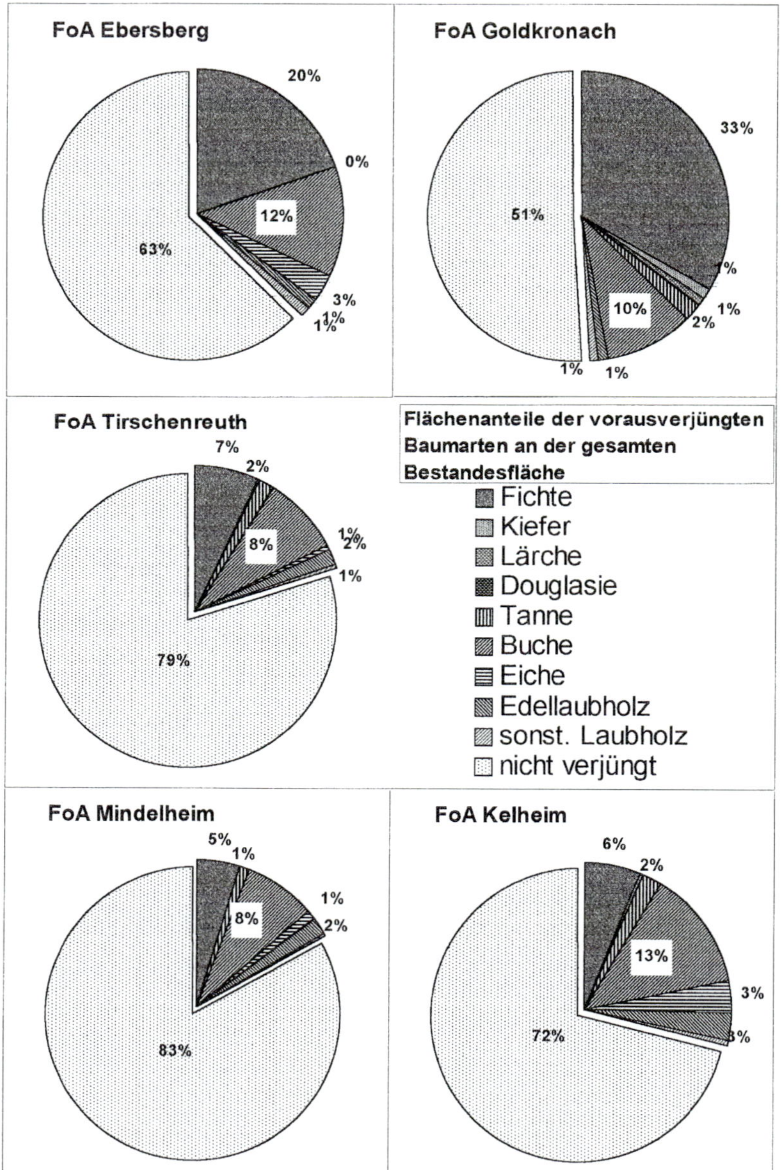

Abb. 4-32: Aufteilung der reduzierten Vorausverjüngungsfläche auf Baumartengruppen; die verjüngte Teilfläche gibt Auskunft über die Größenordnung des Vorausverjüngungsvorrates.

Bezogen auf die gesamte Bestandesfläche (also einschließlich der noch nicht von Verjüngung eingenommenen Teilflächen) ist eine dominante Stellung der Baumart Fichte innerhalb der Vorausverjüngung nur im Forstamt Goldkronach nachzuweisen. In Ebersberg liegen Fichte und Laubhölzer einschließlich Tanne in den Anteilen nahe beisammen. In den anderen Forstbetrieben beherrschen Laubhölzer und Tanne das Feld, wobei die Buche unter den Laubholzarten das Übergewicht hat. Beachtenswert sind der Eichenanteil in Ebersberg (3%) und die Anteile für Eiche und Edellaubholz (jeweils 3%) in Kelheim.

Bestandesweise vertretene Baumartengruppen

Die vorgestellte Baumartenverteilung in der Vorausverjüngung vermittelt für jedes Forstamt einen guten Überblick über die derzeitige Umbausituation in den Nadelholzreinbeständen mit führender Fichte. Begreift man die horizontale Strukturvielfalt aber vor allem als Vielfalt in der Baumartenmischung, so muß untersucht werden, in welchen Kombinationen die beteiligten Baumartengruppen auf Bestandesebene vergesellschaftet sind. Aus den Kreisdiagrammen ist nicht ableitbar, ob die Baumartengruppen in der Regel kombiniert auftreten und damit schon jetzt den künftigen Mischbestandescharakter vermuten lassen, oder ob die Vorausverjüngung vorwiegend aus nur einer Baumart bzw. -gruppe besteht.

Zur Beantwortung dieser Frage wurden die ermittelten Baumartenkombinationen definierten Vorausverjüngungstypen zugeordnet; die jeweils führende Baumart erscheint an erster Stelle (vgl. BAYSTMINELF 1982). Unter Berücksichtigung der Baumartenanteile ergaben sich insgesamt 15 verschiedene Vorausverjüngungstypen. Diese wurden nochmals auf acht übergeordnete Gruppen (in der Tab. 4-15 fett und kursiv gedruckt) reduziert, mit der Maßgabe, daß ähnliche Typen wie etwa Mischtypen mit führender Fichte zu einer Gruppe (hier „führende Fichte") zusammengefaßt wurden. Lediglich flächenmäßig sehr gewichtige Verjüngungstypen wie „Buche rein" oder „Fichte rein" blieben eigenständige Gruppen.

In der Aufteilung der insgesamt 905 Bestände auf Verjüngungstypen ergibt sich das in Tab. 4-15 vorgestellte Ergebnis.

Unter den drei innerhalb eines Forstbetriebes jeweils dominierenden Verjüngungstypen erscheinen „Fichte führend" und „Buche führend" gemeinsam in allen fünf Forstämtern. Stellt man in Rechnung, daß innerhalb der Gruppe „Fichte führend" vor allem der Mischtyp „Fichte-Buche" das Feld beherrscht, so zeigt sich auch in diesem Punkt die maßgebliche Beteiligung der Buche in den Fichtenumbaubeständen.

Der grundsätzlich nicht erstrebenswerte Zieltyp „Fichte rein" kommt in der Vorausverjüngung in den Forstämtern Mindelheim, Kelheim und Ebersberg lediglich in jeweils vier Beständen vor; in Tirschenreuth findet sich dieser Bestandestyp in 17% der untersuchten Bestände, in Goldkronach tritt sogar in 38% der Bestände derzeit allein die Fichte in der Vorausverjüngung auf.

Der Verjüngungstyp „Buche" (ohne weitere Mischbaumarten) als Kennzeichen für den rechtzeitigen Buchenvoranbau in Fichtenbeständen noch ohne Naturverjüngung ist unter den häufigeren Verjüngungstypen in Mindelheim und Ebersberg anzutreffen. Auffallend in diesen Forstbetrieben ist, daß sich in immerhin 11% der Bestände die Verjüngung in Richtung „führendes Edellaubholz" entwickelt. Neben diesem Verjüngungstyp kommt in Kelheim auch „Eiche führend" (9%) nicht selten vor.

Aus der Gesamtzahl der beteiligten Baumartengruppen und der jeweils führenden Baumartengruppe ergeben sich insgesamt zwischen 9 (Goldkronach) und 14 (Kelheim) verschiedene Verjüngungstypen.

Tab. 4-15 : Zuordnung der im Einzelbestand vorkommenden Vorausverjüngung zu Verjüngungstypen; maßgebend waren die relativen Flächenanteile der Baumartengruppen. Die drei pro Forstamt am häufigsten vorkommenden Baumartengruppen sind jeweils dick umrandet.

Baumartenkombinationen in der Vorausverjüngung	Anteil an der Anzahl sämtlicher Bestände				
	Mindelheim	Tirschenreuth	Goldkronach	Kelheim	Ebersberg
Fichte	***2%***	***17%***	***38%***	***2%***	***1%***
Fichte-Buche	12%	11%	27%	11%	42%
Fichte-Laubholz	6%	4%	4%	5%	10%
Fichte-Tanne	0%	5%	10%	1%	0%
Fichte führend	***18%***	***19%***	***41%***	***17%***	***52%***
Buche	***23%***	***14%***	***4%***	***12%***	***3%***
Buche-Laubholz	4%	6%	0%	13%	13%
Buche-Tanne	3%	2%	1%	2%	0%
Buche-Fichte	10%	12%	8%	16%	22%
Buche führend	***17%***	***20%***	***10%***	***31%***	***35%***
Eiche-(Laubholz)	1%	1%	0%	6%	3%
Eiche-Fichte (Tanne)	1%	2%	0%	3%	1%
Eiche führend	***2%***	***4%***	***0%***	***9%***	***4%***
Edellaubholz- (Laubholz)	10%	2%	0%	9%	2%
Edellaubholz-Fichte	1%	0%	0%	2%	1%
Edellaubholz führend	***11%***	***2%***	***0%***	***11%***	***3%***
s. Laubholz- (Laubholz, Fichte)	***1%***	***2%***	***0%***	***3%***	***0%***
Tanne- (Laubholz)	6%	1%	1%	3%	0%
Tanne-Fichte	0%	0%	1%	0%	0%
Tanne führend	***6%***	***1%***	***2%***	***3%***	***0%***
ohne Verjüngung	***20%***	***19%***	***4%***	***12%***	***3%***
Anteil der Gruppen (fett)	**100%**	**100%**	**100%**	**100%**	**100%**

Soll-Ist-Vergleich

Der Vergleich zwischen der tatsächlichen Verjüngungszusammensetzung und dem Verjüngungsziel als Kriterium für die geplante Baumartenzusammensetzung führt zu den in Abb. 4-33 dargestellten Ergebnissen: Beim Soll-Ist-Vergleich zwischen den Baumartenanteilen in der Vorausverjüngung und im Verjüngungsziel zeigen die Forstämter Mindelheim, Tirschenreuth und Kelheim und - mit Einschränkungen - auch Ebersberg ein sehr ähnliches Verteilungsmuster für die beiden wichtigsten Baumarten Buche und Fichte: Bei den drei genannten Forstämtern liegen die Fichtenanteile in der vorhandenen Vorausverjüngungsfläche mehr als 20% (bei Ebersberg mehr als 15%) niedriger, als es das Verjüngungsziel vorgibt, wohingegen die Anteile der Buche nicht weniger als 20% (bei Ebersberg 5%) über dem Verjüngungsziel liegen. Mit Berücksichtigung einzelner Ausnahmefälle (Tanne ist in den Forstämtern Tirschenreuth und Kelheim ähnlich im positiven Bereich wie das Edellaubholz in Ebersberg) entsprechen die vorhandenen Anteile bei allen anderen Baumartengruppen weitgehend den im Verjüngunsziel geplanten; dieser Befund äußert sich grafisch in geringen Säulenhöhen, die sich weder in den positiven noch in den negativen Bereich von der Nullinie entfernen.

Nicht in das geschilderte Bild paßt dagegen die Situation im Forstamt Goldkronach; dort weist die Fichte einen um fast 10% höheren Anteil auf, als es das Verjüngungsziel vorsieht, während der Buchenanteil in der Vorausverjüngung exakt mit dem Verjüngungsziel übereinstimmt (in der Grafik keine Säule sichtbar!). Die anderen Baumartengruppen liegen knapp unter den Planungswerten.

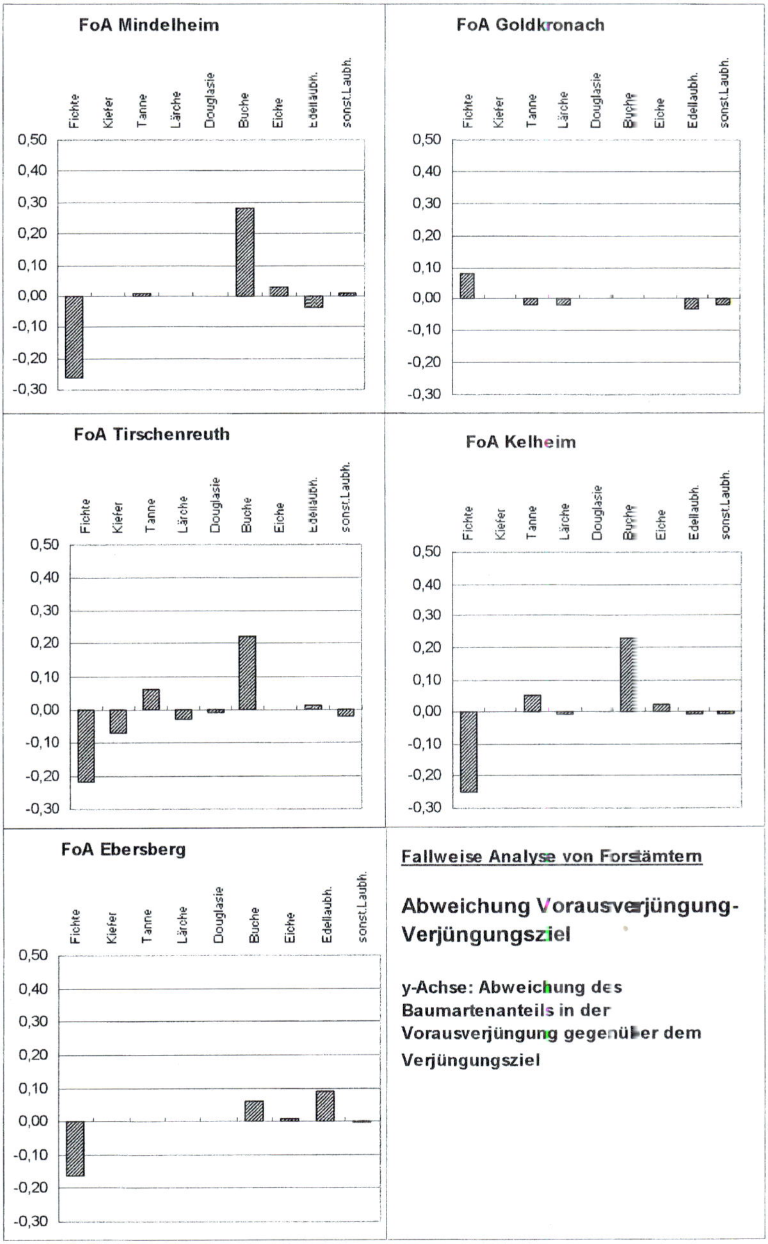

Abb. 4-33: Durchschnittliche Abweichung der Baumartengruppenanteile an der Vorausverjüngung verglichen mit dem Verjüngungsziel.

Das schon angesprochene Ziel, fichtendominierte Nadelholzreinbestände grundsätzlich in Fichtenmischbestände mit maßgeblichem Laubholz- bzw. Tannenanteil umzubauen, geht davon aus, daß im Einzelbestand ein Mischbaumartenanteil von mindestens 20% (i.d.R. 25-30%) geplant ist. Zu hinterfragen ist deshalb, ob sich der insgesamt ausreichende Mischbaumartenanteil im Gesamtverjüngungsziel auch in der einzelbestandesweisen Planung niederschlägt.

Einen aufschlußreichen Einblick bietet Abb. 4-34, worin in Form einer Gesamtdarstellung für alle Forstämter die Anzahl der Bestände gegen Anteilsstufen geplanter Mischbaumartenanteile abgetragen ist.

Die dargestellte „Buchenkurve" läßt folgendes deutlich werden: In der Mehrzahl der Fälle werden Buchenanteile von 20 oder 25% angestrebt, aber auch die Stufen 30% und 15% (10%) kommen recht häufig vor. Nur in einer sehr geringen Anzahl von Beständen plant die Forsteinrichtung dagegen Buchenanteile von über 30%.

In annähernd 75 Beständen ist die Buche im Verjüngungsziel nicht vorgesehen; zudem gibt es nicht wenige Bestände, in denen die Buche nur mit 10 oder 15% Anteil beteiligt werden soll.

Aus der Kurve für Laubholz (mit Buche) und Tanne geht hervor, daß die Anzahl der Bestände im Bereich von 0 bis 15% Mischbaumartenanteil auf einem niedrigeren Niveau liegt als bei der Buche. Darin zeigt sich, daß zum einen die Anzahl der Bestände, in denen Mischbaumartenanteile von 0 oder 5% geplant wurden vernachlässigbar ist, und daß zum anderen Bestände mit immerhin 10 bzw. 15% Mischbaumartenanteil selten sind. Gegenüber der „Buchenkurve" ist die „Mischbaumartenkurve" bei sonst ähnlichem Kurvenverlauf etwas nach rechts versetzt und zeigt damit, daß in einer sehr großen Zahl von Umbaubeständen Mischbaumartenanteile zwischen 30 und 50% (!) geplant wurden.

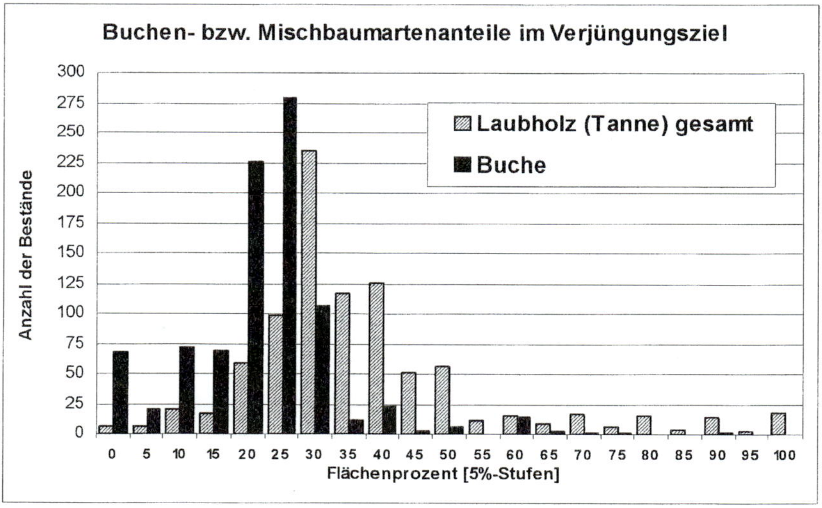

Abb. 4-34: Aufteilung der Fichtenumbaubestände nach Maßgabe des im Verjüngungsziel festgelegten Buchenanteils bzw. des Mischbaumartenanteils insgesamt.

Insgesamt lassen sich aus den Kurvenverläufen folgende Erkenntnisse ableiten: Bezogen auf die Anzahl der Bestände liegt das Schwergewicht bei 25-35% Mischbaumartenanteil mit deutlichem Abfall sowohl zu höheren als auch zu geringeren Mischbaumartenanteilen. Darin manifestiert sich, daß aus dem Umbau von mehr oder weniger reinen Fichtenbeständen vorzugsweise Mischbestände mit führender Fichte hervorgehen sollen. Ähnliche Kurvenverläufe für Buche und für Buche mit Laubholz und Tanne verweisen darauf, daß die Buche das Umbaugeschehen bestimmen soll. In den Fällen, in denen die Buche im Verjüngungsziel nicht oder nur mit geringen Anteilen vorgesehen ist, sollen andere Mischbaumarten eingebracht werden; damit ist gewährleistet, daß der im Einzelbestand geplante Mischbaumartenanteil in der Regel nicht unter die 20%-Marke fällt.

4.3.4 Waldkundliche Aufnahme der Beispielsbestände

Die Ergebnisse zum strukturellen Aufbau der Beispielsbestände werden in einer zusammenfassenden Darstellung geboten. Im Anschluß an die Beschreibung der Fichtenaltbestände wird die Verjüngungssituation anhand von Verjüngungskarten erläutert. Die Ergebnisse zu einzelnen Strukturparametern nehmen Bezug auf den Kartenteil. Aus Gründen der Darstellbarkeit wurde für die Beispielsbestände eine gemeinsame Legende erstellt, die den Verjüngungskarten vorangestellt ist.

Folgende Endnutzungsbestände wurden ausgewählt: „Langenwald“ und „Speckgehau“ für das Forstamt Mindelheim, „Moosloh“ und „Grasleite“ für das Forstamt Goldkronach, „Klingenhöh“ und „Eggeten“ für das Forstamt Tirschenreuth, „Seeloch“ und „Haselgrund“ für das Forstamt Kelheim sowie „Ebe X 2°“und „Ebe VI 15°“ für das Forstamt Ebersberg.

4.3.4.1 Beschreibung der Bestände

Unter Bezugnahme auf die im Revierbuch enthaltenen Informationen zum Bestockungsaufbau und zur Maßnahmenplanung lassen sich die untersuchten Umbaubestände mit den in Tab. 4-16 aufgeführten Bestandesdaten numerisch und verbal charakterisieren. Insgesamt ist erkennbar, daß die selektierten und jeweils zu den innerhalb eines Forstamtes gehäuft auftretenden Umbausituationen gehörenden Bestände z.T. große Ähnlichkeiten aufweisen: Von Unterschieden im Bestandesalter abgesehen, sind den zehn ausgewählten Beständen ein einschichtiger Bestockungsaufbau und ein relativ hoher Beschirmungsgrad (nur der Bestand „Haselgrund“ weist ein lückiges Kronendach auf) gemeinsam. Die Bestockungsziele gehen einheitlich in Richtung eines Fichten-Buchen-Mischbestandes, wobei in einzelnen Fällen neben der Buche weitere Mischbaumarten eingeplant wurden. Der im Verjüngungsziel aufgeführte Buchenanteil liegt in einem engen Rahmen zwischen 20 und 30%. In der Summe ergeben sich Laubholzanteile zwischen 25% („Grasleite“ und „Ebersberg X 2°“) und 45% („Speckgehau“ und „Moosloh“).

Zur Realisierung der angestrebten waldbaulichen Ziele kommt in allen Fällen der Femelschlag zur Anwendung, wobei in Ebersberg auf die abgewandelte Form des Saumfemelschlages (vgl. OBERFORSTDIREKTION MÜNCHEN 1987) gesetzt wird. Indessen ist die z.T. große Altersspanne nicht - worauf der einschichtige Bestandesaufbau aller Bestände bereits aufmerksam macht - Kennzeichen eines kleinflächig ungleichaltrigen Bestockungsaufbaus, sondern Ausdruck unterschiedlich alter, aber durch Erschließungslinien klar voneinander abgegrenzter und in sich homogener Teilflächen.

Erfreulich ist, daß in sechs von zehn Beständen Laubholzarten mit 5% bzw. auch ohne ausgewiesenen Flächenanteil schon im Altbestand vertreten sind.

Beschreibung der ausgewählten Umbaubestände

	Forstamt									
	Mindelheim		Goldkronach		Tirschenreuth		Kelheim		Ebersberg	
Waldort	Langenwald	Speckgehau	Moosloh	Grasleite	Klingenhöh	Eggeten	Seeloch	Haselgrund	X 2°	VI 15°
Bestandesdaten										
Fläche (ha)	9,8	7,9	10,0	18,8	9,0	7,4	10,5	6,1	12,9	10,9
Alter (a)	89	90	113	125	99	135	135	85	84	95
Altersspanne (a)	65-110	70-121	107-124	97-153	75-112	132-140	116-167	70-90	79-89	79-134
Altersdifferenz (a)	45	51	17	56	37	8	51	20	10	55
Haubarkeitsertrag/ha	-	707 fm	-	320 fm	376 fm	536 fm	-	-	664 fm	639 fm
Nutzungsart	VJN	VJN	VJN	VJN	VJN	VJN	VJN	VJN	VJN	VJN
Bestandesform	Fi	Fi	Fi	Fi-Kie	Fi-Kie	Fi-Kie	Fi	Fi	Fi-Kie	Fi
Mischbaumarten		-	-	10 Kie, 5 Ta	25 Kie	35Kie	5 Ta, 5 Lä	-	90 Fi, 10 Kie	100 Fi
Mischbaumarten ohne Anteil	Kie, Bu, SErl, Stro	Bu, SErl, Kie	-	-	Ta	Lä, Ta	Bu, Ei, Kie	Bu, Kie, Lä, Ta, Ei	-	-
Beschirmungsgrad	geschl., auf Teilfl. licht	geschl, auf Teilfl. licht	geschl., auf Teilfl. licht	geschl., auf Teilfl. licht	geschl., auf Teilfl. licht	geschl., auf Teilfl. licht	geschl., auf Teilfl. licht	lückig	licht geschl.-geschl.	licht geschl.-geschl.
Schichtung	einschichtig	einschichtig	einschichtig	einschichtig	einschichtig	einschichtig	einschichtig	einschichtig	einschichtig	einschichtig
Planung										
Bestockungsziel	Fi-Bu	Fi-Lbh	Fi-Bu	Fi-Bu	Fi-Bu-Elbh	Fi-Bu-Lä	Fi-Bu-Lä(Lbh)	Fi-Bu-Ta(Lbh)	Fi-Bu	Fi-Bu
Verjüngungsziel	60 Fi, 20 Bu, 15 Elbh, 5Ta	55 Fi, 25 Elbh 20 Bu	55 Fi, 25 Bu 15 Ta, 5 SEr	60 Fi, 25 Bu, 10 Lä, 5 Kie	45 Fi, 30 Bu, 10 Kie, 5 Lä 10 Elbh	60 Fi, 30 Bu 10 Lä	55 Fi, 25 Bu, 10 Lä, 5 Elbh, 5 Ta	60 Fi, 30 Bu, 5 Elbh, 5 Ta	75 Fi, 25 Bu	70 Fi, 25 Bu 5 s.Lbh.
Nadelholz	65	55	70	75	60	70	70	65	75	70
Laubholz	35	45	30	25	40	30	30	35	25	30
waldbauliches Verfahren	Femelschlag	Femelschlag	Femelschlag	Femelschlag	Femelschlag	Femelschlag	Femelschlag	Femelschlag	Saum-femelschlag	Saum-femelschlag

Tab. 4-16: Kenngrößen aus dem Revierbuch zur Bestandesbeschreibung und zur Forsteinrichtungsplanung für die insgesamt 10 ausgewählten Beispielsbestände; Abkürzungen: fm: Erntefestmeter, VJN: Verjüngungsnutzung; geschl., auf Teilfl. licht: geschlossen, auf Teilflächen licht; Baumartenabkürzungen folgen dem üblichen Baumartenschlüssel der Forsteinrichtung.

4.3.4.2 Vorausverjüngungsanteil und Baumartenzusammensetzung in der Vorausverjüngung

Wenngleich schon in den untersuchten und aufgrund der einseitigen Baumartenzusammensetzung als Nadelholzreinbestände ausgewiesenen Altbeständen z.T. mehrere Baumarten (auch Laubhölzer) vorhanden sind, ist das Baumartenspektrum in der Vorausverjüngung erkennbar erweitert (s. Abb. 4-35).

Durchgehend sind in der Vorausverjüngung mindestens acht verschiedene Baumarten vertreten, in vier von zehn Beständen wurden sogar 11 Baumarten registriert. Dabei fällt auf, daß Laubhölzer (bzw. Tanne) deutlich überwiegen. Obschon in der Vorausverjüngung in acht Beständen mehr als doppelt soviel Baumarten wie im Altbestand vorkommen, können immerhin 7 von 10 Beständen in der Ausgangslage wenigstens drei Baumarten vorweisen, in zwei Beständen sind sogar sechs Baumarten vorhanden.

Die reduzierten Vorausverjüngungsflächen, errechnet aus der Summe der mit den Deckungsgraden gewichteten Teilflächen, unterliegen im Quervergleich der Beispielsbestände starken Schwankungen. Demzufolge liegt der Vorausverjüngungsvorrat im Bestand „Speckgehau“ lediglich bei 13% der Bestandesfläche, während im Bestand „Eggeten“ bereits mehr als die Hälfte der Bestandesfläche (57%) vollständig verjüngt ist. Die Werte der anderen Bestände liegen zwischen 26% und 51% reduzierter Vorausverjüngungsfläche.

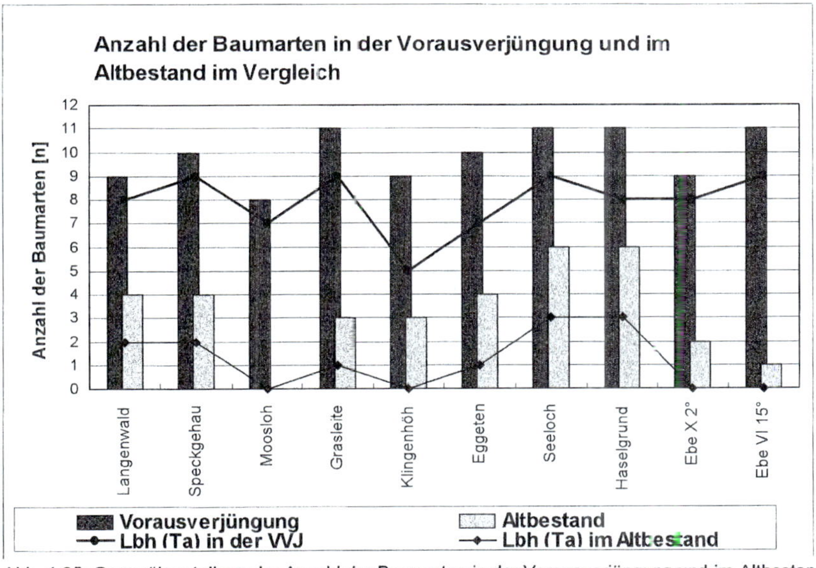

Abb. 4-35: Gegenüberstellung der Anzahl der Baumarten in der Vorausverjüngung und im Altbestand für die zehn untersuchten Umbaubestände; die Linien in der Grafik konzentrieren sich auf Laubhölzer und Tanne (Mischbaumarten).

Zur Ermittlung der Baumartenzusammensetzung in der Vorausverjüngung wurden die Baumartenanteile der Verjüngungsoberschicht in den abgegrenzten Teilflächen mit 5%-iger Abstufung geschätzt. Mittels Planimetrieren dieser Teilflächen konnten unter Berücksichtigung der Deckungsgrade die Standraumanteile der Baumartengruppen ermittelt werden.

Wie Tab. 4-17 ausweist, sind in sämtlichen Testbeständen in der Vorausverjüngung mindestens 20% Buche vorhanden, in den Beständen „Haselgrund" und „Speckgehau" errechneten sich sogar 69% bzw. 74% Buche. Als außergewöhnlich hoch ist der Anteil des Edellaubholzes (19%) im Bestand „Ebe VI 15°" vor allem deshalb anzusehen, weil das Verjüngungsziel diese Baumartengruppe nicht vorsieht. Verglichen damit sind die in den beiden Beständen des Forstamtes Mindelheim („Langenwald" und „Speckgehau") bislang realisierten Edellaubholzflächen noch unter den Zielgrößen. Erfreulich ist die hohe Tannenbeteiligung im Bestand „Speckgehau"; dagegen sind im Bestand „Moosloh" bisher noch keine Tannen gepflanzt worden, obschon das Verjüngungsziel hier einen Flächenanteil von 15% anstrebt.

Unter den natürlich sich verjüngenden Baumarten sind in den untersuchten Beständen vor allem Fichte und sonst. Laubholz von großer Bedeutung. Von insgesamt 65 aufgenommenen Voranbauten wurden 26 infolge des mindestens bei jeweils 10% liegenden Anteils sonst. Laubhölzer dem Typ „Buche-sonst. Laubholz" zugewiesen (vgl. Abb. 4-37 bis Abb. 4-46). In den mit Buche künstlich begründeten Voranbauten stellten sich sonst. Laubhölzer auf natürlichem Wege ein. Erstaunlich ist, daß sich im Bestand „Langenwald" eine größere Teilfläche im Nordosten (s. Abb. 4-37) ausschließlich auf sonst. Laubholz (hier vorwiegend Vogelbeere) verjüngt. Die Ansamungsfreudigkeit des sonst. Laubholz hat zur Folge, daß der Anteil dieser Baumartengruppe z.T. bei über 10% („Grasleite", „Seeloch", „Ebersberg VI 15°") bzw. im Einzelfall sogar bei 41% („Langenwald") liegt.

Tab. 4-17: Verjüngungssituation in den Beispielsbeständen: die relativen Flächenanteile der Baumartengruppen in der reduzierten Vorausverjüngungsfläche (reduz. VVJ-Fläche) wurden auf Abweichungen vom Verjüngungsziel (für die gesamte Bestandesfläche) überprüft.

Verjüngungssituation

Waldort		Baumartengruppen: Fi	Kie	Ta	Lä	Bu	Elbh	s.Lbh.	Anteil der reduz. VVJ-Fläche
Langenwald	Vorausverjüngung	**28**	**0**	**0**	**0**	**25**	**6**	**41**	**37,8**
	Abweichung v. VZ	-32	0	-5	0	5	-9	41	
Speckgehau	Vorausverjüngung	**4**	**0**	**14**	**0**	**74**	**5**	**0**	**13,3**
	Abweichung v. VZ	-51	0	14	0	54	-20	0	
Moosloh	Vorausverjüngung	**71**	**0**	**0**	**0**	**20**	**0**	**9**	**29,0**
	Abweichung v. VZ	16	0	-15	0	-5	0	4	
Grasleite	Vorausverjüngung	**59**	**0**	**0**	**0**	**27**	**0**	**13**	**31,7**
	Abweichung v. VZ	-1	-5	0	-10	2	0	13	
Klingenhöh	Vorausverjüngung	**62**	**0**	**0**	**0**	**37**	**0**	**2**	**51,2**
	Abweichung v. VZ	17	-10	0	-5	7	-10	2	
Eggeten	Vorausverjüngung	**37**	**0**	**0**	**0**	**41**	**0**	**22**	**57,1**
	Abweichung v. VZ	-23	0	0	-10	11	0	22	
Seeloch	Vorausverjüngung	**50**	**0**	**5**	**0**	**29**	**3**	**13**	**42,7**
	Abweichung v. VZ	-5	0	0	10	4	-2	13	
Haselgrund	Vorausverjüngung	**4**	**0**	**1**	**0**	**69**	**0**	**26**	**26,0**
	Abweichung v. VZ	-56	0	-4	0	39	-5	0	
Ebe VI 15°	Vorausverjüngung	**58**	**0**	**0**	**0**	**21**	**1**	**19**	**41,2**
	Abweichung v. VZ	-12	0	0	0	-4	1	14	
Ebe X 2°	Vorausverjüngung	**53**	**0**	**0**	**0**	**28**	**19**	**0**	**28,9**
	Abweichung v. VZ	-22	0	0	0	3	19	0	

Wie die Abb. 4-39 bis Abb. 4-42 zeigen, ist die Fichtennaturverjüngung - unter Beachtung der durch die Schraffuren symbolisierten Deckungsgrade - in den Beständen der Forstämter Goldkronach und Tirschenreuth auf sämtlichen nicht mit Voranbauten bestockten Teilflächen vorhanden. Einzelne Teilflächen sind vollständig (80-100% Deckungsgrad) mit Fichte verjüngt. Die auffällige Präsenz der Fichtennaturverjüngung könnte als fortgeschrittenes Umbaustadium gedeutet werden. Diesem Gedanken steht jedoch entgegen, daß der Flächenanteil der Fichtennaturverjüngung speziell in Goldkronach auch im Durchschnitt aller Umbaubestände ausgesprochen hoch ist und damit die Verjüngungsfreudigkeit der Fichte schon in der Initialphase bzw. vor Beginn aktiver Umbaumaßnahmen unter Beweis stellt (s. OBERFORSTDIREKTION BAYREUTH 1992). In den Beständen „Speckgehau“ und „Haselgrund“ (Abb. 4-38 und Abb. 4-44) hat sich bisher keine Nadelholznaturverjüngung eingestellt. In der Gegenüberstellung zu den bisher beschriebenen Situationen nehmen die übrigen Bestände eine Mittelstellung ein, indem sowohl Teilflächen noch ohne Fichtennaturverjüngung wie auch solche mit hohen Deckungsgraden (z.B. in „Ebe VI 15°“, s. Abb. 4-46) vorkommen.

Die Summe der mit Mischbaumarten (Laubhölzer und Tanne) bestockten Flächenanteile liefert Anteile zwischen 29% („Moosloh“) und 96% („Speckgehau“ und „Haselgrund“). Wie der einzelbestandesweise Vergleich in Tab. 4-17 erkennen läßt, übersteigen die in der Vorausverjüngung festgestellten Mischbaumartenanteile (Laubhölzer und Tanne) die im Verjüngungsziel geplanten Flächenanteile überwiegend recht deutlich. Im Bestand „Klingenhöh“ stimmt der Mischbaumartenanteil exakt mit der Planung überein. Der in der Vorausverjüngung errechnete Buchenanteil erzielt mindestens 20% („Moosloh“) und liegt somit nur in den Beständen „Moosloh“ und „Ebersberg VI 15°“ knapp unter dem für die Buche angesetzten Verjüngungsziel. Dagegen können die anderen Bestände Buchenanteile in der Vorausverjüngung vorweisen, die geringfügig über dem Verjüngungsziel liegen („Ebersberg X 2°“, „Grasleite“) bzw. dieses sogar weit übertreffen („Speckgehau“ und „Haselgrund“).

4.3.4.3 Form und Größe der Voranbaugruppen

Berücksichtigung fanden nur Laubholz- bzw. Tanneneinheiten, die sich klar vom umgebenden Bestand abgrenzen ließen (vgl. Abb. 4-37 bis Abb. 4-46). Die Durchmesser der künstlich eingebrachten Mischbaumartengruppen reichen von 11 m (z.B. in den Waldorten „Grasleite“ und „Seeloch“) bis zu 136 m („Seeloch“). Eine mehr oder weniger einheitliche Größe der Laubholzeinheiten ist nur im Bestand „Ebersberg X 2°“ erkennbar: hier sind die Laubholzeinheiten gruppen- bis horstgroß. Erstaunlich ist, daß der Durchmesser innerhalb der Bestände zum Teil stark variiert. Ein brauchbares Maß zur Quantifizierung dieser Unterschiede ist der - gegenüber unterschiedlich großen absoluten Werten weitgehend robuste - Variabilitätskoeffizient (s. LOZÁN 1992). Außergewöhnlich hoch ist dessen Wert im Bestand Seeloch, wo innerhalb eines Bestandes sowohl die kleinsten wie auch die größten insgesamt registrierten Laubholzeinheiten beobachtet wurden: erreichen hier die älteren, etwa 40-50-jhg. Bucheneinheiten kaum Truppgröße, so kann die größte Mischbaumarteneinheit bereits als Kleinbestand bezeichnet werden. Mit Werten um 60 betonen auch die Variabilitätskoeffizienten für die Mischbaumarteneinheiten der Bestände „Speckgehau“, „Grasleite“ „Eggeten“ und „Ebersberg VI 15°“ die starken Schwankungen im Durchmesser der Voranbauten. Aufgrund des relativ engen Rahmens von 40 m bis 71 m Durchmesser zeigen die Gruppen der Bestände „Langenwald“ und „Ebersberg X 2°“ die geringsten Abweichungen von der mittleren Größe der hier vorgefundenen Voranbauten.

Annähernd kreisförmige Voranbauten mit dem geringsten Umfang in Relation zur Fläche finden sich einzig im Bestand Seeloch des Forstamtes Kelheim, und zwar hier in Form der älteren 40-50-jhg. Buchengruppen (s. Abb. 4-43). In der weit überwiegenden Zahl der Fälle sind die Laubholz- bzw. Tannenvoranbauten in quadratischer oder rechteckiger Form begründet worden, wobei offensichtlich auch bei annähernd rechteckiger Form darauf geachtet wurde, daß der Flächenumfang möglichst gering blieb; hierfür durften Länge und Breite des Rechtecks nicht zu sehr voneinander abweichen.

Danach bieten die Voranbauten in den Beständen „Haselgrund" (Abb. 4-44) und „Ebersberg X 2° und VI 15° (Abb. 4-45 und Abb. 4-46) anschauliche Beispiele für annähernd quadratische Laubholzvoranbauten. Rechteckige bzw. rechteckähnliche Formen (Parallelogramm, Trapez) mit einem ausgewogenen Länge- zu Breiteverhältnis sind - von Ausnahmen abgesehen - kennzeichnend für die Voranbauten der Bestände „Eggeten" (Abb. 4-42), „Langenwald" (Abb. 4-37) und „Klingenhöh" (Abb. 4-41). Abweichend von diesen Ergebnissen weisen bei „Grasleite" fünf von insgesamt acht Laubholzvoranbauten eine ausgeprägte Disproportionalität zwischen Länge und Breite auf (s. Abb. 4-40). Bei der Ursachenforschung konnten zwei Faktoren aufgedeckt werden: infolge des nach Süden stark geneigten Geländes sind die Erschließungslinien hangparallel angeordnet und engen somit die Auswahl der Mischungsformen sehr ein; diesem Umstand Rechnung tragend, wurde die wärmebegünstigte Hanglage in der Weise zum Vorteil des Baumwachstums ausgenutzt, daß die Voranbauten mit der Längsseite hangparallel und südexponiert angelegt wurden (WOLFRUM, mdl. Mitt.).

Aus landschaftsästhetischer Sicht sehr negativ zu beurteilen ist die Anordnung der Voranbauten in den Beständen „Ebersberg X 2° und VI 15°" (Abb. 4-45 und Abb. 4-46). Die ausgeprägt quadratisch bis rechteckig geformten Laubholzvoranbauten wurden mit der Außengrenze parallel zu den Erschließungslinien angelegt und überbetonen die schon durch die Erschließungslinien hervorgerufene stark schematische und wenig ansprechende Bestandeseinteilung (s.a. OBERFORSTDIREKTION MÜNCHEN 1987).

4.3.4.4 Räumliche Verteilung der Gruppen

Obgleich sich die Untersuchungen auf nur zehn Bestände beschränken, sind in der räumlichen Anordnung der Voranbauten beinahe sämtliche denkbaren Verteilungsmuster anzutreffen: einer räumlichen Gleichverteilung der Voranbauten, wie sie in guter Annäherung in den Beständen „Haselgrund" (Abb. 4-44), „Eggeten" (Abb. 4-42) und „Ebersberg X 2°" (Abb. 4-45) gegeben ist, stehen starke räumliche Konzentrationen der Mischbaumarteneinheiten in den Beständen „Speckgehau" und „Moosloh" gegenüber; im Bestand „Speckgehau" gehen diese so weit, daß eine - nur durch die Erschließungslinien unterbrochene - zusammenhängende Voranbaufläche entsteht. Zwischen diesen Extremsituationen sind die Verteilungen der Voranbauten in den übrigen Beständen einzuordnen, wobei die Verteilungsmuster eher in Richtung ungleichmäßige Verteilung tendieren.

Ohne der Ergebnisdiskussion vorgreifen zu wollen, hat sich bei der Raumstruktur (Anordnung, Form und Größe der Voranbauten) sehr deutlich gezeigt, daß sich bei der Mehrzahl der untersuchten Bestände kein spezifisches Voranbaumuster erkennen läßt; vielmehr ist die Variabilität der angesprochenen raumstrukturellen Parameter innerhalb eines Bestandes oft größer als im Quervergleich der ausgewählten Waldorte.

4.3.4.5 Variabilität der Überschirmungssituation

Unabhängig von der Größe des Bestandes und von räumlichen Unterschieden wird bei der Forsteinrichtungsaufnahme ein mittlerer Beschirmungsgrad (verbal oder numerisch) vergeben. Die Strukturdiversität eines Waldbestandes resultiert jedoch entscheidend aus der räumlichen Variabilität des Beschirmungsgrades. Diese wiederum nimmt Einfluß auf das Wachstum und die vertikale Struktur der Verjüngung. Innerhalb der aufgenommen Bestände wurde der Beschirmungsgrad über Laubholz- und Tannenvoranbauten sowie über Teilflächen ohne bzw. mit Nadelholznaturverjüngung geschätzt. Die Einzelwerte der Teilflächen sind in den Verjüngungskarten (Abb. 4-37 bis Abb. 4-46) abgedruckt.

Zusammenfassend ergibt sich folgendes Bild: In den untersuchten Beispielsbeständen wurden mindestens fünf (Bestand „Mooslch") unterschiedliche Beschirmungsgrade festgestellt. Diesbezüglich weisen die Bestände „Grasleite" und „Ebe X 2°" und „Langenwald" mit acht bis neun Beschirmungsgraden die variabelsten Verhältnisse auf. Insgesamt dominieren über den Laubholz- bzw. Tannenvoranbauten Beschirmungsgrade kleiner oder gleich 0,5, während umgekehrt über den mit Nadelholznaturverjüngung bzw. auch noch nicht mit Verjüngung bestockten Teilflächen außerhalb der Voranbauten zumeist Beschirmungsgrade größer oder gleich 0,5 vorkommen (s.a. Anhang). Die über Laubholz- und Tannenvoranbauten gehäuft auftretenden Beschirmungsgrade von 0,1 bis 0,3 decken sich im übrigen sehr gut mit den Beschirmungsgraden 0,2 und 0,3, die HEHN (1993) über Buchenvoranbauten zur Erzielung des nötigen Wuchsvorsprunges für erforderlich hält.

Insgesamt entspricht dieser Befund den Eigenschaften des Femelschlagverfahrens, wonach die Voranbauten in der Regel wesentlich geringer überschirmt sind (Sicherung eines Wuchsvorsprunges vor Nadelholznaturverjüngung) als die umgebenden Bestandespartien. Diesem Grundsatz scheinen die Ebersberger Bestände und der Bestand "Langenwald" im Forstamt Mindelheim deswegen nicht zu folgen, weil hier auch Teilflächen außerhalb von Voranbauten bereits völlig schirmfrei sind. In Ebersberg ist diese Situation insofern leicht nachvollziehbar, als bei dem hier praktizierten Saumfemelschlagverfahren[8] von den windabgewandten Seiten (Nordost und Ost) begonnen wird, die Voranbauten und Naturverjüngung „abzusäumen". Teilflächen mit höheren Überschirmungsgraden konzentrieren sich somit auf die westlichen bzw. südlichen Bestandesteile (s. Abb. 4-45 und Abb. 4-46)

4.3.4.6 Zusammensetzung der Jungbestände

Im Hinblick auf eine objektive und vollständige Beurteilung der in Fichtenbeständen bislang durchgeführten Umbaumaßnahmen ist es wichtig, jene Jungbestände (bis etwa 50-jhg.) in die Analyse einzubeziehen, die in räumlicher Nachbarschaft zum analysierten Verjüngungsbestand liegen und als ehemalige Voranbauten unter reiner Fichte bzw. Fichte-Kiefer begründet wurden.

An den Verjüngungsbestand angrenzende Jungbestände wurden kartografisch dargestellt und nur dann Mischbestandesformen zugewiesen, wenn der Mischbaumartenanteil mindestens 10% ausmachte. Selbst unter dieser Vorgabe trifft man lediglich in den Beständen des Forstamtes Ebersberg (Abb. 4-45 und Abb. 4-46) und im Bestand „Eggeten" (Abb. 4-42) auf Jungbestände mit reiner Fichte.

---

[8] Angesichts der überwiegend instabilen Bestockungssituation hat sich in Ebersberg bei der Verjüngung von Fichtenbeständen das Saumfemelschlagverfahren besser bewährt als der reine Femelschlag (OBERFORSTDIREKTION MÜNCHEN 1987).

Die Fichtenjungwüchse der Ebersberger Bestände sind jedoch nahezu flächendeckend von gut abgrenzbaren - und daher gesondert eingezeichneten - Laubholzeinheiten durchsetzt, so daß die kleinräumige Bestandesstruktur den Mischbestandescharakter der Jungbestandesflächen nicht in Frage stellt. Sämtliche anderen, mit den Umbaubeständen zusammenhängenden Jungbestände sind Fichten-Laubholz-Mischbestände („Grasleite"), Laubholz-Fichten-Mischbestände („Speckgehau") bzw. reine Laubholzbestände (z.B. „Moosloh", „Ebersberg X 2° und VI 15°").

Aus den genannten Befunden wird deutlich, daß sich der anhand der Vorausverjüngung bereits nachgewiesene Bestockungsumbau auch schon in den Bestandesformen der Jungbestände manifestiert, deren Mischbaumartenanteil bei mindestens 10%, nicht selten aber höher liegt.

Aus den Ergebnissen der untersuchten Fallbeispiele lassen sich - grob verallgemeinernd über die in allen fünf Forstämtern untersuchten Bestände - folgende Schlüsse ziehen:

In über 90% der insgesamt 905 untersuchten und in der Endnutzung stehenden Nadelholzreinbestände mit führender Fichte ist als Bestockungsziel ein Fichten-Laubholz-Mischbestand (bzw. Laubholzbestand) geplant. Weit überwiegend werden Anteile der Mischbaumarten von mindestens 20% angestrebt.

Mit Ausnahme des Forstamtes Goldkronach liegen die in der Vorausverjüngung ermittelten Flächenanteile für Laubholz und Tanne im Durchschnitt deutlich über dem Verjüngungsziel. Dieser Befund darf aufgrund des in allen Forstämtern unter 50% liegenden Vorausverjüngungsvorrates dahingehend gedeutet werden, daß die Laubholz- und Tannenvoranbauten der Zielsetzung entsprechend zeitlich vor ankommender Naturverjüngung eingebracht wurden. Innerhalb der Vorausverjüngung ist die Buche die flächenmäßig bedeutendste Baumart.

In den Beständen des Forstamtes Goldkronach steht der insgesamt sehr hohe Vorausverjüngungsvorrat (49% der Bestandesfläche) in engem Zusammenhang mit dem außerordentlich hohen Verjüngungspotential der Fichte.

Die waldkundliche Aufnahme von insgesamt zehn Beispielsbeständen hat gezeigt, daß in allen zehn Beständen positive Ansätze zur Verfolgung eines bestimmten Umbaukonzeptes erkennbar sind: gruppengroße Voranbauten stocken in Femellücken, die deutlich geringer überschirmt sind als die angrenzenden Teilflächen, in denen sich die Fichte ausschließlich natürlich verjüngt. Ein einheitliches Umbaukonzept wurde jedoch in den Beständen nicht registriert. So ist z.B. weder eine einheitliche Mischungsform zu beobachten, noch sind die Voranbauten gleichmäßig auf der Bestandesfläche verteilt. Die Gründe hierfür werden in Kap. 5.8.2 angesprochen.

Der Umbau von Fichtenreinbeständen bietet gute Möglichkeiten, die Baumartenvielfalt im Vergleich zur Ausgangslage deutlich zu erhöhen: In allen zehn aufgenommenen Beständen wurden in der Vorausverjüngung mindestens acht verschiedene Nadel- und Laubholzarten registriert.

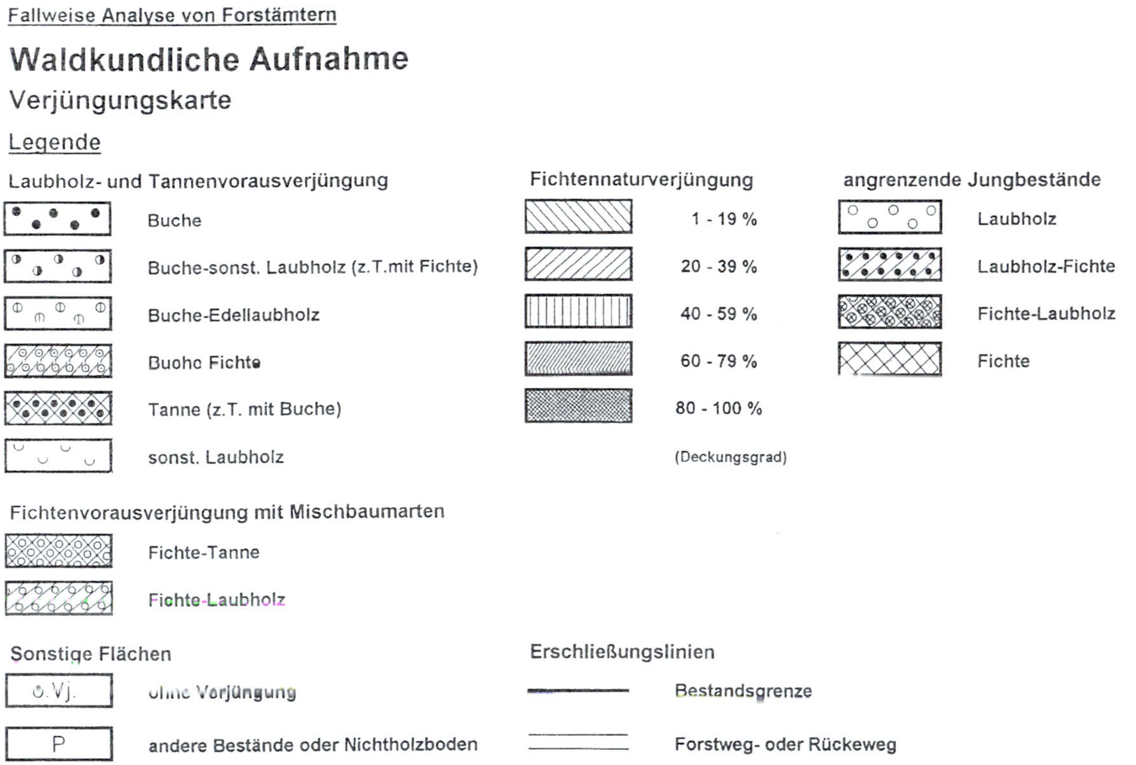

Abb. 4-36: Legende zu den Verjüngungskarten der Abbildungen 4-37 bis 4-46 im Rahmen der waldkundlichen Aufnahme von Beispielsbeständen. Flächen mit Anteilen von Mischbaumarten (Laubholz bzw. Tanne) wurden mit Punktsignaturen versehen, die Fichtennaturverjüngung wurde nach Maßgabe des Deckungsgrades mit Schraffuren dargestellt. Mit „P“ gekennzeichnete Flächen spielen bei der hier vorgenommenen Analyse zum Fichtenumbau keine Rolle.

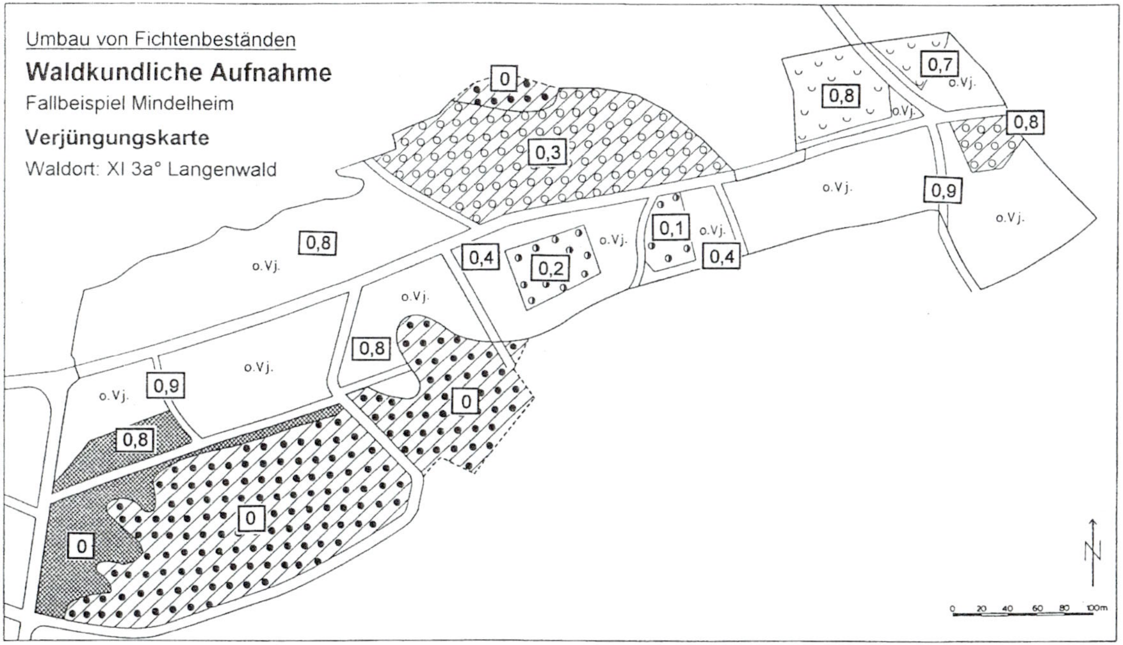

Abb. 4-37: Verjüngungskarte für den Bestand „Langenwald" im Forstamt Mindelheim. Punktsignaturen repräsentieren unterschiedliche Typen von Laubholz- bzw. Tannenvoranbauten; Schraffuren sind Ausdruck der unterschiedlich hohen Deckungsgrade der Nadelholz-(Fichten-) naturverjüngung; die Legende ist der Abb. 4-36 zu entnehmen. Jeder ausgeschiedenen Teilfläche wurde der numerische Beschirmungsgrad der Altbäume (Fichten bzw. Kiefern) zugeordnet. Angrenzende Jungbestände sind durch dicker umrandete Linien vom Verjüngungsbestand abgegrenzt. Es bedeuten: o.Vj.: ohne Verjüngung, „P": Nichtholzboden oder nicht relevante Bestände.

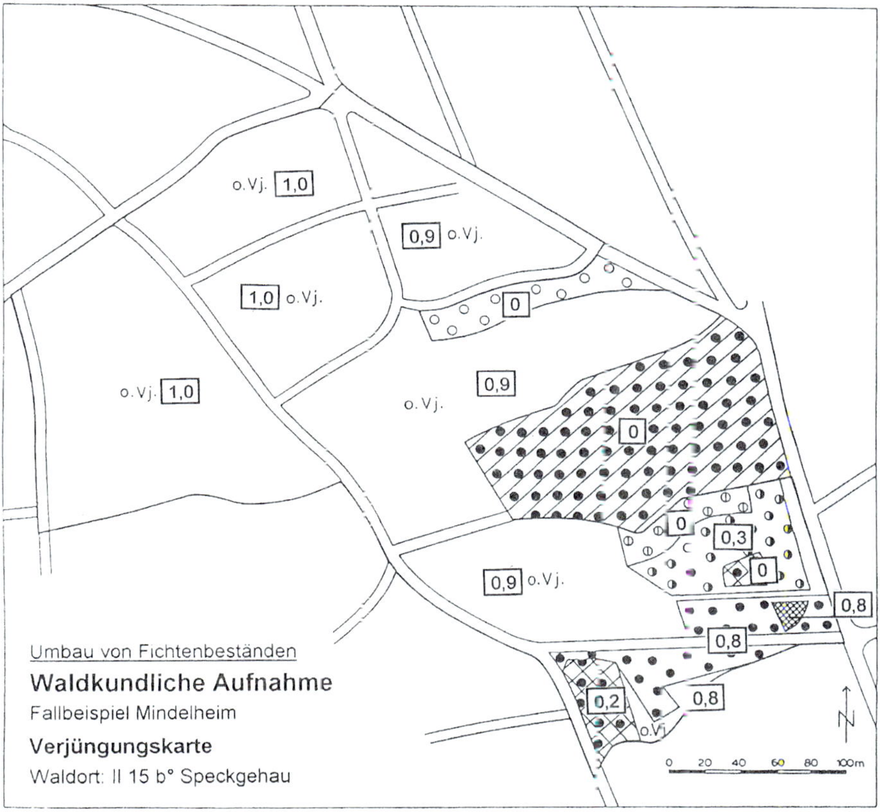

Abb. 4-38: Verjüngungskarte für den Bestand „Speckgehau“ im Forstamt Mindelheim. Punktsignaturen repräsentieren unterschiedliche Typen von Laubholz- bzw. Tannenvoranbauten; Schraffuren sind Ausdruck der unterschiedlich hohen Deckungsgrade der Nadelholz-(Fichten-) naturverjüngung; die Legende ist der Abb. 4-36 zu entnehmen. Jeder ausgeschiedenen Teilfläche wurde der numerische Beschirmungsgrad der Altbäume (Fichten bzw. Kiefern) zugeordnet. Angrenzende Jungbestände sind durch dicker umrandete Linien vom Verjüngungsbestand abgegrenzt. Es bedeuten: o.Vj.: ohne Verjüngung, „P“: Nichtholzboden oder nicht relevante Bestände.

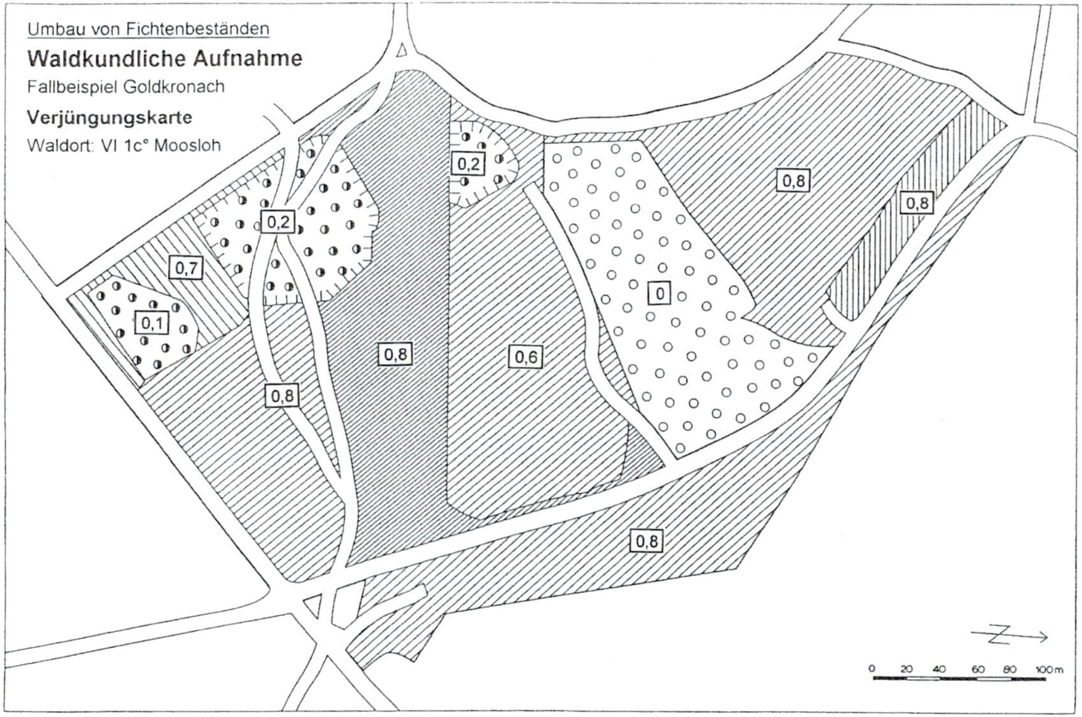

Abb. 4-39: Verjüngungskarte für den Bestand „Moosloh" im Forstamt Goldkronach. Punktsignaturen repräsentieren unterschiedliche Typen von Laubholz- bzw. Tannenvoranbauten; Schraffuren sind Ausdruck der unterschiedlich hohen Deckungsgrade der Nadelholz-(Fichten-) naturverjüngung; die Legende ist der Abb. 4-36 zu entnehmen. Jeder ausgeschiedenen Teilfläche wurde der numerische Beschirmungsgrad der Altbäume (Fichten bzw. Kiefern) zugeordnet. Angrenzende Jungbestände sind durch dicker umrandete Linien vom Verjüngungsbestand abgegrenzt. Es bedeuten: o.Vj.: ohne Verjüngung, „P": Nichtholzboden oder nicht relevante Bestände.

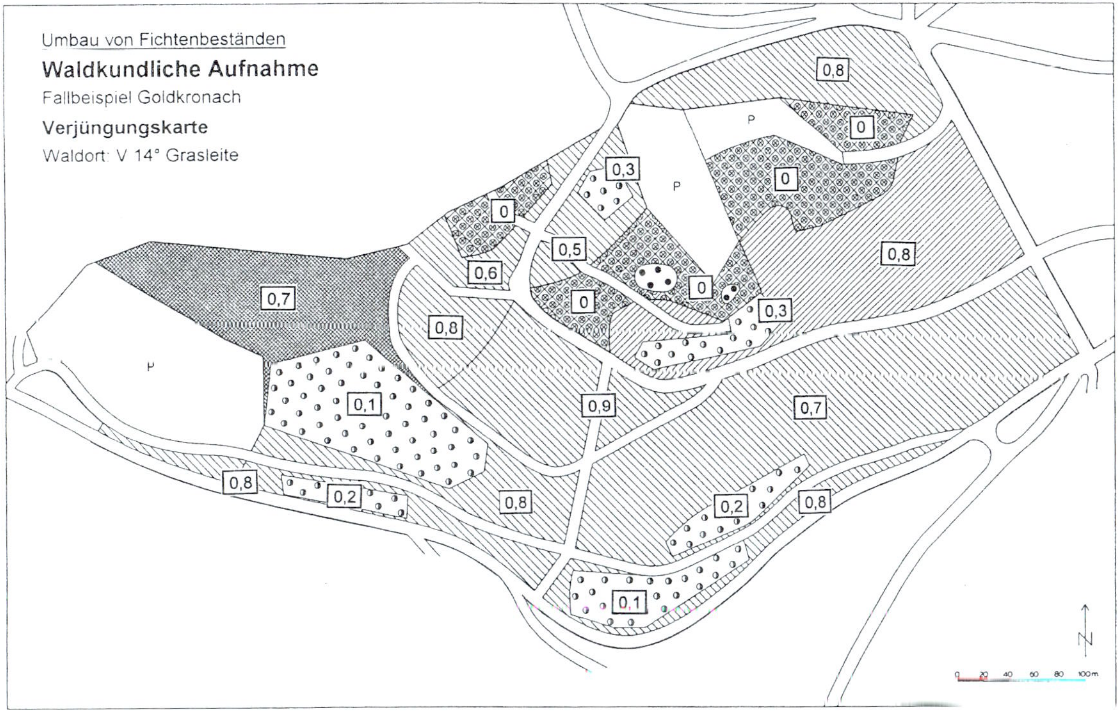

Abb. 4-40: Verjüngungskarte für den Bestand „Grasleite“ im Forstamt Goldkronach. Punktsignaturen repräsentieren unterschiedliche Typen von Laubholz- bzw. Tannenvoranbauten; Schraffuren sind Ausdruck der unterschiedlich hohen Deckungsgrade der Nadelholz-(Fichten-) naturverjüngung; die Legende ist der Abb. 4-36 zu entnehmen. Jeder ausgeschiedenen Teilfläche wurde der numerische Beschirmungsgrad der Altbäume (Fichten bzw. Kiefern) zugeordnet. Angrenzende Jungbestände sind durch dicker umrandete Linien vom Verjüngungsbestand abgegrenzt. Es bedeuten: o.Vj.: ohne Verjüngung, „P“: Nichtholzboden oder nicht relevante Bestände.

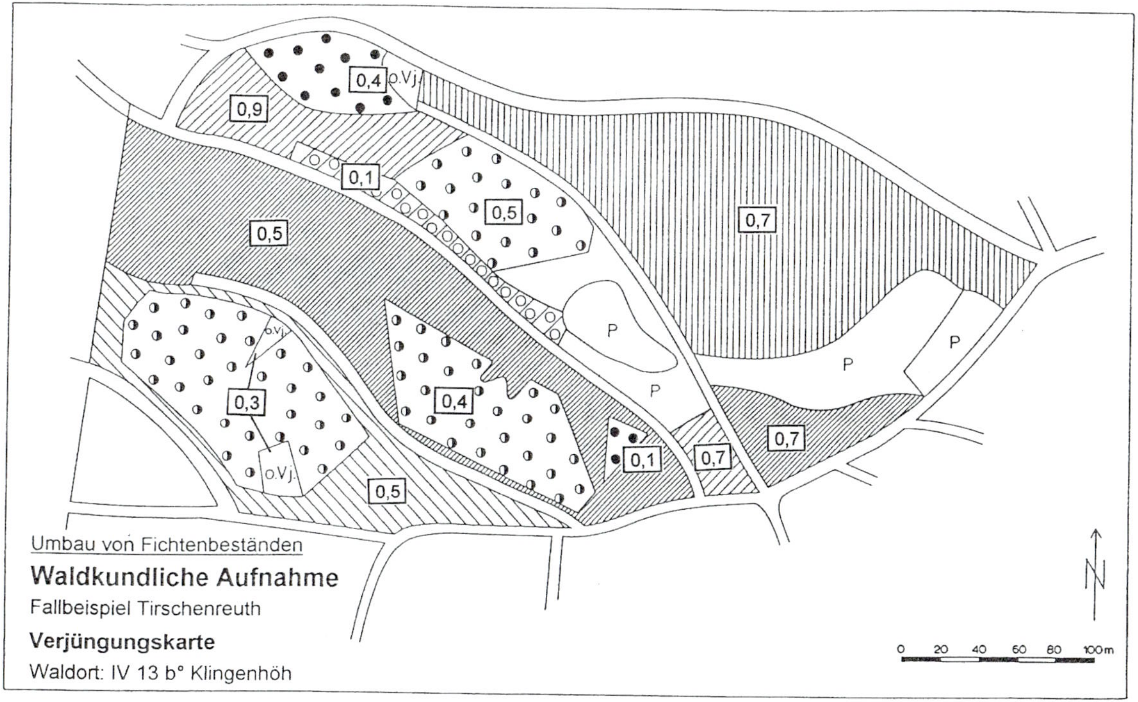

Abb. 4-41: Verjüngungskarte für den Bestand „Klingenhöh" im Forstamt Tirschenreuth. Punktsignaturen repräsentieren unterschiedliche Typen von Laubholz- bzw. Tannenvoranbauten; Schraffuren sind Ausdruck der unterschiedlich hohen Deckungsgrade der Nadelholz-(Fichten-) naturverjüngung; die Legende ist der Abb. 4-36 zu entnehmen. Jeder ausgeschiedenen Teilfläche wurde der numerische Beschirmungsgrad der Altbäume (Fichten bzw. Kiefern) zugeordnet. Angrenzende Jungbestände sind durch dicker umrandete Linien vom Verjüngungsbestand abgegrenzt. Es bedeuten: o.Vj.: ohne Verjüngung, „P": Nichtholzboden oder nicht relevante Bestände.

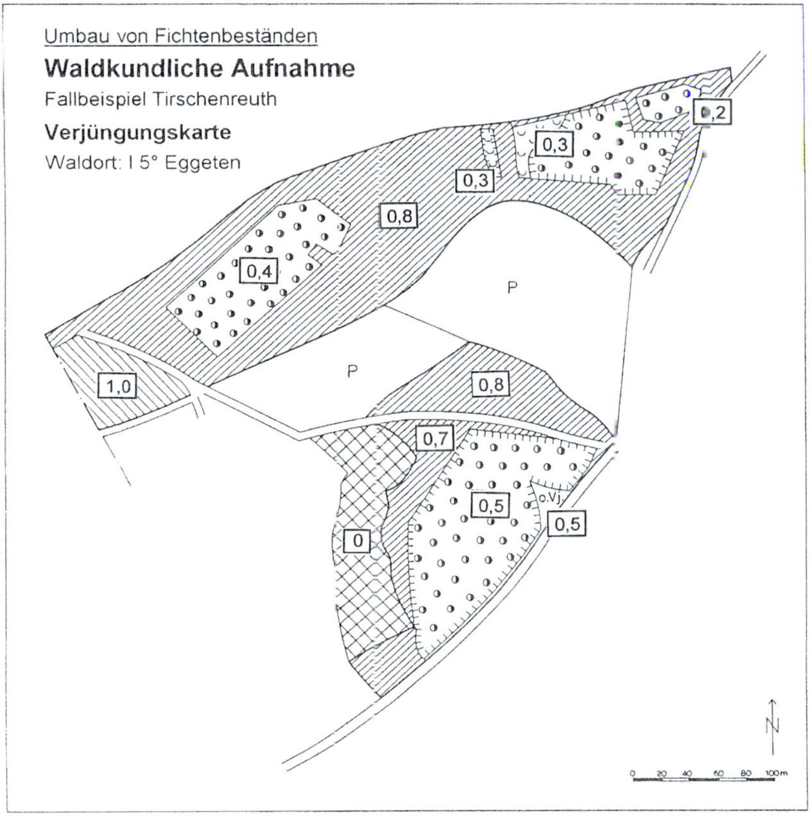

Abb. 4-42: Verjüngungskarte für den Bestand „Eggeten" im Forstamt Tirschenreuth. Punktsignaturen repräsentieren unterschiedliche Typen von Laubholz- bzw. Tannenvoranbauten; Schraffuren sind Ausdruck der unterschiedlich hohen Deckungsgrade der Nadelholz- (Fichten) naturverjüngung; die Legende ist der Abb. 4-36 zu entnehmen. Jeder ausgeschiedenen Teilfläche wurde der numerische Beschirmungsgrad der Altbäume (Fichten bzw. Kiefern) zugeordnet. Angrenzende Jungbestände sind durch dicker umrandete Linien vom Verjüngungsbestand abgegrenzt. Es bedeuten: o.Vj.: ohne Verjüngung, „P": Nichtholzboden oder nicht relevante Bestände.

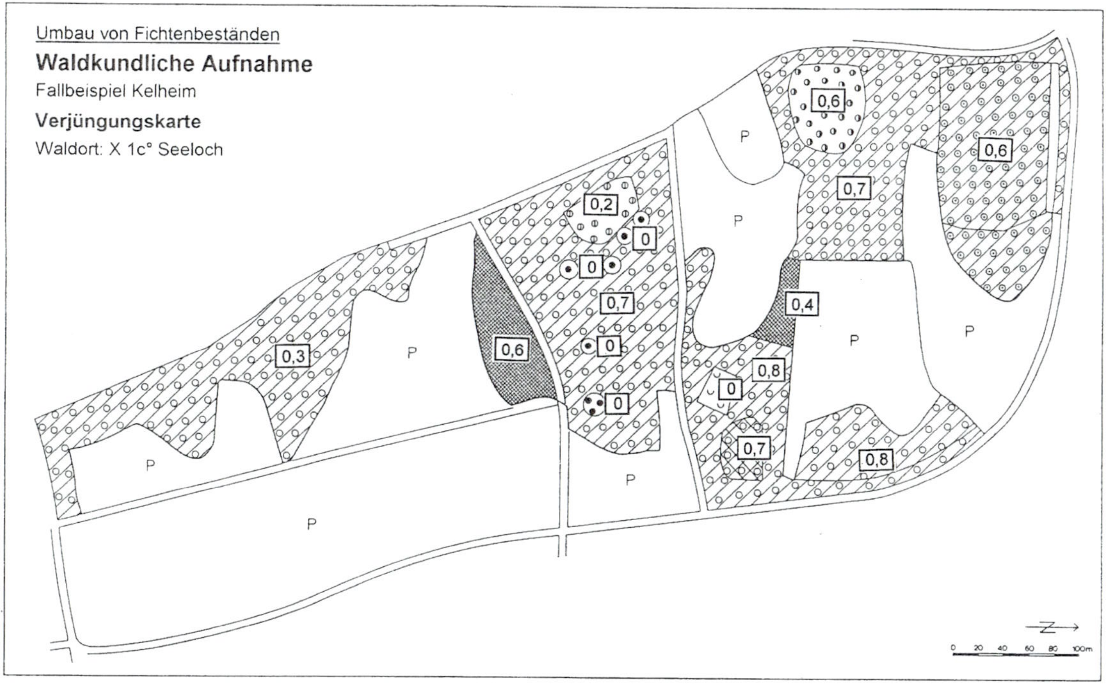

Abb. 4-43: Verjüngungskarte für den Bestand „Seeloch" im Forstamt Kelheim. Punktsignaturen repräsentieren unterschiedliche Typen von Laubholz- bzw. Tannenvoranbauten; Schraffuren sind Ausdruck der unterschiedlich hohen Deckungsgrade der Nadelholz-(Fichten-) naturverjüngung; die Legende ist der Abb. 4-36 zu entnehmen. Jeder ausgeschiedenen Teilfläche wurde der numerische Beschirmungsgrad der Altbäume (Fichten bzw. Kiefern) zugeordnet. Angrenzende Jungbestände sind durch dicker umrandete Linien vom Verjüngungsbestand abgegrenzt. Es bedeuten: o.Vj.: ohne Verjüngung, „P": Nichtholzboden oder nicht relevante Bestände.

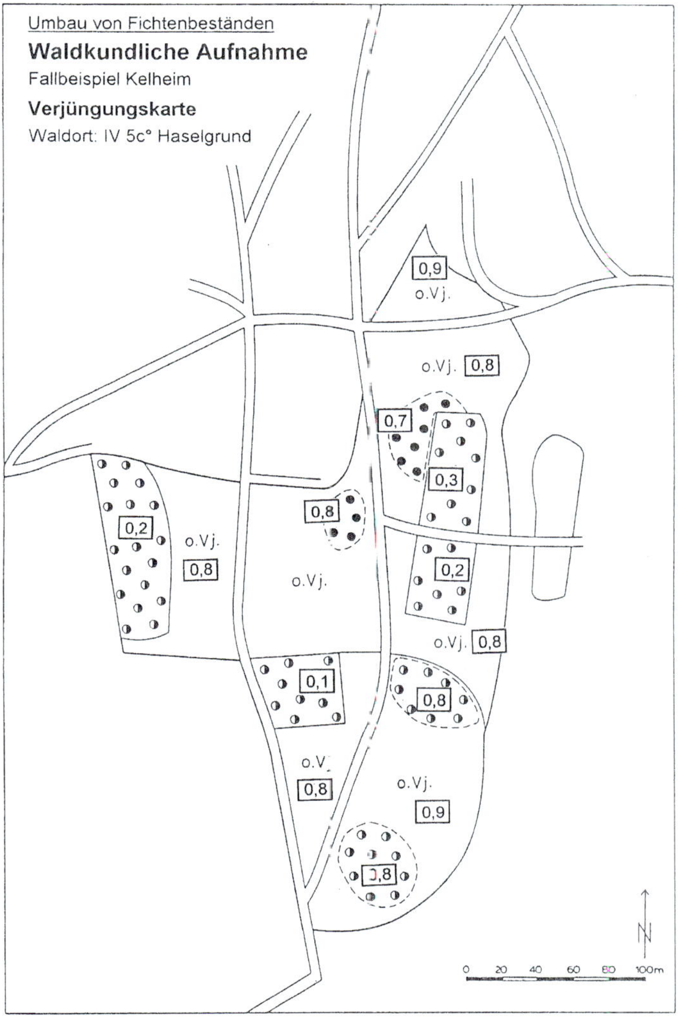

Abb. 4-44: Verjüngungskarte für den Bestand „Haselgrund“ im Forstamt Kelheim. Punktsignaturen repräsentieren unterschiedliche Typen von Laubholz- bzw. Tannenvoranbauten; die gestrichelt umrandete Buchenvorausverjüngung ist aus Naturverjüngung entstanden. Schraffuren sind Ausdruck der unterschiedlich hohen Deckungsgrade der Nadelholz-(Fichten-) naturverjüngung; die Legende ist der Abb. 4-36 zu entnehmen. Jeder ausgeschiedenen Teilfläche wurde der numerische Beschirmungsgrad der Altbäume (Fichten bzw. Kiefern) zugeordnet. Angrenzende Jungbestände sind durch dicker umrandete Linien vom Verjüngungsbestand abgegrenzt. Es bedeuten: o.Vj.: ohne Verjüngung, „P“: Nichtholzboden oder nicht relevante Bestände.

Umbau von Fichtenbeständen

Waldkundliche Aufnahme

Fallbeispiel Ebersberg

Verjüngungskarte

Waldort: X 2°

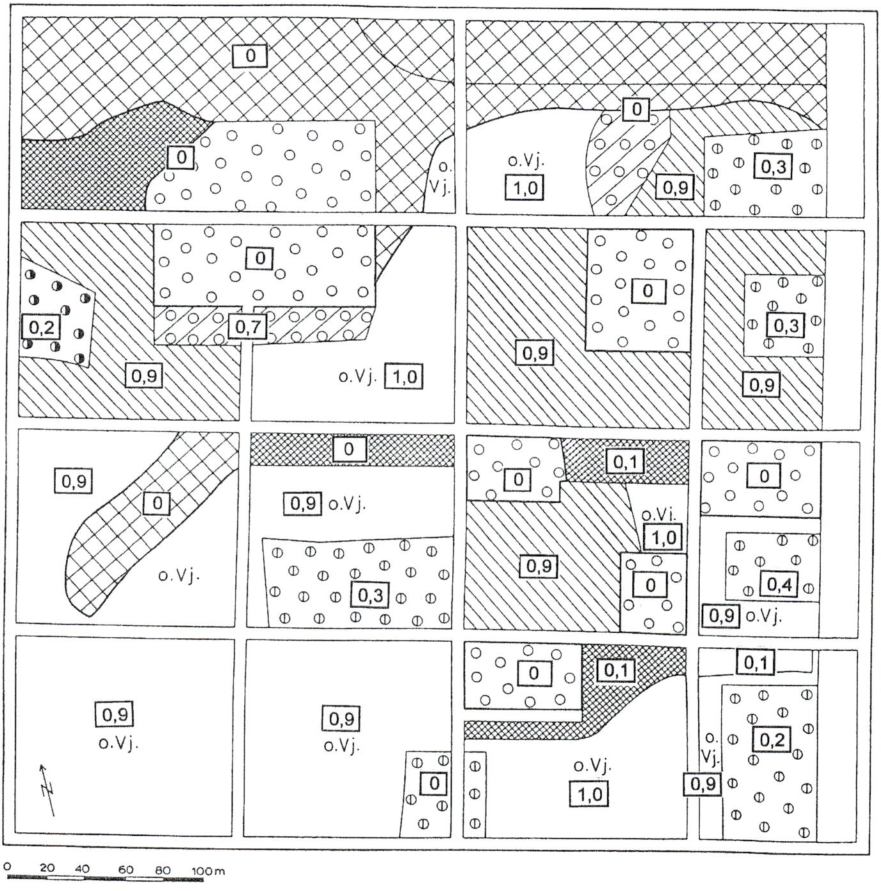

Abb. 4-45: Verjüngungskarte für den Bestand „Ebersberg (Ebe) X 2°" im Forstamt Ebersberg. Punktsignaturen repräsentieren unterschiedliche Typen von Laubholz- bzw. Tannenvoranbauten; Schraffuren sind Ausdruck der unterschiedlich hohen Deckungsgrade der Nadelholz-(Fichten-) naturverjüngung; die Legende ist der Abb. 4-36 zu entnehmen. Jeder ausgeschiedenen Teilfläche wurde der numerische Beschirmungsgrad der Altbäume (Fichten bzw. Kiefern) zugeordnet. Angrenzende Jungbestände sind durch dicker umrandete Linien vom Verjüngungsbestand abgegrenzt. Es bedeuten: o.Vj.: ohne Verjüngung, „P": Nichtholzboden oder nicht relevante Bestände.

Umbau von Fichtenbeständen

Waldkundliche Aufnahme

Fallbeispiel Ebersberg

Verjüngungskarte

Waldort: VI 15°

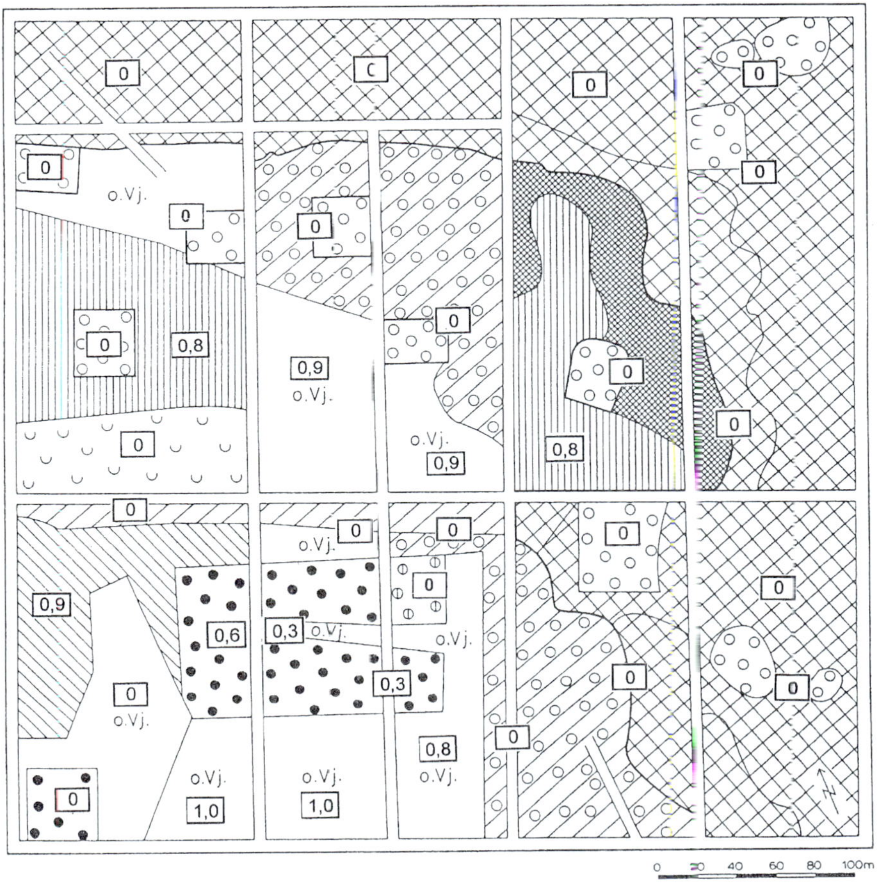

Abb. 4-46: Verjüngungskarte für den Bestand „Ebersberg (Ebe) VI 15°" im Forstamt Ebersberg. Punktsignaturen repräsentieren unterschiedliche Typen von Laubholz- bzw. Tannenvoranbauten; Schraffuren sind Ausdruck der unterschiedlich hohen Deckungsgrade der Nadelholz-(Fichten-) naturverjüngung; die Legende ist der Abb. 4-36 zu entnehmen. Jeder ausgeschiedenen Teilfläche wurde der numerische Beschirmungsgrad der Altbäume (Fichten bzw. Kiefern) zugeordnet. Angrenzende Jungbestände sind durch dicker umrandete Linien vom Verjüngungsbestand abgegrenzt. Es bedeuten: o.Vj.: ohne Verjüngung, „P": Nichtholzboden oder nicht relevante Bestände.

5 DISKUSSION

Die Diskussion der Versuchsergebnisse nimmt Bezug auf die in Kap. 2.4.2 gesteckten Ziele und Untersuchungsfelder. Einige Versuchsergebnisse wurden bereits unmittelbar im Anschluß an deren Präsentation in Form von Teildiskussionen erörtert. Dies betrifft z.B. die Einschätzung der Verbißbelastung im Rahmen der bayernweiten Forsteinrichtungsergebnisse (s. Kap. 4.1.7) und die Ausbildung der Bodenvegetation auf den Testparzellen.

Es ist das Ziel der Diskussion, die Ergebnisse der einzelnen Projektphasen in einer zusammenfassenden Darstellung zu würdigen. Dabei lassen sich verschiedene Themenschwerpunkte abgrenzen: Neben dem Umfang von Umbaumaßnahmen ist zunächst der Bestockungsaufbau der Altbestände von Interesse, weil sich der Erfolg der Vorausverjüngungsmaßnahmen nur bei ausreichender Kenntnis des Ausgangszustandes beurteilen läßt. Im nächsten Schritt wird die Baumartenzusammensetzung der Vorausverjüngung der Ausgangssituation gegenübergestellt, wobei auch der Bestockungsaufbau von (nicht mehr überschirmten) Jungbeständen angesprochen wird.

Den Schwerpunkt der Diskussion bilden die Auswirkungen von Umbaumaßnahmen auf die Biodiversität und den naturschutzfachlichen Wert der untersuchten Fichtenbestände. Anhand der qualitativen Entwicklung 40-jhg. Buchen in Abhängigkeit von der Mischungsform wird anschließend beispielhaft zum Problemfeld „Ökonomie-Ökologie" Stellung bezogen. Die Besonderheiten und Probleme bei der Realsierung einzelner Umbauvorhaben münden schließlich in Schlußfolgerungen für die waldbauliche Praxis ein, denen ein Ausblick auf künftige Forschungsansätze im waldökologischen Bereich folgt.

5.1 Methodisches Vorgehen

Auf eine ausführliche Diskussion der angewandten Versuchsmethodik wird bewußt verzichtet, da bei den waldkundlichen Aufnahmen bewährte ertragskundliche und auch in der Naturwaldreservatsforschung mit Erfolg angewandte Parameter und Verfahren verwendet wurden. Zudem sind Überlegungen zu den Vorteilen und Nachteilen der einzelnen Methodenschritte bereits bei der Konzeption des Methodensets angestellt worden.

Die Gliederung der Untersuchungen in eigenständige, aber aufeinander aufbauende Projektphasen erwies sich als zielführend, insbesondere unter dem Aspekt einer möglichst umfassenden Analyse der in Fichtenbeständen derzeit ablaufenden Umbaumaßnahmen.

Die Auswertung von Ergebnissen aus der permanenten Stichprobeninventur (Projektphase I) verschaffte einen guten Überblick über den Umfang und die Vorausverjüngungssituation in Nadelholzreinbeständen mit führender Fichte sowohl für den gesamten bayerischen Staatswald wie auch für einzelne Wuchsgebiete. Dagegen boten die Inventurergebnisse kaum Möglichkeiten, die Raumstruktur von Umbaubeständen zu analysieren. Auf diesen Aspekt wurde im Rahmen der Umbauuntersuchungen in fünf Forstämtern (Projektphase III) eingegangen. Die Ergebnisse aus kleinräumigen waldökologischen Analysen unterschiedlicher Entwicklungsphasen des Umbaus (Projektphase II) bildeten die wichtigste Grundlage für die Beurteilung des naturschutzfachlichen Wertes von Umbaumaßnahmen und für die Ableitung waldbaulicher Handlungsempfehlungen. Nur am Rande wird in diesem Zusammenhang auf die Ergebnisse der naturnahen und mit Buche bzw. Buche und Eiche bestockten Testparzellen eingegangen. Diese Flächen dienten vor allem als Referenzflächen für die Beurteilung des faunistischen Arteninventars (HENDRICKS, in Vorbereitung).

Sicher wären tiefergehende Studien sowie Erweiterungen der Untersuchungen im Einzelfall wünschenswert gewesen, letztlich hätte darunter jedoch die sich aus der Verschneidung der Untersuchungsergebnisse ergebende ganzheitliche Betrachtung gelitten. Abgesehen davon entspricht das gewählte Vorgehen weitgehend dem von FELDMANN et al. (1996) für eine fortschrittliche „Naturschutzbezogene Waldforschung in Deutschland" vorgeschlagenen Forschungsansatz: Gegenüber der bisher favorisierten waldökologischen Forschung in nicht bewirtschafteten Wäldern (z.B. Naturwaldreservate) soll danach der Forschungsschwerpunkt auf Wirtschaftswälder verlagert werden, wobei die Untersuchung von Waldlebensräumen mit regionaler Bezugsbasis (s. Wuchsgebiete) ebenso von Bedeutung ist wie punktuelle fachspezifische Analysen auf lokaler Ebene (s. Testgebiete).

So wurden mit dem vorliegenden Forschungsvorhaben Untersuchungsfelder bearbeitet, die hohe Forschungspriorität haben, bislang aber nur unzureichend angegangen wurden (FELDMANN et al. 1996, AMMER & KÜBLER 1997): faktisch wurden bisherige Umbaumaßnahmen weder ausreichend dokumentiert und quantifiziert, noch wurden diese einer naturschutzfachlichen Bewertung (z.B. Auswirkungen auf die Biodiversität, Vergleich von künstlichen Verjüngungsmaßnahmen mit Ansätzen aus Naturverjüngung, Entwicklungspotential von Waldinnenrändern) unterzogen.

5.2 Ausgangslage von Umbaumaßnahmen

5.2.1 Flächenumfang von Fichtenumbaubeständen

Im Rahmen der vorliegenden Untersuchungen zum Fichtenumbau wurden als Umbaubestände in Endnutzung befindliche Nadelholzreinbestände mit führender Fichte definiert. Die Auswahl dieser Bestandesformen gründet sich darauf, daß nicht nur reine Fichtenbestände als ökologisch bedenklich einzustufen sind (FISCHER 1992 und 1992a), sondern allgemein Nadelholzreinbestände mit führender Fichte. Definitionsgemäß lag der Mischbaumartenanteil (Anteil für Laubholz und Tanne) in den selektierten Reinbestandesformen bei höchstens 5% (bzw. 10%) (vgl. KASPER 1995). Damit wird verständlich, weshalb auch im Durchschnitt aller untersuchten Bestände - sowohl bei der bayernweiten Analyse wie auch in den einzelnen Forstämtern - der Mischbaumartenanteil in den Altbeständen die 5%-Marke nicht überschritt. Überwiegend lagen Laubholz und Tanne sogar deutlich unter 5%.

Der Gesamtumfang der im bayerischen Staatswald derzeit ablaufenden Umbaumaßnahmen resultiert aus der Endnutzungsfläche der selektierten Bestandesformen und liegt bei 71105 ha, d.s. 9,5 % der Staatswaldfläche. Zusammen mit den entsprechenden Vornutzungsbeständen ergibt sich ein Flächenanteil von 26,4%, woraus abzuleiten ist, daß der weitaus größere Teil der potentiellen Umbaubestände noch nicht im verjüngungsfähigen Alter ist. Die genannten Zahlen bescheinigen, daß der Waldumbau als Langzeitprozeß (GAYLER 1985, TRAUBOTH & KRAUSS 1996, VOLZ 1996) die waldbaulichen Handlungsabläufe auch der kommenden Jahrzehnte bestimmen wird.

Unterdessen darf aus dem Flächenanteil der Baumart Fichte an der Gesamtbestockung des bayerischen Staatswaldes (49,7%) keineswegs auf den Umfang des Fichtenumbaus geschlossen werden. So macht ZUNDEL (1991) darauf aufmerksam, daß nicht die gesamte Fichtenfläche in Fichtenreinbeständen enthalten ist. Dieser Hinweis wird auch durch das festgestellte starke Ungleichgewicht in der Relation der Fläche „Nadelholzreinbestände mit führender Fichte" zur Fichtenfläche unterstrichen. Auch die entsprechenden Zahlen der einzelnen Wuchsgebiete machen deutlich, daß ein erheblicher Teil der Fichtenfläche - neben der in einzelnen Naturräumen sicher nicht zu vernachlässigenden Beteiligung in der Bestandesform Kiefer-Fichte - bereits in gemischten Beständen stockt.

5.2.2 Kenngrößen der Fichtenaltbestände

Die Beurteilung der Ausgangslage von Umbaumaßnahmen orientiert sich an den Meßergebnissen in den beiden Testgebieten Biburg und Schernfeld.

Die Leitlinien einer naturnahen Waldbehandlung sind insbesondere auch für den Umbau von Fichtenbeständen richtungsweisend. Charakteristisch ist, daß die unbefriedigenden Fichtenausgangsbestände bis zur vollständigen Ablösung durch eine zielgerecht ausgeformte Nachfolgebestockung wichtige waldbauliche und ökologische Funktionen wahrzunehmen haben. Darüber hinaus ist der Altbestand strukturprägend für das Gesamtsystem (s. SCHERZINGER 1996). So wirkt sich die Verteilung der Einzelbäume und deren Kronenstruktur maßgeblich auf die Lichtverhältnisse am Boden aus (DIERSCHKE 1982) und nimmt entscheidend Einfluß auf das Wachstum und die Konkurrenzverhältnisse in der Vorausverjüngung. Nicht hoch genug können die positiven Wirkungen der Altbaumüberschirmung in bezug auf die Herabsetzung der Frostgefahr, Verminderung von Insektenschäden, Zurückhaltung konkurrierender Bodenvegetation sowie die Förderung der Qualitätsausformung der Verjüngung eingeschätzt werden (s. GAYLER 1985).

Der durch die Überschirmung hervorgerufene wuchshemmende Einfluß auf die Verjüngung (JOHANN 1970) wird aufgewogen durch die Möglichkeit, das Verjüngungswachstum zu steuern und die vertikale Strukturvielfalt zu verbessern (vgl. OTTO 1994, WEISE 1994, SCHMIDT 1997). Abgesehen von den Einflüssen auf die Nachfolgebestockung besteht auch die Chance, den Wert der im Umbauverfahren jeweils verbleibenden Altbäume durch vermehrten Durchmesserzuwachs zu erhöhen.

<u>Einzelbaumvorrat</u>

An den Altbäumen der Biburger und Schernfelder Testparzellen konnten umbaubedingte Veränderungen charakteristischer ertragskundlicher Kenndaten anhand eines Parzellenquervergleichs getestet werden. Die Beobachtung, daß die Grundfläche in Schernfeld von der noch vollbestockten Nullfläche zu den Umbauphasen mit Buchenvoranbau nicht in vergleichbarem Maße abnimmt wie die Stammzahl, ist als eindeutiger Beleg für die Steigerung des Durchmesserzuwachses nach Stammzahlverminderung zu werten. Der durchschnittliche Vorrat je Einzelbaum ist im Testgebiet Schernfeld auf den Parzellen mit Buchenvoranbau deutlich höher als auf der Nullfläche.

Auch der in Biburg gegenüber der Nullfläche (BIB F99) auf der Parzelle mit 20-jhg. Buche (BIB B20) um 0,6 Festmeter höhere Vorrat des Einzelbaumes darf dahingehend interpretiert werden, daß die Altfichten der Parzelle BIB B20 infolge des erweiterten Standraumes zu stärkerem Durchmesserzuwachs angeregt wurden. Dieser Effekt wird jedoch überlagert von der im Vergleich zu den beiden anderen Umbauphasen besseren Oberhöhenbonität der Umbauphase BIB B20 (35 gegenüber 32). Demgegenüber unterscheiden sich die mittleren Vorräte der Nullfläche und des 40-jhg. Umbaustadiums in Biburg kaum. Nicht sehr voneinander abweichende Stammzahlniveaus und vergleichbare Bonitäten können hierfür als Gründe angeführt werden.

Insgesamt lassen die Ergebnisse keinen Zweifel daran, daß die nach femelartigen Eingriffen jeweils verbleibenden Altbäume in der Lage sind, den erhöhten Standraum in verstärktes Durchmesserwachstum umzusetzen. Diese Entwicklung steht in Einklang mit den Zielvorstellungen zahlreicher Autoren (z.B. BERNAUER 1978, GAYLER 1985, SEITSCHEK 1986, WEIDENBACH 1988, SCHREYER 1991, MOSANDL 1993, WEISE 1994, SINNER 1997), aus deren Sicht langfristige Verjüngungsgänge sehr gute Möglichkeiten bieten, den Wert des Einzelbaumes durch vermehrten Durchmesserzuwachs gezielt zu erhöhen. Zur Vermeidung von Wertzuwachsverlusten ist es jedoch nach LEDER & WAGNER (1996) nicht ratsam, bereits in unter 100-jhg. Beständen stärker nachzulichten. Als Anhaltspunkt für den Beginn von Verjüngungsmaßnahmen nennt REININGER (1993) das letzte Drittel der Gesamtwachstumszeit.

h/d-Wert

Hinsichtlich des zur Einschätzung der Stabilität besonders aussagekräftigen h/d-Wertes (MOSANDL 1993, HAUGG 1994) zeigt sich, daß die Altfichten im Bereich der 20-jhg. und 40-jhg. Umbauparzellen in beiden Testgebieten bedeutend niedrigere h/d-Werte aufweisen als die Altfichten der beiden Nullflächen, deren Mediane mit etwa 90 bereits dem instabilen Bereich (HAUGG 1994) zugeordnet werden müssen. Auf den zuletzt genannten Flächen kommt die von OTTO (1994) angesprochene ungünstigere Statik im Dichtstand zum Ausdruck. Im Vergleich zu den beiden Nullflächen kann das aus den beobachteten Einzelwerten abgeleitete kollektive Stützgerüst der Altfichten im Bereich der mit Buchenvoranbau bestockten Umbauphasen in Anlehnung an BURSCHEL & HUSS (1987) als ausreichend stabil begutachtet werden.

Wird davon ausgegangen, daß die statischen Eigenschaften sämtlicher Altfichten eines Testgebietes bis zum Beginn von Umbaumaßnahmen vergleichbar waren, was wahrscheinlich aber nicht gesichert ist, so kann speziell in bezug auf die h/d-Werte der beiden 20-jhg. Umbauphasen der Aussage HANEWINKELS (1996) nicht gefolgt werden, der eine h/d-Wertverbesserung ab 18 m bis 25 m Oberhöhe kaum mehr für machbar hält. Vielmehr erscheint es auch in älteren Fichtenbeständen noch möglich, durch Standraumerweiterungen der Altbäume Verbesserungen der h/d-Werte zu bewirken. Diese Einschätzung wird jedoch insofern relativiert, als Veränderungen der h/d-Werte sicher auch rechnerisch bedingt sind durch Entnahme von zwischenständigen Fichten mit ungünstigen h/d-Werten.

Kronenmaße

Als weiterer Stabilitätsweiser verdient die Kronenlänge besonderes Interesse (MOSANDL 1993). Daneben sind Kronenlänge und Kronenbreite eines Baumes wichtige Kenngrößen zur Beurteilung der Standraumökonomie (ASSMANN 1961, n. RÖHLE & HUBER 1985) und zur Abschätzung der Zuwachsleistung (WECK 1951). Im Gegensatz zur Entwicklung der h/d-Werte ist allerdings bei der Entwicklung der genannten Kronenausmaße kein eindeutiger Umbaueffekt nachweisbar.

Während die Altfichten der mit Buchenvoranbauten bestockten Umbauphasen in Schernfeld im Mittel breitere Kronen haben als die Altfichten der Nullfläche, gilt dieser Befund nicht für die Kronenlänge; zwar erzielen die Altfichten des 40-jhg. Umbaustadiums die längsten Kronen, die Kronen der Nullfläche sind aber - wider Erwarten - durchschnittlich länger als auf der Parzelle mit 20-jhg. Buchenvoranbau. In Biburg nimmt die Kronenlänge von den Nullflächen zu den Phasen mit Buchenvoranbau zu, die Kronenbreite hingegen unterscheidet sich im Quervergleich der Umbauphasen kaum.

Angesichts dieser nicht eindeutigen Ergebnisse muß bezweifelt werden, ob die Altfichten auch in höherem Alter noch in der Lage sind, die Krone nach Standraumerweiterungen zu vergrößern. Eher werden die Erkenntnisse von SCHMITT (1994), HANEWINKEL (1996) und RUDOLF (1996) unterstützt, wonach ältere Fichten nicht mehr über ein ausreichendes Entwicklungspotential für den Kronenausbau verfügen. SCHMITT (1994) konzentriert die Aussage auf dicht und homogen erwachsene Bestände und gibt als Kriterium einen bestimmten Mindestdurchmesser an, ab dem die Fichte kaum mehr in der Lage ist, Standraumerweiterungen in größere Kronen umzusetzen. HANEWINKEL (1996) legt sich - wie schon beim h/d-Wert - auf die Oberhöhe von 18 m bis 25 m fest, ab welcher gezielte Kronenausformungen bei der Fichte kaum mehr vorstellbar sind.

Im übrigen steht auch die Beobachtung, daß die Altfichten der beiden 40-jhg. Umbauphasen längere bzw. breitere Kronen hatten als jene der Nullflächen nicht im Widerspruch zu diesen Erkenntnissen: die durch Buchenvorbau bedingten Standraumerweiterungen fanden hier in einer Entwicklungsphase statt, in der ein ausreichendes Reaktionsvermögen der Fichten noch vorhanden gewesen sein dürfte.

Bezogen auf die Kronenlänge kann den gemessenen Altfichten insgesamt eine ausreichende Vitalität zugesprochen werden. Die hierfür empfohlene Kronenmindestlänge von 30% der Baumhöhe (BOSCH 1994) wird danach - über alle Parzellen hinweg - nur von wenigen Altfichten unterschritten. Andererseits erzielen auch nur sehr wenige Fichten Kronenlängen von über 50%, wie sie RUDOLF (1996) für erstrebenswert hält; solche Maße dürften aber ohnehin nur bei einzelbaumweiser Wirtschaft (Plenterung) erreichbar sein.

Horizontalüberschirmung

Auf der Grundlage der Kronengrundflächen der Einzelbäume und deren Verteilung auf der Fläche deuten sich Unterschiede in der Raumstruktur zwischen den Nullflächen und den fortgeschrittenen Phasen des Umbaus bereits in der von den Altbäumen hervorgerufenen Horizontalüberschirmung an (vgl. SCHERZINGER 1996). Die Variationsbreite der Überschirmungssituation stellt hierbei ein indirektes Maß für die Verteilung der Altbäume und deren Kronengrößen dar.

Der aus den Horizontalüberschirmungen sämtlicher Verjüngungsfelder errechnete Variabilitätskoeffizient für die Kronenüberschirmung einer Testparzelle beweist rechnerisch, daß die von den Altfichten hervorgerufene „lichtökologische Variantenvielfalt“, wie es REININGER (1992) nennt, auf den Testparzellen mit Buchenvoranbau wesentlich größer ist als auf den Nullflächen. Der für die Parzelle SNF B40 (mit 40-jhg. Buchen) errechnete Höchstwert übertrifft die entsprechenden Werte der beiden Nullflächen (SNF F99 und BIB F99) um mehr als das doppelte. Damit deutet sich bereits in der Horizontalüberschirmung der Altbäume an, daß eine kleinflächige Wirtschaftsweise mit femelschlagartigen Eingriffen, wie sie für Umbaumaßnahmen kennzeichnend ist, dem hohen Differenzierungsgrad naturnaher Systeme gerecht werden kann (ZIERL 1991, vgl. SCHERZINGER 1996) und imstande ist, die Vielfalt der ökologischen Bedingungen durch eine größere Anzahl von Nischen zu erhöhen (AMMER 1992, SCHMIDT-VOGT 1992, SPELLMANN 1996, THOMASIUS 1996, WALDHERR 1996).

5.3 Vorausverjüngung und Jungbestände

5.3.1 Vorausverjüngte Bestandesfläche

In erster Linie verfolgen Verjüngungsmaßnahmen in Fichtenreinbeständen das Ziel, mehr oder weniger reine Ausgangsbestände durch Laubholz- und Tannenvoranbau in Mischbestände umzubauen (s. BURSCHEL & HUSS 1987, BURSCHEL 1987, MOOSMAYER 1992, LÄSSIG 1995, SCHEIBLE 1996, DEUTSCHER FORSTVER. 1997, SCHMIDT 1997).

Der Umfang der bereits durch Pflanzung erfolgten oder durch waldbauliche Maßnahmen begünstigten (Naturverjüngung) Verjüngungen spiegelt sich im Anteil der reduzierten Vorausverjüngungsfläche an der gesamten Umbaufläche wider. In den selektierten Nadelholzreinbeständen des bayerischen Staatswaldes sind danach 32% der Gesamtfläche vollständig verjüngt, wobei die Spannweite von 17% (WG Fränkische Platte) bis 50% (WG Oberpfälzer Wald) reicht.

Wenn somit auch nur ein Teil der Gesamtfläche verjüngt ist, so ist der Vorausverjüngungsvorrat vor allem im Hinblick auf folgende Anmerkungen mehr als beachtlich: in der Gesamtbetrachtung sind Bestände enthalten, die erst eingereiht wurden und daher noch kaum Vorausverjüngung aufweisen können. Nur noch gering durch Altbäume überschimte, jedoch vollständig verjüngte Teilflächen werden in der Regel schon den Jungbeständen zugeordnet und reduzieren auf diese Weise die unter dem Altbestandesschirm Schirm vorhandene Verjüngungsreserve. Es kommt hinzu, daß die reduzierte Vorausverjüngungsfläche eine ideelle Flächengröße ist; im Vergleich dazu liegt der Flächenanteil „mit Vorausverjüngung“ um etwa 15% höher.

Die angegebenen Zahlen belegen, daß ein Großteil des im bayerischen Staatswald vorhandenen Verjüngungsvorrates als Vorausverjüngung in den selektierten Fichtenbeständen zu finden ist.

5.3.2 Baumartenzusammensetzung in der Vorausverjüngung

Die Veränderung der Baumartenzusammensetzung bezeichnet die wichtigste und langfristig wirkende Entscheidung von Umbaumaßnahmen (OTTO 1994, SPELLMANN 1996). Grundsätzlich wird als Zielbestockung ein Mischbestand mit führender Fichte angestrebt. Bilden 20% Buchen- bzw. Laubholz- und Tannenanteil die Untergrenze der Mischbaumartenbeteiligung, so werden 30% Flächenanteil der genannten Baumartengruppen als Beimischung zur Fichte häufig als erstrebenswert erachtet (WEIDENBACH 1985, SEITSCHEK 1989, FLEDER 1991, HAUSG 1994).

Als Beurteilungsgrundlage für die in den untersuchten Umbaubeständen künftig zu erwartende Baumartenzusammensetzung dienten die Baumartenanteile in der Vorausverjüngung (s. BAYSTMINELF 1994). In Relation zu den auswahlbedingt sehr geringen Mischbaumartenanteilen der Ausgangsbestände (s. Kap. 5.2) ist der Laubholzanteil in der Vorausverjüngung der im bayerischen Staatswald in Endnutzung stehenden Nadelholzreinbestände mit führender Fichte bereits auf 25% angewachsen. Die ökologisch besonders wertvolle Tanne erhöht den Anteil der Mischbaumarten auf 28%, was ein sehr beachtlicher Wert ist.

Die Ergebnisse in den Wuchsgebieten können dahingehend zusammengefaßt werden, daß die Mischbaumartenanteile überwiegend zwischen 20 und 30% liegen; nur in zwei Wuchsgebieten unterschreitet der Mischbaumartenanteil die 20%-Marke geringfügig, während immerhin vier Wuchsgebiete mehr als 30% Mischbaumartenanteil erzielen. Damit fügen sich die bisher erreichten Mischbaumartenanteile sehr gut in den o.g. Rahmen von 20 bis 30% ein. Nicht zu erwarten war allerdings, daß das im Verjüngungsziel nahezu nicht vorgesehene sonstige Laubholz zu annähernd 50% zum Mischbaumartenanteil der Vorausverjüngung im bayerischen Staatswald beiträgt, während die mit 20% veranschlagte Buche bislang lediglich auf einen Anteil von 7% kommt.

Ungeachtet der Abweichungen einzelner Baumartengruppen vom Verjüngungsziel reichen die Laubholz- und Tannenanteile in der überwiegenden Zahl der Wuchsgebiete bereits relativ nahe an die geplante Summe an Mischbaumarten heran. Diese Entwicklung ist ausgesprochen positiv, legt jedoch die Frage nahe, ob es nicht Sinn machen würde dem insgesamt geplanten Mischbaumartenanteil wesentlich mehr Bedeutung beizumessen als den Zielanteilen einzelner Baumarten.

Wie die Verjüngungsdynamik demonstriert, könnte der geplante Buchenanteil teilweise durch andere, natürlich ankommende Mischbaumarten (vor allem sonstige Laubhölzer) ersetzt werden, so daß der insgesamt angestrebte Mischbaumartenanteil aus einer Kombination von künstlicher Bestandesbegründung und Naturverjüngung erreicht werden könnte.

In bezug auf den Ersatz der Buche durch Weichlaubhölzer stellt sich die Forsteinrichtungsanweisung des Forstamtes Mindelheim klar gegen dieses „Alibi“ (OBERFORSTDIREKTION AUGSBURG 1991), mit der Begründung, daß die kurzlebigen sonstigen Laubhölzer die Umtriebszeit des Fichtenmischbestandes nicht überdauern würden. Wenn diesbezüglich im entstehenden Fichten-Laubholz-Mischbestand die Option „natürliche Verjüngung auf führende Buche“ aufrechterhalten bleiben soll, dann sind in der Verjüngung mindestens 20 bis 30% Buche in gruppenweiser Mischung notwendig (s. WALDHERR 1994). Im Rahmen der Überlegungen zur Biodiversität in den Umbaubeständen wird jedoch der sukzessionsdynamischen Rolle der natürlich ankommenden Baumarten noch besondere Aufmerksamkeit zu schenken sein.

Auch bei der Untersuchung der einzelnen Forstämter zeichnet sich der Bestockungsumbau mehr als deutlich ab. In vier von fünf Forstämtern übertrifft der in der Vorausverjüngung registrierte Buchenanteil sogar den im Verjüngungsziel genannten Anteil; lediglich im Forstamt Goldkronach entsprechen sich die Buchenanteile in der Vorausverjüngung und im Verjüngungsziel. In Kontrast zum Durchschnittsergebnis für das Wuchsgebiet, dem das jeweilige Forstamt angehört, geht der hohe Mischbaumartenanteil in allen fünf Forstämtern zu über 50% auf die Buche zurück. Solche Divergenzen können kaum zufallsbedingt sein. Vielmehr ist die Ursache hierfür methodisch bedingt und in den verschiedenen Datengrundlagen zu suchen, die zur Ermittlung der Baumartenanteile herangezogen werden mußten. Aus programmtechnischen Gründen sind in den Inventurdaten vor allem die Anteile der Fichte und - weniger bedeutend - auch die Anteile des sonstigen Laubholzes überrepräsentiert (BERNHART 1978, OBERFORSTDIREKTION REGENSBURG 1991), während umgekehrt in den Zahlen aus dem Forsteinrichtungsbegang vor allem die Buchenanteile überschätzt werden, und zwar deshalb, weil unerwünschte und nicht zielgerechte Naturverjüngungen den Forsteinrichtungsrichtlinien (BAYSTMINELF 1982) gemäß nicht „übernommen" werden. Geringe Edellaubholzanteile wurden vor allem in den älteren Forsteinrichtungen vielfach der Baumartengruppe der sonstigen Laubhölzer zugeschlagen (SEITSCHEK, mdl. Mitt.).

Somit dürfte der aus den Inventurdaten abgeleitete Mischbaumartenanteil in der Vorausverjüngung an der unteren Grenze des tatsächlichen Flächenumfangs liegen (s. BAYSTMINELF 1981), wodurch der positive Eindruck von der Baumartenzusammensetzung in der Vorausverjüngung noch unterstrichen wird.

Selbst wenn die Überbewertung des Buchenanteils in den Begangsdaten nicht eingerechnet wird, darf bei dem sehr ermutigenden Verjüngungsergebnis in den Forstämtern nicht übersehen werden, daß ein Verzicht auf weitere Buchenvoranbauten zu insgesamt relativ geringen Buchenanteilen führen würde: so käme die Buche im Folgebestand „nur" auf 8% (Mindelheim) bis 13% Flächenanteil (Kelheim) und läge damit deutlich unter dem Verjüngungsziel. Dieser Überlegung liegt zugrunde, daß sich die nicht verjüngte Teilfläche auf natürlichem Wege mit Fichte (bzw. sonstigem Laubholz) bestocken würde.

Trotz dieser Einschränkung belegt die derzeitige Verjüngungssituation in den untersuchten Nadelholzreinbeständen mit führender Fichte eindeutig, daß die bisherigen Umbaumaßnahmen in ersten sehr positiven Ergebnissen zum Ausdruck kommen.

5.3.3 Jungbestände

Bereits im Methodikteil wurde darauf hingewiesen, daß aus der Baumartenzusammensetzung der Jungbestände nur in sehr begrenztem Ausmaß auf Umbaumaßnahmen in Fichtenbeständen geschlossen werden darf. Zu diesem Schluß muß man gelangen, weil die Forsteinrichtungsergebnisse aufgrund der nicht mehr gegebenen Flächenidentität einen direkten Vergleich der Baumartenzusammensetzungen von ehemaligen Altbeständen und auf diesen Flächen jetzt stockenden Jungbeständen ausschließen.

Andererseits bietet die Flächenentwicklung unterschiedlicher Fichtenbestandesformen einen brauchbaren Ansatz zur Beantwortung der Frage, inwiefern die Flächenanteile nicht erwünschter Reinbestandesformen abgenommen haben (SPELLMANN 1995). Diese Überlegung stützt sich darauf, daß aus Fichtenreinbeständen weit überwiegend Mischbestände mit führender Fichte entstehen.

In den bis zu 20 Jahre alten Beständen ist der Flächenanteil von Nadelholzreinbeständen mit führender Fichte mit knapp über 20% deutlich geringer als in den folgenden Altersklassen (etwa 40% Flächenanteil in den 80-120-jhg. Beständen). Somit dominieren in der I. Altersklasse Fichten-Laubholz-Mischbestände. Die absolute Fläche und der Flächenanteil der nicht erwünschten Reinbestandesformen sind aber auch in diesem Altersbereich noch deutlich zu hoch.

Diese Einschätzung wird relativiert, wenn das Vorgehen der Forsteinrichtung in bezug auf die Abgrenzung einzelner Bestände hinterfragt wird. In den an die aufgenommenen Verjüngungsbestände im Forstamt Ebersberg angrenzenden Jungbestände wurden Laubholzteilflächen ebenso zu einem eigenen Bestand zusammengefaßt wie Partien mit reiner Fichte. Dieses Vorgehen ist durchaus gängige Praxis der Forsteinrichtung (HÖSL, mdl. Mitt. und SCHNEIDER, mdl. Mitt.) und hat folgende Vorteile: Die waldbauliche Behandlung kann klar auf die einzelnen Baumarten abgestellt werden, und die Laubholzflächen werden in der Bestandesbeschreibung und in der Nutzungskarte als eigene Bestände hervorgehoben.

Diese Methode hat aber zur Folge, daß in der Forsteinrichtungsstatistik zwei Reinbestände („Fichte rein" und „Buche rein") erscheinen, obwohl der kleinräumige Wechsel zwischen Laubholzgruppen und Teilflächen mit Nadelholz eindeutig Mischbestandescharakter hat. Daraus darf die Schlußfolgerung gezogen werden, daß der Anteil von Reinbestandesformen nicht nur in der ersten Altersklasse überbewertet ist.

5.4 Die Rolle natürlich ankommender Baumarten in der Verjüngungsdynamik von Fichtenumbaubeständen

5.4.1 Fichte

Die geplante Verjüngung der Fichtenreinbestände auf Mischbestände mit führender Fichte geht davon aus, daß die Fichte in ausreichender Menge und Verteilung natürlich ankommt (s. PÖPPINGHAUS 1990). In diesem Zusammenhang war das teilweise sehr dichte und flächige Ankommen von Fichtennaturverjüngung in noch weitgehend geschlossenen Altbeständen sehr bemerkenswert. Ein anschauliches Beispiel hierfür bieten die Bestände „Mooslоh" und Grasleite" im Forstamt Goldkronach: in den noch höhere Beschirmungsgrade aufweisenden Teilflächen außerhalb der Buchenvoranbauten ist die Fichte schon flächig vorhanden.

Außergewöhnlich ist der auf den Nullflächen in den beiden Testgebieten Biburg und Schernfeld festgestellte sehr abrupte Wechsel zwischen dichter Naturverjüngung und vollkommen verjüngungsfreien Stellen, zumal sich ein Zusammenhang mit den Horizontalüberschirmungen der 2,5 x 2,5 m großen Verjüngungsfelder nicht herstellen läßt. Ungeachtet nicht sichtbarer, kleinstandörtlicher Unterschiede dürfte dieser Wechsel in der Verjüngungsdichte der Fichtennaturverjüngung in mehr oder weniger homogen überschirmten Beständen nach HEYDEMANN (1982) auf Sonnenflecken zurückgehen, die von jahresperiodischen Schwankungen im Sonnenstand herrühren.

Allgemein sind sehr dichte und kaum kniehohe Fichtenbürstenwüchse ein nicht selten beobachtetes Phänomen, wie JOHANN (1970), BURSCHEL et al. (1985), BAYSTMINELF (1993), SCHNEIDER & ROEDER (1993), SCHMITT (1994), RÖHLE (1995) sowie LEDER & WAGNER (1996) bescheinigen. Die auf der Schernfelder Nullfläche errechnete Klumpung der Startindividuen ist laut FISCHER et al. (1990) die Regel und entspricht auch Verteilungsmustern, wie sie in natürlichen Wäldern zu erwarten wären (OTTO 1993, OTTO 1994a).

Das auch von HEHN (1993) und WEISE (1994) registrierte, oft spontane Ankommen der Fichtennaturverjüngung in noch mehr oder weniger geschlossenen Altbeständen veranlaßte GÖTZ (1994) - im Hinblick auf die Sicherung eines ausreichenden Wuchsvorsprunges der Buche vor Fichtennaturverjüngung - zu der Aussage, daß waldbauliche Steuerungen der Verjüngungsentwicklung „nie zu früh, aber oft zu spät" erfolgen. LEDER & WAGNER (1996) halten es indessen für möglich, die Buche gegenüber der Fichte über einen längeren Zeitraum im Wachstum zu begünstigen, wenn die diffuse Strahlung 15% des Freilandwertes nicht übersteigt.

Orientierende Messungen der relativen Beleuchtungsstärke ergaben, daß die diffuse Strahlung auf den Nullflächen (SNF F99 wie auch BIB F99) nicht über 10% lag. Dieser Befund vermag zu erklären, weshalb die bis zu 10 Jahre alten Fichten der beiden Nullflächen (SNF F99 und BIB F99) kaum mehr als 50 cm Höhe erreicht haben. Sehr gut vereinbar ist das gebremste Höhenwachstum der analysierten Fichten auch mit den Ergebnissen von SCHNEIDER & ROEDER (1993), die in stärker überschirmten Bestandespartien ein stark gehemmtes Höhenwachstum der Fichte registrierten; 12-jhg. Fichten waren nur 50 cm hoch.

Aus Analysen in Fichten-Tannen-Mischverjüngungen leitet WEISE (1994) ab, daß die natürlich angekommene Fichte in stärker überschirmten Teilen oft in Tanne wieder untergeht. In den Fichtenbeständen des Forstamtes Ebersberg ist das häufige Verschwinden üppiger Fichtennaturverjüngung dagegen sehr wahrscheinlich auf standörtliche Gründe (Trockenstreß) zurückzuführen. Nicht selten muß deshalb auf Fichtenpflanzungen zurückgegriffen werden (BIRKHOLZ, mdl. Mitt.; vgl. BURSCHEL et al. 1985).

Die beobachtete Entwicklung der Fichtennaturverjüngung macht deutlich, daß die frühzeitige Steuerung des Verjüngungsganges z.B. durch Voranbau in kaum verjüngungsreifen Beständen (vgl. Götz 1994) davon abhängt, ob sich die bereits vorhandene Fichtennaturverjüngung weiterentwickelt. Nur wenn eine flächige Ausbreitung bzw. ein Höhenzuwachs der Fichtenverjüngung zu erwarten sind, ist mit der vorzeitigen und künstlichen Einbringung von Mischbaumarten zu beginnen.

5.4.2 Sonstige Laubhölzer und Edellaubhölzer

Dem durchschnittlichen Verjüngungsziel in den Nadelholzreinbeständen mit führender Fichte nach zu urteilen, dürften sonstige Laubhölzer nur eine untergeordnete Rolle spielen. Zumeist wird der Verjüngung dieser Baumartengruppe unter dem Altbestandesschirm nur geringe Bedeutung beigemessen (KOCH 1994). Diese Einschätzung ist nachvollziehbar, wenn davon ausgegangen wird, daß die lichtbedürftigen Pionierbaumarten unter dem Schirm von Altfichten entscheidende Konkurrenznachteile gegenüber schattenverträglicheren Baumarten wie Buche oder Fichte besitzen. Dagegen ist das tatsächliche Vorkommen sonstiger Laubhölzer in den untersuchten Fichtenbeständen, das die angestrebten und meist deutlich unter 5% liegenden Anteile mitunter deutlich übertrifft, sehr bemerkenswert.

So weisen die Inventurdaten für die Vorausverjüngung in Nadelholzreinbeständen mit führender Fichte des gesamten bayerischen Staatswaldes knapp 13% sonstiges Laubholz (z.T. einschließlich Edellaubholz) aus, in den Umbauphasen mit 20-jhg. Buchenvoranbau entfallen 5% der in der Oberschicht vertretenen Baumartengruppen auf sonstiges Laubholz und Edellaubholz. Auf der Nullfläche in Schernfeld erreichen sonstige Laubhölzer sogar einen Stammzahlanteil von knapp 23%.

Auch in den zehn untersuchten Beispielsbeständen sind die genannten Baumarten regelmäßig vertreten. Dabei scheint die natürliche Ansamung von in den Nadelholzaltbeständen oft nicht vorhandenen sonstigen Laubhölzern keine Ausnahme zu sein, denn auch HEHN (1993), LEDER (1992) und LEIBUNDGUT (1984) berichten über das unerwartet hohe Potential sich aus Anflug bzw. Vogelsaat einstellender standortheimischer Laubhölzer auch bei höheren Beschirmungsgraden.

Für die bedeutende Rolle der sonstigen Laubhölzer (z.T. auch Edellaubhölzer) bei der natürlichen Verjüngung in durchschnittlich stärker überschirmten Fichtenbeständen bieten sich folgende Erklärungen an:

- Lichtbaumarten sind in der Jugend oft ausgesprochen schattenverträglich und raschwüchsig (HORN 1981, vgl. AMMER 1996). Edellaubhölzer sind sogar in der Lage, den Wuchsvorsprung benachbarter junger Buchen innerhalb von nur drei bis vier Jahren aufzuholen (NÜßLEIN 1985).

- Die Buchenvoranbauten stocken zielgemäß in geringer überschirmten Femellöchern, die günstigere Lichtverhältnisse für sonstige Laubhölzer als die Teilflächen außerhalb der Voranbauten bieten (vgl. RICHTER 1989).
- Die erfolgreiche Verjüngung der sehr verbißgefärdeten sonstige Laubhölzer wird durch den Zaunschutz der Voranbauten begünstigt (s. RICHTER 1995).
- In Fichtenbeständen bieten schadbedingte Störungslöcher (s. OTTO 1994a) auch außerhalb von Femelstellungen in der Regel ausreichend Ansatzpunkte für die Ansamung lichtbedürftiger Baumarten.

Insgesamt deuten die Umbauergebnisse der drei Projektphasen darauf hin, daß natürlich ankommende sonstige Laubhölzer (Edellaubhölzer) an der Verjüngungsdynamik in den Fichtenumbaubeständen maßgeblich beteiligt sind.

Bevor die sukzessionsdynamischen Abläufe und der Beitrag der sonstigen Laubhölzer zur Erhöhung der Biodiversität näher beleuchtet werden, soll kurz die waldbauliche und ökologische Funktion dieser Baumartengruppe herausgestellt werden.

Den umfangreichen Literaturstudien von LEDER (1992) ist zu entnehmen, daß die Wertschätzung der sonstigen Laubhölzer im Laufe der vergangenen Jahrhunderte einem starken Wandel unterlag:

Zunehmend hat sich die Ansicht durchgesetzt, daß sonstige Laubhölzer wichtige waldbauliche und ökologische Funktionen erfüllen. Insgesamt werden die negativen Einflüsse von Weichlaubhölzern auf benachbarte Schlußwaldbaumarten von den positiven mehr als aufgewogen (s. z.B. GADOW 1982, zit. n. LEDER 1992, HANSTEIN 1984, ARBEITSKR. FORSTL. LANDESPFLEGE 1984, ZUKRIGL 1992). LEDERS eigene Untersuchungen attestieren dem Weichlaubholz ausschließlich eine qualitätsverbessernde Wirkung auf Buche und Eiche. Lediglich bei Fichte scheinen Birke, Weißerle oder Aspe nach Meinung von LEIBUNDGUT & KREUTZER (1958, zit. n. AMMER 1996) eine Reduktion des Höhenwachstums zu bewirken.

Unbestritten ist der hohe ökologische Wert sonstiger Laubhölzer (ARBEITSKR. FORSTL. LANDESPFLEGE 1984, HANSTEIN 1984, WEIDENBACH 1988). Folgende Beispiele mögen dies belegen: TURCEK (1961, zit. n. SCHMIDT 1996) beobachtete allein an Vogelbeere 63 verschiedene Vogelarten; an Weide wurden 266, an Birke 229 Insektenarten gezählt. Unter den phytophagen Tierarten sind 50-60% aller Arten auf die Gattungen Salix und Betula angewiesen (HEYDEMANN 1982), wobei vor allem 1-5 m hohe Birken wegen ihres besonders reichhaltigen Tierbesatzes sehr wertvoll sind. Ein interessantes Nahrungsangebot bieten Weichlaubhölzer vor allem für Tagfalter und Schwärmer (EBERT 1973, BIBELRIETHER 1989, SPERBER 1989, LEDER 1992, SCHMIDT 1992, RAUH et al. 1994, s.a. KASPER 1995). Bislang zu wenig beachtet wurde die wichtige Rolle starken Totholzes der Baumarten Birke, Aspe und Weide für an Totholz gebundene Lebewesen (UTSCHICK 1990, AMMER 1991).

5.5 Erhöhung der Biodiversität durch Umbaumaßnahmen

Die Erhaltung und Erhöhung der biologischen Vielfalt rückt nicht nur zunehmend in den Mittelpunkt des naturschutzpolitischen Interesses (REMMERT 1988, FRANKLIN 1992, SSYMANK 1994, BLAB et al. 1995), sondern wird zusammen mit der Stabilität auch im Bereich der Forstwirtschaft inzwischen ebenso wichtig erachtet wie etwa die Ertragsentwicklung (PRETZSCH 1995, s.a. PARVIAINEN 1995). Die UNCED-Konferenz in Rio (1992) hat im Aktionsprogramm AGENDA 21 im Waldkapitel der „Erhaltung und Förderung der biologischen Vielfalt“ sogar einen eigenen Programmbereich gewidmet (AMMER 1997, s.a. SCHNEIDER & LORENZ 1993). Die Verbesserung der biologischen Vielfalt in den Waldbeständen richtet sich nicht zuletzt auch an monotone und sehr naturferne Nadelholzreinbestände (vgl. INNES & KRÄUCHI 1995). Solche Bestände sind aus der Sicht von WEIZSÄCKER (1997) langfristig nicht in der Lage, die geforderte Funktionenvielfalt nachhaltig zu erfüllen (s.a. BIBELRIETHER 1989, DIEREN 1995, FELDMANN et al. 1996).

Obschon ein naturgesetzlicher Zusammenhang zwischen Diversität und Stabilität neuesten wissenschaftlichen Erkenntnissen folgend grundsätzlich verneint werden muß (BERENDSE 1993, PIMM 1993, zit. n. AMMER 1996; vgl. DUELLI 1995, STOLL 1995), gibt es keinen Zweifel daran, daß speziell der Umbau außerhalb des natürlichen Verbreitungsgebietes gelegener Fichtenreinbestände in strukturreiche Mischbestände zu einem stabileren Bestockungsaufbau führt.

Von diesem Standpunkt aus erkennen zahlreiche Autoren in der Erhöhung der Strukturvielfalt in Nadelholzreinbeständen nicht nur die entscheidende Maßnahme zur Verminderung und Verteilung des Risikos sondern insbesondere auch zur Erhöhung der ökologischen Wertigkeit (z.B. BIBELRIETHER 1978 und 1989, DOLINSEK 1988, SEITSCHEK 1989, OTTO 1991 und 1995, SCHREYER 1991, AMMER 1992, ESSMANN 1993, OESTEN 1993, BOSCH 1994, SPELLMANN 1995, RUDOLF 1996, SCHUMACHER 1996, THOMASIUS 1996, TRAUBOTH & KRAUSS 1996, VOLZ et al. 1996, WEIGER 1996, DUFFNER 1997, SCHMIDT 1997).

KASPER (1995) sieht in der Strukturvielfalt den Gradmesser für den Naturschutzwert schlechthin. Auch OTTO (1994) hebt die Waldstruktur als wichtigstes Grundelement für die ökologische Stabilität hervor. THOMASIUS (1996) begründet Maßnahmen zur Förderung der Strukturvielfalt damit, daß hier eine Strategie verfolgt wird, die zur Minimierung der in der Hemerobie zum Ausdruck gebrachten Abweichung vom Naturzustand beiträgt (s.a. BOHN et al. 1989, JEDICKE 1990, GRABHERR et al. 1995). Damit ist angedeutet, daß reich strukturierte Wälder typisch für mitteleuropäische Verhältnisse sind (AUCLAIR 1983, REINIGER 1991, BODE 1995).

Vor diesem Hintergrund wird versucht, die erhobenen Arten- und Raumstrukturen (als Ausdruck der Biodiversität) nach Maßgabe der Naturschutzqualität anzeigenden Kriterien Naturnähe und Strukturvielfalt (s. AMMER 1988) naturschutzfachlich zu bewerten (vgl. VOLK 1988).

Bislang wurde Biodiversität in erster Linie anhand von Arteninventaren beurteilt (s. INNES & KRÄUCHI, DUELLI 1995). Nach heutigem Verständnis umfaßt der Biodiversitätsbegriff aber auch die genetische Vielfalt und die Ökosystemvielfalt einschließlich der involvierten funktionalen Prozesse (BLAB et al. 1995, LÄSSIG 1995, LIEDEKER 1997). Wenn die naturschutzfachliche Bewertung der Umbaumaßnahmen dennoch auf die Arten- und Raumstruktur abzielt, so aus zwei Gründen: die Bestandesstruktur ist ein hervorragender Indikator zur Beurteilung der Biodiversität und dient als wichtigste Entscheidungsgrundlage für waldbauliche Handlungsempfehlungen. Die Einbeziehung sämtlicher Biodiversitätskomponenten wäre sehr schwierig (LAMPRECHT 1980, LÄSSIG 1982) und im Rahmen des Projektumfanges nicht zu leisten gewesen.

5.5.1 Kann eine Erhöhung der Biodiversität auch bei Verzicht auf künstliche Verjüngungsmaßnahmen erreicht werden?

Diese Frage drängt sich auf, wenn die in den untersuchten Fichtenbeständen vielfach beobachtete Verjüngungsfreudigkeit sonstiger Laubhölzer bzw. zum Teil auch Edellaubhölzer in Betracht gezogen wird. Bei der Erörterung der Baumartenzusammensetzung in der Vorausverjüngung wurde bereits darauf hingewiesen, daß der im Verjüngungsziel geplante Mischbaumartenanteil teilweise von natürlich ankommenden Laubhölzern abgedeckt würde. Von daher ist der Gedanke zu diskutieren, ob nicht auf Laubholz- und Tannenvoranbauten generell verzichtet weden kann.

Es könnte argumentiert werden, daß über den Prozeß der biologischen Automation aus natürlich ankommenden Laubhölzern und Fichten Mischbestände aus Fichte und Laubholz entstehen würden. Dieser Verjüngungsablauf wäre nicht nur besonders naturnah (natürlich?), sondern entspräche im übrigen auch einer Zielrichtung, wie sie den Befürwortern des „Prozeßschutzkonzeptes" vorschwebt (s. BÜRGER-ARNDT 1995, HANSTEIN 1996). Richtig verstandener Naturschutz im Wald würde danach nur praktiziert, wenn sich die natürlichen Prozesse unter weitgehendem Verzicht menschlicher Einflußnahme frei entfalten könnten. Außerdem könnten hohe Bestandesbegründungs- und Pflegekosten eingespart werden (MOSANDL 1997). Wenngleich naturnahe Bewirtschaftungskonzepte solche Vorstellungen ernsthaft prüfen müssen, kann das Prozeßschutzkonzept aus folgenden Gründen für eine naturnahe und multifunktional orientierte Forstwirtschaft nicht richtungsweisend sein:

- Den schwerpunktmäßig im 19. Jahrhundert erfolgten Umbau in reine Fichtenwälder betrachtet MANTEL (1990) als „harten und kaum mehr wiedergutzumachenden Verstoß der Forstwirtschaft gegen die Ökologie und das Landschaftsbild". Diese Hypothek des über mehrere Generationen andauernden Fichtenreinanbaus müsse deshalb nach Meinung von PALMER (1985) umgehend und gegebenenfalls auch mit erhöhten Kosten für den Bestockungsumbau in Richtung Mischbestand eingelöst werden. Mit dem „Wiedereinspielen" der Buche, wie es BOSCH (1994) in Anlehnung an den langfristigen und moderaten Verjüngungsprozeß sehr treffend bezeichnet, erfolgt eine gezielte Annäherung an die natürlichen Waldgesellschaften (MOOSMAYER 1992, BODE 1995).

- Schon aus ressourcenökonomischen (Bedarf an qualitativ hochwertigem Holz) wie auch aus ressourcenökologischen (z.B. CO_2 -Bindung durch hohe Holzvorräte) Gründen (VOLZ et al. 1996, vgl. a. THOMASIUS 1996) kann es sich die Forstwirtschaft nicht leisten, auf die Einbringung standortheimischer Klimaxbaumarten zu verzichten und das - im übrigen keineswegs gesicherte - natürliche Ankommen von Mischbaumarten der Sukzessionsstufe abzuwarten.

- Nach RICHTER (1996) und DETSCH (1996) spricht vieles dafür, daß eine naturnahe Waldnutzung meist mehr für die Biodiversität leisten kann als der Prozeßschutz. Unter den natürlich sich einstellenden sonstigen Laubhölzern und Edellaubhölzern (Eiche) wären nämlich lediglich höherumtriebige Edellaubhölzer und die Eiche in der Lage, einen verjüngungsfähigen Fichten-Laubholzbestand aufzubauen. Weichlaubhölzer hingegen blieben bereits lange vor der Umtriebszeit der Fichte im Wachstum zurück und wären am Ende der Umtriebszeit häufig bereits abgestorben, wodurch der natürliche Verjüngungsgang wiederum in Richtung der heute so beklagten Ausgangslagen gehen würde.

- SCHÜTZ et al. (1996) sind gar der Auffassung, daß sich die Biodiversität in Nadelholzreinbeständen praktisch nur über die Einbringung von Mischbaumarten erhöhen läßt. Diese Ansicht steht nicht grundsätzlich in Widerspruch zur beobachteten natürlichen Verjüngung von Mischbaumarten. Diese werden sich nämlich dann nicht einstellen, wenn weder in den Fichtenaltbeständen noch in deren näherer Umgebung entsprechende Samenbäume vorhanden sind, worauf u.a. auch KOCH (1994), HANSTEIN (1996) und KORNPROBST (1996) hinweisen.

  Wie HORN (1981) und HANSTEIN (1996) anführen, ist die Baumartenzusammensetzung von Initialphasen zudem stark vom Zufall abhängig; es ist offen, welche Baumarten zu gegebener Zeit an einem bestimmten Ort Ansamungsmöglichkeiten auszunutzen vermögen. Selbst wenn in den zur Verjüngung heranstehenden Fichtenbeständen eine günstige Konstellation vorliegen sollte, kann die natürliche Verjüngung sonstiger Laubhölzer durch bereits sehr dicht angekommene Fichtennaturverjüngung stark behindert bzw. vereitelt werden. Ein sehr treffendes Beispiel für bereits flächig vorhandene Fichtennaturverjüngung, die z.T. kaum mehr verjüngungsfreie Stellen für Laubhölzer offen läßt, bieten die Bestände „Grasleite, Moosloh und Klingenhöh".

- Wie bereits erwähnt, kommen die lichtbedürftigen Laubhölzer vor allem in den durch Zaun geschützten Buchengruppen vor. Diese befinden sich jedoch in meist künstlich durch waldbauliche Eingriffe geschaffenen und natürliche „gaps" imitierenden Femelstellungen (s. SCHERZINGER 1996).

Die genannten Gesichtspunkte verdeutlichen, daß auf waldbauliche Eingriffe und künstliche Verjüngungsmaßnahmen in den mehr oder weniger reinen Fichtenbeständen nicht verzichtet werden darf, wenn eine langfristige Erhöhung der Biodiversität erreicht werden soll. Das schließt nicht aus, daß die natürlichen Verjüngungsprozesse zur Erhöhung der Strukturvielfalt, wo immer machbar, genutzt werden.

Vor diesem Hintergrund kommt der horizontalen und vertikalen Strukturvielfalt besondere Bedeutung zu.

5.5.2 Horizontale und vertikale Strukturvielfalt in den Fichtenumbaubeständen

Verjüngungsdichte

Wird Struktur im Anhalt an SPELLMANN (1995) vereinfacht mit inhomogenen Verhältnissen beschrieben, so dokumentieren vor allem die beiden Umbauphasen mit 20-jhg. Buche eine ausgeprägte Mosaikstruktur in bezug auf die Verjüngungsdichte. Die auf den Verjüngungsfeldern registrierten Dichten decken das gesamte definierte Dichtespektrum ab. Dieser Befund ist um so erstaunlicher, als die Buche in regelmäßigem Pflanzverband begründet wurde.

Die ausgeprägte Dichtestruktur der 20-jhg. Umbauphasen kann mit konkurrenzbedingten Ausfällen unter den Buchen und durch ungleichmäßiges Ankommen von Fichtennaturverjüngung sowohl innerhalb wie auch außerhalb der Buchengruppen erklärt werden. Die rechnerisch ermittelten Verteilungsindizes zeigen mit starken Klumpungen Verteilungsmuster an, wie sie auch in natürlichen Verjüngungen zu beobachten wären (THOMASIUS 1992a, OTTO 1994a).

Innerhalb der 40-jhg. Umbauphasen haben die konkurrenzbedingten Verluste bereits ein Ausmaß erreicht, daß im Bereich der Buchengruppen nurmehr höchstens ein Baum pro Verjüngungsfeld stockt. Hier deuten sich - mit fortschreitender Entwicklung der Buche zusammenhängende - Strukturverluste an. Sehr ungleichmäßig besetzt sind die Dichtestufen der Verjüngung auf den Nullflächen: Während in Biburg vor allem höhere Dichtestufen fehlen, mangelt es im Fichtenreinbestand in Schernfeld an mittleren Dichtestufen.

Aus den Befunden ist zu folgern, daß die bei Umbauten charakteristische **Kombination von künstlichen Verjüngungsmaßnahmen und natürlicher Verjüngung** (s. SCHÜTZ 1990) **in Verbindung mit der räumlichen Variabilität der Überschirmungssituation gute Voraussetzungen bietet, kleinflächige Wechsel in der Verjüngungsdichte hervorzurufen** (s. DIERSCHKE 1982) und bereits damit die Strukturvielfalt in guter Annäherung an natürliche Verteilungsmuster zu verbessern (vgl. SCHERZINGER 1996). Die auch in Wirtschaftswäldern prinzipiell anzustrebende Mosaikstruktur (BERGWELT 1989, LÄSSIG 1995) ist in den Fichtenumbauphasen bereits kleinräumig vorhanden.

Artendiversität

Grundlegend für die Beurteilung der Biodiversität der Waldbestände ist die Artendiversität der Gehölze. Wird davon ausgegangen, daß der Umbau häufig ausschließlich über Buchenvoranbau erfolgt, so dürften zwei wichtige Ziele des Umbaus kaum erreichbar sein: die geplante Annäherung an die natürliche Waldgesellschaft und eine deutliche Erhöhung der Artendiversität unter den Gehölzen müssen kritisch hinterfragt werden, denn nach PALMER (1996) kommt die Bestandesform Fichte-Buche unter natürlichen Verhältnissen kaum vor, wodurch ein bislang noch viel zu wenig beachteter Gesichtspunkt in die Mischwuchsfrage eingebracht wird, und ferner erhöht der Übergang von der Fichte zur Mischung Fichte-Buche die Artendiversität der Gehölze nur marginal.

Erfreulicherweise lassen sich die vermuteten negativen Aspekte reinen Buchenvoranbaus anhand der tatsächlich festgestellten Baumartenzusammensetzung der Umbauphasen nicht bestätigen. Obgleich nur Buche (im Bereich der 20-jhg. und 40-jhg. Umbauphasen) und einzelne Tannen (im Bereich der 20-jhg. Umbauparzellen und des 40-jhg. Umbaustadiums in Schernfeld) eingebracht wurden, sind auf den Testparzellen zwischen 4 (Nullflächen und 40-jhg. Umbaustadium in Schernfeld) und 8 (20-jhg. Umbauphase in Schernfeld) verschiedene Laub- und Nadelhölzer vorhanden. Verglichen mit der Situation in den Altbeständen kann deshalb von einer deutlichen Steigerung der Baumartenzahl gesprochen werden. Dieser Befund ist auch auf die Baumartenvielfalt in den waldkundlich aufgenommenen zehn Beispielsbeständen übertragbar. Wurden im Altbestand höchstens drei Mischbaumarten (Laubhölzer und Tanne) gezählt, sind in der Vorausverjüngung zwischen fünf („Klingenhöh") und neun („Speckgehau", „Grasleite" und „Seeloch") Mischbaumarten vorhanden.

Zur Abschätzung der Baumartendiversität müssen jedoch neben den Artenzahlen auch Ungleichmäßigkeiten in den Stammzahlhäufigkeiten berücksichtigt werden. Darauf bezogen stellt der Index von SHANNON & WEAVER (n. FÜLDNER 1995) aus der Sicht von BLAB et al. (1995), FÜLDNER (1995) und LÄSSIG (1995) ein sehr geeignetes Maß zur Ermittlung der Artendiversität dar.

Abweichend von parzellenweisen Unterschieden in den Baumartenzahlen liegt die Artendiversität auf der Biburger Nullfläche (BIB F99) mit dem Indexwert von 0,56 nicht entscheidend unter den entsprechenden Werten der 20-jhg. Umbauphasen (0,74 für SNF B20 und 0,66 für BIB B20) und sogar höher als auf den 40-jhg. Umbauparzellen. Die Stammzahlhäufigkeiten der verschiedenen Baumarten nehmen auf den Indexwert offensichtlich einen ungleich stärkeren Einfluß als die Gesamtartenzahlen. Anders ist nicht zu erklären, daß zum Beispiel die Artendiversität der Schernfelder Nullfläche deutlich geringer ist als auf der Nullfläche in Biburg, obgleich beide Parzellen jeweils vier veschiedene Baumarten aufweisen.

Stellt man allerdings in Rechnung, daß die Stammzahlen bei Buche und Fichte entstehungsbedingt (stammzahlreiche Fichtennaturverjüngung und im Vergleich hierzu relativ geringe Pflanzzahlen bei Buche) stark voneinander abweichen, so ist der SHANNON-INDEX für solche Fälle als alleiniges Maß zur Beurteilung der Artendiversität nur bedingt geeignet. MAGURRAN (1988, zit. n. INNES & KRÄUCHI 1995) untermauert diese Auffassung damit, daß der Index keine Information über die Struktur (z.B. Verteilung der Arten und Höhenrelationen) liefert und die Konkurrenzsituation völlig vernachlässigt

Die künftige Artenzusammensetzung hängt jedoch ganz entscheidend von der Artenstruktur in der Verjüngungsober- und/oder -mittelschicht ab, weil nur die hier vorhandenen Arten mittel- bis langfristig überlebensfähig sind. Auf allen sechs mit Altfichten bestockten Umbauphasen (Nullflächen und Flächen mit Buchenvoranbau) verschieben sich die Baumartenanteile deutlich zugunsten der Mischbaumarten (Buche bzw. andere Laubhölzer), wenn von der Ebene der Gesamtstammzahlen zu den oberen soziologischen Niveaus (Verjüngungsober- und mittelschicht) gewechselt wird.

Gegenüber dem auf Stammzahlanteilen basierenden SHANNON-INDEX kommt in der Baumartenzusammensetzung der Verjüngungsober- und -mittelschicht die Baumartendiversität deswegen besser zum Vorschein, weil damit nicht nur die derzeitige Artendiversität gewürdigt wird, sondern auch das Entwicklungspotential für die künftig zu erwartende enthalten ist.

Vertikale Strukturvielfalt

Die günstigen ökologischen Eigenschaften strukturreicher Waldbestände (s. Anfang des Kap. 5.5) sind zu einem wesentlichen Teil an die Vielfalt in der Vertikalen gebunden (OTTO 1991, ARENHÖVEL 1996, MRAZEK 1997). Diese ist ausschlaggebend für die Arten- und Habitatvielfalt (STURM 1993, SCHÜTZ et al. 1996). Anhand dreidimensionaler Bestandesaufriße war es nicht nur möglich, die räumliche Gesamtstruktur der untersuchten Parzellen modellhaft darzustellen und daraus Aussagen zur ökologischen Wertigkeit abzuleiten (vgl. OTTO 1994) sondern es konnten - über den Quervergleich verschiedener Umbaustadien - auch strukturelle Entwicklungen abgeschätzt werden.

Die dreidimensionalen Strukturprofile demonstrieren, daß sich die vertikale Strukturvielfalt in den Parzellen mit Buchenvoranbau erhöht hat. An die Zielsetzung eines stufigen Bestandesaufbaus, wodurch die „Etagen des Licht- und Luftraumes" (BODE 1995) durch „Minimierung der chlorophyllfreien Zone" zu erschließen sind (BODE 1995 bzw. BOSCH 1994), kommen die 20-jhg. und 40-jhg. Umbauphasen sehr viel näher heran als die einschichtig und monoton erscheinenden Nullflächen. Diese Aussage läßt sich mit den nachfolgend aufgeführten Einzelergebnissen belegen.

Werden die Verjüngungsbäume definierten und bis zur Oberhöhe von 16 m reichenden Höhenintervallen zugeordnet, so sind in den 20-jhg. Umbauphasen bereits fünf (SNF B20) bzw. sechs (BIB B20) der 2 m breiten Höhenintervalle besetzt. Infolge der noch wenig höhendifferenzierten Buche und der erst wenige Dezimeter hohen Fichtennaturverjüngung ist der Bestockungsaufbau dieser Entwicklungsphase im wesentlichen noch als zweischichtig zu bezeichnen. Gegenüber den 20-jhg. Umbaustadien können diejenigen mit 40-jhg. Buche sieben (BIB B40) bzw. acht (SNF B40) mit Verjüngung besetzte Schichten vorweisen.

Ein möglichst stufiger Bestandesaufbau mit fließenden Übergängen und einer gleichmäßigen Schichtenbesetzung, wie etwa von KASPER (1995) und REININGER (1992) empfohlen, trifft allerdings nur auf die Parzelle SNF B40 zu. Demgegenüber ist auch der Bestandesaufbau der 40-jhg. Umbauphase in Biburg (BIB B40) noch in ausgeprägtem Maße zweischichtig. Angesichts der großen Höhendifferenzen zwischen Fichte und Buche ist hier mittelfristig ein ausgesprochen stufiger Bestandesaufbau nicht zu erlangen. Mit zunehmendem Höhenwachstum der Fichte würde vielmehr ein dreischichtiger bzw. - nach Entnahme der Altfichten - wiederum ein zweischichtiger Bestandesaufbau entstehen. Noch mehr oder weniger einschichtig präsentieren sich dagegen die beiden Nullflächen. Die Verjüngung kommt hier nicht über die Höhenstufe 0,75 m hinaus.

Die im Vergleich zu den Nullflächen reichhaltigere vertikale Strukturierung der Umbauphasen mit Buchenvoranbau konnte auch statistisch über den Mittelwertvergleich von Höhenvarianzen abgesichert werden. Die fehlende Stufung der 40-jhg. Umbauphase in Biburg schlug sich interessanterweise auch im Mittelwert für die Höhenvarianz nieder. Trotz größerer vertikaler Ausdehnung ist die Höhenstruktur dieser Umbauphase nicht vielfältiger als im Bereich des 20-jhg. Umbaustadiums (BIB B20), weil zwei relativ gleichförmige Teilflächen (Buchengruppe und kaum entwickelte Fichtennaturverjüngung) ohne Übergänge aneinandergrenzen. Wie in Kap. 5.8.1 näher ausgeführt, sind solche abrupten Wechsel von Bestandesteilflächen möglichst zu vermeiden.

Wuchsvorsprung von Schattbaumarten gegenüber der Fichte

Die Voraussetzung für einen vertikal gestuften Bestockungsaufbau wird bereits dadurch geschaffen, daß die Schattbaumarten Buche und Tanne mit einem zeitlichen Vorsprung von mindestens 5, im Einzelfall aber bis zu 40 Jahren (HEHN 1993) vor der Fichtennaturverjüngung eingebracht werden (s.a. WEIDENBACH 1988, ZUKRIGL 1992). Dieses Vorgehen trägt den Unterschieden in der Höhenwuchsdynamik der Baumarten Fichte und Buche Rechnung; danach ist die Fichte der Buche in der Endhöhe um mehrere Meter überlegen. Entscheidend ist deshalb, daß der zeitliche Vorsprung in einen ausreichenden Wuchsvorsprung umgesetzt wird.

Verglichen mit dem von BURSCHEL (1987b) angegebenen Richtwert von 2 bis maximal 4 m Wuchsvorsprung auf besseren Standorten, sind die 20-jhg. Buchen in Biburg um 4,5 m höher als die Fichten, in Schernfeld dagegen nur um 2,3 m höher als die benachbarten Fichten. Dieser Wert liegt an der unteren Grenze des angegebenen Rahmens und ist besonders deswegen sehr kritisch, weil die an die Buchengruppe angrenzende Fichtennaturverjüngung nach unplanmäßiger Entnahme von Borkenkäferbäumen geringer überschirmt ist als die Buchengruppe. Deshalb ist damit zu rechnen, daß der Wuchsvorsprung bereits nach kurzer Zeit infolge verstärkten Höhenwachstums der Fichte egalisiert wird. Hinzu kommt, daß der Beschirmungsgrad über der Buchengruppe auf zu hohem Niveau liegt. Verglichen mit den von GEROLD (1996) und HEHN (1993) bei Buche ökophysiologisch anzustrebenden Überschirmungsgraden von 20 bis höchstens 40%, kommt die Parzelle SNF B20 durchschnittlich (!) auf 55% Horizontalüberschirmung. Deshalb besteht nur dann die Aussicht, den erforderlichen und derzeit (noch) vorhandenen Wuchsvorsprung der Buche zu erhalten, wenn umgehend gezielte Nachlichtungen über der Buchengruppe erfolgen.

Während der Wuchsvorsprung der 40-jhg. Buchen in Schernfeld mit 6,5 m den Richtwert zwar überschreitet, aber noch in vertretbarem Rahmen liegen dürfte (vgl. HEHN 1993), ist die Höhendifferenz von 15 m zwischen 40-jhg. Buchen und Fichtennaturverjüngung in Biburg mit Blick auf einen stufigen Bestandesaufbau nicht mehr akzeptabel. Die mit dem hierdurch entstandenen Steilrand in Zusammenhang stehenden waldbaulichen und ökologischen Probleme werden in Kap. 5.8.1 behandelt.

Obgleich bei den im Rahmen der Fallbeispiele erfaßten Umbaubeständen Zahlen zum Wuchsvorsprung nicht verfügbar waren, kann das Bemühen um eine vorbaugerechte Einbringung der Buche näherungsweise aus den in der Vorausverjüngung vorkommenden Baumartenkombinationen abgelesen werden. In vier von fünf Forstämtern ist in etwa 40% der Fichtenumbaubestände die Buche die einzige oder zumindest die führende Baumart in der Vorausverjüngung; darin äußert sich das Bestreben, die Buche zeitlich vor flächiger Fichtennaturverjüngung einzubringen.

Lediglich in den Beständen des Forstamtes Goldkronach wurde die Buche nur in 14% der Fälle allein oder als führende Baumart registriert. Zweifel an der vorbaugerechten Begründung von Schattbaumarten sind hier insofern angebracht, als in 38% der Umbaubestände reine Fichte in der Vorausverjüngung vorkommt. Der ausgesprochen hohe mittlere Vorausverjüngungsvorrat (49%) in Goldkronach geht maßgeblich auf das hohe Verjüngungspotential der Fichte zurück.

Daraus ergeben sich im allgemeinen dann keine Probleme, wenn sich noch ausreichend verjüngungsfreie Stellen für den Buchen- und Tannenvoranbau finden lassen und wenn gewährleistet ist, daß das Höhenwachstum der Fichte durch entsprechend hohe Beschirmungsgrade zurückgehalten werden kann. LEDER & WAGNER (1996) haben auch dann keine Bedenken gegen bereits vorhandene Fichtennaturverjüngung, wenn der Wuchsvorsprung des Laubholzes bzw. der Buche zwar nicht mehr auf der Gesamtfläche, aber noch auf Bestandesteilflächen erzielt werden kann.

Selbst wenn eine Beteiligung der Mischbaumarten im Hauptbestand angesichts flächendeckend vorhandener Natuverjüngung nicht mehr aussichtsreich ist, sollte erwogen werden, Buchen und Tannen als Nebenbestand in die Fichte einzubringen. Die sich daraus entwickelnden Zwischenständer sind nach GAYLER (1985) nicht nur langfristig überlebensfähig und strukturbereichernd, sondern auch in der Lage sich zu verjüngen (s.a. AMMER 1996).

5.5.3 Strukturveränderungen in der Vertikalen

Im Laufe der natürlichen Verjüngungsentwicklung finden markante strukturelle Veränderungen statt (FISCHER et al. 1990). Der Auffassung ALTENKIRCHS (1982) folgend, korrespondieren mit verschiedenen Sukzessions- oder Entwicklungsphasen auch verschiedene Vielfaltsphasen. So unterliegen die Wälder der nördlichen Erdhälfte nach OTTO (1993) sukzessional der Entmischung und Entstrukturierung. Die Bedeutung dieses Prozesses auch für die untersuchten Entwicklungsphasen des Fichtenumbaus lassen sich mit den im folgenden angeführten Erkenntnissen untermauern.

Mit zunehmendem Bestandesalter werden Lichtholzarten durch Schattholzarten verdrängt (RICHTER 1985). In nordbayerischen Buchen-Edellaubholzmischbeständen beobachtete z.B. NÜßLEIN (1995) im Alter von 56 Jahren eine Umkehr der Höhenrelation zwischen Buche und Edellaubholz. Oft überwächst die Buche das Edellaubholz bzw. allgemein Pionierbaumarten aber schon mit 30 bis 40 Jahren (s. NÜßLEIN 1995, vgl. MOOSMAYER 1992). Die häufig nur in jungen Altersklassen vorhandene Beteiligung sonstiger Laubhölzer resultiert daher u.a. aus deren verkürzter Lebenszeit.

Übertragen auf die Situation in den 20-jhg. Umbauphasen in Biburg und Schernfeld bedeutet dies, daß spätestens in der ausgehenden Stangenholzphase mit dem Untergehen der Sukzessionsbaumarten zu rechnen ist. Solche Entmischungstendenzen deuten sich bereits bei Betrachtung unterschiedlicher Sozialniveaus an: Während die Baumartengruppen Eiche und „andere Laubhölzer" (sonstiges Laubholz und Edellaubholz) in der Verjüngungsoberschicht der Umbauphasen mit 20-jhg. Buchenvoranbau immerhin bei etwa 4 bis 5% Anteil liegen, sinken deren Beteiligungen bei Einrechnung der Mittelschicht auf unter 2%.

Die zu erwartende Verschiebung in den Höhenrelationen würde auch sehr gut erklären, weshalb seltene Mischbaumarten in den beiden 40-jhg. Buchengruppen fehlen. Das ausschließlich konkurrenzbedingte Ausscheiden von Lichtbaumarten müßte aber noch an z.B. abgestorbenen oder absterbenden Stammteilen nachweisbar sein, wofür es jedoch keine Anhaltspunkte gibt. Vieles spricht deshalb dafür, daß seltene Mischbaumarten auch im Bereich der heute 40 Jahre alten Buchen vorhanden waren, aber - unter anderen waldbaulichen Zielvorgaben - als verdämmend wirkendes Laubholz schon frühzeitig entfernt wurden (ZUKRIGL 1992, vgl. MÜLLER 1994).

Wie die 40-jhg. Umbaustadien in Biburg und Schernfeld beweisen, kommt es auch innerhalb der Buchengruppen mit fortschreitender Bestandesentwicklung zu Strukturverlusten. Im Höhenwachstum tendiert die Buche zum Gleichschluß (RICHTER 1985, SCHERZINGER 1996), so daß unter dem stark beschattenden Kronendach der Testparzellen nurmehr einzelne unterständige Buchen überlebensfähig sind. Auch die Bodenvegetation ist infolgedessen sehr spärlich ausgebildet und beschränkt sich auf schattenertragende Moose. Im Gegensatz dazu bestätigt die große Zahl unterständiger Fichten sowie mehrerer anderer Laubhölzer in den 20-jhg. Buchengruppen RICHTERS (1985) Auffassung, wonach die Buche infolge ihrer in der Jugendphase vielfältigeren Strukturierung auch das Mitwachsen von Lichtbaumarten, jedenfalls eine Zeitlang, ermöglicht.

In der Wechselbeziehung Fichte-Buche ist davon auszugehen, daß die Buche spätestens im Stangenholzalter von der Fichte überwachsen wird und in der Endhöhe um mehrere Meter zurückbleibt (s. HEHN 1993). In KENNELS (1965) Untersuchungen hatte die Buche bei zeitgleicher Begründung mit der Fichte im Baumholzalter bereits einen Wuchsrückstand von bis zu 5 m. Diese Überlegungen sind beim Buchenvoranbau bereits „eingerechnet", indem die Buche zur Sicherung eines Wuchsvorsprunges zeitlich vor der Fichte begründet wird (s. Kap. 5.5.2). Dennoch wird es in fortgeschrittenen Entwicklungsphasen zu einem nivellierenden Effekt kommen, der sich darin äußert, daß die Fichte durch verstärktes Höhenwachstum den Höhenunterschied gegenüber der Buche zunehmend vermindert.

Es entspricht dem natürlichen Entwicklungsprozeß, daß mit zunehmendem Alter und mit zunehmender Höhe vor allem der Schattbaumarten eine Entstrukturierung und Entmischung eintritt (OTTO 1993). In der Regel sehr strukturreiche Anfangsphasen der Sukzession mit günstigen Lebensbedingungen auch für Lichtbaumarten („Hell-Dunkel-Phase" n. HEYDEMANN 1982) werden von strukturärmeren Stangen- und Baumholzphasen abgelöst.

Ohne Frage sind strukturreiche Entwicklungsphasen nicht zuletzt wegen der höheren Artenvielfalt (VOLK 1988) aus naturschutzfachlicher Sicht günstiger zu bewerten als strukturarme. Letztere sind aber deswegen keineswegs weniger naturnah oder unnatürlich. Würde dies zutreffen, müßte das „naturnahe" Vergleichsstadium in Schernfeld infolge der hier festgestellten Strukturarmut als naturfern bezeichnet werden. Vielmehr kommt die aktuelle Baumartenzusammensetzung in beiden naturnahen Stadien (Schernfeld und Biburg) relativ nahe an die auch natürlicherweise anzunehmende Waldgesellschaft heran (vgl. SEIBERT 1968, KREUTZER & FOERST 1978). Der wesentliche Unterschied zwischen den beiden Phasen besteht darin, daß der relativ einschichtige und homogene Buchenbestand in Schernfeld das Schlußwaldstadium der natürlichen Waldentwicklung repräsentiert, während der Eichen-Buchen-Bestand in Biburg infolge der bereits mehrere Jahre andauernden Verjüngungsphase einen strukturreicheren Bestockungsaufbau bietet.

Die aufgezeigten dynamischen Entwicklungen verdeutlichen, daß auch der Verjüngungsgang vom Fichtenreinbestand zum Fichten-Buchen-Mischbestand strukturärmere und strukturreichere Phasen durchläuft. Vor diesem Hintergrund erscheint es problematisch, den naturschutzfachlichen Wert eines Waldbestandes an der aktuellen Strukturvielfalt zu beurteilen bzw. daran zu messen, wie weit das untersuchte Stadium von der maximal möglichen Diversität abweicht (s. LIEDEKER 1997).

Im Sinne einer mittel- bis langfristigen Verbesserung des naturschutzfachlichen Wertes wird es in den umzubauenden Fichtenbeständen entscheidend darauf ankommen, eine sinnvolle Strategie zur Erhöhung der Strukturvielfalt zu entwickeln.

Im folgenden Kapitel sollen hierzu Vorschläge gemacht werden.

5.6 Strategie zur Verbesserung der Strukturvielfalt

Es steht außer Zweifel, daß Buche und Tanne in die mehr oder weniger reinen Fichtenbestände künstlich eingebracht werden müssen, wenn ein verjüngungsfähiger Fichten-Laubholzbestand erzielt werden soll (s. THOMASIUS 1996). Somit muß den prinzipiell vorzuziehenden sukzessionsdynamischen Abläufen (VÖLKL 1991, LÄSSIG 1995), die in Fichtenbeständen vor allem auf die natürliche Verjüngung der Fichte hinauslaufen, ein aktiver Waldumbau vorausgehen (THOMASIUS 1992a, SCHUMACHER 1996). OTTO (1994 a) hat für diese kombinierte Methode den Begriff der Substanzoptimierungsstrategie eingeführt.

Wie die dargestellten Ergebnisse gezeigt haben, sind natürlich ankommende Mischbaumarten an der Sukzessionsdynamik in Fichtenumbaubeständen in einem Ausmaß beteiligt, das so nicht zu erwarten war. Die Einbindung vor allem der sonstigen Laubhölzer in die Verjüngungsdynamik verspricht in hohem Maße ökologische und - mit gewissen Einschränkungen - auch waldbauliche Vorteile.

Von daher macht es Sinn, das sonstige Laubholz in den Fichtenumbaubeständen gezielt zu begünstigen (s. THOMASIUS 1992). Diese Empfehlung wird auch durch die mittelfristig gegen Mischbaumarten mit verkürzter Umtriebszeit sprechende Entwicklungsdynamik nicht in Frage gestellt.

Im einzelnen verspricht die Förderung und Einbindung von natürlich ankommenden Mischbaumarten insbesondere in jungen Entwicklungsphasen folgende Vorteile:

- Auf kostenaufwendige Nachbesserungen mit den im Bestockungsziel geplanten Schlußwaldbaumarten könnte im Einzelfall verzichtet werden (KOCH 1994, DETSCH 1996).
- Im Falle ausreichender Altbaumüberschirmung und unter Ausnutzung sonstiger Laubhölzer als Füll- und Treibholz kann bei Laubholzvoranbauten auf weitere Pflanzverbände übergegangen werden (HEYDEMANN 1982, KOCH 1994, SPELLMANN 1996). Unter diesen Voraussetzungen hält es BURSCHEL (1987) für möglich, die Pflanzenzahl bis auf 5000 Laubhölzer pro ha zu reduzieren. MOSANDL (1996) geht noch einen Schritt weiter und empfiehlt, bereits bei der Kulturbegründung Verjüngungsmaßnahmen auf ganzer Fläche zu vermeiden. KASPER (1995) spricht sich sogar dafür aus, auch nicht bestockte Pionierstadien zu akzeptieren. Auch die Empfehlung HAUGGS (1994), die „Lücke Lücke sein zu lassen" geht in die gleiche Richtung.
- Die vor allem innerhalb der 20 bis 30 Jahre andauernden „Hell-Dunkel-Phase" von Verjüngungsbeständen ankommenden Pionierbaumarten bilden eine Frühphase der Sukzession, die aus arten- und biotopschützerischer Sicht ausgesprochen wertvoll ist (HEYDEMANN 1982). Unterbleiben jedoch gezielte Maßnahmen zur Sicherung der Mischbaumarten in noch überschirmten Beständen, so wird diese Sukzessionsphase verkümmert ausgebildet (FRANKLIN 1992) und insgesamt nur von kurzer Dauer sein (vgl. HEYDEMANN 1982). Im Sinne der Erhaltung und Förderung der Biodiversität sind struktursteuernde Eingriffe deshalb wichtig. In frühen Entwicklungsphasen durchgeführte Pflegemaßnahmen sind daher nicht nur sehr erfolgversprechend, sondern auch vom Kostenaufwand vertretbar (DUFFNER 1997, MOSANDL 1997).

Mittel- bis langfristig werden jedoch die Sukzessionsbaumarten von Buche und Fichte verdrängt. Obschon es aus ökologischer Sicht sinnvoll sein kann, bestimmte Sukzessionsstadien möglichst lange aufrechtzuerhalten (s. z.B. FRANKLIN 1992), würde es auf der anderen Seite der natürlichen Verjüngungsdynamik widersprechen, bestimmte Strukturen dauerhaft bewahren zu wollen (SCHUMACHER 1996, SCHREYER 1997). Unter Berücksichtigung des damit verbundenen hohen Pflegeaufwandes wären solche konservierenden Maßnahmen zur Erhaltung eines artenschützerisch wervollen Niveaus mit einer naturnahen Wirtschaftsweise unvereinbar (SCHÜTZ 1990). Darüber hinaus weisen AMMER et al. (1989) darauf hin, daß für bestimmte Arten gerade der Wechsel der Entwicklungsphase wichtig ist.

In bezug auf die Verdrängung kurzlebiger sonstiger Laubhölzer durch Buche und Fichte könnte die natürliche Entwicklungsdynamik in den Umbaubeständen einer wichtigen Forderung des Waldnaturschutzes Rechnung tragen: derjenigen nach mehr Totholz im Wald, sowohl in stehender wie in liegender Form (ALBRECHT 1991, PFARR 1991, AMMER 1991 und 1992). Wenn AMMER (1991) das Weichlaubholz als „Totholz von morgen" bezeichnet, dann u.a. deshalb, weil die mit über 60% gefährdeter Arten in ihrem Bestand bedrohte xylobionte Fauna (AMMER 1997) u.a. auch an - vorwiegend starkes - Totholz von Weichlaubhölzern gebunden ist. Daraus ist abzuleiten, daß Weichlaubhölzer im Zeitpunkt des Absterbens ausreichende Dimensionen erreicht haben und nicht zu früh von konkurrenzstärkeren Baumarten verdrängt werden sollten. Dies kann bei der in der Stangenholzphase von Fichten-Buchen-Beständen beginnenden Verdrängung von Lichtholzarten zum Konflikt werden.

Bei den bisherigen Überlegungen wurden zwei weitere Vorzüge einer durch natürlich ankommende Mischbaumarten begünstigten breiten Baumartenpalette innerhalb der Fichtenfolgebestockung bislang nicht angesprochen: Im Sinne einer Investitionsstreuung (WALDHERR 1994) könnte ein breites Baumartenspektrum stabilisierend auf den Holzmarkt wirken und das Investitionsrisiko begrenzen (s. AUCLAIR 1983).

Auf die zwar mit Unsicherheiten behaftete, aber mit hoher Wahrscheinlichkeit eintretende Veränderung des Weltklimas, die in Mitteleuropa zu einer Klimaerwärmung von 2 bis 3°C führen kann (MITCHELL et al., zit. n. RÖHLE 1995, s.a. PETERS 1992), können die jetzigen Waldgesellschaften nicht rasch genug durch Verschiebung ihrer Verbreitungsgebiete reagieren. Eine Erweiterung der Baumartenpalette kann unter diesem Aspekt das Reaktions- und Anpassungsvermögen der Wälder entscheidend erhöhen (SCHREYER 1991, OESTEN 1993, BODE 1995, SCHERZINGER 1996). Im Zuge von Umbaumaßnahmen bieten sich hierfür günstige Voraussetzungen

Die kaum vorhersagbaren und nur begrenzt steuerbaren verjüngungsdynamischen Abläufe sind der Grund dafür, weshalb Strukturvorgaben nur schwer zu operationalisieren sind (BOSCH 1994). Ein fester Katalog von waldbaulichen Maßnahmen wird daher der Ausnutzung natürlicher Verjüngungsprozesse nicht gerecht (vgl. SPELLMANN 1995). Ebensowenig sind starre Betriebszieltypen (STURM 1993, BODE 1995) vereinbar mit der Erhaltung und Förderung mehr oder weniger zufallsbeeinflußter natürlicher Verjüngungsmuster. In diese Richtung gehende Überlegungen kommen den Anhängern eines freien Waldbaustils sehr entgegen. Gröber gefaßte forstliche Zielsetzungen, wie sie etwa HANSTEIN (1996) und MLINSEK 1994a fordern, bieten darüber hinaus die Möglichkeit, kreativen Waldbau zu betreiben (HENNE 1992, MLINSEK 1994) und die Einzelmaßnahmen wieder betonter am Zustand im einzelnen Bestand („Gesetz des Örtlichen") auszurichten (SEITSCHEK 1986, MLINSEK 1991 und 1994, MRAZEK 1997). Einen ähnlichen Weg gehen jene Ansätze, welche eine gezielte Lenkung der Produktionskräfte der Natur anstreben (FISCHER 1992), ohne ständig durch den Einsatz von Fremdenergie in das Ökosystem eingreifen zu wollen (EDER 1987, SINNER 1997).

Ein freierer Waldbaustil darf allerdings nicht zu planlosem Handeln führen (WALDENSPUHL 1990), sondern muß sich auf übergeordnete und flexible Betriebs- und Bestockungsziele stützen (OTTO 1994a).

Als Leitlinie für den naturnahen Waldbau ist der von LEIBUNDGUT (1973, zit. n. HENNE 1992) schon vor mehr als 20 Jahren formulierte Grundsatz: „Der Naturnahe Waldbau nutzt die selbstgesteuerte Dynamik des Waldes so lange aus, als sie in der Richtung des Wirtschaftsziels verläuft", aktueller denn je.

Die auf der natürlichen Entwicklungsdynamik basierenden Strukturveränderungen einzelner Bestandesausschnitte ließen erkennen, daß die naturschutzfachliche Bewertung von Umbaumaßnahmen letztlich nur über eine periodische Gesamtbilanz erfolgen kann. Das bedeutet, daß die waldökologischen Auswirkungen von Umbaumaßnahmen nicht an einzelnen und mittels einmaliger Momentaufnahme erhobenen Bestandesausschnitten festgemacht werden dürfen sondern an periodischen Aufnahmen gesamter Fichtenumbaubestände, wenn nicht ganzer Waldgebiete (vgl. AMMER & UTSCHICK 1988).

Wenn deshalb infolge von Strukturveränderungen bestimmte Umbauphasen für das floristische und faunistische Arteninventar an Attraktivität verlieren, so wird diese natürliche Entwicklung für die ökologische Stabilität und Habitatqualität des gesamten Gebietes dann nicht von Nachteil sein, wenn an anderer (und für faunistische Arten distanzunempfindlicher) Stelle des betreffenden Waldgebietes ein „patch" von mindestens vergleichbarer Qualität vorhanden ist oder neu entsteht. Diese Entwicklung entspricht einem „rotierenden Biotopflächensystem", wie es von AMMER & UTSCHICK (1988) der natürlichen Entwicklungsdynamik in Wäldern entsprechend vorgeschlagen wird. Das System zielt darauf ab, daß Lebensraumtypen im Sinne eines Biodiversitätsmanagement (s. LIEDEKER 1997) immer wieder neu entstehen müssen (s. KAULE 1986, zit.n. WALDENSPUHL 1990, ALTENKIRCH 1988, AMMER 1988, WALDHERR 1994, SPELLMANN 1995, SCHMIDT 1997).

Auch für SUKOPP (1978), BLAB (1995) und SCHMIDT (1997) ist die natürliche Entwicklungsdynamik richtungsweisend: Abgesehen von der prinzipiellen Verbesserung der Strukturvielfalt ist ausschlaggebend, daß naturraum- bzw. lebensraumtypische Artengemeinschaften in der naturgegebenen räumlichen Vielfalt erhalten werden (s.a. REMMERT 1988, BAIERLEIN 1991, JAX 1994, SCHERZINGER 1996).

Das vorgestellte Konzept eines rotierenden Biotopflächensystems ist in den Testgebieten Biburg und Schernfeld in befriedigender Form umgesetzt worden, indem unterschiedliche Entwicklungsstadien des Buchen- und Tannenvoranbaus auf den gesamten Fichtenaltbestandeskomplex mehr oder weniger gleichmäßig verteilt wurden. Nicht optimal ist hingegen die zeitliche Lücke, die zwischen den 20-jhg. und 40-jhg. Umbauphasen in beiden Bestandeskomplexen besteht. Dennoch weist deren Bestockungsaufbau auffallende Ähnlichkeiten mit der von REBEL (1928, zit. n. RUDOLF 1996) sehr illustrativ zum Ausdruck gebrachten Vorstellung von einem naturnah aufgebauten Mischwald auf:

...„Gemischt, ungleichaltrig, abwechslungsreich - vom Boden bis zu den Wipfeln locker gefüllt sei der Waldaufbau; stetig kleinflächenweise, streifen- und horstweise, dabei tunlichst im Schutze des Altholzes vollziehe sich in der Abnutzung die Erneuerung."...

Ohne Frage sind die in Biburg und Schernfeld als Nullflächen herangezogenen Ausgangslagen des Fichtenumbaus mit dieser Zielvorstellung völlig unvereinbar. Die 20-jhg. und 40-jhg. Umbauphasen in den beiden Testgebieten demonstrieren dagegen, daß einförmige und monotone Fichtenreinbestände mittels Buchenvoranbau und unter Ausnutzen sukzessionsdynamischer Verjüngungsabläufe nach wenigen Jahrzehnten bereits wesentliche Merkmale des von REBEL skizzierten und besonders vorbildlichen Bestockungsaufbaus vorweisen können.

5.7 Qualität der Laubholzgruppen und Randlinieneffekt

Die Analyse der qualitativen Entwicklung der Laubholzvoranbauten scheint angesichts der ökologisch ausgerichteten Umbauuntersuchungen von nachrangiger Bedeutung zu sein. Mit Rücksicht auf eine zunehmend kostenbewußt orientierte Forstwirtschaft und unter Beachtung des multifunktionellen Nachhaltigkeitsprinzips (OESTEN 1993, RIPKEN 1993, DEUTSCHER FORSTVER. 1997, SCHMIDT 1997, SCHMITHÜSEN 1997) muß jedoch auch der Holzqualität (und damit den ökonomischen Aspekten) bei den eingebrachten Laubhölzern in verstärktem Maße Aufmerksamkeit geschenkt werden (s. Kap. 3.3.8).

Die Mischungsform von Laubholzgruppen bietet ein sehr anschauliches Beispiel, inwiefern übergeordnete ökonomische und ökologische Ansprüche aufeinanderabgestimmt und auf der operationalen Ebene durch die Art des Waldbaus umgesetzt werden können.

Auf der Datenbasis von neun Buchentrupps mit insgesamt 370 untersuchten Einzelindividuen kann die Feststellung getroffen werden, daß die Qualitätserwartung der ca. 40-jhg. Buchen von den in der Mitte der Trupps stockenden Bäumen zum Rande hin deutlich abnimmt. Von wenigen Ausnahmen abgesehen, kamen Bäume der geringwertigen Qualitätsstufen 4 und 5 nur in einer Entfernung von bis zu 3 m zum Rand der Laubholzeinheiten vor, weshalb als grobastige Kontaktzone ein 3 m breiter Randstreifen definiert wurde.

Einfache mathematische Überlegungen zum Flächenanteil grobastiger Kontaktzonen in unterschiedlich großen Laubholzeinheiten führen zu der Erkenntnis, daß der Flächenanteil der grobastigen Kontaktzone mit zunehmendem Durchmesser der Laubholzeinheiten sehr stark zurückgeht.

Damit versprechen größere Laubholzeinheiten im Mittel bessere Holzqualitäten, was SPELLMANN (1995) zu der Empfehlung veranlaßt, Laub- und Nadelholz nicht zu intensiv zu mischen. BURSCHEL (1990) sieht darüber hinaus um so mehr den Vorteil einer einfacheren Handhabung der Mischung, je mehr die Eigenarten des Reinbestandes innerhalb der beteiligten Mischbaumarten wirksam werden.

Analog zum Rückgang der Grobastzone nimmt mit größeren Mischungsformen auch die Länge der Randlinien ab. Diese Entwicklung wäre nicht nachteilig, würde nicht den Randzonen eine sehr große ökologische Bedeutung zukommen.

Einer erst kürzlich erschienen Publikation von ROTHE (1997) ist zu entnehmen, daß die in Mischbeständen wichtige Umverteilung von in der Streu enthaltenen Nährstoffen um so besser funktioniert, je kleinflächiger die Mischung ist. Entscheidend hängt die Artendiversität von der Mosaiksteingröße der Habitate ab, was bedeutet, daß in mit großer Randlinienlänge ausgestatteten „fragmented forests" die Anzahl der Tierformen stark ansteigt (HARRIS, zit. n. DUELLI 1995; vgl. EIBERLE 1978, LEIBUNDGUT 1984). Dieser Grenzlinieneffekt („edge effect" beruht auf der Konzentration von Requisiten in der Übergangszone verschiedener Habitate (OTTO 1994, SCHERZINGER 1996) und wurde in erster Linie aus Befunden zu Untersuchungen an Waldaußenrändern abgeleitet (s. ALTENKIRCH 1982, VOLK 1984, SCHMIDT 1992, RAUH et al. 1994).

Positive Effekte speziell auf die faunistische Vielfalt sind aber auch für Waldinnenränder belegt (vgl. ZUNDEL 1991). So hat VÖLKL (1991) an neu entstandenen inneren Grenzlinien (Lichtungen) nach vier bis sieben Jahren bei ausgewählten Artengruppen 50% des Artenspektrums alter Lichtungen gefunden. Auch noch nicht veröffentlichte Untersuchungsergebnisse aus den Testgebieten Biburg und Schernfeld (HENDRICKS, in Vorbereitung) zeigen in die gleiche Richtung gehende Ergebnisse. OTTO (1994) berichtet über Untersuchungen bei Vögeln in - möglicherweise nicht vergleichbaren - Erlenwäldern, in denen die avifaunistische Diversität pro ha von 16,7 Arten bei 700 m Randlininenlänge bis auf nur noch 1,3 Arten bei 110 m Randlinienlänge zurückging.

Unter gleichzeitiger Berücksichtigung ökologischer Ansprüche und ökonomischer Anforderungen sollten die Laubholzeinheiten daher nicht weniger als etwa 20 m Durchmesser haben, ebenso wie auf der anderen Seite Einheiten von 50 m Durchmesser und mehr nicht vertretbar erscheinen. Würde im ersten Fall der Flächenanteil der Grobastzone an der Laubholzeinheit mit 63% indiskutabel hoch sein, so ist die nur noch bei 157 m liegende Randlinienlänge der zweiten Variante aus ökologischer Sicht kaum noch akzeptabel. Hinzu kommt, daß bei Gruppen mit einem Durchmesser größer als 30 m im Zentrum bereits reinbestandesähnliche Verhältnisse vorliegen (ROTHE 1997).

Als Argument für das Festhalten an gruppgroßen Laubholzeinheiten könnte allerdings angeführt werden, daß der relativ hohe Anteil grobastiger Randzonen in kleinen Laubholzeinheiten ohne Bedeutung ist, weil im Endbestand infolge des erhöhten Standraumbedarfs ohnehin nur ein Baum verbleibt. Dieser würde im Zentrum der (ehemaligen) Bucheneinheit stocken und sollte - infolge der langjährigen Umfütterung durch Nachbarbäume - zumindest von befriedigender Qualität sein. Dieser Auffassung stehen jedoch folgende Überlegungen entgegen:

Selbst wenn die Holzqualität der verbleibenden Buche gut sein sollte, ist zu befürchten, daß sie aufgrund der nicht mehr vorhandenen innerartlichen Konkurrenz noch im fortgeschrittenem Alter Wasserreiser und Klebäste ausbildet, die die Holzqualität mindern (vgl. KNIGGE & SCHULZ 1966).

Überdies genügt es aus ressourcenökonomischer Sicht (VOLZ 1994) nicht, das Interesse allein auf die erfolgreiche Beteiligung der Buche im Hauptbestand zu richten, ohne die Wertholzproduktion des jeweils verbleibenden wie auch ausscheidenden Bestandes einzubeziehen. Vielmehr sind die Möglichkeiten zur Qualitätserzeugung im Sinne BURSCHELS (1987): „Wir brauchen nicht mehr sondern besseres Holz" auszuschöpfen (LEIBUNDGUT 1984, PÖPPINGHAUS 1990, MOSANDL 1993, BODE 1995, RÖDIG 1995, RUDOLF 1996, SPELLMANN 1995). So verspricht sich PALMER (1995) von der Buche durch entsprechende Dimensionen und gute Qualität einen wesentlichen Beitrag zur Wertleistung. Dies muß bedeuten, auch bereits bei Durchforstungen möglichst viel qualitativ gutes Holz anzustreben, was gezielte Pflegeeingriffe und eine ausreichend große Mischungsform voraussetzt. Dazu paßt, daß das Ziel „herrschende Buche im Endbestand" bei sehr kleinen Vorbauten nicht gesichert ist (HEHN 1993).

An die Seite der ökonomischen Aspekte und einer möglichst kleinflächigen Mischung aus ökologischer Sicht müssen zur Ableitung einer bestimmten Größe von Laubholz- bzw. Bucheneinheiten die Erkenntnisse aus der natürlichen Verjüngungsdynamik treten. Allgemein können die Aussagen zahlreicher Autoren zur natürlichen Verjüngungsdynamik in Mischwäldern mit Fichte, Buche und Tanne dahingehend zusammengefaßt werden, daß die Verjüngungslücken überwiegend trupp- bis horstgroß sein sollen (MLINSEK 1978, MOSANDL 1996, PALMER 1996, SCHÜTZ et al. 1996, SPELLMANN 1996), wobei die Gruppengröße die Regel sein dürfte, wie dies auch HUSS (1987) für die Verjüngungsdynamik in Naturwäldern aus Fichte, Buche und Tanne bestätigt (s.a. MLINSEK 1978).

Damit ist der aus den eigenen Untersuchungen abgeleitete Rahmen für die zu empfehlende Größe der Laubholz- bzw. Bucheneinheiten annähernd deckungsgleich mit der unter natürlichen Verhältnissen zu erwartenden Mosaiksteingröße.

Ein Festhalten an mindestens gruppengroßen, jedoch keineswegs über Horstgröße hinausreichenden Laubholzeinheiten stellt einen tragfähigen Kompromiß zur Umsetzung des Integrationsmodells (WALDENSPUHL 1990, SCHUMACHER 1996) dar, das sich „dem ökonomischen Prinzip verpflichtet" weiß und „der jeweiligen waldökologischen Situation angemessen" ist (RÖDIG 1995, s.a. VOLZ 1996). Der Richtwert für die Größe der Laubholzeinheiten läßt sich auf 30 bis 35 m Durchmesser eingrenzen und kann damit sehr gut in Einklang mit den auch natürlicherweise zu erwartenden Mischungsformen gebracht werden.

Das schon von GAYER (1886) vor mehr als 100 Jahren gesetzte Signal, Mischwälder horst- und gruppenweise zu begründen hat sich somit auch unter Berücksichtigung arten- und biotopschützerischer Gesichtspunkte einerseits sowie ökonomischer Faktoren andererseits als zielführend herausgestellt. Die geführte Diskussion zeigt aber auch, daß vollständige Harmonie im Spannungsverhältnis „Ökologie-Ökonomie" (SIMONIS 1994) nicht möglich ist (SPRICH & WALDENSPUHL 1991, SCHERZINGER 1996, SPEICH 1997).

5.8 Kritische Würdigung des angewandten Umbauverfahrens

An einzelnen Ergebnisbeispielen sollen abschließend das beim Umbau von Fichtenbeständen angewandte waldbauliche Verfahren und die damit verbundenen Probleme aufgezeigt werden.

5.8.1 Steilränder an Laubholzgruppen als Ergebnis vorzeitigen Voranbaus

Im Hinblick auf das Erscheinungsbild der 40-jhg. Buchengruppe in Biburg kann der Anschauung von HUSS (1992), JOHANN (1992) und ARBEITSKREIS FORSTL. LANDESPFLEGE (1991), wonach gruppen- und horstweise Buchenmischungen in Fichtenbeständen in hohem Maße landschaftsästhetischen Ansprüchen gerecht werden, voll zugestimmt werden: Die Buchengruppe ist in den Altbestand eingebunden und trägt zu einem ansprechenden schichtigen Bestandesaufbau bei, der durch den jahreszeitlich bedingten phänologischen Wechsel noch hervorgehoben wird.

Von der Umgebung ist die 40-jhg. Buchengruppe in Schernfeld allerdings durch einen ausgeprägten Steilrand abgegrenzt. Dieser würde nicht Anlaß zur Kritik geben, wenn damit nicht grundsätzliche ökonomische und ökologische Probleme des Buchenvoranbaus verbunden wären.

Es entsprach der gängigen waldbaulichen Praxis in den 50-er Jahren, schadensbedingte Bestandeslücken in Fichtenbeständen mit Laubholzgruppen auszupflanzen (DOSTAL 1959). So wurden auch in Biburg zahlreiche Schneebruchlücken mit Buchen in Truppgröße „gedeckt". Wider Erwarten blieb die befürchtete Auflösung des angerissenen Altbestandes aus. Zur Vermeidung von Zuwachsverlusten an den Fichten wurde auf vorzeitige Verjüngungsmaßnahmen zur Einleitung der Fichtennaturverjüngung verzichtet, mit dem Ergebnis, daß die 42-jhg. Buchen heute bereits bis zu 20 m hoch sind, während die in der Umgebung aufkommende Fichtennaturverjüngung noch in Warteposition verharrt.

Aufgrund des Ausbleibens zügiger Nachlichtungen im Altbestand sind zwei vorhergesagte Entwicklungen eingetreten: Danach ist die von PALMER (1985) befürchtete Einschichtigkeit von Buchenvoranbauten bei der 40-jhg. Buchengruppe in Biburg erkennbar vorhanden, was sich zahlenmäßig in den geringen Werten für die Höhenvarianzen niederschlägt. Auch der von VOLK (1984) prognostizierte Steilrand an Fichte oder Buche ist angesichts des ausgeprägten Höhenunterschiedes zwischen dem Buchenvorbau und der angrenzenden Naturverjüngung nicht zu übersehen.

Solche Fehlentwicklungen, die zu einer Beeinträchtigung der nachkommenden Verjüngungen führen und die Entstehung grobastiger Randbäume begünstigen (RITTERSHOFER 1994) sind nach Meinung von BURSCHEL & HUSS (1987) unbedingt zu vermeiden. Die in der Bestandesdarstellung erkennbare seitliche Einengung der Buchen durch Altfichten hat die Buchen vorrangig zu verstärktem Höhenwachstum angeregt (s. SCHMITT 1994) und mit h/d-Werten überwiegend größer als 150 auch Einbußen in der Stabilität nach sich gezogen (s.a. REININGER 1993).

Auch unter Gesichtspunkten des Arten- und Biotopschutzes weisen Steilränder Nachteile auf (VOLK 1984). Der Ausfall von Straten bzw. das Fehlen stufiger Übergänge entzieht speziell immobilen Tierarten die vertikale Wanderungsmöglichkeit (s. HEYDEMANN 1982, HANSTEIN 1984). Selbst für Vögel sind sehr stark ausgeprägte Schichtungen ohne Übergänge wenig vorteilhaft (vgl. HANSTEIN 1984).

Das Bestandesbild und die durch frühzeitige Lückendeckung gesicherte Beteiligung der Buche im künftigen Hauptbestand des 40-jhg. Umbaustadiums in Biburg sind ohne Zweifel sehr anerkennenswert, dürfen aber nicht darüber hinwegtäuschen, daß das vorzeitige Einleiten von Verjüngungsmaßnahmen sowohl vom ökologischen wie auch vom waldbaulichen Standpunkt aus nicht erwünschte Entwicklungen heraufbeschwört.

5.8.2 Verjüngungsverfahren in den untersuchten Beispielsbeständen

Zunächst soll das zum Umbau von Fichtenbeständen in Mischbestände konzipierte und bereits in Kap. 2.3.2 vorgestellte waldbauliche Verfahren nochmals mit den wichtigsten Stichworten beschrieben werden: gruppenweiser (bei Tanne oft truppweiser) und möglichst gleichmäßig auf die Bestandesfläche verteilter Voranbau vor allem von Buche in Femellücken, Erzielung eines Mischbaumartenanteils von mindestens 20 bis 30%, femelartige Nachlichtung über den Voranbaugruppen entsprechend deren Lichtbedürfnis, „Zusammenführen der Voranbaugruppen mit Fichtennaturverjüngung" nach Maßgabe des Wuchsvorsprunges der Voranbauten, Ausnutzen von natürlichen Verjüngungsansätzen auch einzeln beteiligter Mischbaumarten.

Anhand der waldkundlichen Aufnahme von zehn Beispielsbeständen (Projektphase III) wurde das im Einzelfall angewandte Verfahren auf Abweichungen vom o.g. Umbaukonzept analysiert. Folgende Schlüsse können gezogen werden:

1) Die Analysebeispiele zeigen, daß die Umbaumethode funktioniert und machbar ist. Dies kann mit den folgenden positiven Aspekten bestätigt werden:

   * In nahezu allen Beständen stocken u.a. auch gruppengroße Laubholzeinheiten.

   * Die gezielte Anwendung des Femelschlages zeigt sich darin, daß die Laubholzvoranbauten (vor allem mit Buche) in nur noch gering überschirmten Femellücken stocken, während die Nadelholznaturverjüngung überwiegend in den noch mehr oder weniger geschlossenen Bestandesteilen vorkommt.

   * Von Ausnahmen abgesehen, übertreffen die Laubholz- bzw. Buchenanteile die im Verjüngungsziel geplanten Anteile z.T. deutlich; dieser Befund ist ein Indiz für den rechtzeitigen Vorbaubeginn.

2) Die Analyse zeigt aber auch, daß das Konzept oft nicht exakt umgesetzt werden kann:

   * Bereits in noch relativ geschlossenen Bestandesteilen kommt die Fichte oft so massiv an, daß die für den Laubholzvoranbau geeigneten verjüngungsfreien Stellen nicht mehr gleichmäßig über den Bestand verteilt werden können, wie etwa im Bestand „Moosloh" des Forstamtes Goldkronach. Auch eine bestimmte Größe der Voranbauten kann dann zumeist nicht mehr eingehalten werden.

   * In maßgeblichem Umfang beeinträchtigen „Störungen" von außen wie Schneebrüche und besonders Windwürfe das Umbauverfahren (vgl. OTTO 1994). So wird die Verteilung und Größe der Voranbauten abhängig gemacht von der Lage und Größe der vorhandenen Schadenslücken. Die Situation im Bestand „Speckgehau" bietet hierfür ein sehr anschauliches Beispiel: Die durch ein partielles Sturmwurfereignis zustandegekommene Bestandeslücke im Südosten wurde hier ganzflächig mit Buche (Edellaubholz) in Bestockung gebracht.

   * Form und Verteilung der Voranbauten variieren auch nach der Orographie (z.B. Ausnutzen süd- und südwestexponierter Hanglagen) und vorhandenen Erschließungslinien.

3) Dennoch sollte versucht werden, gewisse Vorstellungen und Vorgaben einzuhalten. Sowohl aus ökonomischen (Reduktion der Bestandesbegründungskosten) wie auch aus ökologischen (Förderung seltener Mischbaumarten) Gründen ist die Ausnutzung und Steuerung der biologischen Automation erstrebenswert:

   * Mit Blick auf die natürliche Ansamung von Mischbaumarten sollten flächige Pflanzungen unterbleiben (s. MOSANDL 1996). Auch in größeren Bestandeslücken ist daher an der gruppen- bis horstweisen Einbringung der Mischbaumarten festzuhalten. Aufgrund der Zunahme grobastiger Randzonen mit kleiner werdenden Laubholzeinheiten sind auch truppgroße Voranbauten nicht zu empfehlen.

   * Zur Erzielung einer ökologischen Wirkung auf den Gesamtbestand sollten die Laubholz- und Tannenvoranbauten möglichst gleichmäßig auf der Fläche verteilt werden.

   * Zur Vermeidung einer zu starken Entwicklung der Fichtennaturverjüngung und zur Erhaltung der kollektiven Stabilität der Ausgangsbestockung dürfen die Nachlichtungen im Altbestand nicht zu rasch erfolgen.

Insgesamt muß die massive Beeinflussung des betrieblichen Geschehens durch Schadereignisse in den zurückliegenden Jahren nach EDER (1987) und MOSANDL (1997) Anlaß sein, bei waldbaulichen Maßnahmen künftig die Betriebssicherheit in den Vordergrund zu stellen.

5.9 Schlußfolgerungen für die forstliche Praxis

Aus den Untersuchungsergebnissen sind folgende Empfehlungen für die forstliche Praxis ableitbar:

1) Der Umbauprozeß ist in den Nadelholzreinbeständen des bayerischen Staatswaldes im Ansatz realisiert. In der Vorausverjüngung dieser Bestände sind landesweit bereits 28% Mischbaumarten vorhanden. Vor dem Hintergrund knapper werdender Staatshaushalte darf diese positive Entwicklung jedoch nicht Anlaß geben, die Umbaumaßnahmen einzuschränken oder gar ganz auf sie zu verzichten. Das Ziel, ökologisch unbefriedigende Fichtenreinbestände in Mischbestände umzubauen, ist nur erreichbar, wenn der Umbau konsequent fortgesetzt wird.

2) Der gruppen- bis horstweise Voranbau von Schattbaumarten in Femellücken mit anschließender Einleitung der Fichtennaturverjüngung hat sich als waldbauliches Verfahren für den Umbau von Fichtenreinbeständen in Fichten-Laubholz- (Tannen-) Mischbestände sehr bewährt. An langen Verjüngungszeiträumen mit kleinräumig differenzierter Entnahme der Altbäume ist auch aus folgenden Gründen festzuhalten:

   * Die geplanten Fichtenanteile können - nahezu uneingeschränkt - über Naturverjüngung erzielt werden. Einer zu raschen und zu dichten Entwicklung der Fichtennaturverjüngung kann über entsprechend hohe Beschirmungsgrade des Altbestandes gegengesteuert werden. In diesem Zusammenhang ist zu betonen, daß üppig auflaufende Naturverjüngung kein Anlaß sein darf, vorzeitige Auflichtungen bzw. Nachlichtungen vorzunehmen. Das schließt andererseits nicht aus, rechtzeitig mit dem Voranbau der Mischbaumarten zu beginnen und deren Förderung aktiv zu betreiben. Andernfalls wird der notwendige Wuchsvorsprung des Laubholzes entweder nicht erreicht (verspäteter Voranbaubeginn) oder zu früh verloren gehen.
   * Durch Erweiterungen des Standraumes wird der Zuwachs auf die jeweils verbleibenden Altbäume gelenkt, wodurch sich deren Wertleistung erhöht.
   * Aufgrund des verstärkten Durchmesserzuwachses ist es auch bei älteren Fichten noch möglich, den h/d-Wert und damit die Einzelbaumstabilität zu verbessern.

3) Nicht selten wird der Verjüngungsgang von „Störungen" wie Sturmwürfen unterbrochen: Aufgrund des vorzeitigen Ausscheidens der häufig instabilen Altfichten kann das Umbauverfahren nicht wie geplant „durchgehalten" werden. Dies verlangt zweierlei:

* In verjüngungsbereiten und nicht ausreichend stabilen Beständen kann das kollektive Stützgerüst der jeweils verbleibenden Altbäume nur dann aufrechterhalten werden, wenn die Eingriffe im Altbestand schwach geführt und in kurzen Zeitabständen wiederholt werden.
* Fichtenreinbestände die erst in den nächsten Jahrzehnten in das umbaufähige Alter einwachsen, können und müssen durch kräftig geführte Eingriffe so ausreichend stabilisiert werden, daß die nach den Durchforstungseingriffen jeweils verbleibenden Altbäume den Verjüngungszeitraum mit hoher Wahrscheinlichkeit überdauern. Als Anhaltspunkte für ausreichende Stabilität können h/d-Werte von weniger als 80 und Kronenlängen von mindestens 40% genannt werden.

4) Die Kombination von künstlichen Verjüngungsmaßnahmen mit natürlichen Verjüngungsabläufen bietet - unter Einbezug räumlicher wie zeitlicher Variation - sehr gute Möglichkeiten für den Aufbau strukturreicher Waldbestände. Natürlich ankommende Mischbaumarten, vor allem auch sonstige Laubhölzer, können ganz entscheidend zur Erhöhung der Biodiversität beitragen. Die notwendige Erhaltung und Förderung seltener Mischbaumarten ist insbesondere in jungen Entwicklungsphasen sehr erfolgversprechend und auch vom Pflegeaufwand noch leistbar.

5) Über struktursteuernde Eingriffe hinausgehende Maßnahmen, die sich der natürlichen Dynamik widersetzen und hohe Pflegekosten verursachen, sind indessen nicht vertretbar; sie sind aber beim flächenmäßigen Umfang der Umbaubestände auch nicht notwendig. Im Sinne eines Biodiversitätsmanagement stellt die zeitlich abgestufte und räumlich variierende Einbringung bzw. Förderung von Mischbaumarten sicher, daß immer wieder naturschutzfachlich wertvolle und strukturreiche Phasen in ausreichendem Umfang und in günstiger Verteilung (Biotopverbund!) vorhanden sind bzw. entstehen.

6) Die natürliche Verjüngung von Mischbaumarten bietet in mehrfacher Hinsicht Möglichkeiten, den sehr kostenintensiven Waldumbau zu rationalisieren; konkret angesprochen sind folgende Maßnahmen: Verzicht auf ganzflächige künstliche Verjüngungen in größeren Bestandeslücken, Begrenzung von Nachbesserungen, Übergang zu weiteren Pflanzverbänden sowie Tolerieren kleinflächiger Pionierstadien.

7) Ein möglichst breites Baumartenspektrum ermöglicht ein flexibleres Reagieren auf Fluktuationen am Holzmarkt und ist mit Blick auf die prognostizierte Klimaerwärmung im Sinne einer Risikoverteilung ein wichtiger Beitrag zur Umweltvorsorge.

8) Die Einbindung mehr oder weniger zufallsbeeinflußter natürlicher Verjüngungsansätze war bislang - der waldbaulichen Einzelplanung Rechnung tragend - nur eingeschränkt möglich. Hier wäre mehr Flexibilität im Sinne eines freieren Waldbaustils wünschenswert. Starre Betriebszieltypen sowie ein Festhalten an bestimmten Baumartenanteilen sind daher nicht zu empfehlen. Vielmehr sollte sich die Planung auf einen Mindestanteil bestimmter Mischbaumarten (z.B. Buche) beschränken. Die Berücksichtigung natürlich ankommender Mischbaumarten würde mehrere Lösungswege zu einem naturnahen Mischbestand offen lassen.

9) Bislang wurden großflächig getätigte Umbauten in Nadelholzreinbeständen weder ausreichend dokumentiert noch naturschutzfachlich bewertet. Daher wird empfohlen, die Forsteinrichtungsergebnisse künftig gesondert für den Umbau von Fichten- bzw. allgemein Nadelholzreinbeständen aufzubereiten und zu dokumentieren. Die naturschutzfachliche Bewertung von Umbaumaßnahmen muß für größere Bezugsflächen (Bestandeskomplexe oder Waldgebiete) und über eine periodische Gesamtbilanz erfolgen. Voraussetzung hierfür ist, daß im Rahmen des Forsteinrichtungsbegangs auch die Vorausverjüngung z.B. anhand von Strukturparametern (Mischungsform, Verteilung, Wuchsvorsprung) erfaßt wird. Die Aufnahme eines permanenten Netzes von Weiserflächen und Strukturprofilen könnte das vorgeschlagene Monitoringkonzept sinnvoll ergänzen.

10) Die gruppenweise Einbringung vor allem der Buche ist als Mischungsform nicht nur ein tragfähiger Kompromiß zwischen ökologischen Ansprüchen und ökonomischen Anforderungen, sondern entspricht auch der natürlich zu erwartenden Verjüngungsdynamik. Durchmesser für die Verjüngungsgruppe von etwa 30 bis 35 m sollten bei der Buche weder deutlich unter- noch überschritten werden.

11) Mittel- bis langfristig muß es möglich sein, Mischbaumarten ohne Zaunschutz erfolgreich zu verjüngen. Hierzu sind die Schalenwildbestände auf ein waldverträgliches Maß abzusenken.

5.10 Ausblick

Wie SCHREYER (1997) betont, liegen Umfang und Tempo des derzeit im bayerischen Staatswald ablaufenden Umbaus von Nadelholzreinbeständen in Mischbestände in einer vergleichbaren Größenordnung wie die Umwandlung von Laubholz- und Mischbeständen in reine Nadelholzbestände zu Beginn des 19. Jahrhunderts. Nadelholzreinbestände mit führender Fichte nehmen derzeit noch 26% der Staatswaldfläche ein, wobei gut ein Drittel dieser Fläche auf Bestände in der Endnutzung entfällt. An der eindeutig Mischbestandescharakter aufweisenden Baumartenzusammensetzung in der Vorausverjüngung der analysierten Fichtenbestände wird der Bestockungsumbau deutlich. In den zur Verjüngung eingereihten Nadelholzreinbeständen mit führender Fichte trifft die häufig beklagte Ausgangssituation größtenteils schon nicht mehr zu. Dennoch kann der Erfolg der Umbaumaßnahmen abschließend erst am Ende der Umtriebszeit des Altbestandes beurteilt werden. Maßgebend hierfür ist die Baumartenzusammensetzung des künftigen Hauptbestandes.

Die kleinräumigen waldkundlichen Studien verschiedener Entwicklungsphasen des Fichtenumbaus bildeten das Kernstück der waldökologischen Untersuchungen. In den beiden Testgebieten Biburg und Schernfeld wurde der dynamische Aspekt der Bestandesentwicklung (s. KIMMINS 1987, STURM 1995) berücksichtigt, indem verschieden alte und räumlich getrennte Phasen des Buchenvoranbaus gleichzeitig analysiert wurden. Diese „space for time substitution“ ist ein brauchbarer Ansatz zur Evaluierung natürlicher Systeme. Letztlich kann ein solcher aber die periodische Aufnahme von Entwicklungsstadien über einen längeren Zeitraum nicht ersetzen (vgl. LAMPRECHT 1980). Trotz der dargestellten grundsätzlichen und wichtigen Einblicke in die Umbauproblematik sind weitergehende Untersuchungen, bei denen das Spektrum der Umbauuntersuchungen (einschließlich der Mischbaumarten) zu erweitern wäre, wünschenswert.

Für solche weiterführende Untersuchungen bieten sich folgende Themenfelder an:

- Erweiterung der Umbauentwicklungsreihe angefangen von Bestandesteilen noch ohne Vorausverjüngung über verschiedene Entwicklungsphasen der Laubholz- bzw. Tannenvorausverjüngung bis hin zu einem hiebsreifen Fichten-Laubholz-Mischbestand.
- Umbauanalysen nicht nur in Fichtenreinbeständen sondern auch in Kiefernreinbeständen.
- Untersuchung unterschiedlicher Baumarten in der Vorausverjüngung (neben Buchen- und Tannenvoranbauten auch Voranbauten mit Edellaubholz und Sukzessionsphasen sonstiger Laubhölzer).
- Untersuchung verschiedener Entstehungsarten der Vorausverjüngung (Pflanzung, Saat und Naturverjüngung).
- Analyse des Femelschlagverfahrens: Entwicklung der Vorausverjüngung in Abhängigkeit von unterschiedlichen Auflichtungsgraden des Altbestandes.

Zu klären ist auch, ob und gegebenenfalls wie sich die mit dem Buchenvoranbau verbundene Erhöhung der horizontalen und vertikalen Strukturvielfalt auf bestimmte faunistische Artengruppen auswirkt. Hier dürfen erste Antworten von der in Kürze vorliegenden Untersuchung von HENDRICKS (1998, in Vorbereitung) erwartet werden.

6 ZUSAMMENFASSUNG

Bereits seit mindestens 20 Jahren werden im bayerischen Staatswald auf großer Fläche Fichtenreinbestände vorwiegend mittels Buchen- und Tannenvoranbau in Mischbestände umgebaut. Die waldökologischen Auswirkungen dieses Bestockungsumbaus wurden bisher nicht näher analysiert. Auch der Umfang der durchgeführten Umbaumaßnahmen ist bislang nicht ausreichend aufbereitet und dokumentiert worden.

Die vorliegende „waldökologische Analyse des Umbaus von Fichtenbeständen" geht diesen Fragen nach und gliedert sich in drei Projektphasen. In **Projektphase I** wurde der Umfang der im bayerischen Staatswald bisher erfolgten Umbaumaßnahmen auf der Grundlage von Forsteinrichtungsergebnissen analysiert. Als potentielle Fichtenumbaubestände wurden sämtliche im bayerischen Staatswald vorkommende Nadelholzreinbestände mit führender Fichte definiert. Im Mittelpunkt der Untersuchungen stand der Vergleich zwischen den Baumartenzusammensetzungen der Altbestände und der Vorausverjüngung.

Das Kernstück der Arbeit bildete die waldkundliche Analyse der Raumstruktur verschiedener Stadien des Fichtenumbaus (**Projektphase II**). Hierzu wurden in zwei Testgebieten jeweils vier, durch 40 m x 20 m große Testparzellen repräsentierte Entwicklungsphasen (Fichtenreinbestand ohne Voranbau, Fichtenbestand mit 20-jhg. Buchenvoranbau, Fichtenbestand mit 40-jhg. Buchenvoranbau und naturnahe Vergleichsparzelle) mit Hilfe waldkundlicher Parameter aufgenommen. Auf diese Weise konnten einzelne Komponenten der horizontalen und vertikalen Raumstruktur analysiert werden.

Im Rahmen der **Projektphase III** wurde die Umbausituation in fünf Forstämtern mittels Auswertung von Revierbuchdaten beispielhaft verprobt. Über die Auswertung bestandesweiser Forsteinrichtungsergebnisse wurden in einem Selektionsverfahren pro Forstamt zwei Umbaubestände ausgewählt, welche jeweils zu den häufiger auftretenden Umbausituationen zu zählen waren. In diesen Beständen wurden vor allem Größe und Verteilung der Voranbauten analysiert.

Die Auswertung von Forsteinrichtungsergebnissen (**Projektphase I**) erbrachte folgende wichtige Ergebnisse:

Nadelholzreinbestände mit führender Fichte stocken auf 26,4% der Holzbodenfläche des bayerischen Staatswaldes. Davon entfallen auf Vornutzungsbestände 16,9%, und in Endnutzung befinden sich 9,5% der angegebenen Fläche. In den eingereihten Beständen ist im Verjüngungsziel ein Nadelholzanteil von knapp 60% vorgesehen, als wichtigste Mischbaumart wurde die Buche mit etwa 20% Anteil geplant.

In den selektierten Endnutzungsbeständen ist auf durchschnittlich 46% der gesamten Bestandesfläche Vorausverjüngung vorhanden, auf Vollbestockung reduziert errechnet sich ein Flächenanteil von 32%. Während der Anteil von Laubholz und Tanne in den Altbeständen auswahlbedingt unter 5% liegt, ist der Mischbaumartenanteil (Laubhölzer einschließlich Tanne) in der reduzierten Vorausverjüngungsfläche bereits auf 28% angewachsen. Der darin vorhandene Buchenanteil (7%) liegt dabei deutlich unter dem Verjüngungsziel (17%), während kaum geplante sonstige Laubhölzer (Weichlaubholz und z.T. auch Edellaubholz) mit 13% deutlich über dem Anteil in der Planung liegen. Bei dem insgesamt sehr positiven Ergebnis darf nicht übersehen werden, daß sonstige Laubhölzer angesichts ihres begrenzten Lebensalters in der Regel nicht bis zum Ende der Fichtenumtriebszeit an der Oberschicht beteiligt sein können.

Der Bestockungsumbau spiegelt sich auch in den schon nicht mehr überschirmten Jungbeständen wider. Unter sämtlichen Bestandesformen mit führender Fichte hat der relative Anteil ökologisch nicht befriedigender Nadelholzreinbestände mit führender Fichte stark abgenommen. Im Gegensatz zum Durchschnittsergebnis für alle Altersklassen erreichen die genannten Bestandesformen in den 1-bis 20-jhg. Beständen nur noch einen Flächenanteil von 20%.

Die Analyse der Raumstruktur in unterschiedlichen Entwicklungsstadien des Buchenvoranbaus in den Testgebieten Biburg und Schernfeld (**Projektphase II**) erbrachte folgende Ergebnisse:

Die dreidimensionalen Bestandesdarstellungen demonstrieren, daß die mit 20-jhg. und 40-jhg. Buche bestockten Umbauphasen einen deutlich strukturreicheren Bestockungsaufbau vorweisen können als die homogen und einschichtig aufgebauten Nullflächen. Diese Feststellung ließ sich anhand folgender Strukturparameter bestätigen: Variabilität der Horizontalüberschirmung (der Altbäume), Verjüngungsdichte, Baumartenvielfalt in der Verjüngung, soziologische Struktur innerhalb der Vorausverjüngung und Besetzung von Höhenschichten mit Verjüngung. Auch die für die Vorausverjüngung auf 5 m x 5 m großen Feldern ermittelten Höhenvarianzen sind auf den Parzellen mit Buchenvoranbau signifikant höher als auf den Nullflächen.

Infolge der reduzierten Zahl der Altbäume hat der Einzelbaumvorrat auf den mit Buchen bestockten Umbauphasen zugenommen und erreicht ein höheres Niveau als auf den Nullflächen. Lediglich das 40-jhg. Stadium in Biburg läßt diesen positiven Trend von den Nullflächen zu den Umbaustadien nur schwach erkennen. Der verstärkte Durchmesserzuwachs der Altbäume nach Freistellung ist auch der Grund, weshalb die h/d-Werte für die Altbäume der fortgeschrittenen Umbauphasen im stabilen Bereich liegen, wogegen die Altbäume der Nullflächen mit h/d-Werten größer als 80 überwiegend instabil sind. Bezüglich der Kronenlänge und Kronenbreite war allerdings ein Einfluß der femelartigen Nachlichtungen im Altbestand von den Nullflächen zu den Umbauphasen, welcher in einer Verbreiterung bzw. Verlängerung der Krone vermutet wird, nicht nachzuweisen.

Es ist zu betonen, daß die Veränderungen in der Baumartenzusammensetzung bezüglich der Wechselbeziehung Altbestand-Vorausverjüngung nicht nur auf den Voranbau mit Buche (bzw. Tanne) zurückgehen, sondern auch aus dem natürlichen Ankommen von Mischbaumarten resultieren. Gegenüber den ausschließlich mit Nadelhölzern bestockten Altbeständen wurden auf sämtlichen Parzellen (einschließlich der Nullflächen) in der Vorausverjüngung mindestens vier Baumarten registriert. Die höchsten Artenzahlen erzielen die 20-jhg. Umbauphasen mit 6 bzw. 8 Baumarten. Überraschend war, daß auch auf den beiden Nullflächen vier verschiedene Baumarten natürlich ankamen.

Maßgebend für die mittelfristig zu erwartende Artenzusammensetzung und Artenvielfalt ist die Konkurrenzsituation innerhalb der Vorausverjüngung. Die vor allem im Bereich der 20-jhg. Umbauphasen vorkommenden sonstigen Laubhölzer und Edellaubhölzer (einschließlich der Eiche) sind derzeit an der Verjüngungsoberschicht mit knapp 5% beteiligt. Wird die Mittelschicht eingerechnet, sinkt der Standraumanteil dieser Baumartengruppe dagegen auf 1-2%. Dies zeigt, daß diese Baumarten dem Konkurrenzdruck von Buche und Fichte nicht standzuhalten vermögen. Die gegebene Artenvielfalt kann unter Berücksichtigung der gegen lichtbedürftige Baumarten sprechenden Entwicklungsdynamik in Mischwüchsen aus Fichte und Buche nur dann erhalten bleiben, wenn die seltenen Mischbaumarten gezielt begünstigt werden.

Die vorbaugerechte Begründung der Buche manifestiert sich in dem gegenüber der Fichte erzielten Wuchsvorsprung. Auf drei von vier mit Buchen bestockten Parzellen bewegt sich der Wuchsvorsprung innerhalb des empfohlenen Rahmens (von 2 m bis 4 m) bzw. überschreitet diesen um bis zu 2 m. Demgegenüber sind die 40-jhg. Buchen in Biburg etwa 15 m höher als die kaum kniehohe Fichtennaturverjüngung. Die mit dem damit gegebenen Steilrand verbundenen waldbaulichen und ökologischen Probleme werden diskutiert.

Für die Ableitung einer optimalen Größe von Buchengruppen bei gleichzeitiger Berücksichtigung ökonomischer und ökologischer Belange wurde die Qualitätserwartung der ca. 40-jhg. Buchen in Abhängigkeit von ihrer Lage zum Rand der Bucheneinheiten erhoben. Je näher die Buchen zur Gruppenmitte stehen, desto höher ist die Qualitätserwartung. Aus ökonomischer Sicht wären deshalb große Laubholzeinheiten mit geringen Randeffekten zu bevorzugen, ökologisch gesehen wäre eine große Zahl kleiner Einheiten mit insgesamt großer Randlinienlänge erstrebenswerter. Als Kompromißlösung werden - unter Berücksichtigung der natürlichen Verjüngungsdynamik - 30 bis 35 m große Laubholzeinheiten als Mischungsform in Fichtenbeständen empfohlen.

Aus den untersuchten Fallbeispielen (**Projektphase III**) können folgende Schlüsse gezogen werden:

Die eindeutig mischwaldorientierte Zielsetzung in den eingereihten Nadelholzreinbeständen mit führender Fichte resultiert daraus, daß in allen Forstämtern in über 90% der Bestände als Bestockungsziel Fichte-Laubholz oder Laubholz geplant wurde. Die Anzahl der Bestände, in denen im Verjüngungsziel weniger als 20% Mischbaumartenanteil veranschlagt wurde, ist sehr gering. Die Zielbestockung soll mit langfristigen Verjüngungszeiträumen (Einreihungsquoten überwiegend zwischen 0,2 bis maximal 0,4) erreicht werden.

Der aus den Ergebnissen des Forsteinrichtungsbegangs errechnete Laubholzanteil in der Vorausverjüngung reicht von mindestens 22% (Goldkronach) bis hin zu 71% (Kelheim). In den Altbeständen sind im Vergleich dazu im Mittel nur höchstens 1,7% Laubholz vorhanden (Mindelheim). Die Änderung des Bestockungsaufbaus zu Mischwäldern zeichnet sich somit mehr als deutlich ab. Die Sicherung eines ausreichenden Wuchsvorsprunges vor allem der Buche vor ankommender Fichtennaturverjüngung ergibt sich u.a. daraus, daß der Buchenanteil in vier von fünf untersuchten Forstbetrieben im Durchschnitt das Verjüngungsziel klar überschreitet. Lediglich im Forstamt Goldkronach liegt der durchschnittliche Fichtenanteil knapp über dem geplanten Anteil. Das sehr hohe Verjüngungspotential der Fichte bestätigt sich in diesem Forstamt darin, daß in 38% der Umbaubestände reine Fichte in der Vorausverjüngung vorkommt.

Aus der waldkundlichen Aufnahme von zwei mehr oder weniger typischen Umbaubeständen pro Forstamt sind weiter wichtige Befunde erhoben worden: Verglichen mit der Situation im Altbestand ist die Baumartenzahl in der Vorausverjüngung z.T. deutlich erhöht. Die Vorausverjüngung setzt sich aus jeweils mindestens acht verschiedenen Baumarten zusammen, wobei Laubhölzer überwiegen. In den zehn aufgenommenen Umbaubeständen wurden insgesamt 65 einzelne Laubholz- bzw. Tannenvoranbauten aufgenommen. In 26 Einheiten lag der Anteil der sonstigen Laubhölzer in der Verjüngungsoberschicht bei mindestens 10%. Diese Befunde verdeutlichen, daß im Zuge von Umbaumaßnahmen in Fichtenbeständen die Diversität der Bestände entscheidend verbessert werden kann.

Auch in den Beispielsbeständen liegt der in der Vorausverjüngung vorhandene Laubholzanteil über dem Anteil im Verjüngungsziel oder deckt sich annähernd mit diesem.

Elemente typischer bzw. klassischer Umbauverfahren (gruppengroße, quadratische bis kreisförmige Voranbauten, die auf die Bestandesfläche möglichst regelmäßig verteilt sind) sind in sämtlichen Beständen erkennbar. Ein einheitliches Umbaukonzept ist jedoch nicht realisiert. Überwiegend sind die Voranbauten innerhalb eines Bestandes ungleichmäßig verteilt, von nicht einheitlicher Form sowie von unterschiedlicher Größe.

Weitgehend in Übereinstimmung mit der Zielvorstellung steht dagegen der Beschirmungsgrad über den Voranbauten. So wurde festgestellt, daß die Laubholzvoranbauten einen Beschirmungsgrad von unter 0,5 aufweisen, wogegen die Beschirmungsgrade der übrigen Teilflächen (nicht verjüngte bzw. mit Nadelholz bestockte Partien) zwischen 0,5 und 1,0 liegen.

Neben gegebenen Faktoren wie Exposition, Anordnung der Erschließungslinien (und damit zusammenhängend mehr oder weniger günstige Arbeitsfelder) war vorrangig die Größe und Verteilung bereits bestehender und schadbedingter Bestandeslücken für die Anordnung und Ausformung der Voranbauten maßgebend. Dies zeigt, daß ungeplante Schadereignisse im Altbestand das Umbaugeschehen wesentlich beeinflußen und den „passiven Voranbau" eher zur Regel als zur Ausnahme werden lassen.

Der **waldbaulichen Praxis** ist daher zu empfehlen, Fichtenreinbestände von frühester Jugend an zu stabilisieren. Durch die beim Fichtenumbau praktizierten langfristigen Verjüngungszeiträume ist es möglich, den Wertzuwachs auf die jeweils verbleibenden Altbäume zu lenken. In Verbindung mit der Variation des Auflichtungsgrades bietet die Kombination von Kunstverjüngung (Voranbau) mit Naturverjüngung gute Voraussetzungen, aus einförmigen Fichtenreinbeständen stabile und besonders strukturreiche Mischbestände aufzubauen. Die Erhaltung und gezielte Förderung aller sich natürlich ansamenden Mischbaumarten vermag die Biodiversität weiter zu erhöhen. Die gruppenweise und zeitlich versetzte Einbringung der Mischbaumarten auf den in der Regel großen Umbauflächen stellt sicher, daß naturschutzfachlich wertvolle und strukturreiche Entwicklungsphasen immer wieder neu entstehen. Ein solches Vorgehen beachtet den dynamischen Aspekt der Waldentwicklung. Hierfür ist ein hohes Maß an waldbaulicher Freiheit erforderlich.

7 LITERATURVERZEICHNIS

ALBRECHT, L. (1990): Naturwaldreservate in Bayern. Schriftenreihe des BAYSTMINELF, Bd. 1, München: 221 S. + Anhang.

ALBRECHT, L. (1991): Die Bedeutung des toten Holzes im Wald. Forstw. Cbl. 110: 106-113.

ALDINGER, E. & MÜHLHÄUSSER, G. (1992): Herleitung der seltenen und naturnahen Waldgesellschaften. Allgem. Forst Z. 47: 15-16.

ALTENKIRCH, W. (1982): Ökologische Vielfalt - ein Mittel natürlichen Waldschutzes. Der Forst- und Holzw. 8: 211-217.

ALTENKIRCH, W. (1988): Naturschutz im Wirtschaftswald. Allgem. Forst Z. 24: 684-685.

AMMER, U. & UTSCHICK, H. (1988): Zur ökologischen Wertanalyse im Wald. Schriftenreihe Bayer. Landesamt für Umweltschutz, H. 84: 37-49.

AMMER, U. & UTSCHICK, H. (1990): Zur Erfassung und Bewertung von Kleinstrukturen im Wald. Laufener Seminarbeiträge 3/90: 14-15.

AMMER, U. (1988): Zum Verhältnis von Naturschutz und Forstwirtschaft in der Bundesrepublik Deutschland. Schweiz. Z. Forstwes. 139 (5): 357-371.

AMMER, U. (1991): Konsequenzen aus den Ergebnissen der Totholzforschung für die forstliche Praxis. Forstwiss. Cbl. 110: 149-157.

AMMER, U. (1992): Naturschutzstrategien im Wirtschaftswald. Forstw. Cbl. 111: 255-265.

AMMER, U. (1995): Leitbildorientierte Aufforstung und naturnahe Waldpflege oder Plantagenwald, Kahlschlagwirtschaft und Totalreservate. Laufener Seminarbeiträge 4/95: 131-140.

AMMER, U. (1997): Forstwirtschaft und AGENDA 21 in Bayern. In: BAYSTMINELF (Hrsg.): Die bayerische Land- und Forstwirtschaft und die Agenda 21: 50-58.

AMMER, U. et al. (1989): Naturschutz und Forstwirtschaft. Forstw. Cbl. 108: 343-349.

AMMER, U. et al. (1995): Konzepte der Landnutzung. Forstw. Cbl. 114: 107-125.

AMMER, U. & KÜBLER, K. (1997): Forschung für eine zukunftsorientierte Waldwirtschaft. Gutachten zur Ermittlung des Forschungsbedarfs in der BRD im Auftrag des BMBF Bonn. 174 S.

ARBEITSGEMEINSCHAFT NATURGEMÄSSE WALDWIRTSCHAFT (1993): Naturgemäße Waldwirtschaft - Ziele, Grundsätze und Erfahrungen. Der Dauerwald 8: 3-5.

ARBEITSKR. FORSTL. LANDESPFLEGE (1984): Biotop-Pflege im Wald. Greven. 230 S.

ARBEITSKR. FORSTL. LANDESPFLEGE (1991): Waldlandschaftspflege. Landsberg a.L.: 148 S.

ARBEITSKR. STANDORTSKARTG. (1980): Forstliche Standortsaufnahme. 4. Aufl., Münster-Hiltrup: 188 S.

ARBEITSKR. FORSTL. LANDESPFLEGE (Hrsg.)(1996): Waldlebensräume in Deutschland. Landsberg a.L.: 124 S.

ARENHÖVEL, W. (1996): Waldumbau als Bestandteil des naturnahen Waldbaus. Allgem. Forst Z./Der Wald 9: 486-488.

ASSMANN, E. (1961): Waldertragskunde. München: 490 S.

AUCLAIR, D. (1983): „Natural" mixed forests and „artificial" monospecific forests. In: Mooney and Godron: Disturbance and ecosystems. Heidelberg - New York - Tokio: 71-82.

BAIERLEIN, F. (1991): Biotopverbundsysteme und das Mosaikzyklus-Konzept. Laufener Seminarbeiträge 5/91: 45-51.

BARDEN, L.S. (1989): Repeatibility in forest gap research: studies in the great smoky mountains. Ecology 70(3): 558-559.

BAYER, J. (1987): Zum Spannungsfeld Naturschutz und Forstwirtschaft. Allgem. Forst Z. 42: 536-537.

BAYER. FORSTVEREIN (Hrsg.) (1996): Bäume und Wälder in Bayern. Landsberg: 285 S.

BAYER. LANDESANSTALT FÜR WALD- UND FORSTW. (1994): Der Wald in Bayern. Ergebnisse der Bundeswaldinventur 1986-1990. LWF-Bericht, Nr. 1: 91 S.

BAYSTMINELF (1975): Der Wald in Bayern. Forst- und Holzwirtschaft. München: 153 S.

BAYSTMINELF (1981): Mittel- und langfristige Forstbetriebsplanung (Forsteinrichtung). Verfahrensdokumentation. Anlage Nr. 8, 58 S, n. veröff.

BAYSTMINELF (1982): Richtlinien für die mittel- und langfristige Forstbetriebsplanung in der Bayerischen Staatsforstverwaltung (Forsteinrichtungsrichtlinien) - FER 1982.

BAYSTMINELF (1987): Wildschäden und Äsungsverbesserung. Ergebnisse der Arbeitstagung am Hesselberg. 102 S.

BAYSTMINELF (1990): Naturnahe Forstwirtschaft. Broschüre. 46 S.

BAYSTMINELF (1993): Grundsätze für die waldbauliche Behandlung im bayerischen Staatswald. LMS v. 15.04.1993, Nr. F4 - W100 -106: 13 S. u. Anl.

BAYSTMINELF (1996): Das ist halt Betriebsrisiko. Forstinfo 7:1.

BEIRAT OBERST. LANDSCH.BEH. d. L. NORDRHEIN-WESTF. (1991): Anforderungen des Naturschutzes an die Forstpolitik und die Forstwirtschaft. LÖLF-Mitt. 3/91: 44-45.

BELSKY, J. & CANHAM, CH. (1994): Forsest gaps and isolated savanna trees. BioScience 44(2): 77-83.

BERGWELT, R. (1989): Naturschutz und Forstwirtschaft aus der Sicht der obersten Naturschutzbehörde. Forstw. Cbl. 108: 310-318.

BERNAUER, B. (1981): Zielstärkennutzung und Wertleistung. Der Forst- und Holzwirt 8: 178-182.

BERNHART, A. (1978): Waldbau und Naturschutz - Beziehungen zwischen Waldbaupraxis und Naturschutz. Berichte Akademie, Naturschutz und Landschaftspflege 2: 56-59.

BERNHART, K. (1996): Aufwandsreduzierung durch Extensivierung im kommunalen Forstbetrieb. Jahresber. d. Bayer. Forstvereins 1994/95: 85-111.

BIBELRIETHER, H. (1978): Anmerkungen zu einigen Waldbaufragen aus der Sicht des Naturschutzes. Berichte Akademie, Naturschutz und Landschaftspflege 2: 60-63.

BIBELRIETHER, H. (1989): Wald und Naturschutz. In: Stern, H. (Hrsg.): Rettet den Wald. München: 259-274.

BLAB, J. et al. (1995): Biodiversität und ihre Bedeutung in der Naturschutzarbeit. Natur u. Landschaft 70 (1): 11-18.

BODE, W. & HOHNHORST, v. M. (1995) Waldwende. München. 198 S.

BODE, W. (1994): Zurück zu mehr Natur im Wald. Natur 4: 30-34.

BOHN, U. et al. (1989): Leitlinien des Naturschutzes und der Landschaftspflege. Natur u. Landschaft 64 (9): 379-381.

BONNEMANN, A. (1970): Zum Anbau der Fichte auf staunassen Böden. Forstarchiv 41: 217-221.

BOSCH, R. (1994): Entwicklung der Fichtenwirtschaft im südlichen Oberschwaben. Allgem. Forst Z. 10: 536-538.

BROGGI, M. (1990): Wald, Sturm, Aufrüstung und Borkenkäfer - Gedanken hierzu einige Zeit danach. Schweiz. Z. Forstwes. 141: 1037-1044.

BRUBAKER, L. (1981): Long term forest dynamics. In: WEST et al.: Forest succession. New York - Heidelberg - Berlin: 95-106.

BRUNNER, A. (1993): Die Entwicklung von Bergmischwaldkulturen in den Chiemgauer Alpen und eine Methodenstudie zur ökologischen Lichtmessung im Wald. Schriftenreihe Forstwiss. Fakultät der LMU München 128: 262 S.

BUNDESMINELF (1990): Bundeswaldinventur 1986-1990, Bd. 1: 118 S.

BÜRGER-ARNDT, R. (1996): Zukunftsziele im Waldnaturschutz. Vortrag anläßlich der Forstlichen Hochschulwoche in Göttingen 1995. Forstw. Cbl. 115: 80-89.

BURSCHEL, P (1994): Holzproduktion als ökologische Rechtfertigung des Forstberufes. Allgem. Forst Z. 12: 622-631.

BURSCHEL, P. & HUSS, J. (1987): Grundriß des Waldbaus. Hamburg und Berlin: 352 S.

BURSCHEL, P. (1987): Der Wald von morgen. Allgem. Forst Z. 45: 1162-1165.

BURSCHEL, P. (1987a): Karl Gayer und der Mischwald. Allgem. Forst Z. 42: 587-603.

BURSCHEL, P. (1990): Waldumbau. Belastung für die Gegenwart - Hoffnung für die Zukunft. Allgem. Forst Z. 3: 57-59.

BURSCHEL, P. et al. (1985): Die Verjüngung im Bergmischwald. Forstw. Cbl. 104: 65-100.

BUSSE, H. (1930): Forstlexikon. 3. Aufl. Berlin: 623 S.

CANHAM, C.D. (1988): Growth and canopy architecture of shade-tolerant trees: response to canopy gaps. Ecology 69(3): 786-795.

CLARK, PH.J. & EVANS, F.C. (1954): Distance to nearest neighbor as a measure of spatial relationships in populations. Ecology 35: 445-453.

CULOTTA, E. (1996): Ecologists Gather for Mix of Policy, Science in Nashville. Science: 1178-1179.

DETSCH, R. (1996): Naturschutz im Wald: Welchen Beitrag kann die Forstwirtschaft leisten? „Unser Wald“ 48 (2): 24-26.

DEUTSCHER FORSTVER. (1997): Naturschutz im Wald. Broschüre. 39 S.

DIETER, M. (1997): Berücksichtigung von Risiko bei forstbetrieblichen Entscheidungen, dargestellt am Beispiel des Voranbaus in Fichtenreinbeständen. In: Schriften zur Forstökonomie 16: Frankfurt a. M.: 211 S.

DIEREN, W.v. (1995): Mit der Natur rechnen. Basel: 338 S.

DIERSCHKE, H. (1982): Struktur und Dynamik von Wäldern. Ber. Int. Symp. Int. Verein Vegetationskunde. 736 S.

DIERSCHKE, H. (1989): Kleinräumige Vegetationsstruktur und phänologischer Rhythmus eines Kalkbuchenwaldes. Verh. d. Gesellsch. f. Ökologie. Bd XVII: 131-143.

DOLINSEK, H. (1988): Die Überführung von Fichtenreinbeständen in Slowenien. Allgem. Forst Z. 8: 183-184.

DOSTAL, D. (1959): Der Umbau von Fichtenreinbeständen im Württ. Forstamt Wiblingen. Allgem. Forst Z.: 608-611.

DUELLI., P. (1995): Biodiversität erhalten und fördern: Was sagt die ökologische Forschung dazu? Forum für Wissen: 13-21.

DUFFNER, W. (1997): Grenzen und Möglichkeiten des Naturschutzes im Großprivatwald. Vortrag im Rahmen des Weihenstephaner Kolloquiums zu Naturschutz und Landschaftspflege am 13.02.1997 an der Forstwiss. Fakultät der LMU München: n.veröff.

EBERT, W. (1973): Mehr Vogelbeerbäume für Landschaftspflege und Vogelschutz. Der Forst- und Holzwirt: 216-217.

EDER, W. (1987): Zur Konzeption der Fichtenwirtschaft bei zunehmenden Schäden. Forstarchiv 58: 147-154.

EHRLICH, P.R. (1992): Der Verlust der Vielfalt. In: WILSON, E.O. (Hrsg.): Ende der biologischen Vielfalt? Heidelberg - Berlin - New York: 39-45.

EIBERLE, K. (1978): Wald und zoologischer Naturschutz. Mitt. d. Eidg. Anstalt f. d. forstl. Versuchswesen 54 (4): 409-424.

ELLENBERG, H. (1973): Ökosystemforschung. Berlin - Heidelberg - New York: 279 S.

ELLENBERG, H. (1986): Vegetation Mitteleuropas mit den Alpen. 4. Aufl. Stuttgart: 989 S.

ELLENBERG, H. et al. (1986): Ökosystemforschung. Ergebnisse des Sollingprojektes 1966 - 1986. Berlin - Heidelberg - New York: 507 S.

ELLENBERG, H. et al. (1992): Zeigerwerte von Pflanzen in Mitteleuropa. Scripta Geobotanica Vol. 18: 258 S.

ELSNER, F. (1958/59): Bestockungswandel in Bayern - Gestern, Heute, Morgen. Jahresber. d. Bayer. Forstvereins: 56-81.

ESSMANN, H. (1993): Forstwirtschaft und Naturschutz. Allgem. Forst Z. 48(11): 522-525.

EVERS, F.H. (1969): Untersuchungen über die Auswirkung des Fichtenreinanbaus auf Parabraunerden und Pseudogleyen des Neckarlandes. Mitt. Ver. Forstl. Standortskunde 19: 90-92.

FABIAN, P. (1991): Klima und Wald - Perspektiven für die Zukunft. Forstw. Cbl. 110: 286-304.

FEDERER, C.A. & TANNER, C.B. (1966): Spectral distribution of light in the forest. Ecology 47 (4): 555-560.

FELDMANN, R. et al. (1996): Naturschutzbezogene Waldforschung in Deutschland. LÖBF-Mitt. 3/96: 44-49.

FISCHER, A. (1992): Das Leistungspotential der Natur als wesentliches Kriterium bei der Formulierung grundlegender Zielvorstellungen des Naturschutzes? Laufener Seminarbeiträge 2/92: 35-44.

FISCHER, A. (1992a): Welche Bedeutung haben Rote Listen für den Artenschutz im Wald? Eine kritische Würdigung. Forstw. Cbl. 111: 225-235.

FISCHER, A. (1995): Forstliche Vegetationskunde. Berlin - Wien: 315 S.

FISCHER, A. et al. (1990): Natürliche Entwicklungen von Waldbeständen nach Windwurf. Ansätze einer „Urwaldforschung" in der Bundesrepublik. Forstw. Cbl. 109: 309-326.

FLEDER, W. (1991): Erfahrungen mit Unterbau und Voranbau der Buche in Unterfranken. Allgem. Forst Z. 46(6): 307-309.

FLURY, P. (1926): Über Zuwachs und Ertrag reiner und gemischter Bestände. Schweiz. Z. Forstwes. 77: 337-342.

FLURY, P. (1931): Untersuchungen über Zuwachs, Massen- und Geldertrag reiner und gemischter Bestände. Mitt. Schweiz. Anst. Forstl. Versuchswesen 16: 453-472.

FRANKLIN, J.F. (1992): Strukturelle und funktionelle Vielfalt in den Wäldern der gemäßigten Zone. In: WILSON, E.O. (Hrsg.): Ende der biologischen Vielfalt? Heidelberg - Berlin - New York: 188-197.

FRÖHLICH, M. & QUEDNAU, H.D. (1995): Statistical analysis of the distribution pattern of natural regeneration in forests. Forest ecology and management 73: 45-57.

FÜLDNER, K. (1995): Strukturbeschreibung von Buchen-Edellaubholz-Mischwäldern. Göttingen: 146 S. + Anhang.

GANSSEN, R.H. (1934): Untersuchungen an Buchen-Standorten in Nord- und Mitteldeutschland. Zeitschr. Forst und Jagdwes.: 583-606.

GAUER, F. (1917): Die Rotfäule. Forstw. Cbl. 39: 9-26.

GAYER, K. (1886): Der gemischte Wald. Berlin. 168 S.

GAYLER, W. (1985): Umbau von Reinbeständen in naturgemäße Wirtschaftswälder? Allgem. Forst Z. 18: 443-445.

GEROLD, D. (1996): Empfehlungen für den Waldumbau im Mittelgebirge auf der Grundlage von Bestandeszustandsanalysen. In: Sächsiche Landesanstalt für Forsten (Hrsg.): Waldumbau. Schriftenr. 6/96: 118-139.

GOMMEL, H.J. (1994): Umbau von Fichten-Beständen duch Buchen-Saat. Allgem. Forst Z. 10: 516-518.

GÖTZ, V. (1994): Umwandlung reiner Fichte in Laubwald durch Naturverjüngung. Allgem. Forst Z. 10: 511-514.

GRABHERR, G. et al. (1995): Hemerobie österreichischer Waldökosysteme - Vorstellung eines Forschungsvorhabens im Rahmen des österreichischen Beitrages zum MAB-Programm der UNESCO. Z. Ökologie u. Naturschutz 4: 105-110.

GUNDERMANN, E. & BECK, R. (1995): Forum Forstgeschichte. Forstl. Forschungsber. München 152: 125 S.

HABER, W. (1982): Was erwarten Naturschutz und Landschaftspflege von der Waldwirtschaft? Schriftenreihe Dt. Rat für Landespflege 40: 962-965.

HANEWINKEL, M. (1996): Überfühung von Fichtenreinbeständen in Bestände mit Dauerwaldstruktur. Allgem. Forst Z./Der Wald 26: 1440-1446.

HANSTEIN, U. (1984): Welche Wünsche hat der Naturschutz an die Forstwirtschaft und wie lassen sie sich erfüllen? Forst und Holzwirt 22: 536-541.

HANSTEIN, U. (1996): Holzzucht - Waldbau - Prozeßschutz. Nationalpark 3: 28-31.

HASEL, K. (1985): Forstgeschichte. Hamburg & Berlin: 258 S.

HAUGG, W. (1994): Weiterentwicklung der waldbaulichen Grundsätze der Oberforstdirektion Augsburg. Allgem. Forst Z. 12: 642-645.

HEHN, M. (1993): Buchen-Vorbau in Fichten-Beständen - dargestellt unter besonderer Berücksichtigung der Verhältnisse in Südwestdeutschland. Diss. d. Forstwiss. Fakultät der Univ. Freiburg: 302 S. + Anhang.

HENNE, A. (1992): Okologie in der forstlichen Planung. Forst und Holz 47 (10): 117-119.

HENNIG, H. (1996): Nachhaltswald oder Nationalpark? Forst und Holz 51 (6): 163-168.

HEYDEMANN, B. (1982): Der Einfluß der Waldwirtschaft auf die Waldökosysteme aus zoologischer Sicht. Schriftenr. Dt. Rat f. Landespflege 40: 926-945.

HILF, B. (1949): Hans Hausrath und das Problem der ursprünglichen Bewaldung Deutschlands. Forstw. Cbl.: 521-529.

HINTERSTOISSER, F. (1997): Landschaftselement Wald - Objekt der Raumplanung und Funktionen für den Naturschutz aus der Sicht von Regierung und Verwaltung. Rundgespr. Komm. Ökol. 12: 81-88.

HOCHTANNER, G. (1978): Zur biologischen Bestandsumwandlung von Kiefern-Reinbeständen. Allgem. Forst Z. 33: 676-677.

HOFMEISTER, H. (1990): Lebensraum Wald. 3. Aufl. Hamburg & Berlin: 275 S.

HORN, H. (1981): Some causes of variety in patterns of secundary succession. In: WEST et al.: Forest succession. New York - Heidelberg - Berlin: 24-35.

HORNSTEIN, F. (1948): Zur Entwicklungsgeschichte der Fichtenreviere und des Waldfeldbaues in Oberschwaben. Forstw. Cbl.: 65-79.

HUNDT (1917): Buchenvorbau in Nadelholz-Angriffsbeständen. Forstw. Cbl.: 465-470.

HUSS, J. (1987): Mischwald zwischen Wunsch und Wirklichkeit. Forstw. Cbl. 106: 114-132.

HUSS, J. (1992): Was ist Waldbau auf ökologischer Grundlage. Allgem. Forst Z. 2: 56-64.

HUSS, J. (1993): Waldbau vor neuen Herausforderungen bei Waldverjüngung und Jungbestandspflege. Forstw. Cbl. 112: 278-286.

INNES, J.L. & KRÄUCHI, N. (1995): Monitoring der Biodiversität als Erfolgskontrolle. Forum f. Wissen 1995: 47-55.

JAX, K. (1994): Mosaik-Zyklus und Patch-dynamics: Synonyme oder verschiedene Konzepte? Eine Einladung zur Diskussion. Z. Ökologie und Naturschutz 3: 107-112.

JEDICKE, E. (1990): Biotopverbund. Stuttgart: 254 S.

JOHANN, E. (1992): Forstwirtschaft im Gegensatz zu Naturschutz? Österr. Forst. Z. 103/12: 15-18.

JOHANN, K. (1979): Ergebnisse strukturanalytischer Untersuchungen in natürlich verjüngten Fichtenreinbeständen. Forstwiss. Cbl. 89: 228-251.

JOHNSON, K.H. (1996): Biodiversity and the productivity and stability of ecosystems. TREE 11 (9): 372-377.

KASPER, H. (1995): Welchen Beitrag kann die Forstpraxis zur Erhaltung der Biodiversität leisten? Forum f. Wissen 1995: 39-46.

KELLER, W. (1995): Vermehrt die Waldbewirtschaftung die Biodiversität. Forum f. Wissen 1995: 33-38.

KENNEL, R. (1965): Untersuchungen über die Leistung der Fichte und Buche im Rein- und Mischbestand. Allgem. Forst- und Jagd Z. 136: 149-161 + 173-189.

KIMMINS, J. (1987): Forest ecology. New York: 531 S.

KIRWALD, E. (1944): Grundzüge der forstlichen Wasserhaushaltstechnik. 362 S.

KLÖCK, W. (1990): Forstwirtschaft und Rote Listen. Allgem. Forst Z. 37-38: 969-972.

KNIGGE, W. & SCHULZ, H. (1966): Grundriß der Forstbenutzung. 584 S.

KOCH, H. (1990): Waldumbau im Staatswald Oberfranken. Allgem. Forst Z. (3): 62-65.

KOCH, H. (1994): Begleitbaumarten - Hilfe oder Hindernis? Schriftenreihe d. Bayer. Forstvereins 13: 85-88.

KÖHLER et. al. (1992): Biostatistik. Heidelberg - Berlin - New York. 255 S.

KORNPROBST, H. (1996): Umbau funktionsgestörter Waldbestände im Gebirge. Tagungspublikation im Rahmen des Internationalen Symposions Interpraevent 1996 in Garmisch-Partenkirchen, Bd. 5: 219-228.

KÖSTLER, N. et al. (1968): Die Wurzeln der Waldbäume. Hamburg & Berlin: 284 S.

KOWARIK, I. (1987): Kritische Anmerkungen zum theoretischen Konzept der potentiellen natürlichen Vegetation mit Anregungen zu einer zeitgemäßen Modifikation. Tuexenia 7: 53-67.

KRAMER, H. & AKCA, A. (1987): Leitfaden für Dendrometrie und Bestandesinventur. Frankfurt a.M.: 287 S.

KREUTZER, K. & FOERST, K. (1978): „Karte zur regionalen natürlichen Waldzusammensetzung Bayerns nach Hauptbaumarten". In: BAYSTMINELF (1981)(Hrsg.): Der Wald in Bayern.

KREUTZER, K. et al. (1986): Vergleichende Untersuchungen über den Einfluß von Fichte und Buche auf die Sickerwasserqualität. Forstw. Cbl. 105: 364-370.

KVAPIL, K. & NEMEC, A. (1925): Beitrag zur Frage des Einflusses reiner Fichten- und Buchenbestände sowie durch beide Holzarten gebildeter Mischbestände auf einige Eigenschaften der Waldböden. Z. Forst- u. Jagdwesen 57: 193-231.

LAMPRECHT, H. (1980): Zur Methodik waldkundlicher Untersuchungen in Naturwaldreservaten. Natur und Landschaft 55 (4): 146-147.

LANG, P. (1993): Forstbetriebsplanung und Dauerwaldwirtschaft. Der Dauerwald 8: 53-57.

LANG, P. (1994): Streifzug durch die Forstgeschichte. In: HATZFELDT (Hrsg.): Ökologische Waldwirtschaft. Heidelberg: 15-36.

LÄSSIG, R. (1995): Biodiversität erhalten - eine globale Aufgabe. Allgem. Forst Z. 50 (10): 527-530.

LEDER, B. & WAGNER, S. (1996): Bucheckern/Streu-Voraussaat als Alternative beim Umbau von Nadelholzreinbeständen in Mischbestände. Forstarchiv 67: 7-13.

LEDER, B. (1992): Weichlaubhölzer - Verjüngungsökologie, Jugendwachstum und Bedeutung in Jungbeständen der Hauptbaumarten Buche und Eiche. Sonderband der Schriftenreihe der Landesanstalt für Forstwirtschaft Nordrhein-Westfalen. Arnsberg: 412 S.

LEIBUNDGUT, H. (1978): Über die Dynamik europäischer Urwälder. Allgem. Forst Z. 33: 686-688, 690.

LEIBUNDGUT, H. (1984): Die natürliche Waldverjüngung. 115 S.

LIEDEKER, H. (1997): Schutz der Biodiversität durch angepaßte Bewirtschaftungsmethoden. In: Deutscher Forstver. (Hrsg.). Jahresbericht 1996: 287-295.

LOZÁN, J.L. (1992): Angewandte Statistik für Naturwissenschaftler. Hamburg & Berlin. 237 S.

LÜPKE, B. v. (1987): Einflüsse von Altholzüberschirmung und Bodenvegetation auf das Wachstum junger Buchen und Traubeneichen. Forstarchiv 58: 18-24.

MANTEL, K. (1990): Wald und Forst in der Geschichte. Hannover: 518 S.

MAYER, H. (1978): Ökologische Grundlagen zur nachhaltigen Bewirtschaftung des Waldes. Mitt. d. Eidg. Anstalt f. d. forstl. Versuchswesen 54 (4): 509-517.

MEISTER, G. et al. (1984): Die Lage des Waldes. Hamburg: 352 S.

METTIN, CH. (1985): Betriebswirtschaftliche und ökologische Zusammenhänge zwischen Standortskraft und Leistung in Fichtenreinbeständen und Fichten/Buchen- Mischbeständen. Allgem. Forst Z. 30/31/32: 803-810.

METTIN, CH. (1986): Inwieweit ist Laubstreu eine ökologische und ökonomische Hilfe in Nadelholzbeständen? Allg. Forst Zeitschr. 37: 918-921.

MICHIELS, H.G. (1994): Die Regionale Natürliche Waldzusammensetzung im Teilwuchsbezirk „Waldsassener Schiefergebiet". Forstw. Cbl. 113: 345-353.

MLINSEK, D. (1978): Urwaldreste als Lehrbeispiele waldbaulicher Behandlung. Berichte Akademie, Natursch. und Landschaftspflege 2: 67-69.

MLINSEK, D. (1991): Die naturnahe Waldwirschaft - ein Gebot und eine Herausforderung zugleich. In: Der Dauerwald 4: 2-11.

MLINSEK, D. (1994): Der naturnahe Waldbau - sein kognitiver Weg, eine Herausforderung. Der Dauerwald 10: 35-43.

MLINSEK, D. (1994a): Was ist naturnahe Waldwirtschaft? In: HATZFELDT, H. (Hrsg.): Ökologische Waldwirtschaft. Heidelberg: 67-76.

MOOSMAYER, H.-U. (1992): Sukzession und Forstwirtschaft. Veröff. PAÖ, Bd. 1: 21-31.

MOSANDL, R. (1993): Zur Neuorientierung des Waldbaus. Allgem. Forst Z. 22: 1122-1127.

MOSANDL, R. (1996): Strategien und Hemmnisse beim Übergang zum „naturnahen" Waldbau im sächsischen Mittelgebirge. In: Sächsische Landesanstalt für Forsten (Hrsg): Waldumbau. Schriftenreihe 6/96: 64-75.

MOSANDL, R. (1997): Waldbau zwischen Ökonomie und Ökologie. Rundgespr. Komm. Ökol. 12: 107-117.

MOSER, O. (1995): Umwandlung unstandortsgemäßer Fichtenbestände in naturnahe Mischwälder im Bereich der Forstverwaltung Bad Goisern der Österreichischen Bundesforste. Cbl. Ges. Forstwesen 112 (1): 33-51.

MRAZEK, F. (1997): Waldumbau und naturgemäße Waldwirtschaft in Sachsen-Anhalt. Allgem. Forst Z./Der Wald 5: 239-240.

MÜHLHÄUSSER, G. (1989): Die Bedeutung der forstlichen Vegetationskunde für die Standortskartierung und den ökologisch orientierten Waldbau. Allgem. Forst Z. 44 (13): 985 - 989.

MÜHLHÄUSSER, G. (1989): Wo steht die forstliche Vegetationskunde heute? Allgem. Forst Z. 37: 987-989.

MÜLLER, W. (1991): Naturschutz im Wald am Beispiel von Vogelarten. Schweiz. Z. Forstwes. 142: 751-771.

MÜLLER, W. (1994): Der ökologische Umbau der Wälder in der Lüneburger Heide. Vortrag anläßlich der Jahreshauptversammlung 1993 der Schutzgemeinschaft Deutscher Wald. Forst und Holz 14: 396-398.

NAGEL, J. (1996): Anwendungsprogramm zur Bestandesbewertung und zur Prognose der Bestandesentwicklung. Forst und Holz 51 (3): 76-77.

NEBE, W. et al. (1996): Zum Waldumbau im Erzgebirge. Forst und Holz 51 (10): 345-348.

NÜSSLEIN, S. (1995): Struktur und Wachstumsdynamik jüngerer Buchen - Edellaubholz - Mischbestände in Nordbayern. Forstl. Forschungsber. München 151: 295 S.

OBERDORFER, E. (1983): Pflanzensoziologische Exkursionsflora. 5. Aufl. Stuttgart: 1051 S.

OBERFORSTDIREKTION AUGSBURG (1990): Forstwirtschaftsplan für das Forstamt Biburg zum 01.01.1990. Oberforstdirektion Augsburg, n. veröff.

OBERFORSTDIREKTION AUGSBURG (1992): Forstwirtschaftsplan für das Forstamt Mindelheim zum 01.01.1992. Oberforstdirektion Augsburg, n. veröff.

OBERFORSTDIREKTION BAYREUTH (1992): Forstwirtschaftsplan für das Forstamt Goldkronach zum 01.01.1992. Oberforstdirektion Bayreuth, n. veröff.

OBERFORSTDIREKTION MÜNCHEN (1987): Forstwirtschaftsplan für das Forstamt Ebersberg zum 01.01.1987. Oberforstdirektion München, n. veröff.

OBERFORSTDIREKTION MÜNCHEN (1989): Forstwirtschaftsplan für das Forstamt Schernfeld zum 01.01.1989. Oberforstdirektion München, n. veröff.

OBERFORSTDIREKTION REGENSBURG (1991): Forstwirtschaftsplan für das Forstamt Tirschenreuth zum 01.01.1991. Oberforstdirektion Regensburg, n. veröff.

OBERFORSTDIREKTION REGENSBURG (1992): Forstwirtschaftsplan für das Forstamt Kelheim zum 01.01.1992. Oberforstdirektion Regensburg, n. veröff.

OESTEN, G. (1993): Anmerkungen zur Nachhaltigkeit als Leitbild für naturverträgliches Wirtschaften. Forstw. Cbl. 112: 313-319.

OTT, W. (1990): Leistungen für den Naturschutz. Allgem. Forst Zeitschr. 6-7: 141-146.

OTTO, H.-J. (1991): Forstökologie, Waldbau und Naturschutz. Allgem. Forst Z. 1: 9-14.

OTTO, H.-J. (1993): Der dynamische Wald. Ökologische Grundlagen des naturnahen Waldbaus. Forst und Holz 48 (12): 331-335.

OTTO, H.-J. (1994): Waldökologie. Stuttgart. 391 S.

OTTO, H.-J. (1994a): Verminderung der waldbaulichen Intensität und des Schwachholzaufkommens durch naturnahen Waldbau. Forst und Holz 49 (14): 387-391.

OTTO, H.-J. (1995): Zielorientierter Waldbau und Schutz sukzessionaler Prozesse. Forst und Holz 50 (7): 203-209.

PALMER, S. (1985): Der Buchen-Vorbau - seine Bedeutung, Planung und Technik. Allgem. Forst Z. 45: 1217-1220.

PALMER, S. (1996): Auf dem Wege zu naturnaher Forstwirtschaft - durch Struktur und Mischung aus der Krise? Vortrag anläßlich der Bundestagung der Arbeitsgemeinschaft naturgemäße Waldwirtschaft. In: Der Dauerwald 15: 2-15.

PARVIAINEN, J. (1995): Managing for wood production and biodiversity, European Forest Institute News 2/95: 3.

PETERS, R.L. (1992): Die Auswirkungen weltweiter Klimaveränderungen auf natürliche Lebensgemeinschaften. In: WILSON, E.O. (Hrsg.): Ende der biologischen Vielfalt? Heidelberg - Berlin - New York: 481-491.

PETRI, H. (1966): Versuch einer standortsgerechten, waldbaulichen und wirtschaftlichen Strandraumregulierung von Fichten/Buchen - Mischbeständen. Mitt. Landesforstverw. Rheinld.-Pfalz 1.

PFARR, U., SCHRAMMEL, J. (1991): Fichten-Totholz im Spannungsfeld zwischen Naturschutz und Forstwirtschaft. Forstw. Cbl. 110: 128-132.

PICKETT, S.T.A. (1989): Space-for-time substitution as an alternative to long-term-studies. In: LIKENS, G.E.: Long terms studies in ecology. New York: 110-135.

PIMM, ST.L. et al. (1995): The Future of Biodiversity. Science 269: 347-350.

PINTO DA COSTA, E. (1992): Zur räumlichen Verteilung von Bäumen im Bestand. Untersuchungen in Bergmischwaldbeständen Zentralportugals. Forstw. Cbl. 111: 403-415.

PLOCHMANN, R. (1983): Mensch und Wald. In: STERN, H. et al.: Rettet den Wald. München: 135-170.

PLOCHMANN, R. (1983a): Wald zwischen Ökologie und Ökonomie. In: STERN, H. et al.: Rettet den Wald. München: 368-388.

POPP, D. (1989): Ansprüche an die Waldwirtschaft aus der Sicht des Naturschutzes. Forstw. Cbl. 108: 319-326.

PÖPPINGHAUS, G. (1990): Naturschutz im Walde. Forst und Holz 10: 261-266.

PRETZSCH, H. (1989): Programm zur Erstellung von Kronenkarten, n. veröff.

PRETZSCH, H. (1995): Perspektiven einer modellorientierten Waldwachstumsforschung. Forstw. Cbl. 114: 188-209.

PREUHSLER, T. (1981): Ertragskundliche Merkmale oberbayerischer Bergmischwald-Verjüngungsbestände auf kalkalpinen Standorten im Forstamt Kreuth. Forstw. Cbl. 100: 313-345.

PREUHSLER, T. (1991): Sturmschäden in einem Fichtebestand der Münchner Schotterebene. Allgem. Forst Z. 21: 1098-1102.

RAUH, J. et al. (1994): Die Bedeutung von Naturwaldreservaten für den faunistischen Artenschutz. Allgem. Forst Z. 4: 166-168.

REHFUESS, K.E. (1990): Waldböden. 3. Aufl. Hamburg & Berlin: 294 S.

REININGER, H. (1991): Strukturverbesserung: Schon im Durchforstungsalter. In: Der Dauerwald 4: 12-23.

REININGER, H. (1992): Zielstärken-Nutzung. 5. Aufl. 163 S.

REININGER, H. (1993): Der Buchendauerwald. Der Dauerwald 8: 20-27.

RICHTER, J. (1985): Biologische Rationalisierung. Der Forst- und Holzwirt 20: 534-538.

RICHTER, J. (1989): Wälder - naturnahe Ökosysteme unserer Umwelt. LÖLF-Mitt. 3/89: 10-15.

RICHTER, J. (1996): Naturnahe Waldnutzung durch Prozeßschutz? Allgem. Forst Z./Der Wald 5: 261-263.

RIEGER, G. (1970): Fichtenreinbestand und Fichten-Buchenbestand im Vergleich. Allgem. Forst Z. 25: 258-260.

RIESS, W. (1992): Das Arten- und Biotopschutzprogramm in Bayern und seine Auswirkungen auf die Forstwirtschaft. Forstw. Cbl. 111: 236-242.

RIPKEN, H. (1997): Extensivierung in der Forstwirtschaft - Gefahr für die Nachhaltigkeit? Forst und Holz 52: 51-58.

RITTERSHOFER, F. (1994): Waldpflege und Waldbau. Freising. 481 S.

RÖDIG, K.-P. (1995): Stellenwert der Holzqualität im Zielsystem einer Landesforstverwaltung und ihre Realisierung im Betriebsvolzug. Forst und Holz 50 (8): 251.

RÖHLE, H. & HUBER, W. (1985): Untersuchungen zur Methode der Ablotung von Kronenradien und der Berechnung von Kronengrundflächen. Forstarchiv 56 (6): 238-243.

RÖHLE, H. (1986): Vergleichende Untersuchungen zur Ermittlung der Genauigkeit bei der Ablotung von Kronenradien. Forstarchiv 57 (2): 67-71.

RÖHLE, H. (1995): Zum Wachstum der Fichte auf Hochleistungsstandorten in Südbayern. BAYSTMINELF (Hrsg.): Mitt. aus der Staatsforstverw. Bayerns 48. München: 272 S.

ROMPF, F. (1996): Buntmischungen in der Naturverjüngung - waldbauliches Problem oder Chance? Der Dauerwald 12: 33-47.

ROSENAUER, M. (1994): Edellaubholz aus Voraussaat unter reiner Fichte. Allgem. Forst Z. 10: 515-516.

ROTHE, A. (1997): Einfluss des Baumartenanteils auf Durchwurzelung, Wasserhaushalt, Stoffhaushalt und Zuwachsleistung eines Fichten-Buchen-Mischbestandes am Standort Höglwald. Forstliche Forschungsberichte München 163: 174 S.

ROTTMANN, M. (1985): Schneebruchschäden in Nadelholzbeständen. Frankfurt: 159 S.

ROTTMANN, M. (1986): Wind- und Sturmschäden im Wald. Frankfurt: 128 S.

RUDOLF, H. (1996): Wege zum Dauerwald. Waldumbau in Fichtenreinbeständen. In: Der Dauerwald 15: 17-30.

RUPPERT, H. (1990): Das Waldkleid Oberfrankens. Allgem. Forst Z. 3: 77-79.

RUTTE, E. (1992): Bayerns Erdgeschichte. 2. Aufl. München: 304 S.

SCHANZ, H. (1995): Forstliche Nachhaltigkeit. Allgem. Forst Z. 50 (4): 188-192.

SCHEIBLE, A. (1996): Effizienzkontrollen im Waldnaturschutz. LÖBF-Mitt. 2/96: 63-65.

SCHERZINGER, W. (1996): Naturschutz im Wald. Stuttgart: 447 S.

SCHMIDT, O. (1992): Ornithologischer Artenschutz im Forst. Forst und Holz 47 (6): 144-149.

SCHMIDT, O. (1993): Der naturnahe Waldbau hat in Bayern eine lange Tradition. „Unser Wald“ 45 (5): 24-27.

SCHMIDT, O. (1996): Ökologische Beziehungen zwischen Vögeln und Sträuchern. In: BAYSTMINELF: Vogelschutz im Wald. LWF aktuell, H. 6: 9-12.

SCHMIDT, P.A. (1997): Naturnahe Waldbewirtschaftung. Ein gemeinsames Anliegen von Naturschutz und Forstwirtschaft. Naturschutz und Landschaftsplanung 29 (3): 75-83.

SCHMIDT, W. (1991): Die Bodenvegetation im Wald und das Mosaik-Zyklus-Konzept. Laufener Seminarbeiträge 5/91: 16-29.

SCHMIDT-VOGT, H. (1972): Untersuchungen zur Bedeutung des Lichtfaktors bei der Femelschlagverjüngung von Tannen - Buchen - Fichtenwäldern im westlichen Hochschwarzwald. Forstw. Cbl. 91: 238-247.

SCHMIDT-VOGT, H. (1983): Nadelwald-Ökosysteme. Bedeutung-Struktur-Dynamik-Gefährdung. Allgem. Forst Z. 38: 1355-1359.

SCHMITHÜSEN, F. (1997): Wald und Waldbewirtschaftung in einem sich verändernden gesellschaftlichen Umfeld. Rundgespr. der Komm. f. Ökologie. Bd. 12: 17-27.

SCHMITT, M. (1994): Waldwachstumskundliche Untersuchungen zur Überführung fichtenreicher Baumhölzer in naturnahe Mischbestände mit Dauerwaldcharakter. Diss. Forstwiss. Fakultät LMU München. 221 S. + Anhang.

SCHNEIDER, B. & ROEDER, A. (1993): Dynamik der Fichten-Naturverjüngung unter Altholzschirm. Allgem. Forst Z. 2: 57-60.

SCHNEIDER, TH. & EBERT, S. (1995): Kriterien und Indikatoren für eine nachhaltige Waldbewirtschaftung. Allgem. Forst Z. 50: 770-772.

SCHNEIDER, TH. & LORENZ, S. (1993): Die Umweltkonferenz von Rio - Wertung der Ergebnisse aus forstlicher Sicht. Z. Ökologie und Naturschutz 2: 49-56.

SCHREYER, G. (1986): Umtriebszeiten für Fichte und Kiefer aus der Sicht der Bayerischen Staatsforstverwaltung. Allgem. Forst Z. 21: 517-519.

SCHREYER, G. (1991): Gedanken zur Orientierung der Forstwirtschaft. Forstw. Cbl. 110: 331-337.

SCHREYER, G. (1996): Leitlinien für die Bewirtschaftung des bayerischen Staatswaldes. In: BAYSTMINELF. Forstinfo 21/96.

SCHREYER, G. (1997): Haben sich aus bayerischer Sicht die Standortsbedingungen für nachhaltige Forstwirtschaft grundlegend geändert? Wie sind die Perspektiven? In: Deutscher Forstver. (Hrsg.): Jahresbericht 1996: 280-282.

SCHULZ, H. (1961): Die Beurteilung der Qualitätsentwicklung junger Bäume. Forstarchiv 32 (5): 89-99.

SCHULZ, U. (1996): Vorkommen und Habitatanforderungen von Bodenmakroarthropoden in Natur- und Wirtschaftswäldern: ein Vergleich. Diss. an der Forstwiss. Fakultät der LMU München. 166 S.

SCHUMACHER, W. (1996): Voraussetzungen und Gestaltungsmöglichkeiten einer nachhaltigen naturnahen Waldbewirtschaftung. In: LINCKH, G. et al.: Nachhaltige Land- und Forstwirtschaft: Expertisen. Berlin - Heidelberg - New York: 329-357.

SCHÜPFER (1917): Zur Umwandlung von Laub- in Nadelholz. Forstw. Cbl. 39: 115-120.

SCHÜTZ, J. PH. et al. (1996): Beinflußung der Biodiversität durch den Waldbau. Allgem. Forst Z./Der Wald 5: 238-240.

SCHÜTZ, J.-PH. (1990): Heutige Bedeutung und Charakterisierung des naturnahen Waldbaus. Schweiz. Z. Forstwes. 141(8): 609-614.

SEITSCHEK, O. (1986): Forsteinrichtung und Waldbauplanung in bayerischen Staatswald. Allgem. Forst Z. 36: 884-886.

SEITSCHEK, O. (1989): Aufbau stabiler Wälder - zentrale Aufgabe des Waldbaus. Forst und Holz 44 (7): 163-169.

SEITSCHEK, O. (1991): Ergebnisse und Aufgaben eines naturnahen Waldbaus in Bayern. Vortrag gehalten anläßl. derJahrestagung des Thüringer Forstvereins am 11. Okt. 1991 in Schwarzburg. In: Schriftenreihe des Bayer. Forstvereins 12: 11-30.

SEITSCHEK, O. (1991a): Mischwald als Ziel des Waldbaus. Allgem. Forst Z. 24: 1246-1251.

SIMONIS, U.E. (Hrsg.)(1994): Ökologie und Ökonomie. Heidelberg. 232 S.

SINNER, K.F. & BRÜNNER, K. (1989) Vom Forst zum Wald! Nationalpark 4: 20-24.

SINNER, K.F. (1997): Erfahrungen mit der naturgemäßen Waldwirtschaft im Spannungsfeld zwischen Ökologie und Ökonomie. Rundgespr. Komm. Ökol. 12: 123-128.

SMALTSCHINSKI, Th. (1990): Mischbestände in der Bundesrepublik Deutschland. Forstarchiv 61: 137-140.

SPAHL, H. & VOLK, H. (1983): Artenrückgang durch Forstwirtschaft? Allgem. Forst Z. 38 (45): 1221-1225.

SPEER, J. (1982): Die Entwicklung der Waldwirtschaft in Mitteleuropa. Schriftenreihe Dt. Rat für Landespflege 40: 896-899.

SPEICH, A.P. (1997): Naturgerechte Waldwirtschaft - Synergie von Ökologie und Ökonomie. In: Deutscher Forstver. (Hrsg.): Jahresbericht 1996: 310-313.

SPELLMANN, H. (1995): Vom strukturarmen zum strukturreichen Wald. Forst und Holz 50 (2): 35-44.

SPELLMANN, H. (1995a): Holzqualität als Beurteilungskriterium im langfristigen Versuchswesen. Forst und Holz 50 (23): 743

SPELLMANN, H. (1996): Waldbau im Wandel. Forst und Holz 51 (1): 3-9.

SPERBER, G. (1989): Waldbau als Naturschutz? Ver. Sch. Bergwelt. Jahrb. 54: 51-66.

SPERBER, G. (1994): Der Umgang mit Wald - eine ethische Disziplin. In: Halzfeldt (Hrsg.): Ökologische Waldwirtschaft: 37-66.

SPRICH, L. & WALDENSPUHL, TH. (1991): Ökologie und Ökonomie. Allgem. Forst Z. 46 (1): 15-16.

SSYMANK, A. (1994): Neue Anforderungen im europäischen Naturschutz: Das Schutzgebietssystem Natura 2000 und die „FFH-Richtlinie" der EU. Natur und Landschaft 69 (9): 395-406.

STAUFFENBERG, PH. (1990): Wie beurteilt der Privatwald die Forderung nach Waldumbau? Allgem. Forst Z. 3: 66-67.

STEIGER, H.-H. (1989): Lassen sich Hähersaaten in ein Konzept der naturgemäßen Waldwirtschaft einbeziehen? Allgem. Forst Z. 44 (9-10): 238-242.

STEINLIN, H.-J. (1986): Nachhaltige Forstwirtschaft ist naturgerecht. Allgem. Forst Z. 38: 929-933.

STOLL, G. (1995): Naturschutz - jede Art zählt. Spektrum der Wiss. 5: 18-21.

STUGREN, B. (1981): Über die Struktur des Ökosystems. Wiss. Z. TU Dresden 30 (1): 183-185.

STURM, K. (1993): Prozeßschutz - ein Konzept für naturschutzgerechte Waldwirtschaft. Z. Ökologie und Naturschutz 2: 181-192.

STURM, K. (1995): Naturnahe Waldnutzung in Mitteleuropa. Der Dauerwald 12: 6-21.

SUKOPP, H. (1978): Forderungen an die Naturschutzgesetze der Bundesländer aus der Sicht der angewandten Ökologie, der Planung und der praktischen Naturschutzarbeit. Ergebnisse des Fachbereichstages des Fachbereichs Landschaftsentwicklung der TU Berlin am 31.05.1978: 70-71.

THOMASIUS, H. (1992): Prinzipien eines ökologisch orientierten Waldbaus. Forstw. Cbl. 111: 141-155.

THOMASIUS, H. (1996): Geschichte, Anliegen und Wege des Waldumbaus in Sachsen. In: Sächsische Landesanstalt für Forsten (Hrsg.): Waldumbau. Schriftenreihe 6//96: 11-52.

TRAUBOTH, V. & KRAUSS, W. (1996): Weiterbehandlung der Fichte in den Wäldern Thüringens. Allgem. Forst Z./Der Wald 9: 489-491.

UTSCHICK, H. (1990): Möglichkeiten des Vogelschutzes im Wirtschaftswald. Berichte Akademie, Naturschutz und Landschaftspflege 14: 165-172.

VANGEROW, H.-H. (1985): Politik und Wirtschaft in ihrer Auswirkung auf den ostbayerischen Wald seit dem 15. Jahrhundert. Vortrag anläßlich der 20. Landestagung des Bayer. Forstvereins vom 16. - 18. Oktober 1985 in Regensburg. Manuskript, 58 S., n. veröff.

VOLK, H. & SCHLENSTEDT, J. (1991): Rote Listen und Forstwirtschaft. Der Wald- kein sicherer Schutz für gefährdete Pflanzen? Forst und Holz 46: 687-693.

VOLK, H. (1984): Neue Aufgaben der Wälder für den Naturschutz. Mitt. der FVA Baden-Württemberg 108: 175-187.

VOLK, H. (1988): Die Waldbiotopkartierung. Allgem. Forst Z. 4: 55-62.

VOLK, H. (1990): Inwieweit gefährdet Forstwirtschaft schützenswerte Pflanzen? Allgem. Forst Z. 6-7: 147-148.

VOLK, H. (1990): Ökologische Bestandsaufnahme in den Wäldern. Allgem. Forst Z. 6-7: 152-154.

VÖLKL, W. (1991): Besiedlungsprozesse in kurzlebigen Habitaten: Die Biozönose von Waldlichtungen. Natur und Landschaft 66: 98-100.

VOLZ, K.-R. (1991): Naturnahe Waldwirtschaft in stürmischen Zeiten - eine forstliche Fragestellung? (1). Holz-Zentralblatt 98: 1508-1509.

VOLZ, K.-R. (1992: Über die Zumutbarkeit von Artenschutzprogrammen im Wald. Forstw. Cbl. 111: 243-254.

VOLZ, K.R. et al. (1996): Forstpolitik - Entwicklung und Perspektiven. In: LINCKH, G. (Hrsg.): Nachhaltige Land- und Forstwirtschaft. Expertisen. Berlin - Heidelberg - New York: 565-597.

WALDENSPUHL, T. (1990): Naturschutz durch naturnahe Waldwirtschaft? Forst und Holz 13: 371-378.

WALDHERR, M. & HÖSL, G. (1994): Leittriebverbiß und Stammzahl - wieviel bleibt übrig? Allgem. Forst Z. 4: 180-183.

WALDHERR, M. (1994): Naturnaher Waldbau im Tertiären Hügelland. Vortrag der Bezirksgruppe Niederbayern - Oberpfalz am 22.09.1994 in Neukirchen. In: Schriftenreihe des Bayer. Forstvereins 13: 98-103.

WALDHERR, M. (1996): Weißtannen - Verjüngungs - und Pflegeverfahren im Bayerischen Wald. Allgem. Forst Z./Der Wald 26: 1432-1436.

WALDHERR, M. (1997): Das Schadholzrisiko im Staatswald der Forstdirektion Niederbayern - Oberpfalz während der vergangenen 40 Jahre. Forst und Holz 52 (2): 27-30.

WALTER, H. (1986): Allgemeine Geobotanik. Stuttgart. 279 S.

WEBER, G. et al. (1993): Über den Einfluß naturnaher Waldwirtchaft auf den chemischen Bodenzustand. Allgem. Forst Z. 2: 68-71.

WECK, J. (1951): Über die Eignung von Kronenmeßwerten als Weiser für die Zuwachspotenz von Bäumen und Beständen im Wirtschaftswald. Allgem. Forst Z. 6 (47): 469-473.

WEIDENBACH, P. (1985): Vorbau von Tanne und Buche - ein Weg zu besseren waldbaulichen Ergebnissen. Allgem. Forst Z. 44: 1212-1216.

WEIDENBACH, P. (1988): Grundsätze künftigen Waldbaus am Beispiel der Landesforstverwaltung Baden-Württemberg. Allgem. Forst Z. 51-53: 1405-1409.

WEIGER, H. (1996): Rationelle Waldbewirtschaftung aus der Sicht des Naturschutzes. Forst und Holz 51(9): 290-298.

WEIGER, H. (1997): Forderungen des Naturschutzes an die Forstwirtschaft. Rundgespr. Komm. Ökol. 12: 89-104.

WEINSTEIN, D.A. & SHUGART, H H. (1983): Ecologial Modeling of Landscape Dynamics. In: MOONEY and GODRON. Disturbance and ecosystems. Heidelberg - New York - Tokyo: 29-44.

WEISE, U. (1994): Höhenwachstum natürlich verjüngter Fichten und Tannen im Nordschwarzwald. Allgem. Forst Z. 4: 194-198.

WEIZSÄCKER, v. E.U. (1997): Nachhaltigkeit - ein forstliches Prinzip wird neu entdeckt. In: DEUTSCHER FORSTVER. (Hrsg.): Jahresbericht 1996: 37-48.

WIEDEMANN, E. (1942): Der gleichaltrige Fichten-Buchen-Mischbestand. Mitt. Forstwirt. Forstwiss. 13: 1-88.

WOHLFARTH, E. (1961): Vom Waldbau zur Waldpflege. Bonn - München - Wien: 144 S.

WOLF, G. (1980): Zur vegetationskundlichen Bestandserfassung in den Naturwaldreservaten. Natur und Landschaft 55 (4): 148-149.

ZERBE, S. (1994): Zur Umwaldlung von Nadelholzreinbeständen in Laubmischwälder. Forst und Holz 49 (17): 482-484.

ZERLE, A. (1989): Forstwirtschaft und Naturschutz - aus der Sicht der Staatsforstverwaltung. Forstw. Cbl. 108: 334-342.

ZERLE, A. et al. (1991): Forstrecht in Bayern. Kommentar. München.

ZIERL, H. (1991): Das Mosaik-Zyklus-Konzept. Anmerkungen eines Anwenders im alpinen Raum. Laufener Seminarbeiträge 5/91: 43-44.

ZIMMERMANN, H. (1988): Zur Mischung von Buche und Fichte auf Mittelgebirgsstandorten in Hessen. Forst- und Holzw. 43: 103-106.

ZUKRIGL, K. (1992): Was kann der Forstwirt für den Naturschutz tun? Österr. Forst. Z. 12: 5-7.

ZUNDEL, R. (1991): Wie naturfern sind unsere Wälder? - Eine forstpolitische Stellungnahme zu den Leitlinien für Naturschutz und Landschaftspflege in der BR Deutschland. Natur und Landschaft 6: 325-326.

ZUNDEL, R. (1995): Unsere Wälder nach dem Jahr 2000: Totalreservat oder Mehrzweckwald? Der Wald 45 (6): 185-189.

8 ANHANG

8.1 Auswertung von Forsteinrichtungsergebnissen für den gesamten bayerischen Staatswald

Vorausverjüngungssituation in Nadelholzreinbeständen mit führender Fichte

Anh.-Tab. 1: Vorausverjüngungssituation in Nadelholzreinbeständen mit führender Fichte (Endnutzungsbestände): aufgeführt sind die reduzierten Vorausverjüngungsflächen und die relativen Flächenanteile verschiedener Baumartengruppen. Neben der Gesamtsituation im bayerischen Staatswald werden auch die Ergebnisse für die einzelnen Wuchsgebiete mitgeteilt. Verwendete Abkürzungen: VVJ: Vorausverjüngung; RPFL: Repräsentationsfläche eines Probekreises. Quellen: Tab. 26.1 und 43.0 aus der permanenten Stichprobeninventur. Stand der Auswertung: 05/1994.

Bayerischer Staatswald — Stand: 05/1994

Gesamtfläche: 71104,9 ha — Flächen mit VVJ: 32918,4 ha — Probekreise mit VVJ: 16573 — RPFL: 1,39 ha

Baumarten-gruppe	reduzierte Vorausverjüngungsfläche nach Mittelhöhe											
	unter 0,7 m		0,7 - 1,2 m		1,3 - 2,0 m		2,1 - 5,0 m		über 5,0 m		Summe	
	ha	%	ha	%	ha	%	ha	%	ha	%	ha	%
Fichte	12864,7	73,0	1605,8	64,7	965,6	67,9	600,5	53,4	184,9	50,9	16221,5	70,5
Kiefer	167,0	0,9	27,2	1,1	11,7	0,8	7,8	0,7	2,9	0,8	216,6	0,9
Tanne	423,2	2,4	66,2	2,7	35,5	2,5	51,5	4,6	10,2	2,8	586,6	2,5
Lärche	103,9	0,6	29,0	1,2	8,8	0,6	4,7	0,4	2,3	0,6	148,7	0,6
Douglasie	44,2	0,3	9,3	0,4	9,4	0,7	9,4	0,8	3,2	0,9	75,5	0,3
Sa. Ndh.	**13603,0**	**77,2**	**1737,5**	**70,0**	**1031,0**	**72,5**	**673,9**	**60,0**	**203,5**	**56,0**	**17248,9**	**74,9**
Buche	1112,8	6,3	266,3	10,7	86,8	6,1	155,2	13,8	76,2	21,0	1697,3	7,4
Eiche	265,1	1,5	20,9	0,8	17,0	1,2	16,5	1,5	4,7	1,3	324,2	1,4
sonst. Lbh.	2030,2	11,5	372,8	15,0	238,6	16,8	235,7	21,0	61,2	16,8	2938,5	12,8
Edel-Lbh.	620,1	3,5	84,2	3,4	47,9	3,4	42,4	3,8	17,8	4,9	812,4	3,5
Sa. Lbh.	**4028,2**	**22,8**	**744,2**	**30,0**	**390,3**	**27,5**	**449,8**	**40,0**	**159,9**	**44,0**	**5772,4**	**25,1**
Summe	***17631,2***	***100***	***2482***	***100***	***1421***	***100***	***1124***	***100***	***363,4***	***100***	***23021,3***	***100***

WG Spessart-Odenwald — Stand: 05/1994

Gesamtfläche 1550,3 ha — Flächen mit VVJ:707,9 ha — Probekreise mit VVJ: 367 — RPFL:1,93 ha

Baumarten gruppe	reduzierte Vorausverjüngungsfläche nach Mittelhöhe											
	unter 0,7 m		0,7 - 1,2 m		1,3 - 2,0 m		2,1 - 5,0 m		über 5,0 m		Summe	
	ha	%	ha	%	ha	%	ha	%	ha	%	ha	%
Fichte	296,2	69,5	79,9	74,5	13,4	73,6	9,9	36,4	9,0	49,2	408,4	68,4
Kiefer	29,7	7,0	8,9	8,3	1,5	8,2	2,7	9,9	0,1	0,5	42,9	7,2
Tanne	1,7	0,4	0,0	0,0	0,0	0,0	0,0	0,0	0,0	0,0	1,7	0,3
Lärche	8,8	2,1	2,6	2,4	0,9	4,9	1,8	6,6	0,5	2,7	14,6	2,4
Douglasie	20,1	4,7	2,5	2,3	0,2	1,1	1,0	3,7	1,3	7,1	25,1	4,2
Sa. Ndh.	**356,5**	**83,6**	**93,9**	**87,5**	**16,0**	**87,9**	**15,4**	**56,6**	**10,9**	**59,6**	**492,7**	**82,5**
Buche	41,6	9,8	5,6	0,2	1,9	10,4	8,8	32,4	5,5	30,1	63,4	10,6
Eiche	5,7	1,3	0,0	0,0	0,0	0,0	0,0	0,0	0,0	0,0	5,7	1,0
sonst. Lbh.	20,8	4,9	7,7	0,3	0,3	1,6	3,0	11,0	1,9	10,4	33,7	5,6
Edel-Lbh.	1,8	0,4	0,1	0,0	0,0	0,0	0,0	0,0	0,0	0,0	1,9	0,3
Sa. Lbh.	**69,9**	**16,4**	**13,4**	**0,5**	**2,2**	**12,1**	**11,8**	**43,4**	**7,4**	**40,4**	**104,7**	**17,5**
Summe	***426,4***	***100***	***107,3***	***88***	***18,2***	***100***	***27,2***	***100***	***18,3***	***100***	***597,4***	***100***

Vorausverjüngung in Nadelholzreinbeständen mit führender Fichte (Endnutzungsbestände)

WG Rhön

Stand: 05/1994

Gesamtfläche: 924,7 ha. Flächen mit VVJ: 259,60 ha Probekreise mit VVJ: 236 RPFL: 0,90 ha

Baumarten gruppe	reduzierte Vorausverjüngungsfläche nach Mittelhöhe											
	unter 0,7 m		0,7 - 1,2 m		1,3 - 2,0 m		2,1 - 5,0 m		über 5,0 m		Summe	
	ha	%	ha	%	ha	%	ha	%	ha	%	ha	%
Fichte	81,3	55,6	30,2	76,6	8,7	75,0	7,3	64,0	1,8	45,0	129,3	60,8
Kiefer	3,7	2,5	0,8	2,0	1,1	9,5	0,4	3,5	0,0	0,0	6,0	2,8
Tanne	1,3	0,9	0,0	0,0	0,4	3,4	0,6	5,3	0,0	0,0	2,3	1,1
Lärche	7,0	4,8	0,3	0,8	0,0	0,0	0,0	0,0	0,2	5,0	7,5	3,5
Douglasie	5,2	3,6	0,0	0,0	0,0	0,0	0,5	4,4	0,0	0,0	5,7	2,7
Sa. Ndh.	**98,5**	**67,4**	**31,3**	**79,4**	**10,2**	**87,9**	**8,8**	**77,2**	**2,0**	**50,0**	**150,8**	**71,0**
Buche	23,4	16,0	4,0	10,2	0,4	3,4	0,6	5,3	1,8	45,0	30,2	14,2
Eiche	8,7	6,0	0,9	2,3	0,1	0,9	0,1	0,9	0,0	0,0	9,8	4,6
sonst. Lbh.	13,7	9,4	2,0	5,1	0,9	7,8	1,9	16,7	0,2	5,0	18,7	8,8
Edel-Lbh.	1,8	1,2	1,2	3,0	0,0	0,0	0,0	0,0	0,0	0,0	3,0	1,4
Sa. Lbh.	**47,6**	**32,6**	**8,1**	**20,6**	**1,4**	**12,1**	**2,6**	**22,8**	**2,0**	**50,0**	**61,7**	**29,0**
Summe	***146,1***	***100***	***39,4***	***100***	***11,6***	***100***	***11,4***	***100***	***4***	***100***	***212,5***	***100***

WG Fränkische Platte

Stand: 05/1994

Gesamtfläche: 252,1 ha Flächen mit VVJ: 60,5 ha Probekreise mit VVJ: 43 RPFL: 1,00 ha

Baumarten gruppe	reduzierte Vorausverjüngungsfläche nach Mittelhöhe											
	unter 0,7 m		0,7 - 1,2 m		1,3 - 2,0 m		2,1 - 5,0 m		über 5,0 m		Summe	
	ha	%	ha	%	ha	%	ha	%	ha	%	ha	%
Fichte	10,0	28,3	0,0	0,0	0,0	0,0	1,3	86,7	0,0	0,0	11,3	26,2
Kiefer	0,0	0,0	0,0	0,0	0,0	0,0	0,0	0,0	0,0	0,0	0,0	0,0
Tanne	0,0	0,0	0,0	0,0	0,0	0,0	0,0	0,0	0,0	0,0	0,0	0,0
Lärche	0,0	0,0	0,0	0,0	0,0	0,0	0,0	0,0	0,0	0,0	0,0	0,0
Douglasie	0,2	0,6	0,0	0,0	0,0	0,0	0,0	0,0	0,0	0,0	0,2	0,5
Sa. Ndh.	**10,2**	**28,9**	**0,0**	**0,0**	**0,0**	**0,0**	**1,3**	**86,7**	**0,0**	**0,0**	**11,5**	**26,6**
Buche	3,9	11,0	2,2	62,9	0,0	0,0	0,0	0,0	1,2	57,1	7,3	16,9
Eiche	0,8	2,3	0,3	8,6	0,8	100,0	0,0	0,0	0,0	0,0	1,9	4,4
sonst. Lbh.	8,3	23,5	0,0	0,0	0,0	0,0	0,0	0,0	0,5	23,8	8,8	20,4
Edel-Lbh.	12,1	34,3	1,0	28,6	0,0	0,0	0,2	13,3	0,4	19,0	13,7	31,7
Sa. Lbh.	**25,1**	**71,1**	**3,5**	**100,0**	**0,8**	**100,0**	**0,2**	**13,3**	**2,1**	**100,0**	**31,7**	**73,4**
Summe	***35,3***	***100***	***3,5***	***100***	***0,8***	***100***	***1,5***	***100***	***2,1***	***100***	***43,2***	***100***

Vorausverjüngung in Nadelholzreinbeständen mit führender Fichte (Endnutzungsbestände)

WG Fränkischer Keuper und Albvorland

Stand: 05/1994

Gesamtfläche: 2794,3 ha   Flächen mit VVJ: 1404,4 ha   Probekreise mit VVJ: 866   RPFL: 1,622 ha

Baumarten gruppe	reduzierte Vorausverjüngungsfläche nach Mittelhöhe											
	unter 0,7 m		0,7 - 1,2 m		1,3 - 2,0 m		2,1 - 5,0 m		über 5,0 m		Summe	
	ha	%	ha	%	ha	%	ha	%	ha	%	ha	%
Fichte	508,1	56,9	10,8	47,0	32,5	71,0	38,0	57,3	16,7	57,0	606,1	57,3
Kiefer	37,1	4,2	0,2	0,9	0,4	0,9	0,5	0,8	0,1	0,3	38,3	3,6
Tanne	15,6	1,7	0,0	0,0	1,0	2,2	1,6	2,4	0,0	0,0	18,2	1,7
Lärche	4,9	0,5	0,0	0,0	0,0	0,0	0,0	0,0	0,0	0,0	4,9	0,5
Douglasie	1,2	0,1	0,3	1,3	0,3	0,7	1,2	1,8	0,0	0,0	3,0	0,3
Sa. Ndh.	**566,9**	**63,5**	**11,3**	**49,1**	**34,2**	**74,7**	**41,3**	**62,3**	**16,8**	**57,3**	**670,5**	**63,4**
Buche	94,8	10,6	3,7	16,1	4,1	9,0	7,3	11,0	2,2	7,5	112,1	10,6
Eiche	81,4	9,1	0,6	2,6	1,2	2,6	2,1	3,2	1,0	3,4	86,3	8,2
sonst. Lbh.	122,0	13,7	4,9	21,3	4,4	9,6	13,6	20,5	5,4	18,4	150,3	14,2
Edel-Lbh.	27,6	3,1	2,5	10,9	1,9	4,1	2,0	3,0	3,9	13,3	37,9	3,6
Sa. Lbh.	**325,8**	**36,5**	**11,7**	**50,9**	**11,6**	**25,3**	**25,0**	**37,7**	**12,5**	**42,7**	**386,6**	**36,6**
Summe	***892,7***	***100***	***23***	***100***	***45,8***	***100***	***66,3***	***100***	***29,3***	***100***	***1057,1***	***100***

WG Frankenalb und Oberpfälzer Jura

Stand: 05/1994

Gesamtfläche: 5636,8 ha   Flächen mit VVJ: 3103,3 ha   Probekreise mit VVJ: 1828   RPFL: 1,70 ha

Baumarten gruppe	reduzierte Vorausverjüngungsfläche nach Mittelhöhe											
	unter 0,7 m		0,7 - 1,2 m		1,3 - 2,0 m		2,1 - 5,0 m		über 5,0 m		Summe	
	ha	%	ha	%	ha	%	ha	%	ha	%	ha	%
Fichte	1394,6	72,9	143,3	64,4	36,2	45,4	29,3	39,6	18,7	56,2	1622,1	69,9
Kiefer	16,7	0,9	0,8	0,4	0,6	0,8	0,1	0,1	0,2	0,6	18,4	0,8
Tanne	23,5	1,2	3,6	1,6	1,3	1,6	1,6	2,2	1,0	3,0	31,0	1,3
Lärche	17,2	0,9	0,2	0,1	0,8	1,0	0,0	0,0	0,0	0,0	18,2	0,3
Douglasie	5,8	0,3	0,3	0,1	1,3	1,6	0,6	0,8	0,2	0,6	8,2	0,4
Sa. Ndh.	**1457,8**	**76,2**	**148,2**	**66,6**	**40,2**	**50,4**	**31,6**	**42,7**	**20,1**	**60,4**	**1697,9**	**73,1**
Buche	210,5	11,0	35,9	16,1	13,0	16,3	16,2	21,9	5,5	16,5	281,1	12,1
Eiche	39,1	2,0	4,0	1,8	2,5	3,1	2,0	2,7	1,2	3,6	48,8	2,1
sonst. Lbh.	142,9	7,5	32,0	14,4	20,0	25,1	21,4	28,9	4,0	12,0	220,3	9,5
Edel-Lbh.	62,0	3,2	2,4	1,1	4,1	5,1	2,8	3,8	2,5	7,5	73,8	3,2
Sa. Lbh.	**454,5**	**23,8**	**74,3**	**33,4**	**39,6**	**49,6**	**42,4**	**57,3**	**13,2**	**39,6**	**624,0**	**26,9**
Summe	***1912,3***	***100***	***222,5***	***100***	***79,8***	***100***	***74***	***100***	***33,3***	***100***	***2321,9***	***100***

Vorausverjüngung in Nadelholzreinbeständen mit führender Fichte (Endnutzungsbestände)

WG Oberfränkisches Triashügelland

Stand: 05/1994

Gesamtfläche: 1075,8 ha Flächen mit VVJ: 500,1 ha Probekreise mit VVJ: 241 RPFL: 1,80 ha

Baumarten gruppe	reduzierte Vorausverjüngungsfläche nach Mittelhöhe											
	unter 0,7 m		0,7 - 1,2 m		1,3 - 2,0 m		2,1 - 5,0 m		über 5,0 m		Summe	
	ha	%	ha	%	ha	%	ha	%	ha	%	ha	%
Fichte	248,7	68,7	0,0	0,0	34,5	91,3	12,3	42,0	4,0	75,5	299,5	69,0
Kiefer	9,7	2,7	0,0	0,0	0,0	0,0	0,9	3,1	0,0	0,0	10,6	2,4
Tanne	3,2	0,9	0,0	0,0	0,0	0,0	0,0	0,0	0,0	0,0	3,2	0,7
Lärche	12,3	3,4	0,0	0,0	0,0	0,0	0,8	2,7	0,0	0,0	13,1	3,0
Douglasie	0,5	0,1	0,0	0,0	0,0	0,0	0,0	0,0	0,0	0,0	0,5	0,1
Sa. Ndh.	**274,4**	**75,8**	**0,0**	**0,0**	**34,5**	**91,3**	**14,0**	**47,8**	**4,0**	**75,5**	**326,9**	**75,3**
Buche	18,7	5,2	0,0	0,0	0,0	0,0	0,8	2,7	0,0	0,0	19,5	4,5
Eiche	11,3	3,1	0,0	0,0	0,2	0,5	3,0	10,2	0,1	1,9	14,6	3,4
sonst. Lbh.	46,3	12,8	0,0	0,0	3,1	8,2	7,3	24,9	1,2	22,6	57,9	13,3
Edel-Lbh.	11,1	3,1	0,0	0,0	0,0	0,0	4,2	14,3	0,0	0,0	15,3	3,5
Sa. Lbh.	**87,4**	**24,2**	**0,0**	**0,0**	**3,3**	**8,7**	**15,3**	**52,2**	**1,3**	**24,5**	**107,3**	**24,7**
Summe	***361,8***	***100***	***0***	***0***	***37,8***	***100***	***29,3***	***100***	***5,3***	***100***	***434,2***	***100***

WG Frankenwald, Fichtelgebirge und Steinwald

Stand: 05/1994

Gesamtfläche: 8285,7 ha Flächen mit VVJ: 5293,7 ha Probekreise mit VVJ: 2433 RPFL: 2,18 ha

Baumarten gruppe	reduzierte Vorausverjüngungsfläche nach Mittelhöhe											
	unter 0,7 m		0,7 - 1,2 m		1,3 - 2,0 m		2,1 - 5,0 m		über 5,0 m		Summe	
	ha	%	ha	%	ha	%	ha	%	ha	%	ha	%
Fichte	2414,2	81,0	0,5	17,9	359,8	84,2	275,0	77,2	60,2	72,2	3109,7	80,7
Kiefer	19,7	0,7	0,9	32,1	1,3	0,3	1,0	0,3	0,8	1,0	23,7	0,6
Tanne	45,6	1,5	0,0	0,0	5,1	1,2	2,4	0,7	0,6	0,7	53,7	1,4
Lärche	7,0	0,2	0,2	7,1	0,8	0,2	0,1	0,0	0,4	0,5	8,5	0,2
Douglasie	3,6	0,1	0,0	0,0	0,4	0,1	1,4	0,4	0,2	0,2	5,6	0,1
Sa. Ndh.	**2490,1**	**83,5**	**1,6**	**57,1**	**367,4**	**86,0**	**279,9**	**78,6**	**62,2**	**74,6**	**3201,2**	**83,1**
Buche	121,2	4,1	0,0	0,0	14,8	3,5	28,3	7,9	9,0	10,8	173,3	4,5
Eiche	3,3	0,1	0,0	0,0	0,0	0,0	0,0	0,0	0,0	0,0	3,3	0,1
sonst. Lbh.	345,7	11,6	1,2	42,9	44,3	10,4	44,6	12,5	10,8	12,9	446,6	11,6
Edel-Lbh.	21,3	0,7	0,0	0,0	0,9	0,2	3,3	0,9	1,4	1,7	26,9	0,7
Sa. Lbh.	**491,5**	**16,5**	**1,2**	**42,9**	**60,0**	**14,0**	**76,2**	**21,4**	**21,2**	**25,4**	**650,1**	**16,9**
Summe	***2981,6***	***100***	***2,8***	***100***	***427,4***	***100***	***356***	***100***	***83,4***	***100***	***3851,3***	***100***

Vorausverjüngung in Nadelholzreinbeständen mit führender Fichte (Endnutzungsbestände)

WG Oberpfälzer Becken- und Hügelland

Stand: 05/1994

Gesamtfläche: 517,9 ha | Flächen mit VVJ: 194,0 ha | Probekreise mit VVJ: 71 | RPFL: 2,2 ha

Baumarten gruppe	reduzierte Vorausverjüngungsfläche nach Mittelhöhe											
	unter 0,7 m		0,7 - 1,2 m		1,3 - 2,0 m		2,1 - 5,0 m		über 5,0 m		Summe	
	ha	%	ha	%	ha	%	ha	%	ha	%	ha	%
Fichte	65,2	65,2	23,2	80,0	9,8	68,1	6,5	73,9	3,4	57,6	108,1	68,4
Kiefer	5,5	5,5	0,9	3,1	0,9	6,3	0,0	0,0	0,0	0,0	7,3	4,6
Tanne	2,6	2,6	0,0	0,0	0,0	0,0	0,0	0,0	0,0	0,0	2,6	1,6
Lärche	0,2	0,2	0,0	0,0	0,0	0,0	0,0	0,0	0,0	0,0	0,2	0,1
Douglasie	0,0	0,0	0,0	0,0	0,0	0,0	0,0	0,0	0,7	11,9	0,7	0,4
Sa. Ndh.	**73,5**	**73,5**	**24,1**	**83,1**	**10,7**	**74,3**	**6,5**	**73,9**	**4,1**	**69,5**	**118,9**	**75,2**
Buche	8,2	8,2	1,7	5,9	0,1	0,7	2,3	26,1	0,0	0,0	12,3	7,8
Eiche	2,1	2,1	0,2	0,7	0,1	0,7	0,0	0,0	0,0	0,0	2,4	1,5
sonst. Lbh.	15,6	15,6	3,0	10,3	3,5	24,3	0,0	0,0	1,8	30,5	23,9	15,1
Edel-Lbh.	0,6	0,6	0,0	0,0	0,0	0,0	0,0	0,0	0,0	0,0	0,6	0,4
Sa. Lbh.	**26,5**	**26,5**	**4,9**	**16,9**	**3,7**	**25,7**	**2,3**	**26,1**	**1,8**	**30,5**	**39,2**	**24,8**
Summe	***100***	***100***	***29***	***100***	***14,4***	***100***	***8,8***	***100***	***5,9***	***100***	***158,1***	***100***

WG Oberpfälzer Wald

Stand: 05/1994

Gesamtfläche: 4402,2 ha | Flächen mit VVJ: 2702,1 ha | Probekreise mit VVJ: 1265 | RPFL: 1,75

Baumarten gruppe	reduzierte Vorausverjüngungsfläche nach Mittelhöhe											
	unter 0,7 m		0,7 - 1,2 m		1,3 - 2,0 m		2,1 - 5,0 m		über 5,0 m		Summe	
	ha	%	ha	%	ha	%	ha	%	ha	%	ha	%
Fichte	1291,1	73,8	111,6	47,3	37,2	39,2	35,7	44,0	30,0	54,3	1505,6	67,9
Kiefer	13,8	0,8	4,7	2,0	1,5	1,6	0,4	0,5	1,3	2,4	21,7	1,0
Tanne	12,9	0,7	0,9	0,4	0,8	0,8	0,4	0,5	1,0	1,8	16,0	0,7
Lärche	10,4	0,6	1,7	0,7	0,0	0,0	0,3	0,4	0,4	0,7	12,8	0,6
Douglasie	0,0	0,0	1,3	0,6	4,4	4,6	0,0	0,0	0,0	0,0	5,7	0,3
Sa. Ndh.	**1328,2**	**75,9**	**120,2**	**51,0**	**43,9**	**46,3**	**36,8**	**45,3**	**32,7**	**59,2**	**1561,8**	**70,5**
Buche	69,3	4,0	20,2	8,6	5,0	5,3	3,9	4,8	5,0	9,1	103,4	4,7
Eiche	14,4	0,8	0,3	0,1	1,2	1,3	0,8	1,0	0,3	0,5	17,0	0,8
sonst. Lbh.	325,6	18,6	87,3	37,0	42,2	44,5	39,6	48,8	16,2	29,3	510,9	23,1
Edel-Lbh.	11,5	0,7	7,9	3,3	2,6	2,7	0,1	0,1	1,0	1,8	23,1	1,0
Sa. Lbh.	**420,8**	**24,1**	**115,7**	**49,0**	**51,0**	**53,7**	**44,4**	**54,7**	**22,5**	**40,8**	**654,4**	**29,5**
Summe	***1749***	***100***	***235,9***	***100***	***94,9***	***100***	***81,2***	***100***	***55,2***	***100***	***2216,2***	***100***

Vorausverjüngung in Nadelholzreinbeständen mit führender Fichte (Endnutzungsbestände)

WG Bayerischer Wald

Stand: 05/1994

Gesamtfläche: 5059,6 ha Flächen mit VVJ: 2366,4 ha Probekreise mit VVJ: 1143 RPFL: 1,65 ha

Baumarten gruppe	reduzierte Vorausverjüngungsfläche nach Mittelhöhe											
	unter 0,7 m		0,7 - 1,2 m		1,3 - 2,0 m		2,1 - 5,0 m		über 5,0 m		Summe	
	ha	%	ha	%	ha	%	ha	%	ha	%	ha	%
Fichte	750,9	59,3	177,7	56,0	124,7	67,7	35,9	38,8	14,0	48,3	1103,2	58,4
Kiefer	7,8	0,6	2,0	0,6	0,3	0,2	0,3	0,3	0,2	0,7	10,6	0,6
Tanne	78,7	6,2	9,7	3,1	2,0	1,1	5,6	6,1	2,4	8,3	98,4	5,2
Lärche	1,1	0,1	0,0	0,0	0,0	0,0	0,0	0,0	0,0	0,0	1,1	0,1
Douglasie	3,8	0,3	2,6	0,8	0,9	0,5	0,4	0,4	0,2	0,7	7,9	0,4
Sa. Ndh.	**842,3**	**66,5**	**192,0**	**60,5**	**127,9**	**69,4**	**42,2**	**45,6**	**16,8**	**57,9**	**1221,2**	**64,7**
Buche	41,4	3,3	28,6	9,0	8,0	4,3	12,6	13,6	9,5	32,8	100,1	5,3
Eiche	2,5	0,2	0,6	0,2	0,4	0,2	0,5	0,5	0,2	0,7	4,2	0,2
sonst. Lbh.	361,6	28,6	87,9	27,7	47,2	25,6	32,7	35,4	1,8	6,2	531,2	28,1
Edel-Lbh.	18,2	1,4	8,1	2,6	0,7	0,4	4,5	4,9	0,7	2,4	32,2	1,7
Sa. Lbh.	**423,7**	**33,5**	**125,2**	**39,5**	**56,3**	**30,6**	**50,3**	**54,4**	**12,2**	**42,1**	**667,7**	**35,3**
Summe	***1266***	***100***	***317,2***	***100***	***184,2***	***100***	***92,5***	***100***	***29***	***100***	***1888,9***	***100***

WG Tertiäres Hügelland

Stand: 05/1994

Gesamtfläche: 7267,6 ha Flächen mit VVJ: 2734,1 ha Probekreise mit VVJ: 1920 RPFL: 1,42 ha

Baumarten gruppe	reduzierte Vorausverjüngungsfläche nach Mittelhöhe											
	unter 0,7 m		0,7 - 1,2 m		1,3 - 2,0 m		2,1 - 5,0 m		über 5,0 m		Summe	
	ha	%	ha	%	ha	%	ha	%	ha	%	ha	%
Fichte	1262,0	78,6	140,5	55,3	38,6	43,4	32,3	28,6	11,7	28,2	1485,1	70,6
Kiefer	12,0	0,7	1,5	0,6	1,9	2,1	0,5	0,4	0,0	0,0	15,9	0,8
Tanne	86,2	5,4	20,8	8,2	10,4	11,7	22,4	19,9	4,4	10,6	144,2	6,9
Lärche	2,2	0,1	2,1	0,8	0,6	0,7	0,3	0,3	0,3	0,7	5,5	0,3
Douglasie	2,9	0,2	2,1	0,8	2,0	2,2	3,6	3,2	0,5	1,2	11,1	0,5
Sa. Ndh.	**1365,3**	**85,0**	**167,0**	**65,8**	**53,5**	**60,2**	**59,1**	**52,4**	**16,9**	**40,7**	**1661,8**	**79,0**
Buche	96,9	6,0	46,8	18,4	16,9	19,0	25,7	22,8	13,4	32,3	199,7	9,5
Eiche	33,2	2,1	6,2	2,4	3,9	4,4	5,2	4,6	0,4	1,0	48,9	2,3
sonst. Lbh.	69,1	4,3	24,0	9,5	11,5	12,9	15,8	14,0	7,8	18,8	128,2	6,1
Edel-Lbh.	41,5	2,6	9,9	3,9	3,1	3,5	7,0	6,2	3,0	7,2	64,5	3,1
Sa. Lbh.	**240,7**	**15,0**	**86,9**	**34,2**	**35,4**	**39,8**	**53,7**	**47,6**	**24,6**	**59,3**	**441,3**	**21,0**
Summe	***1606***	***100***	***253,9***	***100***	***88,9***	***100***	***113***	***100***	***41,5***	***100***	***2103,1***	***100***

Vorausverjüngung in Nadelholzreinbeständen mit führender Fichte (Endnutzungsbestände)

WG Schwäb.-Bayer. Schotterplatten- und Altmoränenlandschaft

Gesamtfläche: 11072,8 ha Flächen mit VVJ: 5197,4 ha Probekreise mit VVJ: 2370 RPFL: 1,41

Stand: 05/1994

Baumarten gruppe	reduzierte Vorausverjüngungsfläche nach Mittelhöhe											
	unter 0,7 m		0,7 - 1,2 m		1,3 - 2,0 m		2,1 - 5,0 m		über 5,0 m		Summe	
	ha	%	ha	%	ha	%	ha	%	ha	%	ha	%
Fichte	2056,0	78,3	288,6	66,2	82,5	55,4	34,5	32,9	6,1	16,9	2467,7	73,6
Kiefer	4,4	0,2	0,8	0,2	0,3	0,2	0,6	0,6	0,0	0,0	6,1	0,2
Tanne	25,6	1,0	9,0	2,1	6,3	4,2	7,1	6,8	0,7	1,9	48,7	1,5
Lärche	1,8	0,1	0,1	0,0	0,5	0,3	0,0	0,0	0,5	1,4	2,9	0,1
Douglasie	0,9	0,0	0,3	0,1	0,0	0,0	0,6	0,6	0,0	0,0	1,8	0,1
Sa. Ndh.	**2088,7**	**79,5**	**298,8**	**68,6**	**89,6**	**60,2**	**42,8**	**40,8**	**7,3**	**20,3**	**2527,2**	**75,4**
Buche	139,3	5,3	43,0	9,9	11,9	8,0	29,2	27,8	19,2	53,3	242,6	7,2
Eiche	55,6	2,1	6,5	1,5	6,1	4,1	2,6	2,5	1,4	3,9	72,2	2,2
sonst. Lbh.	255,6	9,7	68,7	15,8	30,0	20,2	22,1	21,1	4,5	12,5	380,9	11,4
Edel-Lbh.	88,1	3,4	18,8	4,3	11,2	7,5	8,2	7,8	3,6	10,0	129,9	3,9
Sa. Lbh.	**538,6**	**20,5**	**137,0**	**31,4**	**59,2**	**39,8**	**62,1**	**59,2**	**28,7**	**79,7**	**825,6**	**24,6**
Summe	***2627,3***	***100***	***435,8***	***100***	***148,8***	***100***	***105***	***100***	***36***	***100***	***3352,8***	***100***

WG Schwäb.-Bayer. Jungmoräne und Molassevorberge

Gesamtfläche: 4533,8 ha Flächen 1788 Probekreise mit VVJ: 1101 RPFL: 1,14 ha

Stand: 05/1994

Baumarten gruppe	reduzierte Vorausverjüngungsfläche nach Mittelhöhe											
	unter 0,7 m		0,7 - 1,2 m		1,3 - 2,0 m		2,1 - 5,0 m		über 5,0 m		Summe	
	ha	%	ha	%	ha	%	ha	%	ha	%	ha	%
Fichte	611,6	69,7	149,2	67,9	46,3	54,4	21,6	37,3	4,0	44,0	832,7	66,6
Kiefer	2,1	0,2	0,4	0,2	1,2	1,4	0,2	0,3	0,0	0,0	3,9	0,3
Tanne	34,4	3,9	11,2	5,1	3,5	4,1	6,6	11,4	0,0	0,0	55,7	4,5
Lärche	0,0	0,0	0,1	0,0	0,3	0,4	0,0	0,0	0,0	0,0	0,4	0,0
Douglasie	0,0	0,0	0,0	0,0	0,0	0,0	0,0	0,0	0,0	0,0	0,0	0,0
Sa. Ndh.	**648,1**	**73,8**	**160,9**	**73,3**	**51,3**	**60,3**	**28,4**	**49,1**	**4,0**	**44,0**	**892,7**	**71,4**
Buche	77,8	8,9	30,5	13,9	6,9	8,1	13,3	23,0	2,6	28,6	131,1	10,5
Eiche	6,5	0,7	1,4	0,6	0,5	0,6	0,1	0,2	0,0	0,0	8,5	0,7
sonst. Lbh.	66,7	7,6	13,7	6,2	9,8	11,5	9,0	15,5	2,0	22,0	101,2	8,1
Edel-Lbh.	78,7	9,0	13,1	6,0	16,6	19,5	7,1	12,3	0,5	5,5	116,0	9,3
Sa. Lbh.	**229,7**	**26,2**	**58,7**	**26,7**	**33,8**	**39,7**	**29,5**	**50,9**	**5,1**	**56,0**	**356,8**	**28,6**
Summe	***877,8***	***100***	***219,6***	***100***	***85,1***	***100***	***57,9***	***100***	***9,1***	***100***	***1249,5***	***100***

Vorausverjüngung in Nadelholzreinbeständen mit führender Fichte (Endnutzung)

WG Bayerische Alpen

Stand: 05/1994

Gesamtfläche: 17732,9 ha (ha) Flächen mit VVJ: 6606,8 ha Probekreise mit VVJ: 2694 RPFL: 2,45 ha

Baumarten gruppe	reduzierte Vorausverjüngungsfläche nach Mittelhöhe											
	unter 0,7 m		0,7 - 1,2 m		1,3 - 2,0 m		2,1 - 5,0 m		über 5,0 m		Summe	
	ha	%	ha	%	ha	%	ha	%	ha	%	ha	%
Fichte	1873,6	70,8	450,3	76,1	141,4	76,8	61,0	61,1	5,2	47,3	2531,5	71,6
Kiefer	5,1	0,2	5,2	0,9	0,7	0,4	0,2	0,2	0,3	2,7	11,5	0,3
Tanne	92,1	3,5	11,1	1,9	4,7	2,6	3,2	3,2	0,0	0,0	111,1	3,1
Lärche	30,9	1,2	21,7	3,7	5,0	2,7	1,4	1,4	0,0	0,0	59,0	1,7
Douglasie	0,0	0,0	0,0	0,0	0,0	0,0	0,0	0,0	0,0	0,0	0,0	0,0
Sa. Ndh.	**2001,7**	**75,6**	**488,3**	**82,5**	**151,8**	**82,5**	**65,8**	**65,9**	**5,5**	**50,0**	**2713,1**	**76,8**
Buche	165,9	6,3	44,2	7,5	3,9	2,1	6,2	6,2	1,5	13,6	221,7	6,3
Eiche	0,5	0,0	0,0	0,0	0,0	0,0	0,0	0,0	0,0	0,0	0,5	0,0
sonst. Lbh.	236,2	8,9	40,5	6,8	21,4	11,6	24,7	24,7	3,2	29,1	326,0	9,2
Edel-Lbh.	243,6	9,2	19,1	3,2	6,9	3,8	3,1	3,1	0,8	7,3	273,5	7,7
Sa. Lbh.	**646,2**	**24,4**	**103,8**	**17,5**	**32,2**	**17,5**	**34,0**	**34,1**	**5,5**	**50,0**	**821,7**	**23,2**
Summe	***2647,9***	***100***	***592,1***	***100***	***184***	***100***	***99,8***	***100***	***11***	***100***	***3534,8***	***100***

8.2 Ergänzende Tabellen und Abbildungen zu den waldökologischen Intensivstudien

Kronenlänge, Kronendurchmesser und h/d-Werte

Anh.-Tab. 2: Signifikanz der Mittelwert-Unterschiede für die Parameter Kronenlänge, Kronendurchmesser und h/d-Wert bei den Altbäumen der Testgebiete Biburg und Schernfeld. In die Auswertung gingen innerhalb der Parzellengrenzen gelegene Altbäume ein. Es bedeuten: Std.abw.: Standardabweichung; xxx: hoch signifikant lt. U-Test (Irrtumswahrscheinlichkeit <0,001), xx: signifikant lt. U-Test (Irrtumswahrscheinlichkeit <0,01) x: schwach signifikant lt. U-Test (Irrtumswahrscheinlichkeit <0,05), n.s.: nicht signifikant lt. U-Test (Irrtumswahrscheinlichkeit >0,05). Die Voraussetzungen für einen parametrischen Test (t-Test; Normalverteilung und Varianzhomogenität) waren bei mindestens einem der paarweisen Vergleiche nicht erfüllt.

Schernfeld	Kronenlänge			
Parzelle	SNF F99	SNF B20	SNF B40	SNF N98
Mittelwert	0,401	0,317	0,395	0,401
Std.abw.	0,067	0,057	0,134	0,054
SNF F99		xxx	n.s.	n.s.
SNF B20			xxx	xxx
SNF B40				n.s.
SNF N98				

Biburg	Kronenlänge			
Parzelle	BIB F99	BIB B20	BIB B40	BIB N98
Mittelwert	0,339	0,378	0,413	0,388
Std.abw.	0,065	0,097	0,058	0,102
BIB F99		xxx	n.s.	n.s.
BIB B20			xxx	xxx
BIB B40				n.s.
BIB N98				

Schernfeld	Kronendurchmesser [m]			
Parzelle	SNF F99	SNF B20	SNF B40	SNF N98
Mittelwert	3,585	5,180	5,008	4,596
Std.abw.	1,135	2,089	0,805	1,511
SNF F99		xxx	xxx	xx
SNF B20			n.s.	n.s.
SNF B40				n.s.
SNF N98				

Biburg	Kronendurchmesser [m]			
Parzelle	BIB F99	BIB B20	BIB B40	BIB N98
Mittelwert	4,780	4,971	4,959	9,040
Std.abw.	1,337	1,435	1,511	2,422
BIB F99		xxx	xxx	xx
BIB B20			n.s.	n.s.
BIB B40				n.s.
BIB N98				

Schernfeld	h/d-Wert [m/cm]			
Parzelle	SNF F99	SNF B20	SNF B40	SNF N98
Mittelwert	0,973	0,794	0,761	0,984
Std.abw.	0,207	0,099	0,110	0,179
SNF F99		xxx	xxx	n.s.
SNF B20			n.s.	xxx
SNF B40				xxx
SNF N98				

Biburg	h/d-Wert [m/cm]			
Parzelle	BIB F99	BIB B20	BIB B40	BIB N98
Mittelwert	0,838	0,727	0,751	0,659
Std.abw.	0,243	0,128	0,106	0,162
BIB F99		x	x	xx
BIB B20			n.s.	n.s.
BIB B40				x
BIB N98				

Kronendachrauhigkeit

Anh.-Tab. 3: Kennzahlen für die Baumhöhe der Altbäume bzw. der Altbäume einschließlich 40-jhg. Buchen. Die aus der Baumhöhe ermittelten Variabilitätskoeffizienten sind ein gutes Maß für die Kronendachrauhigkeit auf der einzelnen Testparzelle; n= Stammzahl, Var. koeffizient: Variabilitätskoeffizient in %.

Vergleich der über die Baumhöhe ermittelten Kronendachrauhigkeit (Variabilitätskoeffizient) auf den Testparzellen						
	Kennzahlen für die Baumhöhe der ...					
	Altbäume			Altbäume einschl. 40-jhg. Buchen		
Parzelle	Mittelwert	n	**Var. koeffizient (%)**	Mittelwert	n	**Var. koeffizient (%)**
SNF F99	31,72	60	**7,73**	31,72	60	**7,73**
SNF B20	33,58	31	**7,85**	33,58	31	**7,85**
SNF B40	34,74	21	**8,84**	20,27	52	**61,60**
SNF N98	23,82	41	**26,67**	23,82	41	**26,67**
BIB F99	31,19	52	**16,22**	31,19	52	**16,22**
BIB B20	32,24	30	**11,97**	32,24	30	**11,97**
BIB B40	30,79	49	**18,65**	21,60	116	**41,84**
BIB N98	22,22	25	**36,08**	22,22	25	**36,08**

Ergänzende Auswertungen zur Qualitätserwartung bei ca. 40-jhg. Buchen

Anh.-Tab. 4: Korrelation (n. SPEARMAN) zwischen der Qualität ca. 40-jhg. Buchen und deren Entfernung zum Gruppenrand. Aufgelistet sind die statistischen Kennzahlen für die insgesamt neun untersuchten Buchentrupps.

Qualitätserwartung von ca. 40-jhg. Buchen						
Nr	Testgebiet	Durchmesser des Trupps [m]	Anzahl der Bäume (n)	Mittelwert der Qualitätsziffer	Standard-abweichung	Korrelation Qualität - Abstand zum Gruppenrand
1	SNF	5,50	29	3,04	0,70	-0,31
2	SNF	5,80	50	2,69	0,96	-0,77
3	SNF	5,10	44	3,14	0,87	-0,61
4	SNF	7,00	41	2,52	0,95	-0,49
5	SNF	5,30	35	2,63	0,83	-0,71
6	BIB	8,06	51	3,02	0,78	-0,62
7	BIB	5,50	46	2,38	0,88	-0,70
8	BIB	8,60	51	2,40	0,90	-0,72
9	BIB	3,70	23	3,07	0,77	-0,36

Kronenkarten der Altbäume

SNF F99

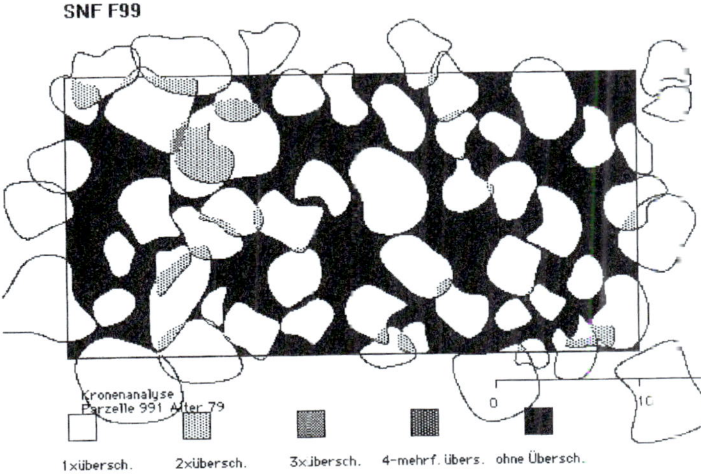

Anh.-Abb. 1: Kronenkarte für den Altbestand der Parzelle SNF F99 (Nullfläche in Schernfeld), differenziert nach der Dichte der Überschirmung (z.B. 1x übersch. = 1-fach überschirmte Teilflächen); nicht überschirmte Teilflächen sind schwarz gezeichnet. Erstellt mit dem Kronenprogramm von PRETZSCH (1989).

SNF B20

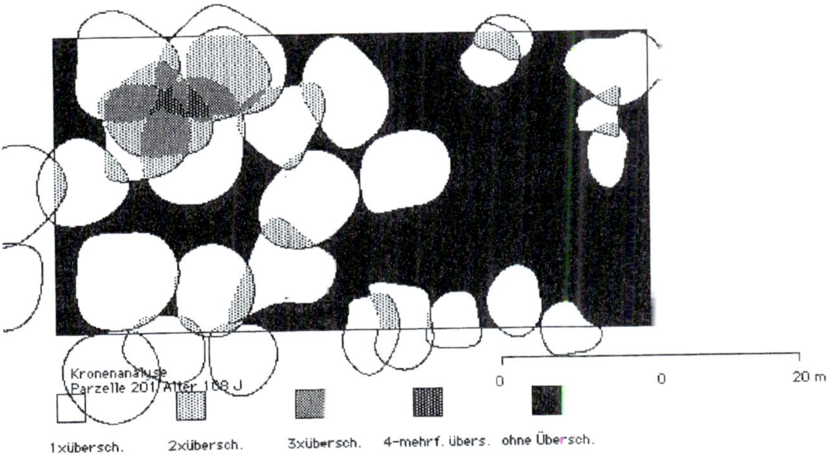

Anh.-Abb. 2: Kronenkarte für den Altbestand der Parzelle SNF B20 (20-jhg. Umbaustadium in Schernfeld), differenziert nach der Dichte der Überschirmung (z.B. 1x übersch. = 1-fach überschirmte Teilflächen); nicht überschirmte Teilflächen sind schwarz gezeichnet. Erstellt mit dem Kronenprogramm von PRETZSCH (1989).

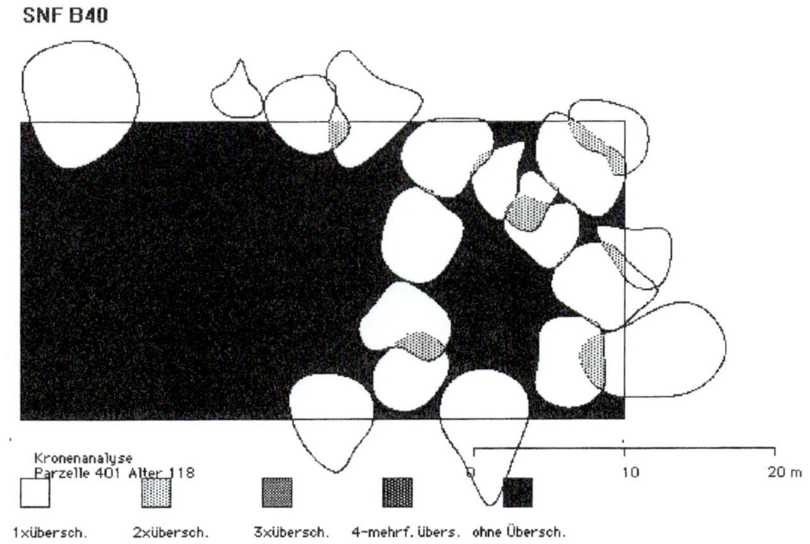

Anh.-Abb. 3: Kronenkarte für den Altbestand der Parzelle SNF B40 (40-jhg. Umbaustadium in Schernfeld), differenziert nach der Dichte der Überschirmung (z.B. 1x übersch. = 1-fach überschirmte Teilflächen); nicht überschirmte Teilflächen sind schwarz gezeichnet. Diese Karte deckt sich nicht exakt mit den dreidimensionalen Bestandesdarstellungen in Kap. 4.2.1. Erstellt mit dem Kronenprogramm von PRETZSCH (1989).

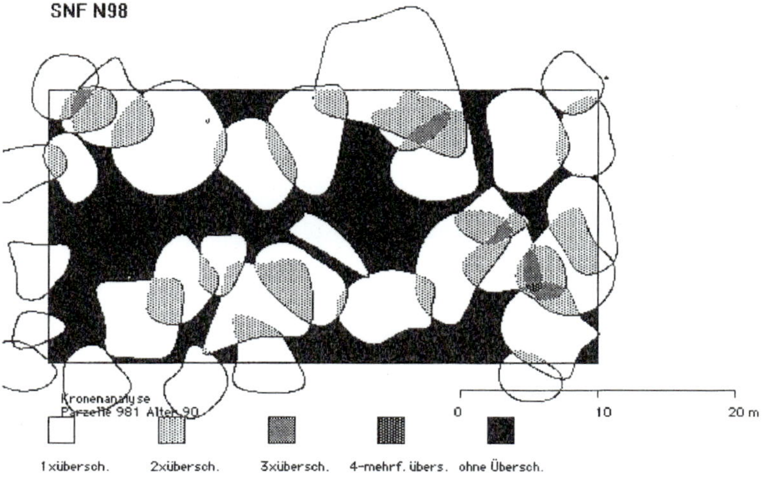

Anh.-Abb. 4: Kronenkarte für den Altbestand der Parzelle SNF N98 (naturnahes Vergleichsstadium in Schernfeld), differenziert nach der Dichte der Überschirmung (z.B. 1x übersch. = 1-fach überschirmte Teilflächen); nicht überschirmte Teilflächen sind schwarz gezeichnet. Erstellt mit dem Kronenprogramm von PRETZSCH (1989).

BIB F99

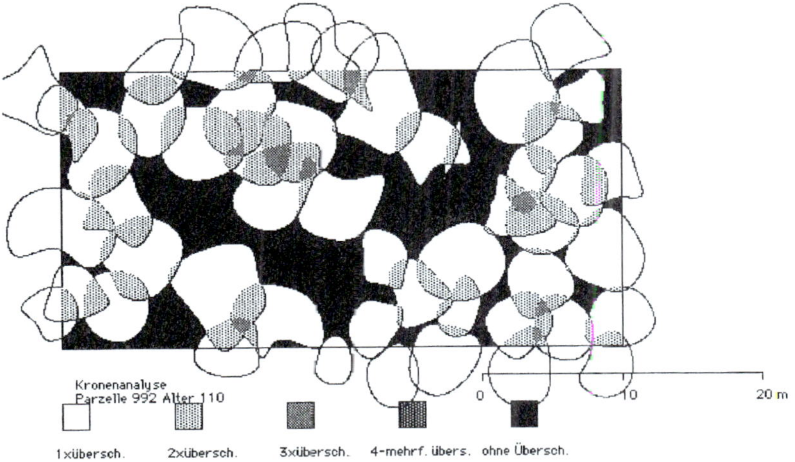

Anh.-Abb. 5: Kronenkarte für den Altbestand der Parzelle BIB F99 (Nullfläche in Biburg), differenziert nach der Dichte der Überschirmung (z.B. 1x übersch. = 1-fach überschirmte Teilflächen); nicht überschirmte Teilflächen sind schwarz gezeichnet. Erstellt mit dem Kronenprogramm von PRETZSCH (1989).

BIB B20

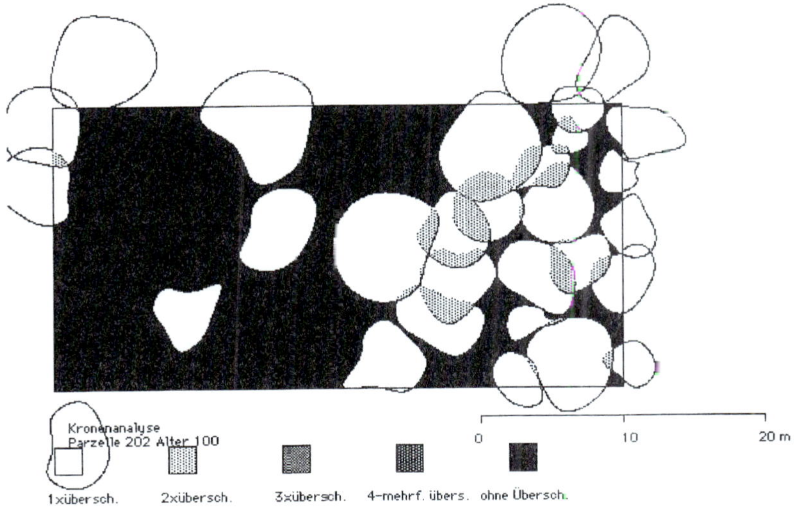

Anh.-Abb. 6: Kronenkarte für den Altbestand der Parzelle BIB B20 (20-jhg. Umbaustadium in Biburg), differenziert nach der Dichte der Überschirmung (z.B. 1x übersch. = 1-fach überschirmte Teilflächen); nicht überschirmte Teilflächen sind schwarz gezeichnet. Erstellt mit dem Kronenprogramm von PRETZSCH (1989).

BIB B40

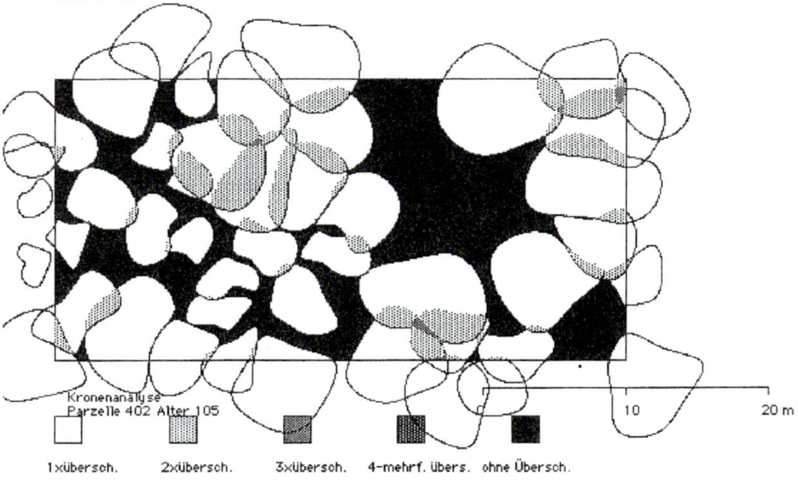

Anh.-Abb. 7: Kronenkarte für den Altbestand der Parzelle BIB B40 (40-jhg. Umbaustadium in Biburg), differenziert nach der Dichte der Überschirmung (z.B. 1x übersch. = 1-fach überschirmte Teilflächen); nicht überschirmte Teilflächen sind schwarz gezeichnet. Erstellt mit dem Kronenprogramm von PRETZSCH (1989).

BIB N98

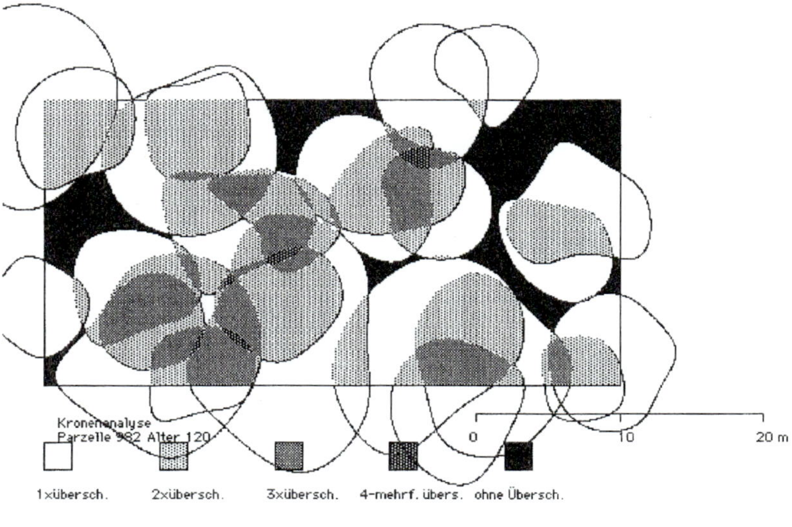

Anh.-Abb. 8: Kronenkarte für den Altbestand der Parzelle BIB N98 (naturnahes Vergleichsstadium in Biburg), differenziert nach der Dichte der Überschirmung (z.B. 1x übersch. = 1-fach überschirmte Teilflächen); nicht überschirmte Teilflächen sind schwarz gezeichnet. Erstellt mit dem Kronenprogramm von PRETZSCH (1989).

Anh.-Tab. 5: Signifikanz der Mittelwert-Unterschiede: innerhalb einer Testparzelle wurden jeweils die Standraumanteile der in der Verjüngungsober- bzw. Verjüngungsober- und -mittelschicht vorhandenen Baumartengruppen paarweise verglichen. Es bedeuten: Std.abw.: Standardabweichung; xxx: hoch signifikant lt. U-Test (Irrtumswahrscheinlichkeit <0,001), xx: signifikant lt. U-Test (Irrtumswahrscheinlichkeit <0,01) x: schwach signifikant lt. U-Test (Irrtumswahrscheinlichkeit <0,05), n.s.: nicht signifikant lt. U-Test (Irrtumswahrscheinlichkeit >0,05), !: mindestens eine der Baumartengruppen nicht vorhanden. Die Voraussetzungen für einen parametrischen Test (t-Test; Normalverteilung und Varianzhomogenität) waren bei mindestens einem der paarweisen Vergleiche nicht erfüllt.

Signifikanz der Mittelwert-Unterschiede
Standraumanteile verschiedener Baumartengruppen

SNF F99	Anzahl paarweiser Vergleiche: n=75					Anzahl paarweiser Vergleiche: n=75				
	Verjüngungsoberschicht					**Verjüngungsober- u. mittelschicht**				
Baumartengruppe	Fichte	Tanne	Buche	Elbh(Ei)	s. Lbh	Fichte	Tanne	Buche	Elbh(Ei)	s. Lbh
Mittelwert	**0,971**	**0,013**	**0,003**	**0,000**	**0,013**	**0,972**	**0,013**	**0,001**	**0,000**	**0,013**
Stand.abw.	0,163	0,115	0,023	0,000	0,115	0,162	0,115	0,011	0,000	0,115
Fichte		**xxx**	**xxx**	!	**xxx**		**xxx**	**xxx**	!	**xxx**
Tanne			**n.s.**	!	**n.s.**			**n.s.**	!	**n.s.**
Buche				!	**n.s.**				!	**n.s.**
Edellaubh.					!					!
s. Lbh										

SNF B20	Anzahl paarweiser Vergleiche: n=117					Anzahl paarweiser Vergleiche: n=117				
	Verjüngungsoberschicht					**Verjüngungsober u. mittelschicht**				
Baumartengruppe	Fichte	Tanne	Buche	Elbh(Ei)	s. Lbh	Fichte	Tanne	Buche	Elbh(Ei)	s. Lbh
Mittelwert	**0,247**	**0,000**	**0,698**	**0,037**	**0,009**	**0,259**	**0,002**	**0,711**	**0,017**	**0,002**
Stand.abw.	0,434	0,000	0,453	0,169	0,092	0,433	0,023	0,421	0,065	0,023
Fichte		!	**xxx**	**xxx**	**xxx**		**xxx**	**xxx**	**xxx**	**xxx**
Tanne			!	!	!			**xxx**	**n.s.**	**n.s.**
Buche				**xxx**	**xxx**				**xxx**	**xxx**
Edellaubh.					**x**					**x**
s. Lbh										

SNF B40	Anzahl paarweiser Vergleiche: n=126					Anzahl paarweiser Vergleiche: n=126				
	Verjüngungsoberschicht					**Verjüngungsober- u. mittelschicht**				
Baumartengruppe	Fichte	Tanne	Buche	Elbh(Ei)	s. Lbh	Fichte	Tanne	Buche	Elbh(Ei)	s. Lbh
Mittelwert	**0,722**	**0,008**	**0,262**	**0,000**	**0,000**	**0,736**	**0,008**	**0,256**	**0,000**	**0,000**
Stand.abw.	0,445	0,089	0,437	0,000	0,000	0,436	0,089	0,432	0,000	0,000
Fichte		**xxx**	**xxx**	!	!		**xxx**	**xxx**	!	!
Tanne			**xxx**	!	!			**xxx**	!	!
Buche				!	!				!	!
Edellaubh.					!					!
s. Lbh										

SNF N98	Anzahl paarweiser Vergleiche: n=96					Anzahl paarweiser Vergleiche: n=96				
	Verjüngungsoberschicht					**Verjüngungsober- u. mittelschicht**				
Baumartengruppe	Fichte	Tanne	Buche	Elbh(Ei)	s. Lbh	Fichte	Tanne	Buche	Elbh(Ei)	s. Lbh
Mittelwert	**0,000**	**0,000**	**0,791**	**0,199**	**0,010**	**0,000**	**0,000**	**0,798**	**0,192**	**0,010**
Stand.abw.	0,000	0,000	0,336	0,327	0,102	0,000	0,000	0,326	0,316	0,102
Fichte		!	!	!	!		!	!	!	!
Tanne			!	!	!			!	!	!
Buche				**xxx**	**xxx**				**xxx**	**xxx**
Edellaubh.					**xxx**					**xxx**
s. Lbh										

BIB F99	Anzahl paarweiser Vergleiche: n=42					Anzahl paarweiser Vergleiche: n=42				
	Verjüngungsoberschicht					**Verjüngungsober- u. mittelschicht**				
Baumartengruppe	Fichte	Tanne	Buche	Elbh(Ei)	s. Lbh	Fichte	Tanne	Buche	Elbh(Ei)	s. Lbh
Mittelwert	**0,690**	**0,012**	**0,000**	**0,071**	**0,226**	**0,721**	**0,012**	**0,023**	**0,052**	**0,198**
Stand.abw.	0,455	0,077	0,000	0,261	0,416	0,423	0,076	0,153	0,185	0,377
Fichte		**xxx**	**!**	**xxx**	**xxx**		**xxx**	**xxx**	**xxx**	**xxx**
Tanne			**!**	**n.s.**	**xxx**			**n.s.**	**n.s.**	**xx**
Buche				**!**	**!**				**n.s.**	**xx**
Edellaubh.					**xxx**					**xx**
s. Lbh										

BIB B20	Anzahl paarweiser Vergleiche: n=122					Anzahl paarweiser Vergleiche: n=122				
	Verjüngungsoberschicht					**Verjüngungsober- u. mittelschicht**				
Baumartengruppe	Fichte	Tanne	Buche	Elbh(Ei)	s. Lbh	Fichte	Tanne	Buche	Elbh(Ei)	s. Lbh
Mittelwert	**0,245**	**0,000**	**0,675**	**0,011**	**0,027**	**0,272**	**0,009**	**0,661**	**0,004**	**0,012**
Stand.abw.	0,432	0,000	0,466	0,095	0,158	0,433	0,064	0,463	0,032	0,058
Fichte		**!**	**xxx**	**xxx**	**xxx**		**xxx**	**xxx**	**xxx**	**xxx**
Tanne			**!**	**!**	**!**			**xxx**	**n.s.**	**n.s.**
Buche				**xxx**	**xxx**				**xxx**	**xxx**
Edellaubh.					**n.s.**					**n.s.**
s. Lbh										

BIB B40	Anzahl paarweiser Vergleiche: n=88					Anzahl paarweiser Vergleiche: n=88				
	Verjüngungsoberschicht					**Verjüngungsober- u. mittelschicht**				
Baumartengruppe	Fichte	Tanne	Buche	Elbh(Ei)	s. Lbh	Fichte	Tanne	Buche	Elbh(Ei)	s. Lbh
Mittelwert	**0,568**	**0,000**	**0,414**	**0,003**	**0,015**	**0,579**	**0,000**	**0,409**	**0,009**	**0,002**
Stand.abw.	0,490	0,000	0,492	0,027	0,110	0,488	0,000	0,494	0,060	0,011
Fichte		**!**	**n.s.**	**xxx**	**xxx**		**!**	**n.s.**	**xxx**	**xxx**
Tanne			**!**	**!**	**!**			**!**	**!**	**!**
Buche				**xxx**	**xxx**				**xxx**	**xxx**
Edellaubh.					**n.s.**					**n.s.**
s. Lbh										

BIB N98	Anzahl paarweiser Vergleiche: n=118					Anzahl paarweiser Vergleiche: n=118				
	Verjüngungsoberschicht					**Verjüngungsober- u. mittelschicht**				
Baumartengruppe	Fichte	Tanne	Buche	Elbh(Ei)	s. Lbh	Fichte	Tanne	Buche	Elbh(Ei)	s. Lbh
Mittelwert	**0,000**	**0,000**	**0,924**	**0,068**	**0,000**	**0,000**	**0,000**	**0,917**	**0,074**	**0,000**
Stand.abw.	0,000	0,000	0,258	0,244	0,000	0,000	0,000	0,262	0,247	0,000
Fichte		**!**	**!**	**!**	**!**		**!**	**!**	**!**	**!**
Tanne			**!**	**!**	**!**			**!**	**!**	**!**
Buche				**xxx**	**!**				**xxx**	**!**
Edellaubh.					**!**					**!**
s. Lbh										

8.3 Ergänzende Auswertungen zu den Fallbeispielen

Paarweiser Mittelwertvergleich von Baumartenanteilen in der Vorausverjüngung (VVJ) und im Verjüngungsziel (VZ)

Anh.-Tab. 6: Signifikanz der Mittelwert-Unterschiede zwischen den Flächenanteilen in der Vorausverjüngung und im Verjüngungsziel für verschiedene Baumartengruppen. Erfaßt wurden nur Bestände, in denen Vorausverjüngung vorkam. Datenbasis: reduzierte Vorausverjüngungsflächen aus dem Forsteinrichtungsbegang. Es bedeuten: Std.abw.: Standardabweichung; xxx: hoch signifikant lt. U-Test (Irrtumswahrscheinlichkeit <0,001), xx: signifikant lt. U-Test (Irrtumswahrscheinlichkeit <0,01) x: schwach signifikant lt. U-Test (Irrtumswahrscheinlichkeit <0,05), n.s.: nicht signifikant lt. U-Test (Irrtumswahrscheinlichkeit >0,05). Die Voraussetzungen für einen parametrischen Test (t-Test; Normalverteilung und Varianzhomogenität) waren bei mindestens einem der paarweisen Vergleiche nicht erfüllt.

Forstamt Mindelheim Anzahl der Bestände n=69

Baumartengruppe	Vorausverjüngung		Verjüngungsziel		Vergleich VVJ - VZ
	Mittelwert	Stand.abw.	Mittelwert	Stand.abw.	stat. Signifikanz
Fichte	0,247	0,315	0,504	0,180	xxx
Tanne	0,076	0,194	0,062	0,069	n.s.
andere Nadelhölzer	0,000	0,000	0,004	0,020	n.s.
Buche	0,517	0,392	0,199	0,119	xxx
Eiche	0,029	0,135	0,026	0,135	n.s.
Edellaubholz	0,107	0,258	0,191	0,198	xxx
Nadelholz gesamt	*0,322*	*0,328*	*0,508*	*0,180*	*xxx*
Laubholz gesamt	*0,678*	*0,328*	*0,484*	*0,174*	*xxx*

Forstamt Tirschenreuth Anzahl der Bestände n=67

Baumartengruppe	Vorausverjüngung		Verjüngungsziel		Vergleich VVJ - VZ
	Mittelwert	Stand.abw.	Mittelwert	Stand.abw.	stat. Signifikanz
Fichte	0,394	0,383	0,563	0,140	xxx
Tanne	0,053	0,165	0,016	0,041	n.s.
andere Nadelhölzer	0,012	0,064	0,121	0,136	xxx
Buche	0,411	0,396	0,171	0,110	xxx
Eiche	0,038	0,164	0,028	0,120	n.s.
Edellaubholz	0,059	0,134	0,055	0,078	n.s.
Nadelholz gesamt	*0,459*	*0,401*	*0,684*	*0,125*	*xxx*
Laubholz gesamt	*0,541*	*0,401*	*0,319*	*0,134*	*xxx*

Forstamt Goldkronach Anzahl der Bestände n=261

Baumartengruppe	Vorausverjüngung		Verjüngungsziel		Vergleich VVJ - VZ
	Mittelwert	Stand.abw.	Mittelwert	Stand.abw.	stat. Signifikanz
Fichte	0,706	0,312	0,627	0,160	xxx
Tanne	0,058	0,149	0,065	0,086	xxx
andere Nadelhölzer	0,016	0,067	0,038	0,072	xxx
Buche	0,194	0,267	0,204	0,119	xx
Eiche	0,000	0,000	0,000	0,000	n.s.
Edellaubholz	0,014	0,052	0,040	0,060	xxx
Nadelholz gesamt	*0,780*	*0,277*	*0,665*	*0,151*	*xxx*
Laubholz gesamt	*0,221*	*0,278*	*0,336*	*0,150*	*xxx*

Forstamt Kelheim

Anzahl der Bestände n=86

Baumartengruppe	Vorausverjüngung		Verjüngungsziel		Vergleich VVJ - VZ
	Mittelwert	Stand.abw.	Mittelwert	Stand.abw.	stat. Signifikanz
Fichte	0,214	0,270	0,476	0,209	**xxx**
Tanne	0,040	0,120	0,028	0,047	**n.s.**
andere Nadelhölzer	0,011	0,036	0,024	0,038	**xxx**
Buche	0,450	0,342	0,248	0,162	**xxx**
Eiche	0,108	0,247	0,092	0,197	**n.s.**
Edellaubholz	0,147	0,261	0,098	0,119	**n.s.**
Nadelholz gesamt	*0,268*	*0,286*	*0,500*	*0,218*	*xxx*
Laubholz gesamt	*0,732*	*0,285*	*0,496*	*0,219*	*xxx*

Forstamt Ebersberg

Anzahl der Bestände n=332

Baumartengruppe	Vorausverjüngung		Verjüngungsziel		Vergleich VVJ - VZ
	Mittelwert	Stand.abw.	Mittelwert	Stand.abw.	stat. Signifikanz
Fichte	0,411	0,254	0,659	0,138	**xxx**
Tanne	0,003	0,034	0,000	0,004	**n.s.**
andere Nadelhölzer	0,006	0,024	0,004	0,021	**n.s.**
Buche	0,383	0,248	0,239	0,076	**xxx**
Eiche	0,068	0,138	0,061	0,113	**n.s.**
Edellaubholz	0,105	0,115	0,003	0,024	**xxx**
Nadelholz gesamt	*0,419*	*0,252*	*0,663*	*0,136*	*xxx*
Laubholz gesamt	*0,581*	*0,252*	*0,337*	*0,136*	*xxx*

Anh.-Tab. 7: Beobachtete Beschirmungsgrade (der Altbäume) über Laubholz- und Tannenvoranbauten (Punktsymbole) und außerhalb von Voranbauflächen (Quadratsymbole für Teilflächen ohne bzw. mit Nadelholznaturverjüngung) in den Beispielsbeständen; ein Symbol repräsentiert jeweils mindestens eine Teilfläche.

Beschirmungsgrade der Altbäume -
Vergleich zwischen Vorbauten und Teilflächen außerhalb von Voranbauten

● ermittelte Beschirmungsgrade über Laubholz- und Tannenvoranbauten

□ ermittelte Beschirmungsgrade über Teilflächen ohne bzw. mit Nadelholznaturverjüngung

	Beschirmungsgrad in 1/10-Stufen										
Waldort	0	0,1	0,2	0,3	0,4	0,5	0,6	0,7	0,8	0,9	1
Langenwald	□	●	●	●	□			●	●	□	
Speckgehau	●		●	●					● □	□	□
Moosloh		●	●				□	□	□		
Grasleite	●	●	●	●		□	□	□	□	□	
Klingenhöh		●		●	●	● □		□		□	
Eggeten			●	●	●	● □		□	□		□
Seeloch	●		●	●	□		● □	●	●		
Haselgrund		●	●	●				●	● □	□	
Ebe X 2°	● □	□	●	●	●			●		□	□
Ebe VI 15°	● □			●			●		□	□	□

Lebenslauf

1966	geboren am 4. November 1966 in Bayreuth
1973-1977	Grundschule Marktredwitz
1977-1986	Otto-Hahn-Gymnasium Marktredwitz
1986	Erlangung der Allgemeinen Hochschulreife am 27.06.1986
1986-1991	Studium der Forstwissenschaft an der LMU München
1991	Erlangung des forstwissenschaftlichen Hautdiploms am 28.03.1991
1991-1993	Vorbereitungsdienst bei der Bayerischen Staatsforstverwaltung
1993	Erlangung der Großen Forstlichen Staatsprüfung am 14.10.1993
seit Anfang 1994	Tätigkeit als wissenschaftlicher Mitarbeiter am Lehrstuhl für Landnutzungsplanung und Naturschutz in Freising

Erklärung

Hiermit erkläre ich, daß ich bislang weder einen Promotionsversuch unternommen noch eine Promotion abgeschlossen habe. Die dem Antrag zugrundeliegende Dissertation wurde noch keinem anderen Prüfungsgremium vorgelegt. Zur Erstellung der Arbeit habe ich nur die genannten Hilfsmittel verwendet.

Zolling, 01.12.1997

(Ulrich Matthes)